心灵之光

THE LIGHT OF THE SPIRIT

毛宏伟◎著

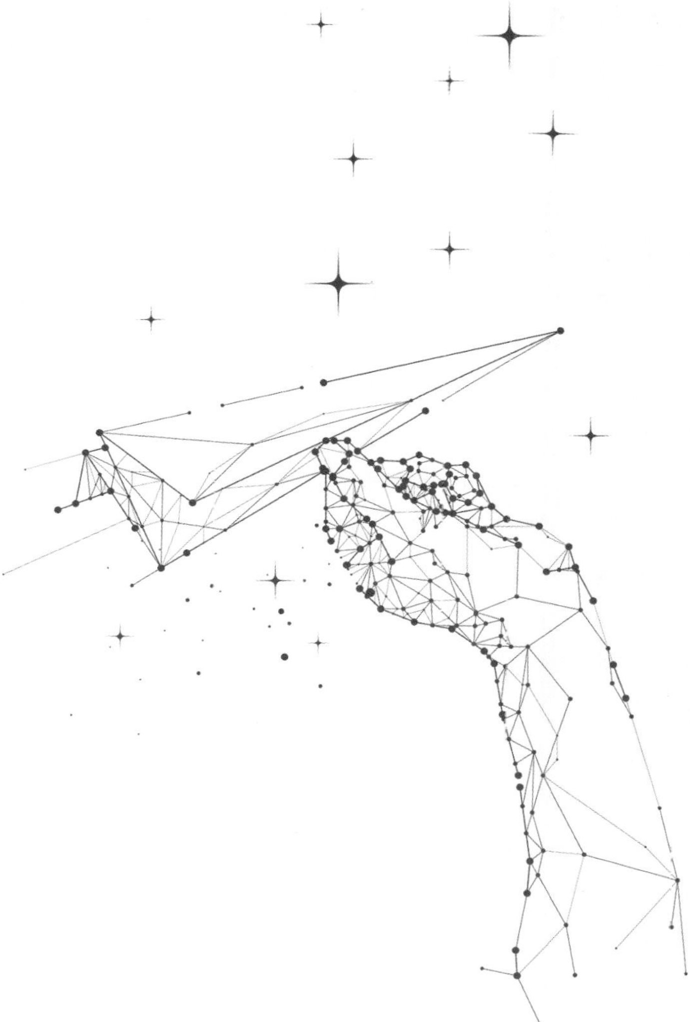

春风文艺出版社
·沈 阳·

图书在版编目（CIP）数据

心灵之光 / 毛宏伟著. —沈阳：春风文艺出版社，2024.6

ISBN 978-7-5313-6718-5

Ⅰ. ①心… Ⅱ. ①毛… Ⅲ. ①人生哲学—通俗读物 Ⅳ. ①B821-49

中国国家版本馆 CIP 数据核字（2024）第 104439 号

春风文艺出版社出版发行
沈阳市和平区十一纬路 25 号 邮编：110003
沈阳市第二市政建设工程公司印刷厂印刷

责任编辑：仪德明	助理编辑：余 丹
责任校对：陈 杰	印制统筹：刘 成
装帧设计：神飞航天	幅面尺寸：167mm ×234mm
字 数：560 千字	印 张：38.25
版 次：2024 年 6 月第 1 版	印 次：2024 年 6 月第 1 次
书 号：ISBN 978-7-5313-6718-5	定 价：98.00 元

序　言

一天的时光看似漫长，实则短暂。我们的生命就是由这平凡的每一天组成的，所以我们不能轻视每一天，要把每一天都当作是生命之中最重要的一天，是自己一生之中最应该珍惜的一天。有时忙忙碌碌的生活会让人失去方向，不知道如何才能规划好每天的工作和生活，如何才能让每一天过得充实而有意义。这时我们就需要放慢脚步，静心思考，重新找到内心的方向。对我而言，这就是写作的意义，它不只是自己记录生活的方式，也是一种静心思考、自省自悟的途径。坚持把每天的所见所闻、所思所感记录下来，并加以总结，可以让自己从中得到更大的收获与提升。记录生活的同时也是在记录自己的生命，记录自己的故事。

每天都是崭新的一天，每天都有不同的见闻与感悟。每一天都是生命中独一无二的存在，我们应该珍惜并感恩它的到来。无论这一天是阳光明媚还是乌云密布，无论遇到怎样的人与事，我们都应该怀揣一颗感恩的心，用乐观的态度去面对，用宽容的心态去接纳。在生活的琐碎中，有太多值得我们感激的事物。我们要感恩生命的赋予，感恩自由的宝贵，感恩家人的陪伴，感恩朋友的相助，感恩大地的滋养，感恩天地的庇护，感恩世间万物的存在，让我们能够安心生活，独立思考，实现自身的价值。通过写作，记录下每一天的珍贵记忆，我们能更好地观察生活，反思自我，总结得失，及时调整方向，不断提升和完善自我。尤其当我们遇到问题和困难时，更需要静下心来反思和总结。通过记录，我们能够更深入地了解自己，更客观地看待自己和生活。当我们以旁观者的视角回顾这一天时，我们的心胸会变得更加宽广，内心会感受到一种豁然开朗的感觉。写作是一种很好的方式，让我们能够更好地珍惜每一天的宝贵记忆，更好地理解生活和自我。

生命就在这一呼一吸之间，找到存在的意义与价值，短暂而珍贵。生命的意义并不在于我们是否做出了惊天动地的事情，而在于我们如何面对平凡的生活，如何珍惜每一个普通而平凡的日子。在每一天中，我们要留下值得纪念的东西，为自己、为他人、为社会创造更多、更大的价值。我们要珍惜自己拥有的一切，将生活中的问题与困难看作是进步的养分，把握好当下的每一天、每一分、每一秒，不断地尝试新的事物、学习新的知识、发现新的美好，不断地去记录、去总结、去反思、去进步，把这平凡的时光转化成为永久的记忆。这样，我们的生活就会充满意义，我们的人生就会变得更加充实而精彩。

王宏伟

2023年12月20日

目　录

静心之妙

享受独处的时光，学会与自己亲近，让自己获得真正的自由。步入中年以后，自己仿佛就变得多愁善感了，既对于时光的流逝心有不甘，想要拉住时光的手，让它不要走得那么迅捷；又想让每一天的时光过得更有意义，让自己能够找到内心的依靠。通过不断学习和总结来调整自己、改变自己，这的确是一种很好的方法，能够让每一天都变得充实起来，把那些无聊赶跑，让自己重新振作起来，能够用心审视自己。回想前一段时间，自己的确浪费了很多的时光，每天除了例行的公务之外，好像就没有什么事情可做了，不知道怎样去安顿自己，不知道如何去规划自己的生活。我们一定要找到让自己充实的方法，引领自己走上正确的道路，并且这个道路应该是光明的，是充满希望的，是能够给自己带来更多福乐的，唯有如此，我们才会感到身体充满了力量，才会感到内心的满足，才不会产生矛盾、焦虑等情绪，才不会感到无聊与空虚，才会获得快乐和幸福之感。这样整个人也就活过来了，就不会被现实的苦难所吓倒，就会有勇气和信心去面对一切。所以，学习并不是一种简单的提升，我们不能只是为学而学，而是要把学习当作一种进步与发展，当作一种动力与引领，当作是对自我人生的珍爱，当作是美好生活的开始。如果一个人没有学习力和觉悟力，不能用有意义的事情来填满空闲的时间，那么他就会去想一些无意义的事情，就会去做一些无聊之事，这样他就会变得越来越没有方向感，人生也就会变得无聊和无趣。失去了前行的方向，我们就会无法掌握人生的方向盘，就会像失控的汽车撞上了山崖一般，将自己引入了危险之境。所以，我们还是要找一些有意义的事情去做，要不断学习、不断实践、不断总结、不断感悟，唯有如此，我们才能让人生变得充实而有趣，才能让生活充满了阳光和喜乐。精神的引领是我们一生的依靠。有了精神的充盈，人就会变得更加年轻，更有活力，更有前行的动力，更能不断地收获幸福。

面对人生的诸多压力，我们要找到放松的方式，要学会独处，能够听一听舒缓的音乐，能够带着感恩之心去衡量一切，能够在无染无着的心灵世界里找到光明。要感叹人生的奇迹，知晓人生是在珍爱与付出之中获得幸福的。人生也是一个了知自心的过程，我们一直以来都在寻找人生的依靠，找来找去，才发现所有的人、所有的物，抑或是所有外境，都不是自己的依靠，唯有自己才是自己最大的依靠，才是真正能与自己永远相伴、不离不弃的。所以，我们要关注自己，学会与自己的心灵对话，并从中找到方向与力量。自己有时也很是迷茫，不知道哪一个才是真正的自己，亦好亦坏，亦喜亦悲，亦美亦丑，亦强亦弱，好像自己永远是难以捉摸的。但事实上，那并不是真正的自己，而是一种错误的感知，是一种无名的引领，是一种无常的驱使。自心还是那个自心，只不过是被一时的繁华与外境所迷惑和引诱了而已。那是一种观念的驱使，是一种不圆满的觉知，是对自己的错误的理解与引导。其实自己还是自己，那颗明亮之心永远不变，若有灰暗，无怪乎是被无名与障垢所蒙蔽而已。我们要做的就是把无名与障垢去除，就像是把珍珠上的灰尘擦拭干净一般，还自己以清新澄明的天地，能够让自己自省自悟。生活之中有很多可供我们研究之处，无论是看似平凡无序的生活，还是偶然相遇的因缘，一切都是奇迹，都是值得我们珍藏的记忆，都是独一无二的美景。即便是我们能够再次相见，甚至朝夕相处，但那时已是人物不能相应，一切都有了巨大的改变。这个世界上没有永恒不变的事物，一切都会发生变化。对于这种变化，如果我们能够加以引导，就会得到好的结果；如果不能够科学引导，就会得到坏的结果。关键还是要保持自己的清澈澄明之心，保持一颗诚挚之心。一切皆有变化，但也有相对的不变之处。精神的世界是纷繁复杂的，也是奇妙无比的。要安顿自心，滋养心灵，为自己的人生增添光彩。

精神永恒

总感觉时间不够用似的。早晨起得较晚，有时是因为应酬，近些日子还加强了学习，晚上要看一看MBA课程视频，有时还要温习一下英语学习的内容。既然要学习就要把它学好，要把学习当回事，不能既学又不学，应付差事，那就完全违背了自己的初衷。我发现通过学习自己改变了不少。原来总是忙于应酬，有时是公务，有时是想和朋友们一起聚聚，因为一个人在外难免会有些寂寞之感，总想着怎样把自己的业余时间利用起来，但又没有什么更好的方式，所以有时会很散漫，对于自己的要求不高，这样就把很多的大好时光给浪费掉了。虽然这并没有影响到自己的工作，也没影响到自己的写作和人际交往，但内心还是感觉少了些什么。因为没能把业余时间充分地利用起来，甚至说是荒废了，一段时期以来，自己总是处于一种矛盾与纠结之中。如果一个人不能很好地把控自己，不能做到自我改造、自我引领，浪费了很多大好时光，那简直就是在犯罪。自己总是有这种罪恶之感，为自己没能够充分利用时间，没能够严格自律而后悔不已。人生的大好时光是有限的，一眨眼，便已经过去了大半，自己也不知道这几十年是如何过来的，不知道自己都做了些什么，有没有令自己欣慰之处，有没有感动自己之事。说实话，在十年之前，我还是非常佩服自己的。在那种极其困难的条件下，自己能够坚持下来，哪怕是在一穷二白、压力重重之时，自己依然没有放弃，并最终走上正途，这确实值得欣慰。但佩服之余，自己深感还有很多的遗憾，还有很多没有处理好的事情，还有很多的发展空间自己没有利用好。近些年来，总是陶醉于以往的成绩，对于眼前的问题还是准备不足，在自我管理方面有所放松，让自己在无聊与自大之中浪费了很多的时间，错失了很多的机会，也浪费了很多的资源，这的确是巨大的损失。仔细想来，一个人最大的失去不是所谓的金钱和地位、荣光与赞叹，而是时间。时间对于我们来讲实在是太珍贵了，我们没有时间再去无聊与潇洒了。要让自己清醒过来，要知晓眼前的一切都是不实的、是虚无的，对于时光来讲，都是没有太大价值的。一个人应该如何去活，如何让自己发光、发热？到底什么才是最大的快乐与幸福？到底如何做才能让自己畅快自在，才能让自己自由地生活在天地间？如何才能做出许许多多的感动自己的事情来？怎样才能管得住自己？这些都是我们需要认真思考的。可能管住别人只需要有规章制度即可，但管住自己是很难的，因为内心的小鹿总是东突西撞，不能够安定下来，不能够踏实地朝着一个目标与方向去走，不能够坚持初心，这样人生就不能够自在，就不能够创造，就不能够让自己真的开心。所谓的让自己开心，就是要创造出一些对自己、对他人有益的东西，让自己真正发光、发热，创造出丰富的精神财富。一个人无论拥有多少物质财富，都不会有满足的时候，都会有更多的奢求，想要拥有更多、得到更多。对于外境的苛求是一种通病。如果心意变了，需求变了，变得越来越渴求，变得越来越奢望，那么这个人就会控制不了自己，就会被欲望所驱使，就会迷失了自我，性灵也会被欲念赶跑。这样人就会生活得很焦灼，不能够心安，不能让心自由，好像总有一个挂念一样，就像是有一条绳子把自己捆起来了，就没有了轻松自在之时。即便是拥有再多的财富、再高的地位，那又有什么用呢？实际上自己反而失去了更多。有和无往往是相伴相生的，没有绝对的有，也没有绝对的无。有不见得多快乐，无也不见得多悲伤。关键是看你如何看待这一切，如何去看待自己。心灵的解脱是我们一生所追求的。因为所有有形的东西都会逝去，唯有精神是永恒的，它才是我们真正拥有的财富。

管理时间

总是在时间分配上做纠结，早上起来安排的事情有很多，工作规划，文章写作，知识学习，加之增加些体育锻炼，好像自己是一个旋转的陀螺一样，每天都要求自己高速运转，不得停歇，好像停下来就是对生命的极大浪费。这样也好，让自己高速运转起来，就没有了那些无聊的事情发生。如果不给自己找一些有益的事情去做，就会放逸了自己，就会荒废掉一天的时光，甚至做出一些令自己备感痛苦的事情来。所以，安排好自己的时间，让自己每天都有所学习、有所进步、有所创造，这的确是一件非常好的事情。然而时间安排上，也会遇到种种的矛盾与纠结。因为每天的时间就那么多，想要把什么事都做好是不容易的，还需要好好地做规划。比如，每天早上应该先写作后锻炼，还是先锻炼后写作，自己对此很是纠结。如果先写作，就可能影响了早上锻炼的时间，加之还要开会或是应酬，就会把自己每天的锻炼计划打乱了。原本计划得很好，但如果突然出现了什么事情，或是做某一件事情有些超时，就会影响到下一阶段的工作和学习，就会把原来的计划全部打乱，这样内心就像是没有着落一样，认为这一天是不完美的，是没有按时、按期完成任务的，内心就会感到自责。就拿写作来说吧，我要求自己每天写一千五百字，要按时完成，若是完不成就会有种失魂落魄之感，做什么事情都感觉不踏实，心里边总是惦记着，就会坐立难安；如果能够提前或是按时完成写作任务，就会有种轻松无比、安然自在之感。从某种程度上来讲，自己是一个好胜心、自尊心都很强的人，要做什么事就要把它做圆满，不能留下遗憾，不能有任何的瑕疵，不能糊弄了事，否则不如不做。这是做事的态度，也是做人的风格。这种追求极致的心情可以理解，但往往极致是很难达到的。人至中年，每天都会有这样或那样的烦琐杂务需要处理，每天都会有突发的状况出现，让自己始料未及，难以应付。总感觉自己在工作、生活的时间安排上还有些问题，不能充分有效地利用时间，比如，把早上和晚上的时间充分地利用起来。如果能够保持前些年的那种习惯就好了，也就是早上能够五点半起床，把学习、锻炼结合起来，这样就会有充足的时间。如果说晚上不睡、早上不起，那就很难去完成自己的任务了，就只能去占据其他时间，这样时间分配就会更加紧张，就没有了充分的时间去把一件事做完整。长此以往，就会让自己变得忙而无措。这的确是自己目前所存在的问题。还有一个较坏的习惯就是熬夜。晚上抱着手机不放手，看新闻，刷视频，看到了感兴趣的内容就会忘记了时间，时间久了，自己就会腰酸背痛，困乏无比。并且因为熬夜，导致了睡眠不足，第二天就很难按时起床，就会影响到自己的工作和生活。虽说影响不算太大，但也把自己弄得精疲力竭。这样长期下去也不是办法，还是要改变自己，培养自己高度的自律性，能够管得住自己，能够自己引领自己。改变自己说起来容易，真正做起来还是很难的，还需要我们认真地分析和规划，要充分地认识到改变的重要性，了知不改变的危害。归结起来，自己还是没有充分认识到熬夜的危害，所以才养成了这样的习惯。还是要学习一些中医养生知识，充分地了解人体与自然的关系，用中医养生理论来指导自己的生活，提升自己的健康指标。的确，人至中年就不能像年轻时那样不管不顾了，还需要学习一些养生知识，对自己的健康进行指导，让自己拥有健康的体魄。健康是一个人幸福的根基，不管拥有什么，拥有多少，如果没有了健康，那一切也就不存在了。人比的是什么？就是看谁更健康。健康的体魄、健康的心理是一个人幸福快乐的基础。所以，要对自己的生活习惯和身体锻炼充分重视起来。时间管理是一个人有效工作、健康生活的前提，我们一定要认真地研究它，进而获得人生的成就与福乐。

清空自心

计划早上六点起床，结果还是没有实现，一睁眼已经是七点半了，赶紧起来把今天的写作任务完成，然后再把所学的英语课复习一遍，尽量为白天的工作留出时间，不要影响了正常的工作，同时还能留出些时间来锻炼身体。一天的安排是非常紧张的，但越是紧张越是能够激发出自己的活力来。如果还是那样整日没有对时间的科学规划，没有对自己的严格要求，就会让自己懈怠和无聊，就会把大好的时光给白白浪费掉了。总感觉学习不仅是获取知识，更是一种生活的态度，是一种调整身心的重要措施。有了学习，就有了不一样的心境。就像是又回到了学生时代一样，能够用心、用功去学习新知，与同学互相交流，好似时光倒流了一般，自己又活出了年轻人的模样。一个人能够真正坐下来静心学习和思考，的确是不容易的。人至中年，事务繁杂，很多事你不得不面对，家庭、单位、社会、儿女等都需要自己去关注，需要努力把每件事做得更好。面对如此之多的烦琐事务，很多人会感到迷茫，会被现实的繁杂影响了身心，出现焦躁的情绪，产生很多的疲惫和烦恼。长此以往，人就会被诸多的压力压垮，就会产生很多的负面情绪。如果一个人的交流和沟通能力较差，不善于与家人、朋友沟通，又没有其他排解负面情绪的方法，就很容易出现问题，内心就会非常痛苦，甚至会产生轻生的念头。看似好好的一个人，就会被现实的压力以及内心的坏情绪所压垮，失去了身心的健康，失去了内心的轻松愉悦，没有了前行的动力，就这样一天天地变老。这样的生活是非常痛苦的，也是需要我们努力去改变的。情绪的变化对人的影响是很大的。要想有一个好的人生，就要有一个好的情绪，首先就要从调节自己的心态开始。调节心态最好的方法就是让自己有一个好的氛围和环境。要学会换一种环境，进而转移一下自己的注意力。一个人如果整天百无聊赖，没有上进心、好奇心，不能去陶冶自己的情志，这样是相当危险的。心是我们人生的主宰，是人生的指路明灯，我们只有在光明之心的指引之下才能够走向幸福与快乐。内心是我们快乐的源泉。平日里我们要把内心的修炼作为最重要的工作，要给自己的内心注入能量，把它激活，让它置于不同的环境之中，让它释放，让它能够有新的生机，去感知，去接受，去理解，去消化。要让内心沉静下来，给自己营造一个静修室，安守住这颗心，让它没有任何的打扰，让它处于一种非常闲适自在的状态之中。这样自己就能够听到内心跳动的声音，就能够唤醒自己儿时的记忆。那时的自己是多么无忧无虑呀，那时的笑都是纯真的，是发自内心的。虽然现在用成年人的目光去看，那时的自己是比较傻的，但是这种傻自在、傻乐观是印在自己内心之中的，是难以磨灭的。自己不是真正的佛教徒，但还是要有一颗佛心，能够了悟真心、体验外境，能够在无我、无碍的状态之中去求得安乐。很多时候，痛苦和纠结就在于自己想得而不得，被内心的执念所害，舍不得，放不下，求不得。这就是我们痛苦之所在。人生的生死无常、得失相易是那样地现实，看淡了，放下了，也就轻松自在了。仔细想来，我们一生的追求就是喜乐，就是能够让自己自由自在，去做自己想做的事，去走自己想走的路，去吃自己想吃的饭，去爱自己想爱的人。很多时候，那种需求的满足好像是一生之中最大的福乐，需求的不满足则是一生之中最大的痛苦。在这苦乐之中，我们很难得到永恒，一切总会有离去的那一天，总会有让自己放下的那一刻。我们不能因为有如此的无常而悲观失望，而去胡吃乱喝、奢靡狂乱、纸醉金迷，越是这样就越是会痛苦不安，内心还是空虚的，会给自己增加无限的烦恼。只有把内心的障壁清空，把那些物欲与贪奢去除，才能够让心灵见到阳光，才能让人生拥有大自在。与此同时，我们也不能悲观厌世，还是要在生活中给自己增加乐趣，要让那种积极的、达观的、善美的、向上的情绪回归。我参加学习，就是想通过学习调整自己的内心，让自己有一个追求的目标，能够在繁杂之中看到简单，在丑恶之中看到美好，在失去之中拥有收获。一个人只有转变环境、转变心念，真正了知什么才是美，什么才是丑，什么才是轻松，什么才是负累，什么才是失去，什么才是得到。明了了这些，就会让自己的内心变得阳光起来，人生的安乐就会不请自来。

生命永恒

学会努力是不简单的，那是一种自我激励。我们要学会自我激励，唯有自我激励才能够让我们的每一天更加充实、更有意义。回想前三十年，自己也是浪费了很多的时光，总想着如何一鸣惊人，如何能够马上出人头地，如何能够成就一番伟业，在渴望与奔波之中洒下不少汗水，在犹豫与彷徨之中度日。自己也是凭着一股不退缩的劲头，一直往前走，从来不知道前方是什么，不知道能不能实现自己的目标，不知道明年的自己将会是什么样子，不知道前方的道路是平是仄、是直是曲。反正就是义无反顾，永远向前，在哀叹和无望之中努力挣扎，去寻找属于自己的天地，去追求更多、更大的收获。在这个过程中，自己也吃了不少的苦头。记得刚毕业时自己走在去寻找工作的大马路上，骄阳似火，热浪滚滚，但自己也不能停下脚步。每天都是准备资料，去报名，投简历，去面试，一次次地希望，一次次地失望。想想失败的主要原因，还是因为没有社会经验，不懂得业务知识，不知道如何才能把工作做好。在面对面试老师时总是惊慌失措，面试下来也是大汗淋漓、满脸通红。那时的自己缺少社会阅历，从来没有与别人深度接触过，没有社交的经验，加之初入社会，内心忐忑不安，自己要什么没什么，在偌大的城市中没有自己熟悉的人，没有亲戚朋友，没有能与之相交之人，每天就一个人也很是寂寞。自己也没有钱，只能用五十元去租了一间平房，屋里只有一张小床、一个小桌，除此之外，没有任何的家当。吃饭呢，就去集市上用五元钱买了一个带钢丝的那种小电热炉和一个茶缸，每天均是开水煮面条，放些白菜或是豆芽，然后再放些盐和醋。有时买些馒头和咸菜，这样吃起来还津津有味。主要是因为没钱，每个月生活费最多不能超过二百元，如果超出了这个数，自己就要过更多的苦日子了。虽是这样，但自己总感觉还是甜的。无论如何，当时就是横下一条心来不肯回老家，只要饿不死，自己就要留在郑州。当时就是这样想的。每天自己都要鼓励自己，每天早起跑操，晚上还要跑到郑州大学教室里去自习，生活既枯燥又充实，既痛苦又快乐。最后自己终于熬过了艰难的日子，通过努力得到了一步步的提升。虽然其间还有许多的故事，还有很多的困扰之处，还有很多犹豫彷徨之时，但毕竟自己还是熬过来了。回想这近三十年来，没有什么大的成就，但始终不失进取之心，不忘学习之志，努力奋进，坚定前行，自己还是要求自己保持清醒，能够给予自己更多的关怀、鼓励和支持，让自己不要迷失方向，能够给予自己的内心更多的涵养，把那些不好的习惯尽快改掉，把那些无谓的应酬减少，能够一个人清心明志，每天多做一些有意义的事情，多学习些新知，让自己的后半生更有所作为，给自己的人生留下一个完美的结局，无愧于今生，无愧于时光，无愧于自己，拥有一个闪光的人生，那该有多好哇，那样自己来这世间走一遭也真的值得了。把现在当作全新的开始，当作是又一个年青时代，努力从头学起，做最有意义之事，把人生之路走得越来越稳健，去不断地创造出更多的令自己备感骄傲的业绩来，充分地把握这来之不易的机会，充分地利用这大好的时光。这是天地给予自己的福乐，自己一定要倍加珍惜。现在是最好的时光，自己也拥有了年轻时不具备的条件，拥有非常优越的学习条件，自己也是衣食无忧，想做什么基本上不需要依靠谁就能够实现，能够去完成自己想完成的事情，去实现自己的梦想。趁着一切还来得及，就要努力去学，去做，去实现人生的大目标。这绝不是沽名钓誉，也不是为了装潢门庭，而是的确感到再不把现在的时光抓起来就没有机会了。趁着现在体力、精力都还可以，就要努力把这些条件充分地利用起来，把自己的优势充分发挥出来。试想一下，再过二十年会有什么样的景象？也许到那时自己已是心有余而力不足了，再想要去实现什么目标也是很难了。越是这样想，心里越是着急，越是想把时光拦住，不让它走远。但这是不现实的，人生四季，春夏秋冬，这是大自然的规律，是自己无法阻挡的。我们只能惜时如金，把这一天当作一年来过，对时间倍加珍惜，并能够做一些让生命永恒之事，也就是要让精神丰富起来，能够给予自己和他人精神的引领，这样自己也就真的永远年轻了。

管好生活

真正做到“吾日三省吾身”是很不容易的，是需要下大功夫的，需要持之以恒地去做，需要沉下心来，给自己换一种活法，能够用第三人的眼光去看自己，能够有一股子劲，能够指引自己勇往直前、永不落伍。自己一直很想早起，但却总是熬夜，总是沉湎于推杯换盏之中。虽然自己酒力有限，但总是想逞英雄，总是抱着喝、抱着敬，好像唯有如此才能显出自己的诚挚之意、尊敬之心。酒终人散，难受的还是自己。既伤身体，又影响了工作，何苦来哉！人总是在经历以后才会有深刻的感知，知道了自己应该做什么，该怎样去做，只有亲身体验之后才能有最为完整的结论。回想这两年，自己浪费了不少大好时光，总有一种大功告成、安逸安稳之感，认为近几年算是顺风顺水，不用再去劳神费力、殚精竭虑，不用像原来那么拼了，该让自己享受享受了。有了这样的思想，就会极大地放松了对自己的要求，变得整日无所事事、百无聊赖，就会把大好的光阴给浪费掉，就会出现睡不醒的状态，早上就会起不来或是起得很晚，整日头脑昏沉、身体困乏，总是提不起精神来，没有了上进心，没有了创造的欲望，对于工作总是应付了事，对于困难显得力不从心，变得畏首畏尾、胆怯退缩，让自己的工作与生活变得一团糟，给自己的身心造成了极大的伤害。自己不甘心于如此生活，想要从中脱离出来，但又总是给自己打圆场，认为这也没什么，人至中年就不能对自己太过苛刻，该享乐享乐，该放松放松，何必为难自己呢？一旦有了这样的想法，人就完全变了，变得自己都不认识自己了，就没有了原来的上进之志，没有了努力学习的状态，没有了不断创新、不断进步的勇气，变得谨小慎微、裹足不前，变得懒惰自负、虚度时光，慢慢把自己推进了欲望的旋涡之中，在茫然无知的泥潭里难以自拔。人就应该学会不断地警示自己，要学会不断地调整自己的身心，深入思考人生的意义到底是什么，自己应该有一个什么样的人生，应该如何去规划自己的人生道路。再也不能浑浑噩噩地混日子了，那是很“要命”的。如果一个人不能充分地认识到此点，那么这个人就彻底没有希望了。一个人如果没有了上进之心，没有了精气神，那他的生活就没有了什么大的意义了，那跟混吃等死又有什么区别呢？如果每天没有目标，没有追求，没有方向，没有活力，那样的人生也就毫无乐趣可言了，就失去了前行的目标和方向，就没有了任何的希望和收获。仔细想来，人还是要有些精神的，还是要有追求的，这样才能够重新点燃生活的希望之火，才能给自己带来无穷的乐趣。有了目标，有了方向，有了信仰，人也就有了对于人生的另一番理解，就能够分辨出什么是好、什么是坏，什么是悲、什么是喜，人也就变得更有智慧了，就没有了那些疲累之感，每天都显得朝气蓬勃、精力无限，好像自己是铁人一般，不容易犯困，每天都是斗志昂扬的状态。这样的人生才是真正的人生，才是有意义的人生，也是快乐的人生。对于生活，我们的确是要有所规划的，无论年纪大小，每个阶段都要有科学的规划，把自己每天所应该做的事情规划好，给自己以指引，让自己每天都有所收获。这一收获不仅仅是物质上的收获，更重要的是精神上的充实，能够让自己重获新生。今天我也是终于实现了早起的愿望，能够在早上五点半被闹铃叫醒，洗漱完毕就坐在桌前写一篇文章，记录一下自己的生活，拓展一下自己的思路，然后再安排一下自己的生活与工作，感觉是轻松无比，比原来睡到自然醒的状态要强之百倍。这样自己很精神，也很有收获，能真的把自己的生命延长了。能够节约时间，并充分地利用时间，这是成功的前提，也是一个人健康的标志。我一定要努力坚持早起，培养一种好习惯，做到惜时如金，乐观进取，从零开始，不断学习，真正成为自己幸福的创造者，成为能够掌握自己命运之人。

坚持学习

不断地思考为的是能够让人生更有方向和意义。如果没有思考，人就不能够清晰地认识自己、认识他人。在这种不清晰的状态下生活，人就会感到迷茫，就容易陷入一种犹豫和恐惧的状态之中，就不会有一个好的心境，就会被现实中的困难所吓倒，就会因为一些哪怕是细微的困扰和问题而忧烦不已，甚至情绪失控、大动干戈，没有了做人的定力。长此以往，人是容易出大问题的。我们要学会自我宽慰，要明了自己所做的一切的意义，要知道所有的困扰都是前行的动力，都是不断提升自己的法宝。尤其是在遇到了一些人生的阻遏和困扰之时，我们的情志把握就显得更为重要，就会成为支撑自己走下去的唯一法宝。很多时候我们失败不是因为困扰和问题本身，而是因为这些困扰和问题扰乱了自己的心志，让自己深陷于困扰与问题之中而不能自拔，从而产生了恐惧之心，产生了自卑、自责之念，这样就会让自己越来越乱、越来越糟，内心就会越来越慌张，就完全没有了定力，就会让情绪主宰了自己，就会把自己贬低得一无是处。这种心念需要引起我们高度的重视。人的内心是会引申的，能够放大对自己的不认同，放松对于客观实际的分析，就会产生对自己、对他人极为错误的认知，自己也就很难驾驭自己了。很多时候，自己也容易犯情绪化的错误，尤其是当遇到紧急事情的时候，思想就容易走偏，内心就容易走极端，对于下一步的发展就会产生极度的恐惧，就会失去前行的信心和动力。有时候不该自己去操心的事情，自己也会跟着瞎操心；不应该去想的事情，自己也跟着胡思乱想。就比如近日在学习英文时，有些单词和语法自己总是记不住，背了忘、忘了背，这样反复多次还是难以记下，自己就有些脸上挂不住了，就会想：自己怎么就是记不住呢？是不是自己的记忆力退化了，不太适合这样学习？内心就会变得纠结，完全没有考虑到事情本来就是这样，记忆单词也好，学习语法也好，都会有一个反复练习的过程，不可能马上就熟练掌握。学习知识总是需要经过一个消化的过程，记不住是正常的，我们要客观地看待此种情况，不能意气用事。首先要正视它，要充分认识到学习是有过程和规律的，不可能马上就达到某个级别，需要有一个循序渐进的过程。我们一定要深入其中，掌握学习的规律和方法，努力去找到记忆点，找到记忆知识的窍门。掌握好的方法，并经过反复地训练、不断地努力，这样我们就会逐渐掌握老师所讲的知识，并能够熟练地运用。学习是有规律的，我们要努力掌握学习的规律，在慢慢消化中提升学习的效率。要相信自己一定能够做到，有了信心，有了方法和坚持，我们就一定能够掌握学习的内容，就能够在学习之路上阔步前行，最终达到人生的高度，实现自己的梦想和目标。要不怕困难、勇于坚持，让自己从零学起，培养自己的毅力和信心，相信自己一定能够收获人生的大成就。

变化人生

近几天在尝试着改变自己，的确有些手忙脚乱，在时间安排上有了很大的变化，尤其是在工作休息上有了很大改变，把学习和写作的时间安排得多一些，充分利用休息的时间，把自己的生活安排得充实一点，有意义一些，把英文学习和写作当作是必修课，每周还要上自己的MBA课程。每天要求自己在六点前起床，洗漱完毕就要开始写作、晨读，还要准备一天的工作，这样的生活是非常充实而有序的。原来的自己生活无序，饮食不规律，作息失常，人生方向不明确，这些也给自己的身心带来了伤害。通过不断地改变自己，如今的自己能够把时间和精力用在有意义的事情上，每天都过得更加充实而有意义。这种改变是相当好的，至少让自己在精神上和体力上有了很大的提升。每天自己精神上都是无比充实的，连无聊的时间都没有，每天都在考虑着如何更好地工作与生活，每天都在学习新知，都在给自己充电。当然，自己也难免会有些疲累，但这种疲累比之原来没有目标的生活要好之万倍。自己是一个追求完美之人，做什么事都想把事情做得更加完美，不做则已，做就要把事情做好，这也许是一种优点吧。我认为，人活一世总归是要留下些东西的，要通过自己的创造和总结、记录与珍藏，给后辈留下些长期留存的东西，能够让后辈子孙以己为傲，能够对他们的生活有所指引。可能时代不同了，人们的认知和接受方式也会有所改变，不同的时代就会有不同的景象，会有生活的根本性的变化，但是总有一些不变的东西，那就是真诚与关爱、创造与奉献，以及诸多的人性之美，这些是能够流芳百世的，是能够被不同时代的人们所推崇与接受的。所以，要把自己的所思所想、所作所为做一个小结，并把它印刷出来，作为生活与工作的指导。总结是非常重要的，唯有静下心来对自己所学的知识、所有的思想和行为做出总结与归纳，及时调节自己的内心，把自己的身心调整到最佳的状态，能够为自己负责、为他人指引，这才是我们人生意义的最大展示。有时候想想也没有什么好写的，没有什么能够激发自己思维的东西，但是生活之中也有很多有意思的地方，我们每天所接触到的人和事都有值得自己学习和总结的地方。不要小看那些小事，小事之中也有指引自己前行的大道理，也包含着很多很多的智慧，也能成为指引自己的老师。无论每天遇到的人与事是好是坏，都会对我们有所启发，都是我们生活的参照对象。我们要善于观察、善于总结，从生活的细微之处见真章。可能人生所遇到的百分之九十以上都是小事，每天我们都是在做着看似相同的工作，一切看似平凡又普通，甚至连想都不想，认为这些再观察、再总结又有什么意义呢？对于自己也不会有什么现实的意义。越是这样想，就越是对于今天所做之事、所见之人毫不在意，认为这些大事小情、相遇相知也就如此罢了，对于自己没有什么促进作用，好像每天都在重复做同一件事情，这样就慢慢有了惰性，就会变得麻木，就没有了对于人、事、物的正确感知，认为生活是灰暗的，人生是平凡的，再努力也改变不了什么。仔细想来，这也是一种错误的认知。现实之中，我们的确会遇到很多司空见惯之事，会产生麻木之感，没有了新鲜感，没有了敏锐度，内心之中压抑和低落的情绪就会不断累积，人就变得没有了精神，整天萎靡不振，没有了生活的激情，变得麻木起来。还是要学会改变自己，改变认知。我们每天的相聚即是一生之缘，皆是上天的造化。我们能够平安福乐地生活，衣食无忧，清净安然，能够自由出入、自在生活，这的确是人生的难得之福。世界上有很多人向往着这样的生活。每天的清净闲适、自由自在是多么难得呀！真可谓是人间之大富大贵，能平安生活的每一个人都是富贵之人。我们要珍惜这份福缘，要发现每天的变化，看似平凡的人、事、物其实每天都在发生着变化，无论是外在的环境还是内心的世界，都会有变化。变化是永恒的，我们自己也在悄悄地发生着变化。我们要在平凡之中创造出伟大来，能够把我们的智慧积累与传播，能够让我们不断地发现美、创造美。

经历之趣

人至中年，头发稀疏，看着也不美观，为了注重一下自己“光辉形象”，狠狠心就做了植发。原来朋友不建议我做植发，不要受那罪，如若脱发严重可以选择戴假发，况且现在假发制作工艺良好，可以让人在不痛苦的前提迅速修复形象。但不知怎的，我发自内心地不喜欢假发，认为真的就是真的，要假的干什么，如若那样还不如做“光头哥”，真实展露，坦诚相见，这样多好！况且，理发师说我的头型不赖，做“光头哥”倒也不错。但毕竟偏“江湖气”一点，可能不太适合自己的性格。虽然人在“江湖”，但自己并不“江湖”，自己还是比较有亲和力的形象，还要保持“文化人”的做派。要补充一句，我并不是说“光头哥”就不是“文化人”,也不是说那样就不好，而是说自己不习惯。习惯了，自认为适合了，那一切也都好了。由此，我便下定决心：人生不能作假，要做就做“真发”。对于如何植发，以及植发的要求和过程，自己还真是不清楚，只是听人闲聊时说起过，自己再从网上简单了解了一下，通过植发者的评论也了解了一些植发的过程。我最关注的还是疼不疼，什么时间能够“恢复形象”，有没有什么自己不适合、不方便的地方，禁忌多不多，对自己的身体健康有没有影响。虽然价格肯定不菲，但只要是能够给自己一个长期的光辉形象，只要在自己的承受范围之内，就还是可以的。毕竟人在社会间，形象更重要。一个人要向别人呈现出一个好的形象，这也是给社会增光添彩的表现，也是一个人应该做的。可能说着说着就往大道理上靠了。虽然有了植发的想法，但当我看到网上有人评论说植发会打麻药，还有人说在植发、取发、种发之时会有疼痛感，尤其是有人说在麻药剂量小的区域会有针刺的疼痛之感，我不禁感到胆战心惊，内心之中对于植发的冲动就“咯噔”一下消失不见了，代之以些许的恐惧与遗憾，心想：怎么还有这种情况？如果是这样，那就算了吧，不要再去想着植发了，还是保持现有的形象吧，大不了将来就做“光头哥”算了，也比那样去受疼受苦要强。这样想着内心就平和多了，就没有了那份纠结。但让我想不到的是，一份好奇与巧合又让自己“重燃战火”。本来已经不打算植发了，但因缘巧合，前日所报的英语学校就在植发医院对面，让我不得不面对它，不得不去考虑它。刚好昨日上午没有课，我就抱着咨询了解的态度去看了一下，也没有说当天就去植发，自己也根本没有做好马上办手续的准备。可一进医院，就有服务医师来做服务，又有指导老师来做指导，让我深入地了解了所有的植发过程，了解了植发也没有自己想象中那么复杂和痛苦，也就是一个小小的手术而已，当天手术，当天回家，有个近一周左右的时间就能完全康复了。并且我也看到了许多的实际病例，原本忐忑不安的心也就放下来了。指导医师的说明既详细又认真，而且很有亲切感，让我听完又心安了很多，那颗压抑已久的内心终于释放了，当即决定马上缴费做植发，并且是越快越好。反正是早晚的事，晚做不如早做，并且自己也了解清楚了，还那么磨叽干什么？干脆利落地缴费、采血体检、设计方案、预约手术时间，这一套流程用极短的时间便完成了。自己做事的风格就是这样，看准的事情就不要再拖了，说办就办，反正也是件好事，是关系到自己今后的光辉形象的事情。预约了晚上手术，安排好自己的时间，就按时去了医院，指导医师和服务医师帮我办好了一切手续，随后便开始手术了。虽然植发并不是大手术，自己也已经了解了植发的过程，但心里还是惴惴不安，躺在手术床上一躺就是将近五个小时，取发和植发都要分别占用将近两个半小时。为了平复一下紧张的心情，我向手术医师提出听音乐的请求。年轻的医生护士们还真是人性化，同意让我手术期间听音乐，并说这也是平复紧张的办法。于是我拿出手机，调出轻音乐，顿时严肃的、明亮的手术室里响起了轻松悠扬的轻音乐。古筝加钢琴，加上其他的配乐，中西合璧，舒缓悦耳，让我紧张的心也慢慢平复下来，同时内心也对医师们的体贴和人性化深表感激。难以想象手术室与音乐厅的联系是什么样的，还真是创意无限哪。有时候，生活就是要有些小情调，不要小看这些小情调，它能够影响周围的环境，也能够调适自己的心情。我看医师们也是乐在其中，有一个好的心情，那肯定手术也会做得更好。乐己达人，一举多得，安适平和，轻松怡然。话虽这么说，麻药打到头上还是很不好受，像是蜜蜂蜇的一般，有短暂的刺痛感。扎一次也就罢了，还要扎个十几次，这可有些受不了。但又不能大声喊痛，还要表现出男子汉的气概来，只能求医师们能否让它不刺痛或是快点结束。看起来有些时候英雄不是那么好当的。麻药终于打完了，之后便开始“拔苗”。只有先“拔苗”，才能再“栽种”。这个过程也是“拉拉扯扯”地进行了四个多小时。直至深夜一点多钟，手术才结束，我不禁如释重负。做完消炎，扎完绷带，医师交代完注意事项，我便赶紧让亚哲送我回家静养。总之，过程不复杂，感慨有很多。通过此次植发体验，我也深深地感知到：如果想得到，你就必须付出；如果想快乐，你就不要害怕痛苦。痛并快乐着，得失常相伴。一切都是过程，在体验人生的过程中去得到，去感恩，去付出，去回忆。

平衡生活

近两日由于植发身体状态有些不好，头脑昏沉、肿胀、刺痒，感觉很是难受，晚上睡觉头部出汗较多，还有些渗血现象。的确，要想人前显美，就要忍受其罪。人至中年，美与不美已不是很重要了，重要的是能够让别人看着舒服，自己也备感舒服而已。也想让自己重生，用新的面貌来展现自己，那是一件很酷的事。所以，我们做任何事都不可能不劳而获，都需要付出极大的努力，不怕吃苦，不怕疼痛，不怕拘束，要能够忍得住、耐得了，能够在生活中引领自心，能够懂得规律、遵循自然。有时候自己对于时间还是很难把握的，如果遇到一些突发情况，就会把自己的计划全部打乱，比如学习方面已经耽误了好几节课，身体锻炼也受到了一定的影响，的确感到了有些不可承受之重。人还是需要有多种经历、多种体验，需要有不同的选择和认知。经历多了，也就见怪不怪了，同时也认知到一件事有其利必有其弊，要综合性地看问题，对于所出现的状况要欣然受之，要找到其最佳的方面，用平和喜乐之心去接受它，唯有如此，我们才能不断成长，才会有真的自我。我是一个认准就干的人，认为正确的事情就会全力以赴，八头牛都拉不回来，一定会尊重自己的选择，哪怕是选择有误，自己也不会埋怨后悔，总会找到让自己平和愉悦之处，能够从另一个角度去认知它，从而达到一种心理上的平衡。一个人不可能一生的选择都正确，不可能没有痛苦和失落，不可能总是赢不会输。每个人都会有犯错的时候，关键是看你如何去看待。我们要做的就是正视现实，从现实的实际呈现之中去找到自己的有益之处，并把它发扬光大。我原本是一个很固执之人，爱认死理，不懂变通，但随着遇到的事、见到的人多了，经历也就丰富了，看待问题就不会那么偏激了，既能够看到事物有利的一面，也能够看到事物不利的一面，能够客观全面地看问题。虽然现在还有些情绪上的冲动，遇到事情不易冷静，不能够完全平抑自己的情绪，但总归是有了很大的进步，不会像原来那样“一点就着”。那样冲动会给自己带来祸端，会让自己的情绪更加偏激，没有了内心的定力，被情绪所左右，这样会让自己越来越痛苦，越来越烦恼，生活之路越来越窄。这些都是完全以自我为中心所使，不去考虑别人的感受，不能够去理解人、关心人、体恤人，这样自己越来越成为孤家寡人。有时候在自己的思维意识中，总是感觉别人的想法是欠妥当的，自己的想法是全面的，自己是正确的，别人是错误的。正是因为有此种想法，才让自己离别人越来越远，才让自己越来越感到孤单，没有别人的理解和支持，那是相当痛苦的。造成这种现象的主要原因是自己没有清醒地认识自己，没有客观地认知别人，对自己和他人认识不足，不能够站在更高的角度和层面上去看事待人，造成了自己的认知与别人的认知产生了极大的偏差，形成了不好的影响。与人交往一定要多看别人的优秀之处，多从对方身上去学习，哪怕是他有不少的错误与不足，我们也要善于去发现其优秀之处。这的确是与人相处的铁律。千万不能在自己的思维上把别人分类，不要把它作为喜欢与不喜欢的唯一标准。喜欢与不喜欢都是相对而言的，有些你认为非常优秀之人，可能相处时间长了，也会发现他有这样或那样的缺点；有些你认为非常不喜欢之人，可能也会突然做出令你非常惊叹之事，或者发现他在某个领域之中也有令人佩服之处。所以，看待人一定要全面，不能说这个人好就没有任何的错误，这个人不好就一无是处，要客观理性地看待人。随着时间的推移，人的表现都会是不一样的，可能在前几年你不认同这个人，再过几年你就很认同他了。所以，认知也在不断地转换，有时候让你难以相信。在这个世界上，我们都在慢慢适应自己、适应别人，都在努力寻找自己的安乐之所，都在努力去为自己、为他人创造价值，都在学习与人相处的知识和方法。相信我们通过活生生的生活能够领悟很多的做事待人的道理，都会在生活中汲取成长的营养。

静心之美

日子一天天地过去，不知道这一天天是怎么过去的，总感到是无比地飞快，总感到是自己没有做出些什么，大好时光就逐渐离己而去。心中难免有许多的惆怅与无奈，同时也增添了几多的愤怒。这种愤怒包含了自己内心的不甘，也表达了对自己没有能够抓住这宝贵时光去做出更多的事业而产生的不满。的确是心有不甘，并是满腔惆怅。很多时候我们忙于那些自认为非常重要的事情而不能自拔，认为这件事情也重要，那件事情也重要，没有不重要的，均是需要自己马上去解决的，不能拖延，总是急匆匆的，好像天下大事都归自己管一样，人生就在忙乱之中一天天地度过。不知不觉地度过了春夏秋冬，不知不觉地离开了原来的自我，让自己在无序而忙乱的日子里忘记了自己的模样。也许这就是“忙”的真正含义吧，那就是忙来忙去把自己的心给忙丢了，再也找不到从前的自己，在生命的年轮中留下了很多的遗憾和无奈，自己好像是莫名其妙地踏上了时光的列车，从这一站赶到了下一站，人生的四季就在这繁忙之中不断地转换，不知不觉地从一个青春少年变成了中年老汉。一切都在自己不经意间发生了改变，在不知不觉间就换了人间。我一直在想，如果我们能停下匆忙的脚步，去思考，去想象，去描绘，把每一天都当作是一件艺术品来欣赏，把我们生活之中所遇到的每一个人、每一件事都写成历史，好好珍藏，也许会有另一番感觉。我们就会感到时光变慢了，就能够乐在其中。美在生活里，每天的生活里有自己的东西，有记录许多动人故事的地方，能够让我们欢笑和满足，让生活变慢，这的确是一个好办法。只有慢下来，我们才能有更真切的感悟，才能感受和发现生活之美。这种内心之美是其他东西无法替换的，它是无价之宝，是为我们生活增添趣味的调料，是我们真心拥有的先导。的确，慢下来，静下来，听一听自己的心声，我们会有更深的感触，会有对于生活更深刻的理解。可能在现实之中有让我们停不下来的压力与影响，就是想停也不能停，就是想静也静不了，怎么办？这就需要我们用智慧去规划，也要给予客观的理解。所谓的“停”或“静”不是说我们什么都不做，把手头的工作都放下，不是这样的。内心的清新澄明是建立在改变心态上，要学会欣赏和改变情绪，即便是繁杂的工作，我们也是要从心理上对其接纳，不要排斥，先接纳，然后从中发现乐趣。人都会愿意去做自己想做的事情，把学习、工作、生活之中的乐趣找出来，这样我们就会感到异常轻松和惬意，就能够乐在其中，感受到它的特殊意义，哪怕是能感知到它是对自己心性的锻炼，哪怕是自己感受到无比地压抑和痛苦之事，也要学会转念，把自己的心念转变，要把这种压抑和痛苦当作是一种新的感受，当作是考验自己的机会，是自我提升的机缘。仔细想来，我们的痛苦来自于对事物、对自我的纠结，总感觉天底下自己是最倒霉的一个，别人都过得比我好，这也好、那也好，看自己就是这也坏、那也坏，整天在对比与羡慕之中生活，那能感觉到快乐吗？所以，还是要珍视我们所拥有的一切，把当下当作是生命之中不可或缺的一部分，当作是属于自己的最大的收获。无论事物是好是坏，最起码它是属于自己的。要对事物有一个客观的判断，要学会接受，要有喜乐之感，从这些痛苦和烦恼之中去发现有益的东西，发现能够提升自己的机会。认识事物不能只认识其某一个方面，还要认识到事物的全部，唯有能够充分客观地认知，才会让自己放松，让内心释然。很多时候我们太过于追求完美，好像生活之中不能有任何的遗憾，不能有任何不理性、不完整、不规范的东西。实际上，现实之中哪有那么多的理性、完整和规范呢？生活就是随遇而安、无问东西的过程，有时你也不能完全掌控心念，去把握时间，这都需要一个过程。对于那么多的不完美不要过于纠结，感觉自己犯了错，或是做出一个错误的决断，天就像塌下来了一般。其实不然，放下完美的执念，回归现实的生活。生活之中没有绝对的完美之人或完美之物，只有不断地把它置于理解、关怀之境，才能够让自己真正获得轻松与快乐，也才能让自己享受安然静美。

美好时光

白天到黑夜的时间很短，日升日落好像就是在眨眼之间，没有去做些什么，一天就悄悄地溜走了，就像是自己在街边等车，稍不注意，车就开走了一样。很想把它拦住，让它停下来，但无论你如何去喊叫，它也是难以停下。有时让你是焦急万分，不知道如何是好。时光对于我们来讲，的确是又长又短、又快又慢，就看你是以什么样的心态去面对它。我们每天都忙于琐碎的事务，每天都在做着自认为非常重要的事情，每天都有自己快乐或是焦虑之处，每天也都会有不同的感受，有对于现实的满足，有对于未来的期盼，有对于收获的欣悦，有对于失去的痛惜，总之，身心是一刻不停，在与外界接触之中去感受生活的奇妙。但如果心如止水，百无聊赖，机械重复地过生活，那就很难熬了。生活中没有了生机与希望，没有了追求与创造，没有了劳逸的互补，没有了体谅与互动，那人生也就变得索然无味了，这样活过一生与活过一天又有什么区别呢？这样的人生又有什么意义呢？还是要在生活中找到让自己心安的地方，要从忙乱之中找到自己的安守之处，要在平凡的生活中发现不平凡的东西，在恶劣的环境中找到心田的一块净土。如果我们不能够创造出生活的奇迹来，不能够以己为荣、以己为傲，不能够真正自己感动自己、自己引领自己，没有一个清晰明确的目标，没有一个能够把生命引入辉煌胜景的指路明灯，那么生活也就太过痛苦了。我们还要去面对诸多的困扰，还要去忍受那份难熬的孤单，内心之中就会慌乱无序，就会让自己的情绪失控，就会如同一辆失控的马车，东突西撞，害人害己。所以，在生活的繁杂之余，我们还是要学会思考，想一想如何才能让内心清净平和、无怨无艾，如何才能找到启迪心灵、引领人生的东西，让自己生命的每分每秒都能感受到畅快。要惜时惜缘，把一天当作一生来过，把活着的每分每秒都当作是上天给予自己最珍贵的礼物，当作是自己一生之中最大的福乐。无论什么东西都无法与时光相比，也都无法换来宝贵的时光。回想起来，自己也曾浪费了不少的大好时光，那些青春时光已经一去不返，那些美好的岁月都已成为回忆。很多时候，我们把最为珍贵的时光浪费在无聊的事情上，让自己在荒凉的沙漠里不辨东西，这是对生命的极大浪费。充分有效地利用每一寸光阴，去发现、去省悟、去创造、去安守、去珍藏，记录下美好的事物，并将它保存下来，留给后人作为参考，这将是一件多么有意义的事情啊。如若只是过一天算一天，及时行乐，没有计划，没有章法，没有总结，没有珍藏和传承，这样的生活该是多么没有意义呀，这样就会白白浪费了这大好光阴。少年不知愁滋味，在青少年时期总感觉时光很漫长，不用担心会不够用，只希望时光过得快一些，让自己赶紧长大，去做些大人能够做的事情。那时自己对于“光阴”和“时间”还没有什么概念，对于“时光如箭，日月如梭”只是限于口头上，限于一种无病呻吟的状态。踏入社会以后就要为梦想而拼搏，去过自由、幸福的生活，去拥有自己想要的一切，去热切地追求着、拼搏着、努力着，有时候也是很难达到自己的理想之境，有哀怨，有愤怒，有放弃，有玩世不恭，还有在拼命地挣扎着，总是在一种想而不得、进而不达的状态之中。现实总是那么冷漠，总是要给自己留下诸多的遗憾，让内心在失落之中隐藏，在痛苦之中纠结，从来找不到真正的理想之境。如今已经人至中年，生活、工作都相对稳定，没有什么大的压力，并小有建树，即便如此，自己也还是有这样或那样的不满足，总是感觉还有很多的梦想没有实现，还有很多的遗憾和无奈存在，尤其是对于岁月又有了更深刻的理解。每年在填报年龄之时，自己总是把自己吓了一跳，不相信这是真的，怎么可能一下子就到了中年，转眼间离开大学校门已经三十年了，这是多么可怕的事情啊。虽是如此惊讶，但自己也是不得不去接受这一现实，不得不清醒地认识到这一点。岁月无情，好在你我安在，还有充分的时间去规划自己的生活，能够真正重新开始。无论是学习还是工作，都要有一个新的开始，要给自己制订好计划，能够把每一天充分地利用，去创造出令自己满意的业绩来，让内心清净安适，扫除心中的障垢，还自己一片清新澄明的天空。

清凉自心

早晨洗漱完毕，坐在桌旁，看着窗外，天渐渐放亮，晨曦伴着微风把心情照亮。把小音箱打开，放一曲古筝曲，人在曼妙的乐符中轻松无比。早晨是美妙的，是自心最清净的时候，没有任何的杂染，就像是一块白纱般轻盈而洁白，也像是一泓清泉在心旌欢唱。此时的自己像是步入了一处原始森林，踏着厚厚的落叶，在晨光斑驳的树荫下穿行，周围的小生灵还在酣睡，在美梦中呢喃，像是在与玩伴们嬉闹，嘴角不时露出甜美的笑靥。此时，自己的心情畅快无比，那份清净安适之美难以言表。我们都要找到心头的那份美，让自心在无序的时空中找到安乐之所。每天我们的身心都疲惫不已，身在动，心在想，手在忙，脚在行，我们在不断地向外感知，不停地争得自我的天地，希望让自己过得更加安逸舒适，获得人世间的一切美好。在这追求的过程中，哪怕会流汗、流泪、流血，我们也在所不惜。每个人都会有自己追求的目标，如果没有目标，人就变得迷茫，不知道人生之路将如何去走，不知道如何去安放自心，不知道生为何来、死为何去。春去秋来，夏去冬至，生生灭灭，循环往复，不辨东西，不知你我，这样的人生其实是很悲哀的，是毫无意义可言的。匆匆忙忙过一生，忙忙碌碌又一春，一切都归于平寂，一切都没有了原来的模样。还是要学会自悟，始终保持一种平和冷静之心，能够观照天地万物，能够有自我的觉知，把自心与外境相应。无论身处何方，都要乐天知命，用一种无比欣悦之心去面对一切。因为这些属于自己，是自己专属的依靠，是必然要面对的最美的时空。所以，不要有任何的犹豫和悲切，不要有任何的不舍和哀伤，一切都是必然的呈现，是自己最美的感受。如果我们能用这样的心境去面对一切，那么生命之美就真的呈现出来了，人生的福乐也就此显现。很多时候我们会跟自己较劲，一直对自己不满意，对于自己和周围的一切都提不起精神来，最主要是认为自己这也不行、那也不行，这也比不上别人，那也比不上别人，这也想要、那也想要，奢求之心很旺盛。但越是这样越是感到疲累，身心越是不安生，越是增添了愁苦。这的确是现实生活中最容易出现的现象，也就是所谓的去寻找快乐，反而找来了许多的愁苦。整日眉头紧锁，神情凝重，看什么都不开心，做任何事都抱着一种否定的态度，认为这也不行，那也不行，内心充满了悲观和失望，重重压力如乌云一般盘踞在心头，没有云开雾散之时。这的确会给自己的生活带来很多的压力，也是自己身心健康的大敌。如果我们不及时加以调整，内心就永远无法安定下来。心不定，人不安，事不成。所有的成就都是在自我清醒的状态下取得的。没有了内心的清净和心志的澄明，我们做任何事都是混乱不清的，是没有头绪的。如果不能在生活和工作中保持心志的清醒，那么我们就难以取得任何成就。所以，我们要静下来，每天对自心有所关照，要学会省悟和放下，用平和之心去面对一切，不要有奢望之心，在做事之前要分析其利害关系，要选择那些有利于身心成长之事，对于那些有害身心之事要避而远之。要在身心安稳的前提下去做事，对于那些不好的事，或是容易让自己迷失之事，千万不能去做，要学会保全自身，不为所动。如若去做了，就会让自己身陷纷扰之中，就永远没有出头之日，那真是得不偿失呀！

的确，静心之妙有很多，省心明志，处之怡然，所有福乐即会翩然而至，不用去苦苦追寻。很多事情皆是要靠我们的内心，内心调适好了，那一切也就好了。如果只是靠外在的支持和辅助，那只是一时的，不是长久的。要想获得长久的发展，拥有长久的福乐，就要从心中找起，要树立一种信念，要有心的方向和无争无着之念。唯有如此，才能让自己达到无我无碍之境，才能够轻松自在，没有任何的挂碍。很多时候，我们对己、对人、对物、对境的不满皆来自于一种奢望之心。奢求一切都好，不能有一点的不好。如果有一点的不好，心中就有了疙瘩，就有了解不开的结，就会愁眉不展、愁绪万千，就会产生苛责之心。苛求完美是一种执念，不但会伤害自己，还会伤害到周围人。因为任何事情如果太过于追求完美，就会陷入一种偏执，看什么都不顺眼，用“检察官”的眼光来审视每一个人，用挑剔的方式来对待一切人、事、物，这样不仅会让自己身心疲惫，而且也会让别人紧张兮兮，真是何苦来哉！还不如顺其自然，慢慢改变。要学会用欣赏的眼光来对己待人，能够从别人身上汲取进步的营养，以人之长补己之短。哪怕是再没有经验之人，再没有所谓本事之人，也会有其长处，有自己比不上的地方。要学会欣赏、赞美和学习，这样既是对别人的激励与尊重，也是对自己的解放和提升。自身的境界提升了，对人对事的态度改变了，自己也就安心多了，快乐也就自然而然会来到自己的身边。每天要对自己有一个好的衡量，真正做到清心明志、清心寡欲、心无旁骛、气定神闲，这是多么开心的一件事啊！那是无碍无争的乐境，是无我无欲的自在，是静心闲适的舒畅，是安乐自在的福乐。学会调节心绪，学会调养性情，我们就掌握了通向成功与快乐的方法，就拥有了掌握自己命运的法宝。

留意生活

仔细想来，铺开这张纸、拿起这支笔也是很难的，要克服诸多的杂扰，要有写的冲动和内心的向往，有需要倾诉的欲望和快乐，要能够早起或是熬夜，抑或是推掉其他杂事，让自己静下来，抽出一定的时间来与己相处，打破内心的樊篱，真诚地袒露自心，把自己的所见、所知、所感、所想都写出来，这也是一种勇气和真诚的展现。很多时候我们羞于表达，不想让别人知晓自己的真实想法，那样就像是没有隐私一样，把自己袒露在人前，如果别人对自己所写的不予认同，或是耻笑自己怎么办？抑或是自己文笔太差，不能够准确表达，词不达意，不形象，不生动，不能打动人心，离主题太远，形容修饰得不好怎么办？抑或是不能引经据典，没有唐诗宋词元曲的功底怎么办？诸多的疑虑压得自己喘不过气来。还写什么文章啊？闹一闹、玩一玩也就罢了。自己本来就不是作家命，人命是天定的，该干哪行都是已定的。有了以上种种想法，那就别想安然坐下来去写作。有时自己虽然早早起来，但也是忙东忙西，不知所以，一看表已经过去一个小时了，再坐下来开始写作，那已经是快上班的时间了，于是就急匆匆地强迫自己去写。这样把写作当成了一种任务，更是一种压力，自己的真实情感难以得到抒发，反而徒增了许多的烦恼。带着这些遗憾和烦恼去工作，去学习和生活，就会压力无限，没有了激情，也丧失了信心。信心和激情对于一个人是非常重要的，它能让人克服种种困难，能让人转变为自己所描绘的那个人。文字具有神奇的力量，写与不写完全是两种状态。写出来就会感觉更加贴切、更加深刻和系统，更能够把自己的思想充分地表达。这是一种非常神奇的感受，也是内心的一次洗礼，能够让自己静下来，把心、手、口相统一，充分地把内心所想整理出来，形成人生的积累。同时，写作是一种极佳的交流方式，能够与众多人士不断交流，把自己的所知、所感、所想与人分享，这是一件多么奇妙的事情啊！有时候，人所需要的就是抒发和释放。任何思想如果总是藏在心里，不去抒发、袒露、展现、整理，那就只是一时的意念而已，是没有什么实质意义的。唯有通过写作和抒发，才能达到互相学习、记录人生、总结经验、提高素养、涵养性情、平衡心念、凝聚智慧、创造发现、流传后世之目的。拿起笔来就是一次胜利，就是引领自我、战胜自我、提升自我的开始。没有必要增添那么多的愁苦和犹豫，以及那么多的繁文缛节，想到什么、看到什么就真实地记录下来，作为对生活的告白，也是对人生、对人事物的又一次的领悟。人就是在不断地领悟与成长之中提升自我、增长智慧的。可能我们没有那么多的光辉荣耀，没有那么多的惊险神奇，没有那么多的情趣快乐，我们都是俗人，都在衣食住行、朝九晚五中打转，在人世间奔波劳苦。生活在不断继续，劳碌在不断延展。可能生活中没有让我们停下来思考的时间，可能我们还掌握不了自己的命运，能够真正做到衣食无忧也就是最好的了。没有饥饿，没有战争，没有猜疑，没有敌对，没有那些彻夜难眠之时，有的是柴米油盐、按部就班，有的是亲人的牵挂、平凡中的平凡。这看似平凡而又平凡的日子，其实是人生中的最佳状态，这才是人间最真实的生活，是我们每天都要经历的过程。在这平凡的日子里，我们哭过，我们笑过，我们得到了，我们也失去了。日子在人间烟火中慢慢走过，自己也从不懂人情世故的少年步入了背负重担的中年，这一切看似漫长，实际上也是那么迅捷。当时想都不敢想三十年后自己会是什么样，可这三十年就这样匆匆地过去了。该是自己静下心来想一想的时候了，把那些还没有记录的记录下来，把那些还没有总结的总结出来，把那些还没有想通的道理一一想通和理解，把那些想做还没有去做的事情抓紧去做。人生就是这么一段短暂的旅程，我们要好好把握，好好珍惜，好好发挥，才能终有所得。

生命状态

总想什么事都干好，把事情排得满满的，每天都有新的收获，都会有新的奇迹发生，希望之火永远不灭，不断地给自己提出更高的要求，这样才有目标与动力。今早也是能够在五点半起床，洗漱完毕就开始了写作。写作是每天的任务，同时也是对自我内心的调适。通过写作，自己能保持一种进取的状态，身心清醒而舒畅，能够一改原来懒惰、懈怠的状态，真正把有限的时间充分地利用起来。

人至中年，即是下半生的起点，要让自己重生，重新回归到青春少年时期的状态，把学习和创造放在第一位。有了学习和创造，那人生也就精彩多了。如若每天都是懒散懈怠、无精打采、萎靡不振、浑浑噩噩、无聊至极的状态，那样的生活还有什么意思呢？那样的人生还有什么意义呢？即便是衣食无忧、享尽荣华，那也只是一个无用的废物而已，对于社会是没有任何价值可言的。非但没有价值，并且是在浪费资源，那样的人生是无聊无趣的人生。生而为人，我们就要充分利用这大好时光，多去做一些对社会、对他人有益的事情，要不断地增长自己的见识和能力，不断地提升自己的素养和品位，真正为社会带来福音，给人类带来美好。尽管自己目前还有这样或那样的不足，但上进心不可失，为国为民之心不可失。失去了这些，自己就会坠入万劫不复之地，就没有了生活的价值和意义。可能表面上看自己所讲的有些太大，好像是有些不切实际，但什么是实际呢？实际就在我们的眼前，每天都在上演新的剧目，有很多的想象即是现实。虽然理想、勇气和信心不能当饭吃，但一个人如果没有了这些，就会失去了内心的指引，就会如同迷途的羔羊一般，不知道自己该走向哪里，不知道何处才是归途。一个人没有了信念和理想的指引，丧失了自信和勇气，那么他也就失去了自己的所有，就不会有人间的福乐和事业的成功。因为他不知道活着的意义是什么，不知道自己是为谁而活，又该如何去活。一个人不明白这些，就只是为活着而活着，没有追求，没有目标，没有计划，没有动力，没有提升，没有对自我的激励；遇到问题和困难就悲观失望，灰心丧气，畏头畏尾，犹豫不前，这样的人生是灰暗的，这样的生活是毫无趣味可言的，这样的人是不会拥有成功与幸福的。现实之中有很多这样麻木机械之人，他们不知道什么才是真正的人生，不知道人生的福乐从何而来。曾经有一段时间，我也感到很迷茫，好像是经过前些年的努力，苦也吃了不少，路也走了不少，活儿也干了不少，认为自己该停下来歇歇脚了，不用再去考虑学习和拼搏了，也不要再对自己要求那么严格了，应该让自己放松放松，享受生活之乐。有了这样的念头，自己就会放松了学习，变得整日无所事事、游手好闲，就有了放逸之念，要么就是喝酒嘻乐，要么就是慵懒闲散，晚不睡、早不起，没有了锻炼，生活也不规律，还时不时有些小毛病，身体也逐渐垮了下来。尤其是明知自己酒量不行，还总是想着组局，造成浪费不说，更重要的是损害了身体健康。仔细想来，这些都是有害身心健康的行为，自己需要加以警醒，需要重新调适自己，要对自己有所约束和管控。如果不加管控，就会让自己失控，甚至坠入万丈深渊，到那时一切都晚了，要想再回到从前，那是不可能的。那时人就再也没有了人生的自由，只能在无限的哀戚、后悔和悲愤之中度过余生。亲人远离，友人不在，无法融入社会、融入自然，去过正常人的生活，那是多么悲哀呀。所以，我们还是要学会参悟生命的本质。生命就是一个过程，是一个了解自然万物的过程，也是一个了解自我的过程。在这不远不近、不长不短的旅途中，如果我们能够留下些什么，能够有令自己备感骄傲的地方，能够为社会、为他人做出贡献，能够为后人带来荣光，能够成为后人之楷模，引领他们过好一生，这样我们也就真正活出了人样。话虽如此，每个人都明白这些道理，可要在实践中管住自己还是很难的。很多人都会有放逸之心，会做出一些不合道理之事，还美其名曰是生活的调味剂，其实这样是很危险的。俗话说得好“失败总在倏忽间”，“一失足成千古恨”。世上没有后悔药，我们能做的就是要防微杜渐，洁净身心，要保持洁净无染之心，时时警醒自己、规范自心，能够自我提升、不断进步，善于思考，善于总结，明辨是非，清醒彻悟。生命的时光是有限的，我们的心力、体力也是有限的。我们要把这有限的时光和精力、体力用到最有益的地方去，不被外境所诱惑，不被虚华所蒙蔽，活出自己，活出美好的人生。

活力人生

忙碌了一天，每天学习和会务不断，不知不觉一天就又过去了。人一忙起来，就会感觉一天的时光过得特别快，快得让你来不及眨眼睛。从早上醒来起床到晚上上床睡觉，好像也就十来分钟的事，完全没有了时空的概念。所以，忙起来可能就会把自己给弄丢了，没有了你我之分，没有了应该做什么、不能做什么、先做什么、后做什么之分，完全是凭着内心的感觉，有时的确也是下意识的行为。原本没有提前做好规划，但到时候内心自有分别，它就会本能地去设置，有时也会让你感到很惊讶，自己内心的力量会是这么大，自己能够感动自己，自己能够安慰自己，能够找到生命中最原始的力量。人还是要有自心的主张，要活出自己。如果一味地委曲求全，不能抒发内心，那是一件极其痛苦的事情，是不能让内心安定的。我们每天都在寻找内心的安定之所，给自己提供新的环境和滋养，就如这美好的清晨一样，抛去繁杂的羁绊。早上五点多起来，洗漱完毕，坐在书桌旁，播放一段轻音乐，让自己陶醉在乐符里，轻柔舒展，韵律缱绻，让自心轻松无比。那种感觉是非常美的，让人顿时没有了困意，有的是清净和舒适，有的是情意缠绵，有的是激越奔腾，有的是溪流涌动，有的是波澜壮阔，有的是对自我的抚慰，是对人生的诠释，是对情义的珍藏，是对美好的向往。我发觉音乐是能够触动心灵的，也是能够陶冶性情的。我们经常忙碌于日常的烦琐事务，一心向外，与人交往，与事相触，安排别人，也受别人安排，完全没有时间留给自己，不知道自己想要什么，也不知道到底喜爱什么，整日忙于俗务，没有了自己的时间和空间，没有了内心的安适和向往，想要的得不到，想跑的跑不掉，完全没有了自由，没有了自己可以掌握的东西，那是非常憋屈的人生，是受限制和拘束的人生，也是没能够充分发挥自我能力的一生。当然，我不是说没有了约束和管理的一生就是好的，我们还是要有一个非常清晰的人生目标，要充分地发挥自己的主观能动性，要从日常烦琐的生活中去学习和感悟，这样才能够越活越明白，越活越自在。千万不要认为自己已经懂得够多了，人生的每一天都是新的，都是我们发光、发热的最佳时机，也是我们需要重新认知的时期。千万不要认为自己已是身经百战、所向披靡，没有什么可以阻挡自己成功，没有什么是自己逾越不了的障碍。有了这样的思想，人就会放松警惕，就会大意失荆州。我们要随时随地反躬自省，要学会自我管理、认真分析、不断总结、积极创造，这样我们才能跟上时代的发展，才能让自己在进步中成长、在拼搏中收获，不断地超越原来的自我。人至中年，总会有些麻木与惰性，不想再去拼搏，不想再去动脑筋，认为自己已是“功成名就”了，并且自己已经这么大年纪了，还有什么可学可拼的呢？只能督促孩子们去努力了，反正再去学习自己也记不住了，加之自己公务繁忙，抽不出那么多时间去学习，也不指望自己能考出什么好成绩，对于自己来讲，学习已经没有什么意义了，学或不学没什么区别，也不会影响自己的衣食住行，还是算了吧，不用再学了。有了这些思想在作祟，那自己也就学不好了，就会安于现状，没有了上进心，没有了进取的动力，这样人就真的老了，脑力、体力都会下降。因为你已经把自己限定于此，没法解脱了。这样人的精气神也就没有了。一个人活着就是有一种精神在引领自己，让自己有目标、有追求，有可参照的对象，有每天要做的事情，有能够战胜自我、不断超越的信心。这样每天都是有计划、有目标、有践行、有动力、有提升的，那么人也就真的活起来了。如果一个人没有了精神的引领，没有了生机、活力与情趣，那么活着还有什么意思呢？生与死又有什么区别呢？我们活着就应该活出一种状态来，活出一种让自己备感兴奋和荣耀的状态，让自己也佩服自己，自己也感谢自己，自己以自己为傲。很多时候，我们努力不是为了去争什么，而是为了让自己的生活更丰富、更有活力和情趣。要活出一种积极向上的状态，要有自我的解放和激励，让我们能够发现一个不一样的自己。

时光思考

生命的状态在于进取之中，在于不断地超越自我之中。近日来加强了自己的学习，把业余时间都充分地利用起来，学英语、学MBA课程，还要参加其他的学习活动。在学习的同时，还不能耽误工作，这也给自己提出了挑战，需要科学安排作息，不能懈怠，让自己生活更充实起来、健康起来。忙起来，动起来，唯有如此我们才能找到真正的自己，才能不辜负这大好时光。

我也总是提醒自己，不能浪费时光，要把每天都当作一生来过。可现实之中，往往也是难以控制。每天均是执着于生活的细节，被欲念所牵引，在犹豫着，在畏惧着，在忙乱着，在想象着，在迷茫着。有时也会迷失自我，变得茫然无措，心灵之路被障垢所阻塞，无法通达，无法找到真的自我。这样人就变得慌乱，就失去了定力，就会说一些漫无边际的话，做一些盲目混乱之事，就像是失去了魂魄一样，变成了一具行尸走肉。这样的人生显然不是自己想要的。还是要有自觉自悟之心，能够通过生活的方方面面去体会其中的奥妙，通过看似简单的事情了知大的道理，让自己开悟，从生活中汲取营养，让身心舒畅，让精神振作，让自己每天都有新的收获。学习生活，学习知识，学习管理，人生就是在不断地学习之中得以提升。我所上的MBA课、英文课，是一种学习的途径，某种程度上也是改变自己的方式。通过学习，自己也改变了不好的生活方式，改变了不好的习惯。原来自己每天都是应酬不断，迎客送往，好不热闹，喝酒聊天、娱乐放松、东奔西跑、熬夜上网，这些坏习惯真是害人不浅，不但浪费了时间，而且由于生活没有规律，黑白颠倒，饮食无度，也给自己的身体造成了极大的伤害，整日是腰酸背痛、哈欠连连、萎靡不振。不能够自律自控，人生就会陷入一种非常危险的境地，一种难以自拔之境，一种自我毁灭之境。因此，我要求自己要振作，改掉以往的坏毛病、坏习气，要养成良好的生活习惯，从现在开始改变，合理安排作息，增加学习时间，能够让自己静心学习，争取把失去的时间赢回来。参加MBA学习，与同学们互动沟通，大家围绕一个主题反复研讨，异常热烈，有时会针对某一个问题提出不同的意见，但大家都能够发挥集体的力量，民主集中，给出一个相对一致的答案来，从而使我们的班组成绩一直名列前茅，这的确是一件非常开心的事情。能够重新回到课堂，与五湖四海的同学们一起学习，尤其是在步入中年之时能够有此机会，自己也感到无比地荣幸。自己仿佛又回到了青春时期，有欢笑，有学习，每天都在不断地进步，都在向着自己的梦想迈进，都在积极上进、勇于攀登、争取更大的成功。那是一种欣欣向荣、朝气蓬勃的生命的展现，是自我的重生，是对生命的最大尊重，是人间的最大福乐。学习不仅仅是为了达到某种文化水平，更重要的是一种对生命的态度，是一种对自己的尊重，是对人生的重新诠释。

一生的时间很短，我们来不及犹豫和停留，要让自己马上行动起来，不能再蹉跎岁月了。生命之短就在一呼一吸之间，时光就在我们的指间悄悄溜走。回首走出的这半百人生，自己也是吓了一跳，真不知道时光是怎么走远的，百思不得其解，总感觉这一定不是真的，怎么还不知道咋回事儿呢，几十年就过去了。在平日的生活中，还感觉时间过得很慢，感觉不到是如此飞快，只是当我们回想起来时，会把自己吓了一跳。自己也深深地感觉这时光太会骗人了，看着这么慢，怎么回想起来会这么快呢？它是在玩魔法吗？哎，不管怎样，了知了时光的如此“做派”，就要让自己警醒了，不要沉迷于表面的浮华和自认为的久远，要对生命有清醒的认知。一个人的生命是短暂的，就这么几十年的光景，如果不加以珍惜，不能发挥出它最大的价值，那跟白活一生又有什么区别呢？就像是这“一岁一枯荣”的小草一样，了无痕迹，没有什么留影。其实我们的生命如果不好好珍惜与呵护，还不如这小草。小草还有返“绿”的机会，可是我们人呢，一旦走了就永难再见了，也就没有了提升自我，让生命发光发热的机会。想起来还真是后怕呀！有了这样的思考，就有了要把现在的人生过好的愿望，能够让价值显现、荣光无限、自在圆满。

营造环境

我习惯于在写作之时听听音乐，这样能让自己尽快地沉下心来，进入一种安静思考的状态，能够去想、去记一些东西，把自己的想象诉诸笔端。很多时候不是自己不想去总结、学习和记录，而是没有进入一种状态。如果能够设置某种场景，让自己融入其中，人就会马上变了样，忧伤的可以变为快乐，狂躁的可以马上平静。这的确很神奇，能够静下来跟自己说说话也是非常神奇的。人是需要倾诉的，如果没有倾诉与交流，人就会变得非常孤单，就会感到非常落寞，就完全没有了自我，找不到能够让自己解脱之境。尤其是在遇到某种困境而自己又无法解决之时，就需要有人来安慰和劝导自己，有时候一句话就能让自己豁然开朗，心情立马就不一样了。所以，写作是对内心的抚慰，是对自己的劝导。就像是有一位老师在身边开导自己、劝慰自己、引导自己，自己可以把所有想说的话告诉他。每当写完一篇稿子，我就有一种如释重负、轻松无比的感觉，原来的愁绪立刻消失了，就会很自信地面对所有，就会有了对人生的重新定义。的确，一个好的环境对于一个人来讲是非常重要的，它能够让人走入一个新境界之中，去看到不一样的自己，去体会不同人的感受，这是心与神的交流，是性灵最美好的体验。自己对于环境还是有点讲究的，如若居家，就要有安心之感，把住处收拾得干干净净、舒适无比。如果有一样东西没有放置好，内心就会感到非常别扭，就一定要把它重新摆放好，否则就会坐立不安，心里好像是有什么事必须得做完似的，那种焦灼难耐之心搅得自己慌乱不已。一旦把它重新归置好了，那心情就完全不一样了。心境也是一样。自己有时也是易于激动的，遇到一些自认为不好的人与事，就会情绪激动，甚至暴跳如雷，处于一种内心失控的边缘。有时发过一通脾气之后，又会深感自责，心想：何必发这么大的火呢？有时自己也不知道怎么突然之间有这么大的变化，不知道自己怎么会为了一点小事就发脾气。这样不计后果地发脾气对自己的健康是极为不利的，对于心、肝、脾、肺、肾都会造成损伤，直接的感觉就是心口疼痛、肝部不适、血压升高，有些头晕目眩之感。可以说，乱发脾气是有百害而无一利的，不仅会给身体健康带来危害，而且也会伤及人与人之间的感情。不要想着发火是自己强大的表现，其实这是一种懦弱的展露，是一种无能为力的表达，这只是证明了这个问题自己无力解决，并且会让自己的形象一落千丈。所以，还是要善于调节自己的内心，要营造一个良好的心境，用理解来代替争执，用信任来代替猜忌，这样自己在生活和工作中才能如鱼得水，才能获得别人的支持与帮助。外在的生活环境和内在的心境一样重要。我们生活在环境之中，就会受到环境的影响。环境是能够改变一个人的。就比如我们感觉非常疲惫之时，可以给自己换一个环境，走出去呼吸呼吸新鲜空气，感受一下大自然的美好，到海边，到林间，到沙漠，到田地里，到现代化的都市里，体验不同的环境，感受不同的心境，这样疲惫感就会消失不见，内心就会变得轻松愉悦。置身于不同的环境之中，内心的感知也是不一样的。时不时换一个环境，能让人有一种重生之感。有人说，你自身所处的环境就是你的能量场，这个能量场有强有弱、有高有低。我们要善于去调适它，要营造属于自己的能量场，能够不时地为此加油充电。如果我们生活在一个自身感觉不舒服的环境之中，那是会出问题的，甚至会让自己生病。我们要接近那些与自己同频之人、之物、之景，要远离那些无知、无心、无理之人、之物、之景。如果实在无法远离，那就要学会调适它，能够争得更多的支持，能够不断地调整和改变它，最终让它与自己的身心相应。人生是一段很奇妙的旅程，它承载着希望和梦想，它充满了无限的可能，它能让我们发现自己的能量，能让我们创造出令自己备感惊讶的奇迹。只要我们学会改变，学会积累，学会与人为善，学会用真心去关照周围的一切人、事、物，我们就会发现一个真的自己，一个伟大无比的自我。

心灵祈祷

昨日是心情颇为沉重的一天。东方航空MU5735航班由昆明飞往广州，在广西梧州失事，初闻此消息，自己真是难以相信，反复翻看新闻才确认这是真的。虽然目前还没有确切的关于人员情况的正式报告，但恐怕也是很不乐观，唯有在心中默默地祈祷，愿他们能够创造奇迹，平安无事。自己也不知怎的，昨日一大早就心情慌乱，还莫名其妙地对员工发火，并且还不止一次，那种心情狂躁之状态也让自己很是惊讶。自己也不知道是怎么了，也许这种一反常态的反应跟此事件没有任何关系，但那种心情的沉重与不安是有些难以承受的。有很多事情是我们想象不到的，也有很多事情是我们难以控制的，就像是有一只无形的手在指挥着一切，在操控着命运一般。这也就是所谓的人命不在己而在天。一切有形的、无形的皆可是人生的主使。现实的呈现让我们很难接受，但又不得不接受，不得不面对，这就是残酷的现实。面对如此状况，我们唯一能做的就是面对它、正视它，尽最大可能让损失降到最低，彻底追查事故的原因，确认到底是哪些方面出了问题，以规避以后的风险，并在党和政府的领导下做好善后事宜。众志成城，互相抚慰，做好我们应做之事，各司其职，不慌乱，不惧怕，不放弃，不推脱，在生活和工作中做好自己，这是我们的应对之道。我每次乘坐飞机都会有不安之感，尤其是遇到颠簸之时，更是心情紧张，总是念念有词，不断地给自己安慰，直到飞机平稳着陆才如释重负，仿佛重获新生一般。自己也深知飞机是安全的交通工具，相较于其他一些交通工具，出事故的概率是非常小的。但一旦遇到类似空难的发生，心情的沉重是难以言表的。对于自己来讲，只能安抚自心，祈祷一切平安吉祥，祝愿奇迹能够出现，能够给予所有人以极大的安慰，但也要做好承受压力的准备。的确，难以承受生命之重，我们的生命只有一次，我们看似平凡普通的生活，抑或是相知相遇的偶然，仔细想来，皆是我们人生最大的福乐。能够平安地活着，衣食无忧，平和自在，这不就是人间最大的福乐吗？什么所谓的财富、地位与此相比，又算得了什么呢？那就根本不值一提了。

前一段时间自己也很是迷茫，感觉整日过着周而复始、平淡无奇的生活，没有什么大富大贵，也没有所谓的尊崇奢华，每天都在按部就班地进行着，自己就有些放逸，不能够很好地分配时间，甚至没有了时间的概念，一天天地过着毫无生机的日子，没有了努力进取之心，享乐之心就出现了，做任何事情都打不起精神来，整日推杯换盏、熬夜嬉戏，放松了自我，浪费了光阴，辜负了大家对自己的期望，想起来还是非常痛心的。任何的浪费都比不上对时光的浪费让我们损失大，要把有限的时光用在学习、创造和奉献上，要抓住点滴时光去提升自己的性灵，让心灵充实而有力，能够抵御一切的风浪，让它每天都充满喜乐，充满对于大千世界的关爱之心、慈悲之心，能够在无我无碍之中生活，让内心变得宽广无比，能够包容万物，就像江海一样，能够海纳百川，不择泥沙与溪流，波澜壮阔，浩荡无垠。心的力量是非常巨大的，它是人生的主宰，能够让我们把一切都淡然处之，把美好都好好珍藏，经天纬地，爱憎分明，慈爱恩泽，付出无我。生活就是要教会我们如何去创造，如何去珍爱，如何去付出，如何去珍藏。虽说人生无常，但在这无常的人生之中，我们还是要找到真我，哪怕自己的力量再微弱，也要自强不息，全身心地去努力。因为一切皆有可能，看似每天都普通平凡，没有什么变化，但那只是看到了肤浅的一面，大千世界每时每刻都在发生变化，都在寻找着自我的归宿，都在不断地改变着自己。看不见，只是没能够与其相应相通，没能够深入去体谅，没有觉悟而已。在这个世界上，我们都是一粒微尘，都在随着时光的推移而变化，在出生、成长、死亡的不断变化之中去找到性灵之本。生命的本源是两面的：一面是现实之中的影像，一面是内心的世界。如果只是看到现实中表面的自我，只是为了活着而活着，只是为了满足自我的欲念而活，那样的人生是粗浅的，是没有品质的。有品质的人生就是要从涵养性灵做起，去感知到另一个美好的世界，去体会到人间的福乐与自在。精神的世界是永恒和美好的，精神是人生最美的珍藏。

生命时光

早早起来坐在桌旁，听一听古典音乐，品一口香茗，写一段文字，的确是一件非常美妙的事情。早晨是内心安然平和之时，也是规划新的一天的时刻。能够在一个非常闲适的环境中陶冶自心，放下一切的繁杂，回归清净自然，这的确是对心灵的一次洗礼。我们在尘世间摸爬滚打，在无限的欲望之中沉沦，在自我的道路上越走越远，一直在追求着欲望的满足，在寻找着自己所爱，在梦想和现实之中徘徊，很焦灼，很繁忙，在生活的纷繁复杂中去安顿自心，让自我得到极大的满足。可能越是繁杂，越是看似置身于无限荣光之中，越是会失去自己的本心，再也找不到真正的自己，不知道人生之路应该如何去走，再也找不到清净之所，再也没有儿时那种真正的快乐，那种无拘无束、单纯无染的内心已经难以寻觅。在人生的每一天里我们都在努力去争取、去前行、去忙碌，但往往越是这样越是不能达到目标，越是不能实现理想，自己就会变得越来越紧张，内心越来越焦灼，整个人就如同一个火球，不能够平息，不能自我安守。表面上看这个人是没有什么问题的，是平和无碍的，实际上他的内心是热浪翻滚、不能自安。所以，一个人的生活状态还是要看他的心态如何，看他是否能够平和自心，是否能够了知自心，看他对于自己的人生是一个什么样的态度。如果什么都不想，什么都不做，浑浑噩噩度日，这样也是一种状态，但这种状态实质上是痛苦的，内心无着无落、难以安宁，整个人如坐针毡，沉重不堪。看似其大大咧咧、心胸开阔、豪爽无比，但是他不敢静下来，不敢真正面对自己，不敢直视自己。自己到底是谁，自己又做了些什么，如何能够让自己轻松起来，怎样才能让自己保持安乐，这些对于他来讲，是不想也不敢回答的问题。很多人有时会有意地回避自己，不去想过去，不敢想未来，对于今日只能走一步看一步，遇到什么做什么，是以外境的引导来改变自心，让内心在无着无依中行走，那样是不会有安全感和幸福感的。平息欲火是让自心安宁平和的第一步。如果一个人心有挂碍，不能够做到该割舍的割舍，该放弃的放弃，该珍惜的珍惜，该付出的付出，总是想着如何满足自我的贪欲，总是想着去占有和享受，想着让自心获得更多、更大的满足，那样他是不会快乐的，因为他一直是在寻觅之中，一直在期盼着下一个欲望的满足。欲念炽盛，无有停歇，拿自己有限的时光和体力、心力去做无限的事情，那是不可能获得最终的满足的。大千世界有许多的自认为非常美妙之物，我们不可能都据为己有，不可能在有限的生命时光里去享受无限的贪欲之乐。这样就会把自己害得很惨，让自己没有安乐之所，整日在欲念之中打滚，完全没有休养之时。看着是在享乐，但这只是表面的虚华，实质上是忍受着孤寂和落寞，失去了真正的自我，这样的生命是没有实质意义的。人生如远处的灯火一样忽冷忽热、忽暗忽明，最终是灯熄人散。人不能在贪欲的泥潭中打滚，那样只会泥污满身，不成人样。生命是如此的短暂，要把有限的时光用在最有意义的地方，不能空耗生命，把人生最为宝贵的时光给舍弃掉，就如把家里最值钱的宝贝砸掉一样，把家庭祸害得满目狼藉、鸡犬不宁。我们愿意看到这种景象吗？当然，我们谁都不愿意，谁都希望家庭和谐、平和安宁，希望自己自在圆满、事业有成，能够令自己备感骄傲和自豪，能够真正突破自我、创新自我、培养自我、超越自我，让生命绽放出耀眼的光彩。这是我们的理想，也是我们一生所追求的目标。现实之中，我们首先要做到的就是平和心念、减少贪欲、清净自心、反省自我，用清净之水来洗涤自己那颗染污之心，用精进之手来指引自己在善德之路上前行，科学规划自己的人生，认真践行自己的誓言，努力为人间创造出更多价值，把人生的时光用在最有意义、最有价值的地方。要拥有一个有意义、有趣的灵魂，不能把这有限的人生当作虚华和享乐的代名词，那样也就太过于肤浅了。相信自己，好的人生从现在开始。

改变之心

静下心来很不容易呀，需要冲破重重障碍，需要解决自己的意识和心态问题，需要培养一个良好的生活习惯。我原本习惯于晚上“喝大酒”、白天睡懒觉，现在每天要在早上五点半前起床，这的确是一个不小的改变。改变习惯，需要有毅力和决心，这是对自己旧有习惯的大改造，也是对自我的革命，看似小事，实质也是大事。改变一种做事的方式容易，改变心态、改变习惯却很难。因为长期积累，较为顽固，加之已经形成根深蒂固的思维和观念，要想改变内心、改变自己的思维和观念是相当不易的。我总感觉自己缺乏坚持之心，不能真正把握自心，往往会放松对自己的监管，认为自己能够自由自在、毫无拘束是好的，是自我解放的象征，这也是自己的自由和权利，想干啥就干啥，与别人无关。因此，曾经一段时期，自己有些不思进取，放松了自我管理，变得有些狂妄和随意，犯下了很多的错误，让自己陷入人生的危险之境，这是实属不该的。仔细想来，还是放松了对自我的管理所致，没能够真正管住自己的内心，没有了前行的目标所致。人生的目标是什么？每个人都会有自己的答案，都会有不同的理解，但最终无怪乎是需求的满足、理想的实现而已。需求有多种，有物质上的，有精神上的；理想有多种，它的实现是圆满和自在的总括。每个人都在追求着欲望的满足和理想的实现，都在追求着物质与精神的最大收获，在追求的过程中都会遇到重重的困扰与阻碍。从某种程度上讲，人生就是与这些困扰和阻碍斗争的过程，是一个逐渐“排雷”的过程。但这个过程是非常艰辛的，我们需要有坚持之力、创造之念，需要有精力、体力，有意志力和专注力，不能有半点的松懈，不能分神而走入歧途；要在前行的过程中不断地修正和调适自己，不断地改变自己的思维和行为，要清醒地认识当下时局，明了自己的优劣之处，充分地发挥自己的主观能动性，发挥出自己的优势来，不断地规避自己的劣势，弥补自己的短板，学会专注和高度自律，唯有如此，我们才能实现自己的理想与目标。

近期自己的改变还是很大的，首先是在作息上，推掉了不少的应酬，减少了自己的饮酒次数与饮酒量，能够慢慢做到自我节制。自己本来就不会喝酒，并且喝酒后会满脸通红，浑身有过敏症状，但有时也会“逞英雄”，为了表现自己的盛情而频频举杯、一饮而尽，并提杯敬酒，不时“打打圈”，挨个敬，挨个碰，这样一来二去就把自己给喝倒了，感觉头昏脑涨、天翻地覆，不知道在酒场上说了什么话，也记不清做了什么事，第二天还会头脑昏沉、恶心呕吐，难以上班，甚至把大事都给耽误了。不但浪费了时间，影响了工作，而且还损害了身体健康，可以说，这样喝大酒没有一点好处，甚至喝多了还会胡言乱语，不知道自己会干出些什么蠢事来，让自己真是后悔不迭。所以，改变自己“爱聚堆”“逞英雄”的坏毛病是极其重要的。人一旦没有了自我管理的目标和决心，就会放任自流，就会像无头苍蝇一样乱撞，就不会善用其学。如果不在自我发展上做规划，人就会陷入矛盾、愁苦、无聊之中。这样的生活是没有实质意义的，也是没有乐趣可言的。试想一下，即使是让你吃喝不愁、啥事不干，让你长年累月地在那里待着，你会怎样？相信谁都不愿意这样。人还是要活出精气神来，活出目标来，唯有如此才能找到自己的福乐。

近期，我给自己设定了学习目标，要求自己用一年的时间把英语口语完全掌握，同时把MBA课程学完，让自己能够深入、系统化地学习一下企业管理，争取在营销管理、财务管理、股权规划上有更大的提升，要充分利用自己的业余时间，加强学习，将这些知识充分地掌握。对于当下的企业发展要进行认真、科学地规划，尤其要在运营上下功夫，开拓国内、国际市场，全力开启电商B2B运营，充分运用大数据、AI智能、平台优化等方式，打造富有自身特色的运营渠道，为产业发展提供营销支持。今年的想法有很多，需要提升的地方也有很多，无论如何都要让自己动起来，不能把自己的大好时光浪费在无用的地方，要让它发挥出极大的价值来。尤其要在自我心志的改变上下功夫，改变自己不好的生活习惯，加强自律和身心锻炼，成为让自己满意之人。

自省之乐

自省自悟是一件很难的事情，内心的冲动与莽撞是时有发生的。有时明明是非常理性的自己，也有很多不理性的地方，有很多的愚笨之处。有时候自己也是看不懂自己，不知道自己怎么会变成这样，内心就会出现矛盾纠葛，就会对自信心造成伤害，这种有悖于初心的感受实在是有些痛苦。一直希望自己能够控制好自己的情绪，管理好自己的时间，执行好原定的计划，让自身的发展保持直线上升，可能这种想法太过于理想化了，在短期内难以实现。任何的改变都需要一个循序渐进的过程，需要自己达到某种修养。自己明明是一介凡夫，但有时要去做一些神明所要做的事情，那种距离还是很大的。明明应该保持自律，却常常因为一时兴起就不管不顾了，把自己原定的计划打乱，搞得自己狼狈不堪，何苦来呢？现实与理想的确会有较大的差距，这就需要我们在生活中不断地规划、执行、总结、调整，哪怕是一时半会儿不能够圆满解决，但只要自己踏踏实实地前行，就一定会有实现的那一天。只要有如此信心，那距离真正把握自己也就不远了。很多人难以管理自己，究其原因还是意识问题，没能从原有的认知中脱离出来，内心之中的那颗火苗还没有熄灭，还在炽热地燃烧着，只是自己没有去注意而已。不仅没有注意和重视，而且认为是理所应当之事，还有些怂恿之意，认为唯有如此才是正常的，否则那就不是正常的。原有的认知就会把新的认知推翻，这种错误的认知的确是害人不浅哪。对于任何事情我们都要学会追根溯源，要找到其真正的问题所在，针对此问题能够给出一个客观公正的结论来，能够让自心辨明是非，引领自己走在一条正确的道路上，这才是我们总结和研究的最终目的所在。生活的过程就是不断修正自我的过程，是不断改变和提升的过程。可能在这一过程中会有矛盾和挫折之感，会有难以自控的地方，但我们要告诫自己不能怕，要对自己充满信心，因为信心才是指引我们不断前行的最大动力。一个人不怕遇到任何问题，不怕有不好的积习，不怕有看似难以逾越的障碍，只要对自己有信心，就能够引领自己从黑暗走向光明，从忧烦走向清净，从痛苦走向快乐。当然，信心是来自于正确的认知，是建立在对事物进行深入研究和科学判断的基础之上，并且要有一种不达目的誓不罢休的决心，这样我们才能够始终走在创造和发展的道路上。要把遇到的每一个问题和障碍都当作是自己不断提升和进步的机会，没有这些问题和障碍，我们就不会去主动地思考和分析，不会去认真地研究，不会去不断地创新和坚持，也就不会收获人生的成功和幸福。解决问题也是对心性的一次锻炼，没有这些锻炼，人是不会成熟的，也不会有大的提升。生活在世间，人多事杂，每天都遇到这样或那样的问题，如何去面对也是摆在我们面前的首要问题。是放弃，是退缩，是悲泣，是雄起，是面对，是精进，如何选择就在于心念。坚强无比的心念是帮助我们不断超越自我的法宝。人生中很多问题的出现都是由于内心出了问题，如果内心没有问题，那么这个人也就没有问题；如果内心出了问题，做事再努力也不会成功，再好的事情也做不好。所以，要时刻保持警觉之心，时刻发现心中之“魔”，经常去做一下驱“魔”的工作，唯有把心中之“魔”驱除，生命的光华才能展现出来。在与心魔斗争之时，我们需要借助外力的加持，要通过不断学习来增强自己内心的力量，让内心变得更加有韧性、有厚度、有宽度、有强度，让它能够经受住风雨雷电的考验，能够不被眼前的障壁所阻挡，不被一切的诱惑所蒙蔽，让自己在任何情况下都能保持平和安然之心，让心灵能够自由自在，能够时刻给予自己力量和能量，我们才会得到彻底的解放。

时光思考

每天都把工作、学习安排得满满的，星期日也难得清闲，要学习，要工作，每天是会议不断、上课不断，看似是非常枯燥，没有时间娱乐休闲，也没有时间再想别的事情，只有做不完的事、学不完的课，有时自己也是累得喘不过气来，但总感觉有什么催着自己一样，不能停步，也不敢停步。停步就意味着倒退，就完全没有了希望，也没有了任何的意义。那样是自我放弃，是对自己完全不负责任的表现。把自己宝贵的光阴给浪费掉，那也实在是罪过罪过。仔细想来，自己浪费的光阴实在是太多了，没能够充分地利用好生命中的每一天，总是把时间浪费在无聊的事情上，饮酒应酬，熬夜晚睡，游乐嬉戏，无聊妄想，浪费了不少大好的光阴；不能够充分地发挥自身能力去认真工作，不能够把有限的时间用在努力工作上，从而导致了许多事情想做而未能去做，也令自己想进步而未能进步。我们要珍惜眼前的每一寸光阴，因为它一旦逝去就不会再重来了。最近参加了英语培训班，作为已经年过五十的人，我算是班上年纪较大的学生了，看着周围年纪轻轻的老师和同学们，内心很是羡慕。年轻真是好，有青春，有活力，有干劲，有冲劲，有思维，有能力。还是得向年轻人学习呀，否则就真的要落伍了。如果跟不上这个快速发展的时代，思维还停留在老地方，就会被时代所淘汰，就不会有进一步发展的机会。这就要求自己要抓紧时间，去思考，去创造，唯有如此，才能让自己不落后于这个时代，才能让自己永葆活力。因为真正能供自己使用的时光不多了，自己需要思考如何将每天的时光拉长，尽可能地提高时间的利用率。要把那些原来没能注意到的或是不在意的时间充分地利用起来，减少无谓的应酬和闲聊，以及原来所做的那些无聊之事，充分利用碎片化的时间去做一些有意义的事情，多学习，多思考，多锻炼。只要是能够提升心性、增长能力、乐己达人之事，就要努力去做，排除一切艰难险阻，能够见缝插针，不断积累，科学地规划时间，把那些不重要的事情剔除或减少，把更多的时间用在有意义的地方，学习，思考，规划，总结，指导，创造，锻炼自己的身心，让自己能够精神充实、身体健康、轻松自在、收获圆满。这可能太过于理想化，但如果不去努力，眼睁睁地看着时光溜走而没有任何的建树，到头来岁月蹉跎，白发苍苍空悲切，再想学习创造就根本没有机会了，那该是多么遗憾和后悔的事情啊，只留下对于生命的无奈，和对于时光的慨叹，别的什么也没有了。如若这样过一生，那又有什么意义呢？那不就成了吃吃喝喝玩玩乐乐，然后就是等死罢了，那生命的意义、人生的价值又从何谈起呢？可能是除了后悔还是后悔罢了，不能够给后辈子孙留下些精神财富，不能够指引他们成长，这实属一种罪过。从另一个角度来看，让自己在精进的道路上不断前行，还能够减少很多人世间的麻烦，能够让自己整日专注于有益的事情，就没有了那么多的妄想和贪念，就不会去想着占有和争执，就不会让自己置身于危险之中，不会招惹更多的事端，不会让自己的亲人跟着自己担惊受怕，不会给他们增添无尽的烦恼。一个善于自悟之人，始终能够站在别人的角度看问题，而不会只是站在自己的角度去看问题，不会处处以己为主，以人为敌，他具有包容性、融合性，善于从别人身上去学习新知，真正做到与人为善，与人为友，能够通过自己的影响与感召让大家都轻松愉悦起来，提升正直之气，创造人间之福，把善德与美好四处传扬，让人世间多一点温馨，多一点爱，这样福乐也就自然而然地来到自己身边。所以，我们还是要不断总结自己的生活，指引自己的行为，陶冶自己的情操，提升自己的修养，发挥自己的能力。可能这只是一种目标与想象，真正实现起来还是很不容易的，但无论如何，要想把握住自己的人生，要想有一个好的身心和未来，就要从头做起，从现在做起，从珍惜时光做起，这样不断积累，才必有所成。

感怀美好

走在郑州七里河公园的沿河小道上是另一番心境，心情豁然开朗，顿时轻松了许多。满眼的春光，红的、绿的、黄的、粉的、紫的，五颜六色，五彩缤纷，煞是好看。还有那碧绿的河水盈满河床，花木人物在水中的倒影相映成趣，满满的油亮的绿能把人醉倒。向河对岸望去，就像是浓墨重彩的水笔画，把人生的五彩描摹得那么丰富而鲜亮。人如果不走出家门，就不会知道外面的世界是如此精彩，更不会感受到外边的那份奇妙。的确，在这大好的春光里，我们就应该尽情享受，在清爽的春风里尽情抒发自己的情怀，在这春意盎然、万物萌发的季节里去发现、去体验、去感受、去创造。人生是丰富多彩的，不只拥有一种色调，我们要善于发现，首先要让内心沉静下来，把那些繁杂的、忙乱的、无序的、自私的、狭隘的心念去除，代之以清净的、安乐的、平和的、无碍的、自在的、欣赏的心念，这样生活就会焕然一新，就会展现出更加丰富的内涵，人生也会变得充满趣味。我们每天都会有新的想法、新的体验，我们都希望在这新的一天里有更多的收获，能够让自己更加欣悦，可现实之中我们往往会被俗务所干扰，令自己的心念慌乱，不能够聚焦于一处。内心难以安定，做事就会非常无序，这样人就会不得自在，生活就会充满了痛苦和忧烦。长此以往，内心就会形成定势，就会认为人生是苦的，没有什么甜蜜可言，也不会有任何的乐趣，整个人就会变得无精打采，没有了生机和活力，整日生活在无聊和无望之中，看不到美好，看不到未来，人生就会变得暗淡无光。所以，我们要及时清除内心的杂扰，放下那些无谓的奢念，学会知足常乐，相信天地，相信自然，相信自己，这才是我们该有的生活态度。唯有先相信，才会有所得。唯有相信，才能让我们焕发出无穷的力量，才能让人生充满希望和美好。有时候我们不知道如何去找到让自己心安之所，不知道如何让自己轻松下来，如何让内心宁静闲适，如何去找到生活之乐，感觉每天都是平淡无奇的，日复一日，年复一年，没有什么大的变化，没有什么令自己快乐之事，生活就像是一杯淡而无味的白开水，没有沁人心脾的滋味，没有让自己兴奋之处。在这样的心境之下，人就会生活得异常烦闷，就会在惊慌无着之中度日，虽是吃喝不愁，衣食丰足，但心中的无聊和烦恼会压得人喘不过气来，不知道自己要做什么，不知道怎样找到自己的向往和目标，不知道怎样去安顿自心，不知道怎样让自己开心、轻松起来，整日就像是一只无头苍蝇一样，东突西撞，不知归途，在鸡毛蒜皮之间游离，在无聊无望之中度日，就会如同生活在地狱一般。看似恬淡平和之人，其实内心每时每刻都在做着斗争，在煎熬中度日，这样是会给人带来疾患的。这种心境是生活的天敌，我们一定要加以重视并及时调整，否则，人就会被情绪所左右，一旦有了导火索，就会即刻爆发，伤害自己和亲人，甚至造成不可挽回的损失，令自己追悔莫及。所以，情绪和心态管理是非常重要的。一个人生活在人世间，就要有一股心劲儿。如果没有这股心劲儿，那活着就是一种莫大的煎熬，是一种莫大的痛苦。如果我们学会在日常生活中去发现、去调节、去规划、去提升，能够保持好的心态，坦然地面对现实，看得开，放得下，讲得清，做得明，能够在生活中不断发现新的、美的人事物，培养一颗善美乐达之心，在生活中不断总结、不断提升，清心净意，乐观自信，善德予人，创新创造，用超然之心去衡量和体谅一切，那么幸福和快乐就会来到自己身边。很感谢家人们能够支持我的工作，能够给予我最大的关爱，能够让我无牵无挂地去工作、去学习、去创造、去提升。有此机缘，也是我最大的福乐。感谢所有，感恩亲人。

珍重现在

自己在时间的运用上还有所欠缺，总是抱着还有时间的心态，做事有些磨磨蹭蹭，认为时间还够用，结果把该做的事情给耽搁了，又急匆匆地去抢时间，最终因时间紧急而不能够完成，真是“起个大早，赶个晚集”，自己也是懊恼不已。时间管理是自我管理最重要的方面，一个人如果连自己的时间都管理不好的话，那他也就难成大器，就很难成就事业和获得福乐。如何改变自己拖拉的毛病呢？首先还是要找出问题的症结，做到对症下药，及时调整到科学的轨道上来。究其原因，还是自己想的事太烦琐、太杂乱。对于任何事情，我们都应该提前做好规划，要分清事情的轻重缓急，对事情做出科学的安排，标出时间节点，并严格按照节点去完成。要学会取舍，因为人的时间有限，不可能在同一时间什么事都做，要心无旁骛地把既定的事情做完整，并能够及时总结、提炼，从中获得智慧的增长和能力的提升。的确，时光在不知不觉中溜走，在倏忽之间就不见了踪影，我感觉不到它的脚步，也不知道向何处去追寻，只能留下无声的叹息。我总感觉自己还停留在青春年少之时，从没有想过自己五十二岁会是什么样子，总认为年龄大是说给别人的，总想着到年轻人群里去扎堆。蓦然回首，自己已走过了五十载光阴，真是难以置信，不知道这几十年的光景是如何过去的，内心产生一种莫名的恐惧和惋惜之感，不知道如何去面对自己，不知道如何向自己交代。眼看着半生已过，自己还是有些不成熟，还没有大的建树，还没有给自己定性，还有很多的事情没有完成，不知道什么时候才是个头。希望自己能够成为年轻人中的一员，虽然知道这是不可能的，但还是希望这是真的，就像这已过的五十年一样，能够一切归零，从头来过，让自己回到青春年少之时。那时的自己没有恐惧、没有犹豫、没有退缩、没有抱怨，有的是不懈的努力，是自我的提升。可能所有的努力都是一种自我安慰，是一种心念所致。无论如何，我们还是要回归现实，不要有任何抱怨之词，我们就是在时光的倏忽变幻中成长的，虽然失去了许多，但同时也收获了许多。每一个年纪都有其特点，都是成长中必不可少的环节，都有其存在的价值与意义；每一段经历都是不可替代的，都是自己的财富，都是永远抹不去的记忆，都是自己永久的珍藏。也许人生之中有许多的莽撞、无知、哀怨、自卑、盲目之时，但只要能够及时省悟，调整自心，那也是一大福乐。我们每天都在与自己做斗争，在犹豫、彷徨、无序、无望之中度日，每天都会有这样或那样的问题，都会有自己不愿意而不得不为之事，都会有成人的无聊无望的情绪，这些都是现实存在的，是生命中必然要经历和拥有的。人生就是一个不断犯错、纠错的过程，是一个慢慢发现和调整的过程。没有错怎么会有对，没有失怎么会有得，一切都是循环的产物，是自我最真实的显现。所以，我们不必为时光的流逝而暗自哀伤，人生四季，每个季节都会有不同的风景，都会有其独有的美好。我们要善于发现人生的辉煌之处，不断积累和创造，让美好越积越多，永远与己相随。所谓创造就是要留心生活的细微之处，从中发现和总结出规律来，并把它加以运用，从而指导自己以后的生活。要养成乐天知命的习惯，对于自己要有一个清醒的认知，把每一天都过得充实而有意义，把每一天都当作是一种机缘，当作是一种永恒。每一天都是生命中重要的组成部分，千万不要小看这一天。在这一天里有快乐，也有忧烦；有收获，也有失去；有尊崇，也有卑微；有很多的思维，也有很多的行动；有很多的冲动，也有很多的平静。一切都是相映成趣的，都是相伴相随的。对于现实中的一切都要学会接纳和珍重，因为它是你的唯一，是你不可或缺的伴侣。

拥有美好

我不会讲故事，但很希望能够将自己生活中遇到的各种人、事、物都用形象化的语言描绘出来，能够将其活灵活现地展现于笔端，让文字更生动、更形象、更能够传情达意，能够把自己所看所想都完整、形象地表达出来，从而给生活留下美好，这的确是一件很美的事情。在这方面自己还需要加强训练，让自己的文笔更加流畅，能够对身边的一切都做一个形象化的记录，这是我一直想做的事情，也是非常有意义的事情。千万不能小看这种记录，它是心灵与万事万物接触的最佳方式。写作之时，也是内心与外境结合最为紧密之时。记录就是内心对于外在的自然反映，这种反映是美妙无比的，它能够传递出性灵的信息，能够将自己那种妙不可言的感受传递给他人，从而达到一种同频共振的状态。我们的生命是渺小的，但精神是伟大的。精神是性灵的充分展现，它能够给人以指引，没有了它，一个人就无法展现出生命真正的活力。所以说，我们不是为了活着而活着，而是带着一种使命而来，是为了完成一件能够令自己满意的事情而来，是为了充分地认知自己、认知他人而来。从严格意义上讲，我们活着不仅仅是为了自己的福乐，而是为了能够完成自己的使命。我们要做好自己的工作，安顿好自己的生活，照顾好自己的身体，调适好自己的心态，不断地在生活和工作之中发现更多的美好，创造更多的美好，这才是生活真正的意义之所在。人至中年，往往是上有老、下有小，每天为工作而忙，为生活而忙，为家庭、为孩子、为社会而忙，为自己能够拥有更多而忙，可谓是压力重重、想法繁多。我们因为忙碌和压力而备受煎熬，感到生活是如此沉重，甚至对于自己能否承担诸多的责任而深表怀疑，有很多的力不从心之感。尤其是在受到一些挫折之时，那种悲观无助之感就会更加强烈。如果不能及时加以引导，那是会出很大问题的。而引领自身不是任何人都能够做到的，它需要长期的积累。但即便再难，我们也要学会。因为我们不能指望别人来开导自己，只有自己才能开导自己、鼓励自己、培养自己、宽慰自己。再想不开的事情也要想开，再解不开的心结也要解开，因为这是自己的人生，天地父母既然把生命交给我们，我们就应该好好地把握它、运用它、呵护它，让自己真正成为内心的主人。客观来讲，生活是教会我们如何成熟的过程，是教会我们如何乐观生活的过程，也是教会我们如何客观面对、放松身心的过程。要学会勇敢地面对人生，勇敢地面对所有，对于我们这些中年人来讲，这是尤为重要的。因为中年是最容易出问题的时期，是各种矛盾纠结和情绪化影响最大的时候，也是关系到自己一生乃至家庭幸福的最重要的时期。所以，我们更应该学会彻悟和安放，学会无碍与自在，让内心有韧性、有厚度、有光明、有智慧，唯有如此，我们才能真正获得想要的一切，才能实现自己的梦想，才能让自己置身于安乐自在之中，才能真正享受到天地所赐之福。

人的内心是需要被唤醒的。一个人的想象和经历毕竟是有限的，内心的触动有时候需要有外力来助推。有了这些美好之人、美好之事的影响，我们的身心就会被调动起来，我们就不会再消沉和迷茫，就会发现完全不一样的自己。这就是唤醒生命的原动力。它能够给自心增添能量，让内心变得无比有力与安适，让自己有一个新的活法，把那些美好之物再次找到，给予自己新生。我曾经有一段时间放松了对自己的管理，放松了进取与学习，那种自由散漫之心就油然而生。人一旦放松了一点，就像是江河堤坝崩溃一样，一点一点，由小到大，不断地冲击着堤坝，堤坝就会越来越难以承受，最后被河水冲垮。归根结底，还是因为自己没有保持警醒之心，忽视了那些细微之处，结果正是这些细微之处没有做好才给自己带来了大的伤害，让自己越来越难以承受，最终导致了全面垮塌。所以，我们要在日常生活中不断地培养一颗善德与进取之心，重新确立自己发展的目标与方向，不断地提升自己的性灵，去发现美好、创造美好、拥有美好。

心的开始

清晨是新的开始，一切都是新的，自己的生活是新的，时光是新的，状态是新的，总之，在新的世界里有很多的期望，要开始新的规划了。生命是一个延续规划的过程，是一个不断体验和感受的过程。我们总是对于过去有一种难以割舍之情，今日或多或少都有些昨日的影子，挥之不去，缠绵不已，让自己有种种牵挂，欲断还休，欲行又止，不知是昨日的自己还是今日的自己。一个人摆脱不了昨日的影子，尤其是对昨日的遗憾总是念念不忘，反复琢磨，把昨日之苦嚼了一遍又一遍，在心里总是牵挂着，在遗憾、纠结和不甘心中反复念叨，在评判着该还是不该，做还是不做，走还是不走，要还是不要。那种心绪是非常复杂的，也是非常痛苦的。要学会放下，能够与昨日拉一道屏障，让自己不再犹豫、不再彷徨，能够看清自己、看清现在。我们活的是现在，不是过往。过往无法追回，明天尚未到来，唯有珍重现在才是正途，才是我们应该去做的事情。现在才是你最真实的生活，现在才是你所处的位置，现在的一切才是你最真实的拥有，也是你逃脱不掉的责任。生活的本质就是要让我们找到自己、认清自己。很多时候，我们忘了自己是谁，自己有什么，自己在什么地方，自己能够做什么，往往会产生一种错误的认知，把那些表面的假象当作是真的，把那些所谓的虚华当作了真实，自己误认了自己，把自己置于一种危险之境。但在当时我们并不知道，还以为那才是永恒，是自己能够得到的最终归宿。其实一切都是假的，是在某个特定时期出现的一种幻象，是岁月中的一段经历而已。我们还没有找到真正的永恒，还不知道永恒是什么样子，只知道有很多的偶然和无奈，只能去发挥想象，想象着自己的未来，想象着自己如何得到福乐。对于过往有太多的不舍，对于未来有无限的希望，但对于现在还没有充分的认知和规划，不知道今天应该去做什么。清净是生命的本源，但要找到这份本源实属不易，需要我们积累人生所学，把学习和继承当作是进步的两大助力。学会认真学习是让自己不断进步的法宝。回归清净的本心，我们就能够摆脱世俗的缠绕，就能够找到真正的自己，就能够面对面与心对话，心神专注于一点，让自心净化，无碍无欲，无求无妄，清净自在，在自我的大天地中遨游。那是神仙居住之处，那是人间的大自在。现实之中，我们总想着如何能够名声显赫、地位尊崇、富贵荣华、唯我独尊、奢华安乐，整日不断地追呀追，不断地占哪占，把自己弄得精疲力竭、劳累不堪，结果却是黄粱一梦，一切皆休，匆匆忙忙走一生，即便是享尽天下荣华，到头来，所有的一切都不是自己的，都不过是一场梦而已，没有什么是永恒的存在，时日已过，一切皆休，一切皆回归尘埃。仔细想来，我们都只是世间的一粒尘埃，没有什么可以炫耀的，一切都不是自己的，唯有自己的这颗心在永久陪伴着自己，除了留下精神的传承，留下永远的记忆，别无他求。这是生命的根本，也就是永恒的归宿。我们不能指望拥有丰富的物质就能够解决一切，就能够找到永久的安乐。有时候，恰恰是这诸多的拥有让自己的内心更惶恐、更无奈，也更难有自由。物质财富就像是麻醉剂，它能把人给麻醉了，它只是让你临时止痛而已。如果想要永久的安乐，就要洞悉生命的本源，了知世事的变迁，要努力去追寻内心的清净和无碍，给自己更多自由的空间，要努力给心松绑，别让它再受到自我的束缚。不要让外境干扰了自己的心志，不要让假象蒙蔽了自己的双眼。让清新自由的空气透进生命之窗，让美好和善德涌进自己的心房。与美好相伴，与自由相依。要相信一切皆是其应有的样子，不要畏惧，不要慌张，一切皆是因缘，一切皆是生命的体验。是非成败，得失荣辱，皆是云烟，百年之后，皆归尘土，无所从来，无所从去，安守自在，圆满自心，彻悟放下，回归清净。

理解生活

调整呼吸，学会静守。一个人要学习自我安乐，能够从静处获得安乐，能够从生活的调适中得到身心的平和，能够轻松无碍、自在自得，这是非常难得的。很多时候我们坐不下来，心情烦躁，站也不是、坐也不是，干着这个、想着那个，内心安定不下来，做什么事都不能深入其中，不知道怎样才能找到那久违的宁静平和，一旦钻入某件事物之中就很难出离，只能在原地打转。人是非常奇怪的动物，心里总是要装着某件事，要想着某件事，做着某件事，才得安然。如若让你什么都不想，什么都不做，静心向内，安然守静，那是非常困难的事情。这也是我们不得安然的主要原因。我们都是带着某种期望去做事，皆是有着某种渴求，有着对于现实之中的人事物的不满，从而产生了更多的期望。这种期望如若不能得到满足，我们就会产生很多的纠结和矛盾，就会产生很多的烦恼和忧愁，就会整日跟自己过不去，就会产生一种无望和悲观的情绪，让自己陷入痛苦之中难以自拔。这种情绪如若越积越多，就会出现难以预料的结果。我们都是情绪化的个体，不可能没有情绪，不可能对于事物本身没有自我的感知。这种感知有时是积极的，有时是消极的。无论何时何地，我们都会有不同的感知，都会有对于人事物的不同理解。有了客观的理解和认知，人就会对于诸多人事物有积极的评价，尤其对于自己就有了一个重新的认知。如果不能真正客观认知人事物，凭着自己的一腔热血和片面的认知去做事待人，那是会出问题的，是会给自己带来危险的。很多时候我们是在跟自己的情绪做斗争，学会调整自己的情绪，能够让自己的心情平和无碍，没有纠结和忧愤，没有争夺和占有，没有偏激和失落，没有焦灼与压抑，给自己一个好的心境，给别人一个好的态度，在任何时候都能保持好的状态、好的情绪，这是生活对我们的要求，是让自己不断改变的大课题，是自我不断修正的基础。好的情绪不是坐出来，不是我们坐在那里就能够拥有的，而是一种自我激发，是对生活的积极的态度，是对人生的重新的规划，是对生活幸福观的重新定义，是对于生而为人的感恩和付出，是对自己的满足和安守。要彻悟生活的本质，要有对于人生意义的探索。如果一个人整日为了自己贪欲的满足而东想西想，为了那些自私的贪求而争夺和占有，那人生还有什么意义可言呢？活着是一种责任，是一种关爱，是一种付出。要在责任、关爱、付出之中去感知生命的乐趣。当然，这种责任、关爱和付出皆要有能力来支撑。如果一个人没有了进取之心、学习之趣、提升之志，不能够深入地研究如何去创造，不能够充分地发挥自己的能力，那么他显然是不能进步的。生命的意义就在于能够通过自我的创造和付出让社会更好，让国家更好，让家人更好，让亲友更好，让自己更好。有时候我们还真是需要有一种敢于牺牲自我的精神，能够抛开自己的私利，把自己的一切交给社会、交给大众，用自己的精神去感召，用自己的行动去奉献。这可能看似是一个大道理，但事实就是如此。如果你不能把自己的站位设置得高一些，不去理解它、践行它，那么你就会生活得很痛苦、很无聊，就只是为了活着而活着，就不会有更多的追求和创造，就会受困于生活，内心就没有了安守自我、积极进取的志向。虽然这本身也没有什么，可能也不会影响自己的生活，但还有很多的事情需要我们去做面对，还有很多的无常需要我们去接受，还有很多的痛苦需要我们去承受，最终一切都会离己而去，最终自己还是要面对死亡和失去。如果我们不能够彻悟和理解，不能够认清某些事实，那么面对人生的变故和突如其来的问题，我们又该如何去面对呢，又该如何去摆正自己的心绪呢？生活之中有很多的无奈与不如意之事，要想很好地面对它、转变它，要想自始至终让自己生活在安乐之中，我们就要学会自悟与安守，学会创造与付出，学会关爱与慈悲，学会无私与大度，学会感恩与满足，学会珍惜与尊重。这一切都来自于自我内心的调适，来自于对于人生意义与价值的理解。

找到福乐

很想把每天的故事都原原本本地记录下来，能够把生活之中最为鲜活亮丽的一面记录下来，那样就如有了生花的妙笔一样，能够成为自己生活的故事。可不知怎的，一想到要记录生活的原貌我就有些发怵，感觉太过“原生态”就像是暴露隐私一样，就没有了自我的“小世界”。另外，写一些生活中司空见惯的东西好像也没有什么意义，我也不知道这种想法是对是错，总感觉自己还是没有放开去写，不能够更客观地去记录生活的原貌，还有很多矫饰的成分，不能够写出自己最真实的想法，不能够写出自己最真实的语言，这是很难受的。看起来自己需要改变的地方还有很多，还要真正理解写作的含义，明了写作的本质是什么，写作的方向又是什么。还有很多问题需要自己慢慢去琢磨，去不断地改变与完善。的确，如果不能够写出生活的真实状态，不能够写出现实之中的人与事，那写作又有何意义呢？不能只是忸怩作态的修饰性的文字吧，那样既感动不了别人，更感动不了自己，把自己永远绕在生活里不能自悟自拔。现实之中有很多的话需要找对场合来说，找对的人去说，需要静下来去调适自心，把那些错误的想法加以修正。自己不善于描绘与表白，不会用故事的形式来叙述，这的确是一个大的缺陷。因为写作就是要鲜活，要贴近生活，能够去描绘人间的烟火，从日常的生活中去汲取营养，这样才会生动形象，才能为更多人所接受。看起来，自己需要调适的地方还有很多呀！回顾自己近些日子的生活，主要是把学习作为了重点，从来没有如现在这般对于学习理解得如此深刻，从来没有这么认真过，对于学习用“如饥似渴”来形容也不过分。比如在英语学习上，自己报了两家的课程——英途英语、英思力英语，两家培训机构都很不错，办得都很有特色，都能够认真地对待每一位学员，培训也很是专业。跟老师们学习，自己也学到了不少知识，在英语听力和单词、语法上都有了一定的进步。当然，学习也是一个慢功夫，需要自己去努力积累，只有不断积累，才能收获满满。

生活是多彩的，需要我们去描绘它，让它能够展现出风采来。很多时候，重要的不是现实能够显现出什么，而是我们应该如何去把它调整得更有趣味。生活的美好不是自然而然就能够出现的，而是需要我们去发现和创造它。如果你善于发现，那生活之美马上就会出现在你面前；如果你善于创造，那生活的惊喜就会把自己感动。涵养自己，赞美自己，精神的享受和满足就会让自己能够了知人生之趣。学习是人生的原动力，也是提升自我的法宝。学习本身也是一种人生的态度，努力学习就是要把错过的时光补回来，能够弥补自己不足的地方。通过这段时间的学习，自己在思想上和行为上都有了很大的进步。首先，在思想上能够让自己摒除所谓的经验主义，把那些唯我独尊、以我为大的理念去除，把所谓的经验主义和本本理论去除。通过学习，让自己了知人生还有另一片天地，还有许多未知的领域，每个领域都会有奇妙之境，只是我们不敢也不善于探究而已。只要我们能够深入其中，就能够了知其神秘之趣。现实之中有许多的俗务来缠绕自身，让自己身心得不到安乐，有很多的遗憾，内心也很是失落，不知道如何才能获得人生的圆满，总是在期盼与愁苦之中去想象、去体验，不知道怎样才能安顿我们的身心。看起来还是要加强对自身的引导和提升，让自己好好地融入一种学习和研究的氛围之中，边学习边实践，边研究边创造，这样就能让自己的生活变得更加充实而有趣。学习和创造的过程也是提升性灵的过程。学习不只是强加的任务，而是一种尊重和谦卑的态度，是对人生精神的赞许，是对历史和规律的尊重。有了学习，就有了把自己引入光明的机会，就有了重新认知自我的机会和方向。要想有大的发展、大的提高，就要努力学习、终身学习，把学习作为自己生命之中最为重要的部分，作为自己一生最大的收益。学习的目的也是为了创造。创造是生命之本，是人类精神的充分展现，是开创美好未来的保障。思维不停，创造不止，成为一个善于学习和创造之人。

生命春天

郑州的气温日益升高，一改往日的阴晴不定、冷暖交替，真正让人体验到了春的温度。百花盛开，春风拂面，人们脱去厚重的衣服，换上轻薄的春装，显得精神无比。不知怎的，近几年来天气变化无常，原本已是入春时节，可还是寒意料峭、忽冷忽热，就像是孩子的脸，变化多端，令人捉摸不透。的确，世事无常，我们都不知道自己会遇到哪些人、事、物，不知道会给自己带来哪些变化。很多事情是我们难以把握的，但无论如何，人世间的总规律是不变的，一切皆有其内在的因缘，没有无因之果，也没有无果之因，因缘果报是不可回避的。有时遇到难解之事，自己就会感到苦闷异常，内心也是备受煎熬，不知道怎样处理才好，不知道如何安顿自己的内心，总是在犹豫彷徨、惶恐不安中度日，内心之中没有了定力。虽然外在没有表现出什么，别人也看不出来，但那也只是故作镇定而已，内心的纠结与痛苦只有自己才能知道。我们都是人，而不是神，不可能把所有事情都做得尽善尽美，总是会有一些缺憾，没有十全十美的时候。我们都知道这些道理，但就是不愿意去接受它，总是想着把事情做得尽善尽美，总是拿自己的想法去要求一切，这显然是行不通的，是在自找麻烦。人就是在这些烦恼之中把自己给埋没了，让自己在无休止的争取与努力之中沉沦，产生了极大的心理落差，从而产生了诸多疾患。很多时候，身体疾病的产生是来自于心理。如果内心长期处于一种紧张、压抑、失落、焦虑之中，就会极大地损害身体健康。

所有生理性的变化皆是心理变化的结果。保持一个好的心态，能够每天都开开心心，去发现美、创造美，能够从生活之中找到乐趣，真正做到彻悟与清净，那该是一件多么好的事情啊。学会调适自己就要从现在做起，从生活的细节做起，把生活当作是自己的老师，向生活学习，总结自己每天的成败得失，把自己对生活的感悟写出来，能够从生活之中去发现美好与乐趣，并将其描写记录下来，这样我们的内心就会存档，就会在长期对生活的了知之中得到极大的满足与改变。一个人最大的问题就是熟视无睹，不能够仔细地观察生活，不能够认真地分析生活，不能在平凡的生活中发现和创造美好，从而让人生在奢求和虚妄之中消耗，在失落和悲观之中沉沦，每天都打不起精神来，用拖延等待、虚妄骄狂之心来祈求好事的来临，不能够脚踏实地，从一点一滴做起，不断地积蓄自身的力量，不能够用反省与感恩之心对人对己，这是没有觉悟之举。人生的起航在于觉悟，在于自省，在于有前瞻性，能够珍惜人生中的每分每秒，把每一段时光都当作是人生的珍宝，当作是人生最大的福乐，充分利用自己的时间去发现、去总结、去记录、去创造，能够给自己、给他人创造安乐。

生活中，我们要保持一种从容与安定，要想到所有的到来皆是有原因的，所有的结果皆是必然的安排。别人的拥有是别人的因缘集聚，别人的荣耀与收获皆是诸多事物集聚所致。必然的因创造必然的果，必然的果皆有必然的因，自己的存在本身就是奇迹，自己活着的每一天都是胜利。如果有这般思维，那么我们就会福乐满满。生活之中，自己总是会有些许不平之感，总想让别人跟自己一样，能够思维相同、收获相同、情趣相同、理解相同，这显然是不可能之事。往往痛苦和纠结就在于此。总是希望别人理解自己，总是想让自己拥有更多，总是有某种奢望与期许，过高地看待自己，抑或是过度的自卑，这都不是健康的心理，都需要去调适。要把自己的内心调整得更加自在无碍，更加平和宁静，更加乐观豁达，这样我们才能真正解放自己。

春的感觉日益浓厚，花吐芬芳，鸟儿歌唱，在蔚蓝无云的天空下，我们轻松前行，在心的自由中，我们找到福乐。面对美的盛景，我们深受浸润，心的欢乐也是无以言表。好好地安守自己吧，在这美好的季节里，找到生命的春天。

向往春天

天空晴朗无比，小鸟在枝头喳喳鸣叫，气温升高，让人感觉到了春的和煦和热烈。近日的天气一改往日的寒凉，把火一般的热情给予万物。原本穿了运动外套下楼，但感觉有些热，就又上楼把外套脱掉，穿着圆领运动衫，一身运动装束，感觉轻快多了，那种踏春的轻松之感令人无比惬意。很久没有如此感觉了，前一段时间天气寒冷，出门穿得较为厚实，至少要穿个两三层，有时还微感寒意。没办法，不知道天气怎么了，明明已经到了四月份，前几天却还是寒凉无比。自己内心也很是诧异，感觉郑州的天气跟十几年前相比有很大不同。那时基本上一过元宵节，天气就热起来了，街边的柳树早已吐出新芽、长出新叶了，长长的柳枝垂在空中，像绿色的辫子一样，展现出妩媚的姿态。曾记得在四月的郑州，法国梧桐整日吐蕊飘絮，纷纷扬扬，就像是天女散花一般，柔美而热烈，让人感受到了夏的将至。虽是给人带来了些飘絮的烦恼，但一想起夏天绿的世界，还是无比向往的。整个绿城的绿色才真正展现出来，很向往那时的郑州绿色，满眼的绿给我们带来青春的美好，带来梦的希望。有了绿，人心也就亮了。非常喜欢春的色彩，那是清新的舒畅，是希望之美，是轻松的感觉，是一种微醺之意。总之，每个季节都有它独有的韵味，都会给人带来不同的感受。近日来，自己的内心也变得日益沉静下来，逐渐让内心平和起来，不再被一些外在的奢望与迷恋所蛊惑，逐渐能够清醒地认识到，只有向内心求索，求得清净无染、自在无碍才是最大的安守。现实之中有很多莫名的烦恼在干扰着自己的身心，让自己变得焦躁烦闷。为了一些及时的享受和贪心而忍受许多的烦恼与侵扰，那是不明智的，是人生之中最大的错误。我们要学会改变自己，让自己脱离苦海，去找到于人于己有益的事情来，让生活变得越发地充实起来，让自己的内心日益平和起来，这样希望和信心就会自然而然地来到我们眼前。

在这周末的春日里，放下一切，坐在桌旁，听一段轻音乐，让自己静下心来，活在自己的世界里，这也是一种很好的状态。现实中很多人习惯于“东拼西杀”，沉迷于“声色犬马”，这一切不过是过眼云烟，可正是这如烟火的贪恋会把一个人的内心搞乱，让人静不下心来，不能够去享受人间的轻松之福。总以为所谓感觉的欢愉、酣畅的相聚才是最大的福乐，其实在这貌似喜乐之中也有许多不自在和过后的痛楚。一个人如果没有了自我，就没有了自己快乐的天地，就没有了自己寄托灵魂的地方。年轻时期不懂这些，认为人生的福乐就是占有和获取，就是能够拥有得越多越好，占有得越多越好，能够在享乐之中才是最好的，好像一生的追求就是这些，不用去想其他，不用去提升什么所谓的精神，不用去陶冶什么性情，拥有和占有才是第一位的，才是生活的根本。因此，就会被现实中的假象所迷惑，甚至乐在其中、不能自拔，不知自己在何方，并认为这才是人生的大聪明。仔细想来，那是多么幼稚呀，人生的极致就是活出真性情，能够有自己思想的新天地，有自己性灵的寄托之所，这才是最大的收获，才是不朽的，是永远存在、不可消失的东西。眼看着自己已经是五十二岁的人了，想一想真是感到有些惶恐，不知道时光真是如水，泼掉了就会覆水难收，逝去了就永远不会再来。青春是消耗不得的，没有多少好时光能经得起自己挥霍，没有什么能够比时光更加珍贵。有时与九〇后在一起，感觉还有许多的不同，他们年青一代的内心还是有其时代特点的，他们所具备的某些特质是自己难以相比的，自己还有很多地方需要向他们学习，比如在现代互联网的运用方面，还有对于新时代的审美和观点的新颖性上。有时真的害怕自己落伍，不能跟上这个时代的发展，不能够顺应时代的潮流，所以有很多的紧迫感，也有很多的惶恐，有时也是要求自己，还是要奋起直追，不能因为不再年轻和精力不济而放松对自我的要求，那是很不应该的。要永远把自己置于年轻人之间，让自己活出青春的状态来，让生命如春季一般重新开始。

学习人生

近三天来，坚持早上六点起床学习英语，这的确是对自己的一种挑战，让自己一改往日的慵懒之风，重新学起来、动起来，能够有所寄托、有所提升。我总感觉学习英语不仅是学习一门语言，而且是对自己和外界的重新认识。不要想着学习是一件非常简单的事情，它决定了你的思想和认知，反映了你对自我和外界的真实看法。通过学习，我们能够调整自己的身心，能够检验自己的认知，能够磨炼自己的韧性，能够锻炼和激活自己的记忆力，能够让自己的生活更加充实。千万不要小看学习，我们不只是在学习一门课程，同时也是在学习自我修炼的方法，调整自我的身心，修正自己对人对事的态度。善于学习之人都是有希望、有活力、有上进心之人，是对人生有规划之人。人生很短，短得让你有时真的不知所措，不知道怎样才能让美好时光永远留存。与其暗自神伤，不如把每一段有限的时光都充分地利用起来，让它能够发挥出最大的价值来，能够给予时光以沉甸甸的回报，让生命之光永远闪耀，这岂不是一件非常美妙的事情吗？这样我们就能找到最大的快乐。现实之中我们很纠结，往往是认为诸事繁杂，哪有那么多的时间去学习？更何况学习是青春年少之时的事情了，是学生时期的主要任务，不是我们成年人的任务，现在再去学习，简直就是浪费时间，对自己并不会有什么好处，也不可能马上就给自己创造什么价值、增加什么收益，反而还会浪费了自己的金钱和精力，简直就是自找苦吃，何苦来哉！这的确是现今所出现的问题，也是我前些年来所产生的疑问。那时我认为自己已经经历了几十年的风雨，积累了足够多的经验和教训，不需要再去学习了，而是应该充分发挥自己的经验优势，去努力创造，给其他人以指引。这种想法虽算不上什么大错，但也是犯了片面认知的错误。每个人的经历和经验都是有限的，有时只是片面的指引，是自我的一些积累，是自我经历的总结，但它不能代表自己就能完全掌握，就能够把当前的事做好。因为事物都在发生着深刻的变化，不同的时期就会有不同的做法，如果我们仅凭老经验、老办法去做，那显然是不科学的。所有的经历和经验都只能代表过去，并不能永远适用。所以，我们还是要努力学习，增加新的知识和技能，根据当前的情况，有针对性地去解决，要充分运用现代化的工具、手段，去加以调整和改变。我们要静下心来不断学习，通过学习新的知识，借鉴别人的经验，听取别人的建议，来不断地思考和总结，让自己不断提高，能够创造性地解决当前的问题。学习不是一劳永逸的事情，学习是我们一生的事业。也可以说，我们一生都处于不断地学习和进步之中。通过学习，我们能够掌握新知，能够重新认识万物、重新认识自己，能够对自己的人生有一个新的指引，这样我们才能在正确的人生道路上不断前行。

要把学习当作是生活的一种方式，一种包容的、精进的、谦卑的、积极向上的生活态度与方式。通过不断学习，让自己的性情更加柔美刚毅，让自己的心情更加愉悦畅快，让自己的生活更加充实美好，让自己的生命更加丰富多彩。学习能够让我们增添力量和勇气，能够让我们更加自信和安守，能够让我们在人类进步的征途中昂首向前，能够让我们摆脱那些低级趣味，能够把人生有限的时光用在正道上，让它发挥出更大的价值，留下更多、更美好的回忆。学习还能让我们与古圣先哲们对话，让他们为我们答疑解惑、指点人生，让我们的人生在光明和善达的道路上不断前行。学习是一场革命，是对自我认知和自身缺点的一场革命，是对自我思想和行为的一种再创造。有了学习，就有了光明的前途；

有了学习，就有了前行的动力；有了学习，就有了人生的希望。学习是我们快乐的源泉，也是人之福报的显现。学习是一种责任，更是一种机遇，是天地给予我们最大的恩赐。静下心来去学习吧，它会给予我们无尽的财富，给予我们真正的救赎，给予我们最大的福乐。

认识时光

早上五点钟被闹钟叫醒，刚开始有些不情愿起来，被闹钟催了两遍后，才逐渐清醒过来，想起马上就要开始英语的早读课，于是急急忙忙地起床，洗漱整理，并且抓紧时间还能够写一篇文章，这样就会收获满满，就会有志得意满之感，就感觉没有浪费时光。的确，人至中年，只能利用这碎片化的时间，积少成多，这样也会干出不少大事情来。如果不重视碎片化的时间，那自己也就根本没有更多的时间去总结、去学习、去创造、去提高，那也就谈不上什么大的收获了。仔细算起来，这些碎片化的时间积累起来还是不少的，比如早上如果从六点开始算起来，还能有近两个小时的学习、写作时间，加上晚上如果从七点开始算，到九点又是两个小时，这样可供自己学习的时间就有四个小时了。这些时间不敢算，算起来也是不少的。这样长期积累，就会有较大的收获。现在我才真正理解到鲁迅先生所讲的：时间正如海绵里的水，如果用心去挤总会是有的，关键是看你去不去做。现实之中，我们浪费了不少时间，却总是说自己没有时间，没有时间学习，没有时间总结，没有时间去做某件事，这完全是在找借口。时间总是有的，关键是看你愿不愿意去做。如果愿意去做，就会挤出时间。当然，我们对于时间管理是一个什么样的思维也是很关键的，比如我们有没有改变自我的决心和毅力，有没有准备好让自己的人生更有意义。如果准备好了，下决心了，就没有解决不了的问题。所有的问题皆是思想意识的问题，皆是自我规划与管理的问题。这个问题解决了，加之有科学的管理时间的方法，那么对于自己人生的管理也就有保证了。某种程度上来讲，一个人能否有发展，能否在日常工作中做出成绩，主要是看他能否管理好自己的时间，能否见缝插针，利用好碎片化的时间，不断地积累，去创造一个丰富多彩的人生。很多时候我们不会利用这有限的时光，把每天的时间都浪费在日常的俗务上，浪费在占有和争斗上，浪费在文山会海里和应酬闲聊中，不会学习和总结，不能够通过学习来增长自己的聪明才智。

不知怎的，近些年感觉日子过得很快，快得让人心生恐慌。不知不觉间，一周、一月、一年就过去了，也不知道这一周、这一月、这一年自己都做了些什么，仿佛没有什么印象，也没有任何收获，内心茫然无措，不知道如何安排好时间，不知道如何才能拦住时间的脚步，让它走慢些，让它带着自己抵达美的世界，能够让自己尽情地畅游，能够让自己永葆青春活力，永远没有烦琐的杂务，没有无序与担忧，没有紧张与痛苦，没有失望与遗憾，一切都是那么和谐自然、安乐自在。如果能够达到如此境界，那该有多好哇！可惜我们是人而不是神，不能够诸事皆顺、诸事皆安、没有忧虑、一切顺达，那只是藏在自己心中的一种梦想与希望吧，自己还是要去面对现实，面对诸多的人情百态，面对诸多事务的缠绕，工作中、家庭中、学习中、应酬中等等，还有许多的事情等着自己去办。这一天看似稀疏平常，实际上有很多需要自己去做的事情，需要努力把所有的事情安排得明明白白。就说自己这一天吧，早上的晨读，上午的写作和工作会议，下午的学习和会议，其间还要去见不同的人、谈不同的事，晚上还要应酬吃饭，有时还要再上一堂学习课，一天安排得满满的，还是非常充实的，有时真是紧赶慢赶，还是感觉气喘吁吁，感觉时间真是不够用。就这样还得感谢爱人、岳母能够把孩子带好，把家务做好，这样给我腾出很多时间，让我后顾无忧地出差做事、学习工作。没有家人的全力支持，那是不可想象的。一个人在外地，科学地安排好自己的作息是非常重要的。如果信马由缰，不加管控，游乐嬉戏，浪费光阴，那是非常有罪的，那不仅是对时间的浪费，也是对人生的亵渎，是不可原谅的。回头去看，自己也曾在无用的地方浪费了不少的时光，有时不能够做到真正的自律，不能够严格地要求自己，由着自己的性子来，想干啥就干啥，让自己身陷虚妄与游乐之中不能自拔，这样既浪费了时光，又有损于身心，真是得不偿失。还好自己有自省之心，能够清醒地认识到此点，不断地调整自己，及时把自己引回正途，并能够通过不断的学习，加强对事物、对自我的认知，不断地掌握新知，让自己在知识的海洋里畅游，获得更多有益人生的营养，让自己重新振作起来，获得人生最大的自由。

学习力量

学习不是一朝一夕的事情，它需要我们长期坚持、长期熏染，在不断积累之中得到质的改变。自己有时会犯急躁病，想要一下子都能够掌握，总是期盼着马上出效果，如果短期内没有出效果就会产生失望之情，信心也会受到一定的打击。仔细想来，这是较为幼稚的想法，学习任何技能都需要一个过程，需要长期熏习，也可能短期内看不出什么明显的进步，甚至越是学习越是感到自己懂得少，就会越发没有信心，就会越发着急，内心就会无比纠结，就会产生放弃之念，最终会导致前功尽弃。学习是急不来的，不能带有某种“功利主义”的色彩。学习是一个慢功夫，是一个长期坚持的过程，也是一个磨炼自己意志力的过程。学习本身就是一种态度，一种对人、对物的态度，我们要带着某种谦卑之心去面对学习，对待学习的态度就是对待人生的态度。学习就是一个不断获得自我、拥有自我的过程。尊重事物的运行规律，尊重学习的规律，这样我们就会从学习中获得乐趣。学习就是要放下身段，能够谦卑地待人待己，认识到自己还有很多不懂的地方，还需要俯下身来向别人学习，以他人之长补己之短，让自己得以不断地提高。这个世界是奥妙无穷的，有很多未知的领域需要我们去学习、去探究、去破解。永远保持一种研究与创造之心，永远保持一颗好奇之心，生命不息，学习不止，创造不止，这样人之灵气才会展现出来，人之思想才不会僵化，整个人才能够精神振作、精力充沛，才能够保持一种年轻的状态。如果一个人整日无所事事、无聊无序、懒惰懈怠，那么他该生活得多么痛苦哇。因为他没有追求，没有向往，没有能够让自己快乐之处。如果一个人整日把光阴虚度在外在欲望的满足上，没有更高雅的精神追求，那么他的生活品质就会下降，就失去了激情与向往，那么这个人也就真的废了。

对于生活，每个人都有不同的理解。追求衣食的丰足只是生活的基本需求，追求生活的品质和精神的满足才是高层次的需求，是人生获得终极快乐的根本。所有的快乐皆是建立在精神层面上的，所有物质的满足皆是为精神生活做准备的。从某种程度上讲，精神生活的满足也会带来更多的物质满足。因为精神与物质是分不开的，物质可以带来精神的满足，精神也可以引领物质的拥有。只要精神状态达到某种境界，所有的物质就会不请自来。反而是那些整日为了追求物质和占有之人，总是辛苦一生，劳而无获，究其原因，还是没能够把自我的状态调整好，没有努力去提升自己的能力，整日处于一种不自省、不自立的状态之中，不能够看清自己和外境的状态，生活在一片混沌之中，被消极的、无序的、懒惰的、固化的思维限制了发展，没有信心，没有希望与梦想，不敢想、不敢干，认为自己天生就是一个劳苦命，认为自己不能得到幸福和安乐，不相信自己，也不相信别人，认为这个世界上充满了痛苦、陷阱、失败和黑暗，不会有快乐、顺达、成功和光明来到自己身边。这就是思维限制了自己的想象力，限制了自己的行动力，不敢于把自己置于成功之中，认为自己不配。一个连自己都不相信之人，又怎么会产生信心和勇气呢？没有信心、勇气和坚持，又怎么能够成功呢？要想成功，必须先有成功者的思维。有了成功者的思维，就会有成功者的行为。有了成功者的行为，就会有成功者的结果。这就是精神引领物质的现实逻辑。要想得到，就必须得付出，付出精力，付出心力，唯有不断地付出，才会有更大的收获。如果一个人对自己有严格的要求，能够学会自律，能够深度地思考和了知人生，能够谙熟事物发生发展的规律，并努力付出行动，那么他不成功也是很难的。现实之中有许多人不能够客观认识此点，一遇到问题和困难就怨天尤人，认为这是老天对自己不公，认为这是自己的命，是自己不应该成功、不应该拥有的原因，认为困难这么多，问题这么多，麻烦这么多，阻力这么大，自己是不可能成功的。这样就会变得意志消沉，就没有了进取之心，没有了朝气与活力，内心满是悲愤与痛苦、纠结与无奈、颓废与懦弱、自私与狭隘、敏感与无助。整日生活在这样的心境之中，可想而知那是一种什么样的生活，那样又怎么会有成功与幸福可言呢？所以，要想改变，给自己一个惊喜，就要努力调整自我，让自己更积极一些，更勇敢一些，更善良一些，更乐观一些，这样自信的自己就会回归，美好的人生就会到来。一个人要学会引导自己、培养自己，把那些磨难和痛苦当作是前行的阶梯，当作是自己不断向上攀登的最大助力。正是因为有了这些困难和痛苦，我们才能够不断磨炼自己的心志，提升自己的能力，让自己获得前行的力量，品尝成功的果实。

真实面对

每件事的出现都有其缘由，都是必然会出现的。它并不是偶然的现象，而是由多方面的因素长期积累而成。无论遇到任何问题，我们都不能急于下结论，不能片面地判断其是好是坏。要知晓这个世界上没有绝对的好与坏，而只有相对的好与坏。要用客观的眼光去看待它，在好之中要发现其不好之处，在不好之中也要看到其好的一面。要始终保持一种客观全面的心态，要有理解和包容之心，在好的时候不要过于高兴和自傲，在不好的时候也不要过于悲观和失望。事情本来就是它应有的样子，没有什么该与不该，没有什么所谓的好与不好。每个人看待事物的角度不同，就会产生不同的认知。外人所给出的评价往往是片面的，因为别人不是自己，他看不到人事物的全貌，不能够有全面的认知，不能够有客观的评价，所谓的评语都是带有他个人的观点和认知的。如果一个人能够做到客观地看待自己和他人，那就说明他已经很成熟了。我们不要被表面的现象所欺骗，不要被外在的假象所迷惑。所有的存在都有其实和虚的方面，也会有其真与假、成与败、好与坏的因素所在。所以，我们也无须大惊小怪，要记住，所有的存在皆是必然，皆是事物本来的面目，皆是必将发生的结果，没有什么应该与不应该，所有事实的出现都是应该的，都是必然的。人生而为人，可能冥冥之中就注定了要走什么样的道路，这个道路是无法绝对更改的。也可能有人会说，既然我们不能自主改变，那就不用去努力了。这是极其错误的认知，是消极的、不全面的理解。事情的出现皆是因缘积累所致，积善因得善果，积恶因得恶果，一切皆有其定数。要想让自己的人生有所改变，就要学会长期积累，积累到一定程度，自然就会得到。不要急于追求所谓的得到，我们还没有实现梦想，没有得到想要的结果，那是因为我们还没有积累足够的成功之因。不要太过于纠结现实的回报，那样苦苦相求是很痛苦的，不妨潇洒一点，看淡一些，耐心地等待，积极地努力，让自己一直处于平和与安然之中。要客观地衡量人事物，以平和之心去看待，不骄不躁，自然自在，月朗风清，去留无意。回首过往，自己也曾过于急躁，急于去解决某个问题，急于去追求某个结果，于是便没有了安稳之心，让自己处于一种焦灼之中，计较得失，没有耐心，不能够尊重事物发展的规律，变得患得患失、焦灼不安、犹豫不定，对于未到来之事心生惶恐，不能够让自己安宁平和，看待问题往往过于绝对，非好即坏，非黑即白，对于自己常出现的问题做不到客观待之，总是埋怨自己不应该这样、不应该那样，那种自怨自艾之心特别强烈。自己也曾尝试着去改变，但还是缺少坚持力，这样就形成了恶性循环，弄得自己很是惶恐，对于自己的信心也是一种打击，感觉自己一无是处，好像很难有翻身的机会。越是这样想，就越是灰心丧气，没有了信心和勇气，做什么事都提不起精神来。这的确是一种很不好的状态。还是要严格要求自己，客观地看待问题的出现，要分析其出现的原因，从源头上去解决问题。另外，还要从自己内心深处去挖掘，找到自己行为产生的根源，从心理上、意识上去调整和改变。所有的行为皆是内心的驱使，没有内心的指引是不可能出现此问题、产生此结果的。要深究其根源是什么，从而正确地理解它、把握它、解决它。不能一味地回避问题，也不能一味地自责或是自傲，不能被事物的表象所迷惑，而要深入地去分析其实质。无论遇到任何问题，我们都要满心欢喜地去接受。有问题并不可怕，可怕的是你害怕出现问题，将问题看得如洪水猛兽一般，认为问题都是绝对的坏事，这是极其错误的理解。问题的出现有时也是好事，它能够让我们自省与反思，能够激发出我们内在的潜力，让我们的能力不断提升。可能有时候自己都不知道自己的能力有多大，只有通过解决一个个的问题，我们才能让自己有更大的提升，才能让自己更加客观地看待自己，才能让自己更加有信心去面对一切。

心的涵养

生活的过程就是学会与自己安守的过程，就是学会自我调节和关怀的过程。很多时候，我们不是在跟环境较劲儿，而是在跟自己抗争。那种莫名的挣扎和苦痛是很难熬的，走不出自我的小怪圈，不知道如何才能解放自己，让自己的内心在自由的天地中翱翔；不知道怎样摆脱掉对自我的禁锢，成为一个了知古今、看淡沧桑、自在无碍之人，对于诸多的外境与变故都能够泰然处之，不让自己被外境所禁锢，能够用无忧无碍之心去面对一切。生活就是要教会我们如何去面对，去接触，去善用其心，不再为所谓的恩怨纠葛、荣辱成败而拼死拼活，也不再为所谓的儿女情长、爱恨情仇而烦恼，变成一个彻底脱离悲欢苦海之人，这样的人生才是最自由的。自由不是别人给的，而是自己创造的。自由是内心最美的展现，也是对于人生的彻悟。这种大度与先觉才是我们所需要的。反观当今世界，纷争不断，仇恨不绝，人们都在为所谓的自我争得昏天暗地，在纠结之中去抱怨和仇视。这不是自在生活该有的状态，也永远不会给我们带来福乐与安守。要学会在生活中去彻悟，去了知自己所需、所得、所求、所往。一个人如果不懂得自己，不懂得别人，不懂得世界，就会成为愚钝之人，就没有了生活的喜乐和收获，就没有了心的安守，就会整日生活在混沌之中，受外境之牵引，被外境所烦扰，被自我的偏狭所拖累，完全成了外境的奴隶，不能够自己把控自己，没有了目标，没有了方向，没有了理想，就只能随波逐流，走到哪儿算哪儿，对于自己没有一个清晰定位，这样的生活不能说是不好，只是可能得不到自我，享受不到做自己主人的乐趣而已。回顾自己所走之路，也是有喜有忧、有得有失、有甜有苦，很多时候也是处于某种矛盾之中，有些事情也不知道怎么去处理，不知道怎么做才是最佳。对于所完成之事，总感觉有所缺憾，有很多很多自己不满意之处，总是想如果当时这样做该多好，那样做该多好，总是抱有一种患得患失之感，不知道如何去安放自己，不知道怎样去引领自己，让自己能够走上圆满之路，真正达到自在安乐之境。对于生活中诸多的人、事、物，我们要保持一种乐观豁达、包容宽厚之心，把握好自己的情绪，别让那些烦恼干扰自己正常的生活，尽情地去享受生命所赋予的仁爱与宽厚，把自己从欲望与虚妄的状态之中解放出来，让自己走上一条春风拂面的阳光之路。很多时候，我们可以控制其他事物，但很难控制自己的内心。这需要一个漫长的了悟的过程，需要我们放下负累，释放情怀，在无碍无私的状态下去想象，去理解。人生中有很多看似解不开的疙瘩，我们越是想尽快解决，越是很难去解决，总是找不到方法，找不到能够聊以慰藉的方式。这样情绪得不到释放，人就会变了模样，变得自己也难以认识自己，变得百无聊赖，变得不知所措，变得焦灼不安。究其原因，还是我们没能看透生命的本质。生命本身就是无与有的转换，是得与失的变化，是虚与实的结合。这个世界上，万事万物都是辩证存在的，读懂了人生的辩证法，我们就拥有了人生的智慧。如果不能够放下所谓的自我，不能够做到自我解放，人就永远走不出自己，就会被情所困，被物所困，被得所困，被失所困，被外在的假象所困。往往不是其他外在的境遇把你困住了，而是你自己把自己困住了。有时候我们自认为重要的东西不见得重要，自认为不重要的东西实际上却很重要。如若我们能够把看似不重要的东西当作自己的重要之物，把那些看似重要的东西当作不重要之物，那么我们也就成熟了，开悟了。因为我们所追求的种种有形的东西都会随着时光的流逝而消失殆尽，只有那些无形的东西能够长期与己相伴，不离不弃，永远相随。精神世界是没有尽头的，与之相比，所有有形之物都会相形见绌。我们要做的就是更多地涵养自己的心性，真正做到看淡得失，把那些阻碍自己自由自在之物抛弃，不要让贪欲之锁把自己锁住，不要成为贪欲的奴隶，而要做自己的主人。

成功感悟

前日喜闻神舟十三号载人飞船顺利返回，聂海胜、王亚平、叶光富三位航天员凯旋，真是非常高兴。相信全国人民都非常高兴，都在为祖国航天事业的跨越式发展而欢欣鼓舞，也备感自豪，那种激动之情真是难以自抑。是呀，在天一百八十三天，开创了我国载人航天在太空驻留最长纪录，并且圆满完成了各项工作目标，如果要我们打分的话，那真是超百分，非常圆满，非常顺利，非常精彩，用什么样的赞美之词都不为过。中国航天的高速发展令世人瞩目，中国航天科技的进步为世人所敬仰，也令国人无比地骄傲和自豪。尤其是自力更生、自主创新，没有依靠其他国家和人员，完全是自主规划、自主建造，这很了不起。这些成绩的取得完全归功于党和中央的英明决策，以及广大航天科技工作者的辛勤努力和无私奉献。在神舟十三号圆满返回之前，我内心是非常紧张的，同时也怀有很多的期待。那种紧张、焦灼、兴奋之感在自己心中交织起来，令我真是坐立不安，内心忐忑，满怀牵挂。的确，这和原来的感觉是不一样的。可能在没有真正接触航天事业之前，自己是没有什么更深的认识和感觉的，但近些年来一直在从事与航天技术产业相关的工作，深深地了解了其中的意义与奥秘，真正理解了什么是创新，什么是奉献，什么是青春，什么是生命的意义。当一个人或一群人都在为了自己的民族、国家付出所有之时，那种伟大与骄傲真的能够把自己的激情点燃。很多事情，你不去接触，可能就没有更多的强烈感受；当你真正深入其中，那种体验是最深刻的。每一次成功都不是偶然的，都是无数次努力的结果，是无数人创新钻研的结果，同时也是对航天员长期的全身心努力训练的结果，是对身心的又一次考验。虽然历经磨难，但前行之心不止，拼搏之志不减。正是有了诸多人不断的努力，才取得了如此辉煌的成绩。所以，成功不是偶然的，成功是需要我们全身心付出的。无论到任何时候，都不要放弃对理想的追求，都不要放松对自己的要求。天下没有免费的午餐，所有的获得都需要不断的努力，需要俯下身来真抓实干，需要付出心血和汗水。依靠所谓的幸运和关系，解决不了自身的问题，唯有扎扎实实、脚踏实地去拼搏，我们才能收获人生的成功与圆满。那种只想着投机取巧、不劳而获的思想是要不得的，那样是无法获得成功的，也是没有快乐可言的。可能在现实之中，我们都希望自己可以付出少一点、得到多一些，都在期盼着自己能够诸事皆顺，没有任何障碍，没有任何羁绊，能够获得人生的大圆满、大收获。这种想法是可以理解的，但想得再好，如果不去付出自己的努力，那就只能是空想而已，是没有任何意义的。想要获得成功，就要从现在做起，从自我做起，不要急功近利，要做好长期努力的准备。不要总是期盼着马上就能得到回报，马上就能取得成绩，那样就会犯了急躁病。那种急功近利的想法是不符合事物运行规律的。任何事物的出现都需要经过一个逐渐积累的过程，需要经过一个力量的积蓄与转换的过程。我们要冷静平和地看待所有现象的出现，千万不能急躁，要沉下心来，去解决一个又一个的问题和困难，逐渐增加积极因素的聚集，调动一切可以调动的力量，并且不断地磨炼自己，把所有的过程当作是一种享受，当作是提升自己的阶梯，当作是自己前行的航标。无论遇到什么样的问题和困难，都不要害怕，不要灰心丧气，更不能停止前行的步伐。要学会自己给自己鼓劲，自己给自己增加能量。要学会与诸多的不利因素交朋友，要知道人生就是要与问题和困难长期相伴，我们不能规避问题和困难，因为每时每刻都会有新的问题，都会有阻碍自己前行的因素出现，我们要做好充分的思想准备，要在思想上、行为上对自己有严格的要求，明了事物的发展规律，时刻做好自己的领航人，能够长期持久地去努力，有一股不达目的誓不罢休的精神，在不断的努力之中去获得快乐与圆满。要学会享受此过程，拥有此过程，真正成为一个能够让人生闪光之人。

认识自己（一）

不管生活给予你什么，你都要欣然接受，因为这才是你真正拥有的，是别人无法拥有的东西，是你所独享的感受和拥有。有时，我们对于痛苦和烦恼很是困扰，想象着要是能像别人一样轻松自在该有多好。其实，别人也会有痛苦和烦恼，那是你无法体会的，是你无法通过表面去了知的。我们无法从一个人外在的表现来体会他内心最真实的感受，也许别人也在用同样的心态来衡量你，也在认为你过得更加自在无忧、轻松无碍，你也是他所羡慕的对象。这的确是现实之中很常见的现象。仔细想来，人有时就是那么奇怪，看待事物有着很大的差异，不能够做到客观地认知人事物。究其原因，还是不能够理解自己，总是戴着有色眼镜看问题，站在自我的角度看问题，不能够抛掉自我的影子。唯有站在不同的角度，用旁观者的眼光来看待自己，用客观的内心来衡量自己，抛掉虚伪与矫饰，才能做到更加客观地看待自己，更加全面地认知人事物，才能把握住事物发展的客观规律。人最大的问题就是不能客观地认识自己，不能客观地认知世界。我们每个人都只是世间的一粒尘埃，是微不足道的存在，但正是这一粒粒尘埃，如果能够积蓄力量，也完全有可能带来狂风骤雨，能够积沙成塔。所以，我们对于自己的每一次进步都要高度重视，要不断地积累，真正发挥出应有的作用，要看到每一次进步的意义，在不断积累的道路上永不放弃，把自己的生命价值发挥到最大。很多时候，我们认为自己正处于最黑暗的时期，看不到希望，感觉不到自己的进步与收获，总是把包袱和委屈背在身上，负重前行，无比沉重，那种无奈和艰辛是非常之重的。自己看不到希望之途，就会有诸多的哀怨之情，就会让情绪左右了自己的心志，就会认为自己很难拥有更大的进步与发展，就会失去了前行的信心和勇气，就会如惊弓之鸟般东躲西藏，不知道怎样让自己立足于世，不知道怎样才能找到希望与光明，加之遇事不冷静、不坦然、不淡定，甚至惶惶不可终日，内心备受煎熬，无法拯救自己于水火之中。这样的生活是很难熬的。哀莫大于心死，心死了，人也就死了；心没了，人也就没了。要正确认识自己，首先我们要做的就是要立心，要让自己的心志强大起来，能够客观地衡量自己与天地的关系，能够摆正自己与万物的关系，能够深知自己的存在绝对是大自然的奇迹，是天地万物的因缘的感知，是多少世以来的修为，是承接父母之德的延续。有了这种精神的凝聚，才有了一切得以实现的基础。我们绝对不能小看自己，不能被一些外在的表象的东西所迷惑，不能因一时的挫折和烦恼而放弃对自己的提升，不能舍弃自己。无论在任何时候，自己能够依靠的只有自己，没有任何人能够代替自己，自己才是自己的拯救者，唯有求己才是正途，唯有依靠自己才能走出阴霾，唯有依靠自己才能迎来新生。要相信自己，在这个世界上，唯有相信才有光明，唯有相信才能走上成功之巅，也唯有相信才能让我们的生活无比地轻松自在。相信自己是对自己生命的尊重，是对自己的最大提升，也是让自己不被现实所蒙蔽的最佳方法。或许我们不能够在短期内实现自己的目标，但只要目标确定，那实现就是早晚的事情，核心就在于要相信自己。生命的存在是一件非常伟大的事情，是一场真正的革命，是我们在人世间最应该去研究的事情。有了对生命的重新认知，我们就有了盼头，就有了对于美好人生的向往，就不会纠结于你我。我们不信的原因往往是对于生命的觉知还过于肤浅，还有很多的疑问没有解开，生活中还有很多的迷惘在等着我们去寻找答案。所以，在这个时期内，我们就会出现迷茫、无助、烦恼、痛苦，就会有诸多的不安定之处。在没有成就之前，对于自己就会有这样或那样的顾虑，就会想东想西，就会往不好的方面去考虑，总是自己吓自己，自己把自己弄得手足无措，没有了自信心，没有了勇气和方向，人就会非常迷茫，就会变得缩手缩脚，心里就没有了底气，变得唯唯诺诺、踟蹰不前，变成了一个不敢面对现实之人，变成了一个自我封闭之人。这的确是我们应该正视的问题。很多问题看似难以解决，但只要我们认真对待、创新开拓、乐观坚韧，总会找到解决的方法，解决掉那些困扰自己的诸多因素，让自己豁然心开，而这一切的一切皆来自于对自己的相信。

规划生活（一）

近两天公务较多，加之早上要求自己早起晨读，并要加强身体锻炼，早上五点起床，洗漱完毕，穿戴整齐，静坐调心，然后出门也就六点钟了，在清晨的大好时光里，早早地学习和锻炼，是一件非常美妙的事情，这能给自己一种无比欣悦的成就感，也是战胜自己的一种表现。尤其是看到清晨宽阔的马路上没有什么车辆，这么早起床的人还不是很多，迎着晨曦，自己边锻炼身体，边通过手机视频跟着老师晨读，的确是收益颇多。人就是要让自己忙起来，唯有忙起来，内心才能安定下来。如果对自己的生活不做要求与规划，整日浑浑噩噩地熬日子，那是对生命的一种浪费。回首过去，自己也曾浪费了不少的大好光阴。那时自己不知道时光的可贵，不知道如何能够让自己动起来，不知道如何进行科学的自我调节，如何让自己的身心得到提升。如今认知到了光阴的宝贵，每天都能把时间规划得更加细致，让自己的工作效率更高，同时能够抽出时间锻炼身体，让自己的身体素质得以提高，并且能够养心养神，不再去想那些虚无缥缈的事情，不再去做那些无聊之事。曾经处于虚妄与愚昧之中，可能想不到这些，只是感觉自己已经很好了，最起码不需要为生计而发愁，该有的都已经有了，好像有一种志得意满、小富即安之感，那股工作的锐气就大大降低了，那种自我规划、自我奋进之心就大大地减少了。虽是每天都忙碌不已，但都没有忙在最有益的地方，没能够真正科学地管理自己，总是在无序和自我的边缘上游走，内心不得安定，有时甚至做出一些令自己备感惊讶之事。虽是能够自我安慰、及时调整，没有形成什么大的障碍，但总归是在自己心底留下了一些阴影。那种痛楚是看不见的，那是一种对自我的伤害。但自己对此还没有什么警觉之心，还会有这样或那样的妄想，有时还会自鸣得意，完全感觉不到危险的存在。这是非常可怕的事情。一个人最大的危险往往就是存在于生活的细节之中，身临险境而不自知，身处危难而不自救，任凭自己一步步地靠近危险，最后酿成大祸而悔之晚矣。的确，人生之中有许多的险途，要想平安地度过，就要学会时时地警醒和反思，要在生活之中去醒悟、去学习、去总结和规划。对于不好的心理和生活习惯，要马上进行修正，在危险没有真正来临之前及时警示自己，及时调整自己，这样我们才能获得人生的福乐。自己往往也有一颗探究之心，对于任何事情都有乐于尝试之心，总是想要尝试一下新鲜事物，希望通过新的事物来感知不同的世界，总是有一种不计后果、不知好恶之心，什么事都想去做，最终什么事都做不好。没有聚焦之心，就没有专注之力，就不会取得大的成就，就会在无明与繁杂之中打转，不能够真正地突破自我，没有了安然踏实之心。如果一个人没有了内心的安定，没有了对自己的管控和指引，就会陷入一种迷茫无序的状态之中，让自己在苦海里备受折磨，就会把自己置于一种迷茫的境遇之中，不能够自救、自立，不能够有一个好的结果。这是规范身心的最大禁忌。自己总是想把所有的事情做好，把每一件事都做圆满，可往往越是这样想，越是做不到圆满，越是会有这样或那样的缺憾。也许是自己过于贪求，贪求所有的成就都能够实现，存在一种虚妄之心，一种求全、求胜、求得之心，不能够尊重自然规律，不能够按照事物的发展规律去做事，所以就会捡东丢西，得了芝麻又丢了西瓜，那种患得患失之心让自己很是纠结和烦恼。归结一点，做事情还是要有所选、有所不选，有所得、有所不得，有所为、有所不为。人生短暂，时间有限，我们不可能面面俱到，把每件事情都做好，还是要选择自己最擅长的事情来做，要调动一切可以调动的力量，针对一处，深入研究和实践，发现规律，运用规律，真正做出成果来，让自己每天都有所收获，每天都有进步，每天都有新的认知和成就。这就是对自己的要求。可能要求多了一些，但如果不去要求自己，那么生活就会变得无趣，我们也就不能享受到人生的最大福乐。这种福乐往往是建立在对自我的管理之上，在不断地进取和努力之中，在对自我身心的不断修炼之中。我们要享受这一过程，并从中获得自在与安乐。无论任何时候，都不要放弃对自我的管理，这是我们安身立命的法宝，也是获得人生大自在的前提。

解放自己

要做到解放自己还是很难的。能够在晨曦之中安然自乐，在春风的轻拂下与百鸟的鸣唱中去感受、去体验，这的确是一件非常快乐的事。总感觉自己有时管不了自己，不能够把时间分配得更加合理，辜负了这大好春光，心中有些许的遗憾之感，但转念一想，很多事情不能只看一面，我们不可能做到面面俱到、滴水不漏，不可能如圣人般做得那么完美。也许人生充满了遗憾，得到就意味着失去，快乐就伴随着痛苦，成功即经历过失败，平和亦经历过躁动。一切都在平衡之中延展，在内心之中衡量。对于那些没有实现的，或是不尽人意的东西，也只能说，是它们给予了自己更多追求的机会和不断精进的动力。有时候，留些遗憾也不错，正因如此，我们才能够真正看清自己是谁，才能知晓人生不是单色板，而是七彩虹。如果用单一的思维和片面的眼光去做事，那就如同留下一颗定时炸弹，会让我们时刻难安。无论是看人还是待事，都要保持一颗客观之心，不要被眼前的假象所蒙蔽。自己有时候也很是无奈，明明是早起，起在第一缕阳光出现之时，但还是无法充分地利用时间，总是因为这样或那样的诸多因素而导致了很多事情难以处理，耽误了很多时间，为此，自己也是感叹不止，遗憾不已。我们要学会认清自己，要反复地追问自己：“我是谁？我来自哪里？我要做什么？我的最终目的是什么？我要成为一个什么样的人？”相信通过每天对自己生活的检视，我们都会从中找到人生的答案。但这个答案也不是唯一的，可能每个人都会有不同的答案，无所谓对与错，要知晓现实发生的才是最为真实的，才是现实之中最为真实的自我。不要去刻意回避，要勇敢面对自己，坦然面对自己的不足，勇于承担这份责任，认可和包容自己。自己就像是一个伤心的小孩，要学会安慰自己，学会自我调节，学会给自己指点迷津，让自己找到内心依靠，找到人生的方向。也许我们不会马上就有很大的转变，但只要努力去想，不断去做，认真去分析，就一定会有新的发现、新的收获，就一定不会轻易地否定自己，就一定能够成为驾驭自心之人。有些目标看起来难以达到，但只要我们相信自己，敢于去剖析，勇于去面对，不断创造性地去规划、去落实，就没有解决不了的问题。关键还是要看自己的态度和行为。只要我们相信自己，换一个新的角度去看问题，就能够不断有新的发现、新的突破，就能够变不利为有利，变被动为主动。有时候让自己的身心经历些磨难也是一件好事，因为只有经历了，才知道轻重，才知道其中的滋味。如果只是一味地去想象，那我们只会极力地回避困难，不敢面对它，不敢涉及它，害怕它会给自己带来大的问题，让自己的人生发生更多的变故。现实中很多人都有这样的想法，但越是这样想，就越是跳不出固有思维的怪圈，就越是找不到内心的依靠，越是让自己难以解脱。拒绝和逃避是解决不了问题的，解决问题的最佳方法就是要学会与问题交朋友，深度地了解出现问题的原因，充分地分析其利弊关系，尤其是要认清其对自己有利的方面，要抱着一种喜乐之心去面对它，去接受它。要学会感谢问题，正是有了它的出现，自己才会真正看清了人生的另一面。人生不是平坦的大道，人生是要经历种种风雨的。人生并非一帆风顺，人生需要经历很多新的尝试。可能这些尝试会让自己付出代价，让自己付出时间、精力、金钱乃至健康，但只要能够让自己学会安守自心，客观地去看待一切，我们就能够从失去之中找到新的发现，从中获得更多的启示。我认为这就值了，这样就能够改变自己原有的认知，让自己看到事物的另一面，让自己更客观地认识一切。

不要害怕变化，不要害怕一些看似强大、无法改变的东西，要学会与其交朋友，要跟这些问题和困扰做朋友，要学会客观地认知自己，客观地认知世界，唯有如此，自己才是真正地成熟了。这个世界不是一个单极的世界，很多事情并非如自己想象的那般，非黑即白，非失即得，非高即低，非优即劣，那是非常片面的认知，如果不能客观地去看待，勇敢地去面对，那么人生就无法真正达到某种圆满。所以，学会安守，能够客观地看待人事物，是解放自己的一个前提。

自律人生

自律是一把金钥匙，它能够把我们的智慧之门打开，让我们更加接近梦想，能够让我们不被欲望所牵引，不被俗务所羁绊，让我们视野更加宽阔，让我们的心态更加平和，让我们更自由、更幸福、更有力。有了它，也可以说人生就成功了一大半。我们终其一生都在追求自由自在，害怕被约束，害怕不自由，害怕让自己受困于某一个狭小的领域，走不出自己的小天地；片面地追求所谓的自由，好像自由就是无所顾忌，是一种对自己的放纵，不管什么事情，只要由着性子就是好，否则就是不好，不需要去理解别人的感受，不需要去想给予别人多少，一切都是以自我为导向，一切皆是为了自己所谓的自由的新天地。这样的想法和做法是极为错误的，如果大家都这样去争得自己所谓的自由，那天底下还有自由吗？我们还会有自己最基本的保障吗？还会有自己尽情挥洒的新天地吗？

自律是一种高贵的素养，是一种长期养成的习惯，是对生活本真的理解，是对生命意义的最佳诠释。自律也是融入社会、体验生活的能力，是对天地运行规律的尊重。学会了自律，我们就学会了生活，学会了面对，学会了如何提升自我。现实生活之中，我们很难做到自律，甚至认为自律是一件非常痛苦的事情，对于所谓的自律怀有一种抵触之心，认为自律是对自我的管束，是不自由的表现，是对自我的摧残，是对自我的封闭，是完全没有快乐可言的。因此，就会对自律产生了畏惧之心，就想要逃避，想让自己逃脱“囚笼”，想让自己自由发挥，不受时间和空间的限制，不受社会和道德的约束，不被生命的目标所迫，能够想怎样活就怎样活，想怎么干就怎么干，想如何走就如何走，想放松就放松。这种想法经常出现，想要让自己不受拘束，给自己一个新的天地，让自己可以天马行空、无所顾忌，对于所有的有趣之事都想去做，对于自己的所有欲望都想尽情地满足。这种思维不能说是错的，毕竟这是天性使然，但如若是想什么事都去做，没有对于时间的统一规划，同时不能了知做这件事会给自己带来的后果，那么这样盲目去做是非常危险的，也是不会有成功可言的。我们存在的最大问题就是不聚焦，不能集中注意力，不能把自己有限的精力用在需要突破的地方，往往会因为其他的因素而影响了自己的工作与生活，不能在关键点上发力，让自己变得盲从而无序。这样下去是很难有建树的。因为一个人的时间和精力是有限的，我们无法把所有事情都做好，需要有所取舍，需要选择最能够发挥自己能力、最有价值的地方，集中注意力、精力、体力、心力去做，这样才能有所建树。发力于一点，突出自身的优势，争取得到更大的收获，争取在这个领域中做得出类拔萃，这就是最大的成功。很多人正是因为忽略了比点，而变得普通平凡、无有成就。最主要的原因就是不能聚焦，不能在自己最有优势的地方发力，左顾右盼，东一榔头西一棒槌，三天打鱼两天晒网，没有恒心和毅力，这样就会把自己的优势全部掩盖掉，就会让自己痛失了很多的机会，变得籍籍无名、碌碌无为。

自律是一剂良药，能治愈所有的贪欲之患，让自身能够安然应对，能够促进自我的发展，让自己在平凡的人生之中创造出奇迹来，让自己获得更大的成就与福乐。缺乏自律，就等于是对自己放任自流，没有对生命的科学管理，那样的生活是混乱的，那样的人是不会有任何进步可言的，那种行为就是对人生的挥霍，是对时光的极大浪费。虽然人的归途最终是一样的，但人的情趣和价值是不一样的。也可以说，有了对于人生的科学管理，就会让自身变得高大起来，就会让活着的每一天都充满阳光，让人生充满了幸福与希望，让生活变得更自在、更自由。人生的方向盘就掌握在我们自己的手里，想要往什么地方去只有自己说了算。我们一定要把握好人生的方向盘，让自己的人生能够沿着善德和创造的光明大道一路前行，去到达生命自由自在的地方，去获得人生永恒的灿烂。

生活之悟

有时候生活中会出现一些令人抓狂之事，往往一件小事就会让你改变情绪，让你变得不是原来的自己。昨日定好要回鄢陵老家给老父亲祝寿，因今日是老父亲的生日，所以自己也是早早地安排好自己的时间，一定要按时准点地赶回老家，并且也同周剑良教授、丁雪玲院长约好了见面的时间。原本已经买好了车票，想着不会有什么变化了，结果却出现了意外，我怎么也没有想到，自己竟然没能赶上每天唯一的一班高铁，这也令我感到无比地懊恼和焦急。仔细想来，出现这种情况确实是因为自己大意了，忽略了许多的细节，比如没有认真确认一下高铁发车的时间，虽然是自己买的票，也知道大概的时间，但是并不确切，和实际时间有些误差，但也不要小看这小小的误差，正是因为时间上些微的差异，导致了自己未能赶上火车。这件事也提示自己，做任何事情都不能只是知晓大概，而是要确切了解、深入了解、科学判断，这样才能得到最佳的结果。另外，此事也是自己过于自负所致。原本一直感觉自己住的位置离车站很近，的确，从直线距离来讲也不远，只有大约两公里的路程，自己每天早上在七里河公园锻炼之时，总是与车站隔河相望，感觉就在眼前，抬腿就到。所以这次也没有着急，心想慢慢走也来得及，于是自己在距离开车时间不到二十分钟时，才拉着行李箱步行去车站。没想到看起来很近的距离，走起来却格外漫长，心里想着怎么还没到，眼看着火车马上就发车了，真是心急火燎一般。从来没有想过看似近在眼前的车站会这么难以到达，眼看着离发车时间只有五分钟了，自己也不顾风雅了，直接以百米冲刺的速度奔向车站。在追赶的过程中，自己内心已经想到了结果，可能自己真的赶不上这班车了。因为到车站还要上三楼，还要做疫情扫码检查，并且自己要去的31号候车门，需要从西到东横穿整个候车厅。这几种因素加起来，能在五分钟内赶上车才怪呢！但自己总是有些不甘心，总是想着会有奇迹出现。结果奇迹还是没有出现，当我赶到进站口，距离进站口关闭已经过去五分钟了。擦着额头上挂满的汗珠，平抑着急促的呼吸，抚摸着自己的小心脏，那种遗憾、失望之情充斥于心。哎呀，不就差五分钟吗？如果当时能够少耽误五分钟，自己也就赶上火车了。可是现实之中没有后悔药，只能一个劲儿地埋怨自己，埋怨别人，那种焦灼、失望的情绪久久难以平复。虽然内心很快便理智地接受了结果，最后也找到了转车的路径，事情得以妥善解决，但通过这件看似非常小的事情，自己也得到了深刻的教训：无论做任何事情，我们都要做好充分的准备，不能盲目行事，要对事情做出客观的分析，并做好充分的准备。对于任何事情都要提前做好准备，留出余地，这样做起事情来就会轻松无比，无有失误。可能赶车这件事的确是一件不起眼的小事，但小事能够展现大作为，要通过现象看本质，通过生活中的细微小事不断地总结和提升自己，发现自身存在的问题，抽丝剥茧地找到问题出现的根源，这样才能让自己在以后的生活和工作中少出问题；并且如果真是遇到了问题，也能够客观以对，找出最佳的应对方案，而不是一味地悲观失望、哀叹连连，那样是根本解决不了问题的。就本次事件来讲，事情虽小，但也检验出了自己做事还不够成熟，不够全面，在事前、事中、事后都有些处理不当之处，诸如在事前没有进行时间的规划，在事中没有进行迅速调整，在事后也没有对自我的情绪做出管控。这一系列的事情之中出现了很多的失误，尤其是当退票又重新购票后，自己的情绪也不太好，当一个年轻人来让我帮他扫码借充电宝时，也没有及时地帮助他。事后，自己也为此而深感自责。因为自己一时的情绪化而没能及时帮助他人，这的确是不应该发生的事情。总之，事情虽小，所反映出来的问题却很多，自己一定要在以后的生活和工作中加以改正，要通过每天对生活、工作的总结来不断地提升自己的能力，提高自己的素养。

圆满之境

早上五点起来，开始晨读英语，没有督促还真是不行，晨读老师把时间抓得很紧，这样也让自己无法偷懒。晨读时老师会提问，所以自己还要提前预习，并且要把之前学过的单词、语句重新复习一下，这样才能记得更牢固。同时，这样也不会感觉到难为情，毕竟总是因为记不牢语句而让老师说教，也不是一件光彩的事情。通过认真地预习和复习，自己不但能够记得更加牢固，而且能够增加了学习的趣味，提高了学习的信心，从而让自己不断地进步。学习有苦也有甜，在学习的过程中，自己也遇到过难以坚持下来的时候，也产生过“打退堂鼓”的念头，但是转念一想，如果稍遇到些困难就退缩，那也不是自己的风格呀，如果就这样轻易地放弃，那自己做什么事情也不会成功。这个世界上拼的就是坚持力，看谁能够保持认真的状态，能够始终如一地提升自己、完善自己。学习本身就是一个修养自己的过程，也是自我成长的必经之路。自己早就没有这种上学的感觉了，能够有此种体验也是一件快乐的事情，就像是自己又重新回到了学生时代，重返青春，让自己能够重新地审视自己，看看哪些才是值得去做的，哪些是不值得去做的。唯有把自己置于某种状态之中，才会有无比深刻的感知。当自己真正深入其中，并能够真正体验其中的奥秘之时，那种愉悦感是很强烈的。体验学习的艰辛与乐趣，的确是人生最美的记忆，也是让自己不落伍于时代的重要保障。我们要让自己的身心时刻保持积极的状态，这样我们才能拥抱快乐，才能忘掉苦痛，才能拥有无比满足之感。很多时候，人的快乐与收获皆在于对自己的定位，在于能够看清自己，能够让自己永远充满希望，让自己永远处于一种追求的境界之中，让理想之灯照亮自己的前行之路，并且能够把这种理想化作实实在在的行动，用行动让所有的想象转变为现实。如果只是想而不去行动，那就成了“思想的巨人”“行动的矮子”，那样人就会变成了一个只会玩嘴皮之人。光用嘴说是解决不了问题的，要学会真抓实干，学会勤奋努力，学会思考和创造，学会用智慧来引领未来。的确，在前行的道路上会充满变数、充满风险，但只要我们不放弃自己，不轻视自己，那就没有做不到的事情，就没有完成不了的任务。很多时候我们不是没有机会，而是看见机会却不懂得珍惜，不能够把有限的时间运用到有意义、有价值的地方，不能够让自己的生命真正发光发热。回想过去，自己也是荒废了很多的时光，把大好光阴都用在了无聊之处，在觥筹交错间，在闲聊嬉戏中，在贪念奢望中去争、去占有，到头来却只是一场空。所有生命的归途皆在于空寂，所有现实中的存在都是虚幻，都不可能长期留存。一个人若是没有精神的引领，没有性灵的依靠，那他会是很孤寂、很痛苦的，是没有生命的依托的，这样的生命是毫无意义的，是没有任何价值的。

时光匆匆，还是要抓住它，别让它悄悄地溜走，那样实在是太可惜了。生命的荣光在于自悟与创造，在于积极地进取，在于能够留下生命的光辉，能够种下信念的种子，给予善德之水的浇灌，让它开出智慧之花，结出自在之果。有时候，面对生活之中的无常与繁杂，自己也很是失望，悲观之情充斥于心，总想着怎样才能获得自由，怎样才能掌握自己的命运，怎样才能获得人生的大喜乐、大自在，不会再被生活之中的贪欲所牵引，不会成为金钱与贪欲的奴隶，在精神的喜乐中拥有自己的一片天地。仔细想来，金钱的确会让人的生活得到改善，会让人获得物欲的满足，给人带来所谓的虚华之光。但人生苦短，在短短的一生之中，这种虚华与矫饰会转瞬即逝，没有了踪影，最终留下的只有空寂。那种空乏寂寞之心始终会存在，内心的依赖也还是没有找到。所谓的贪欲的满足只是生理上的短暂快乐，痛苦会如影随形，永远摆脱不掉，越是贪心就越是强烈，就越是没有自我的主张，这份痛苦和纠结将会伴随自己一生。拥有时的快乐越强烈，失去时的痛苦也就越深刻，快乐和痛苦是相伴相生、互相转化的。贪欲是人生的枷锁，也是一个人痛苦的根源。我们要保持警醒之心，时刻远离贪欲。总之，要把福乐之境建立在精神的引领与滋养上，安放在平静与安乐之中，把它化作奋进之力，去成就一个圆满的人生。

充实生活

因前两天睡得较晚，早上起来较早，加之睡眠质量又不好，身体就感觉有些困乏，忙完了一天的事情，晚上没有吃饭就早早地休息。本想着休息一会儿还要把没有做完的事情做完，比如说提前把要写的文章写出来，还要复习一下英语，另外还要对每天的工作做出一个回顾总结，唯有如此才能让自己很安稳地休息，要不然睡觉都睡不好，总想着这回事。人也是怪，如果心中有事，不去做完，就总是记挂于心，让自己难以安宁；如若能够按期完成，那就会心安平和，有收获满满之感。睡到午夜近一点钟，就从床上爬起来，还有些迷迷糊糊，想着什么事情没有干完，就起身洗漱，执笔坐于桌前，把内心所悟和生活经历记录下来。总感觉这样的生活是会给自己增加活力的，是能让自己有所提高的。人就是在不断地学习、工作、生活中不断提高的，我们每个人都要有些精神，有了精神，有了目标，人生才会过得更有意义。有时候，在生活、工作、学习之中难免会遇到很多困扰自己的东西，难免会有一种挫败之感，甚至压力山大，好像是冲不破这道障碍，总是有这样或那样的因素在阻碍着自己，那种压抑之质感令人喘不过气来，甚至会让人产生中途放弃之念。这的确是生活之中我们常会遇到的问题。我们要学会放松自己，要找到心灵的归处，能够驾驭自己的心情，始终保持一种积极进取的心态，对于所出现的任何问题都能够去面对它，去克服它，去征服它。要学会培养自己的心力，能够让自己抵御一切的风险，能够让自己有一个正确的心态去面对一切困难。人生无常，世事难测，我们一定要让内心增加力量，让它一直处于一种安乐祥和之中，让它始终焕发出生机来，能够透过生活的表象去找到人生的本真，让生命的力量不断增强，让自己的心量不断拓展。自己也是每天都在思考这些问题，对于一些难题也是感到困惑不已，不知道怎样去处理，不知道如何才能充分地发挥自己的力量，有时会有一种使不上劲儿的感觉，这还是心力不够强大所致。往往困扰我们的不是外境，而是我们自己。面对诸多事物，自己还不能够理性地看待，不能够彻悟生命的本质，还是会陷入自我的小圈子里，挣脱不得。有时候缺的就是科学的运营之力，没有对所遇到的问题进行科学、系统化的分析，找出问题的症结之所在，围绕关键问题去解决。要不断地拓展思路，运用创新的思维，通过多种方式来解决问题。如果我们能够做到这些，相信很多看似困难的问题都会迎刃而解。现实生活之中，我们每天都要面对问题，也可以说，我们是为问题而生的。生而为人，问题常会伴随我们左右。如果没有了问题，那生活还叫生活吗？那就不叫人类生活了，那可能是神仙的生活。

在科学解决问题之前，一定要学会摆正自己的心态。通俗来讲，就是要让自己不生气，始终保持乐观积极的心态，能够看到事物最积极的一面，能够真正做到彻悟和自省。这是一种精神的引领，是一种思想意识的改变。要清醒地认识自己在做什么，未来要做什么，最终的归宿是什么，能够理解自己、理解别人、理解生活、理解人生。要把生活当作老师，从生活之中我们能够学到很多，生活的细节都有其深意，都有其必然的结果，都是我们一生之中最为宝贵的财富。我们往往忽略了日常生活之中的细节，认为那些细枝末节的东西毫无意义，好像是可有可无之物，每天都是平淡无奇的，没有什么值得记忆之处，这样就会有一种逃避生活之感，不想它，不看它，好像只有这样才能让自己心安。其实面对生活的林林总总，你越是不想它，越是不理它，它越是会成为你人生的障碍，越是会对你纠缠不休，你就越是无法脱身，越是会感到人生无味，就会失去了对于生活的主张和激情，人就变得非常麻木，就没有了生机与活力。跟自己同龄人在一起，总是能够发现一些人是未老先衰，没有了对生活的规则，没有了人生的方向感，没有了精神头，没有了朝气与活力，中年之士看着老气横秋，就像是八十多岁的老人一般。人越是这样就越是老得快，越是没有追求、浑噩度日之人就越是没有精神，就越是陷入一种情绪的恶性循环之中，就会变得行将就木，就像是坐吃等死一般。如果是那样，那这个人的心志已经死了，活着的也只是一个躯壳而已。所以，我们还是要有些精神的承载力，要用年轻人的思维去理解万物，通过不断的学习和提升来引领自己的生活，让生活的每一天都变得充实而有意义，轻松愉悦地活着，充满梦想地活着，这样的人生才会有无穷的趣味。

父母之恩

前日回鄢陵老家给老父亲祝寿，老父亲、老母亲都非常开心。大伯、二伯等几位长辈悉数到场，兄弟姊妹、嫂子姐夫都聚到一起，为老人家祝寿，点蜡烛，唱生日歌，气氛很是激动人心。我看老人家也是激动得很，脸上挂着满足的微笑。晚辈们纷纷走上前来给长辈敬酒，那种和美祥和的场景让人快乐无比。弟妹陈霞很用心，把姊妹几个孝敬老人的钱塑封成串，放在生日蛋糕里,让老父亲往上提拉，越拉越多，越拉越长，在拉的过程中真是惊喜不断、笑声不断，给宴席增添了很大的乐趣。看来在以后的喜宴中也要增加一些小节目，这样对气氛的烘托还是非常重要的。老人们辛苦了一辈子，应该让他们多享受到儿女、晚辈们的孝敬，让他们能够在晚年快乐幸福，让他们更舒心、更安乐，这也是我们做儿女的福德。有了孝敬老人们的心，就有了生活的甜蜜和希望，就有了前行的强大动力。舐犊之情、感恩之意相交织，组成了人世间的美好图画，呈现着人间的甜蜜与美好。要学会理解老人、尊敬老人。老人们用一生的时光让儿女们能够成长，真正成为社会的有用之才，这才是老人们最可敬之处。每一次回老家，看到老父亲、老母亲日益苍老的面容和累弯的腰身，真是感到无比心痛。那种莫名的伤感之意就会涌上心头，鼻头感到一阵阵酸楚。是呀，父母的苍老成就了儿女的成长。从小到大，我们都受荫于父母的关爱，都会有诸多的亲情的积累。这种亲情是深深埋在心底里、融入血液中的，是伴随自己一生的，是自己生命的最大滋养。

正是有了这份亲情，我们才拥有了无穷的力量，才能够勇敢地面对人生。很多时候，我们忽略了这份亲情，认为父母的种种付出是理所应当的，是自然而然的事情，没有什么可大惊小怪的，每一位父母都会有这份付出；不仅如此，甚至有时候还埋怨父母没有本事，不能给自己提供更优越的条件，不能够让自己过上更美好的生活；更有甚者会对父母怒目相向，对于老人不尊重、不赡养，显得非常麻木。仔细想来，这些想法和做法都是极为错误的。虽说对儿女之好是人心所备，但这份好即是我们前世之缘。父母给了我们生命，并且含辛茹苦，一点点地把我们养育成人，这本身就是极其伟大的。也可以说，我们的一切都是父母给的，那份生育之恩德是值得我们一生珍惜的。

父母之恩是永远难忘的。无论我们有什么样的成就，都不要忘记了，成就我们的还是父母，我们也是父母最大的成就。可能我们现在还认识不到这一点，但一个铁的事实就是：我们的生命是父母给的，我们的冷暖安乐皆在父母心里，父母永远是我们人生的港湾。也许我们的父母还有很多的不足和缺点，但是比起那份比山高、比海深的恩德来讲，这些不足和缺点都是微不足道的。父母的伟大是无法用言语来形容的，无论到什么时候，父母都是儿女心中的丰碑。自己也切身感知到，从小到大，即便是现在自己已经人至中年，在老父亲、老母亲的眼里，自己永远都是孩子一般，自己的饮食冷暖，父母还是记挂在心。每次回老家，老母亲都是抢着下厨房，做着她最拿手的饭菜，炒凉粉，炒豆腐，荆芥拌黄瓜，还有常喝不厌的大豆腐脑、面筋汤、鸡蛋面糊糊。看着狼吞虎咽的我，老母亲露出了慈祥的微笑，并一直催促着，让我多吃些。吃完饭后，老母亲还抢着刷碗筷，我去抢着刷，她还不愿意，说是“好不容易回来一回，你就歇着吧，你不知道怎么刷的”。看着老母亲异常坚决的劲儿，我还真是不敢跟她抢。每每遇到此景，我的内心总是一阵酸楚。真是“可怜天下父母心”哪，我的内心感慨无限，却也无比温暖。老人家一生操劳，无论任何时候都在想着儿女，那份恩德是如此之重，我们唯有用心去珍藏，并能够在生活、工作中让老人家心安，这才是做儿女的最大的孝顺。要给予父母更多的关爱与理解，用自己的努力付出和创造来成就一个亮丽的人生，给父母脸上增添光彩。

无心之妙

一天之中，真正静下来的时光是弥足珍贵的。很多时候我们静不下心来，一头钻进生活的凡尘之中，尽管说自己也知晓孰轻孰重，但还是难以挣脱现实的束缚，还是要去考虑那些自己不愿面对却又不得不面对的事宜，把现实的生活打理好，拥有一个清新亮丽的自己。近几天来，自己也是忙忙碌碌，又遇上疫情突现，整个河南疫情加重，郑州的病例已达上百例，许昌也是近期病例激增，每天新增病例达到两位数。两座城市大部分城区已经处于封闭管理状态，采取了足不出户、服务上门的管理措施。一下子，繁忙无比的城市静了下来，人们也大部分都居家办公，工作、生活倒是没有受到太大影响，一切皆是在有序的状态下进行。郑州、许昌的疫情管控措施是及时的、有效的，能够及时发现、及时封控、及时排查、不漏死角，力争在短时间内把疫情消灭在萌芽状态，能够真正找到源头，拾遗补阙，争取通过近期的努力能够赶走疫情，还市民一个轻松安乐的生活环境。在这里，自己也是由衷地向参与“战疫”的每一位医务工作者、警察、志愿者及其他各个岗位的英雄们致以最高的敬意。自己也是心怀感恩，努力做好本职工作，遵守抗疫政策，也为抗疫做出自己应有的贡献。大疫之时必有大勇，有那些默默无闻、为众人的安乐做出贡献之人。正是因为他们撑起了一把安全之伞，我们才能够在自在安乐之中去生活。这样的生活是来之不易的，是需要我们好好珍惜的。仔细想来，自己有时还是对此有所忽略的，总是认为自己生活的安乐与自在以及所有的获得都是自己努力的结果，与他人无关。实际上，这是极其错误的一种想法。看似通过自己的努力得到的一切，皆是在有一个好的大环境之下，有一个伟大强盛的国家，有一批为集体、为国家奋力而为的人们，在时刻呵护着我们，让我们免受灾难所带来的痛苦和失落，让我们更有底气、更有依靠，这也是自己最大的荣幸。所以，回头去看，自己有时稍显偏激，只是因为没有一个宏观的觉知而已。还是要摆正自己的心态，学会客观地觉知一切，唯有如此，才能让自己收获更多。人的内心是很难控制的。很多时候，如果我们不能够站在更高处去看问题，只是死盯着自己的一亩三分地，只是简单地去理解好与不好，过于看重一时的得失，因为失去而感到无比地心痛，感觉好像天要塌下来一般，怨天尤人，无所事事；对于社会，对于国家，对于他人，往往是戴着一副有色眼镜，总是看那些不足之处，总是盯着那些不平之事，不能够换位思考，不能够设身处地地替社会、替国家、替他人去考虑，而只是片面地去看、去听、去做，这样就成了四处宣扬、无事生非的“好事者”。如果我们不能够为社会、为国家、为他人做出自己的贡献，又凭什么让社会、国家和他人为自己去做些什么呢？任何时候都要先付出、先给予，才能够得到，才能够感受到更大的安乐。一切都建立在把自心调好的基础上，要学会用包容、理解之心去体谅，用真诚、大爱之心去付出，为社会贡献自己的一份力量。

善调自心，用成熟的心志去面对所有人与事，这是一个人成熟的标志。如果一个人始终处于一片狭隘的天地之中，完全以自我利益为导向，不考虑别人，那这个人是悲哀的，也是会时常痛苦的。因为人生终究还是要走向无常，所有的一切都会消亡，我们要做好充分的思想准备，要知晓自己所拥有的一切都会随着时光的推移而消亡殆尽，没有什么值得炫耀的，也没有什么不能彻底放下的，因为到时候你不放下也得放下。那些所谓的自我之物，没有永恒可言。在有限的时光之中，我们要尽量去做些有意义、能够让自己心安的事情，涵养自己的精神，提升自己做人的品质。这些才是我们真正的财富，才是我们快乐的源泉，才是我们真正的拥有。也可以说，所有的有形之物都是为我们的无形之物做服务的。有形财富的拥有只是暂时的，是一种麻醉剂，或许会给我们带来些许的快乐与虚华，但也会给我们带来种种的烦恼，那种贪婪、难舍之心甚至超过了拥有时的短暂快感。如果我们不能把拥有的财富用在有益的地方，就会给自己带来非常多的痛苦。所以，客观地评价社会，客观地评价自己，能够处有为之世，持无为之心，能够看透、彻悟、安守、进取、付出，才是正道。

提前准备

近来许昌疫情日益严重，除了要求隔日核酸检测之外，还要尽量不出门，响应政府号召，自我居家隔离。虽感到生活略有不便，但还是非常理解的。现在严格一些，是对大家健康的保护。响应号召，遵守纪律，疫情肆虐，保护自己也是保护别人。的确，这个世界上有很多的突发变故，会让人感到非常突然，甚至说，来不及做准备，事情就发生了。之前在郑州待了两个多月的时间，总体感觉河南风平浪静，没有任何防备之心，总认为疫情离我们还较远，谁知道它真是“远在天边，近在眼前”哪。原本自我感觉良好，完全没有想到郑州、许昌这么快就到了封城的地步，没想到，还真是没想到。人世无常，防不胜防啊。我们往往认为很多事情不会很快降临到自己头上，认为所谓的偶然事件只是与别人有关，而与自己相距较远，没有必要去做出什么刻意的准备，不需要去关注和调整，因此就放松了对风险的防范，对自己的工作与生活没有进行提前的规划和准备，从而导致了大事来临时，自己惊慌失措，不知所以。在这一点上，自己近期做得还是较好的。为了提前做好风险的防范，同时也为了把自己的生活和工作环境布置得好一点，我要求郑州的员工们一定要提前做好准备，把办公室整理完善的同时，一定要把宿舍收拾干净、整理妥当，把物品科学地放置，把原本杂乱无章的桌椅、沙发重新规整，多余的物品都妥善保管起来，把老旧的沙发修整调试，把旧罩换新罩，把家用变商用，把工位都布置好，电脑安装调试完毕，做好居家工作的准备。另外，把原来老旧的家用吊灯换成商用的LED灯，这样原本昏暗的房间顿时变得明亮起来。灯光亮了，房间的“阳气”也就足了，人也就更加精神了，工作起来也就没有什么障碍了。客厅墙壁上也挂上了世界、中国、河南地图，在其他地方也挂上了装饰画框。通过重新规整，房间一下子变了样，一处新式商务办公区立马呈现出来，这的确是“旧貌换新颜”哪。人在其中，不仅生活舒适，而且也多了一个办公的最佳去处，同时这里也成为自己独立思考、工作、写作的最佳场所。为了便于学习，又把饭厅改成教室，把餐桌改成课桌，在墙上也装上授课白板，一切准备妥当，请老师上门授课，效果也是“杠杠的”。对于郑州宿舍的布置，我还是比较满意的，虽然费了些工夫，花了些钱，但毕竟不一样了，也算是真正做到了物尽其用，这样才能最大限度地发挥其价值，让生活、工作更加有序。这样既可以把它作为自己日常生活、办公之所，又可以为疫情来临居家办公做好充分的准备，本身就是一举两得的事情。看起来，提前做好准备确是有价值、有意义之举。“五一”假期回家，恰逢老父亲的生日，回到鄢陵真是无比欢欣，见到亲人们真是无比亲切。想着好好陪陪老父亲、老母亲，各处走一走，也尽尽孝心。可“五一”期间郑州、许昌相继暴发疫情，突然之间许昌城区实施封控管理，原本熙熙攘攘、热闹无比的街区一下子安静下来，大家都响应号召，闭门不出，静待时机，让疫情远离。自己还好，稍有先见之明，提前两天到县城里把自己房子打扫一番，收拾好，也布置成办公的场所，把原来长期没人而停掉的网络重新安装好，为了增强信号，又买了信号放大器，把书房也重新布置一番，把电脑装上，整个房间都打扫得窗明几净，完全具备了居家办公的条件，米、面、粮油、蔬菜、水也都准备齐全，这样既是为了预防县城出现疫情，做好封控隔离的准备，更重要的是害怕在老家农村给这些新当任的村干部添麻烦。虽说都是乡里乡亲，热情无比，但毕竟自己是从外地回老家，不怕一万就怕万一，不要给他们找麻烦。加之城区毕竟什么都方便，即使封控也是较为科学，在县城既能够做好日常工作的安排，又能够及时做核酸检测，做好科学防控，又不给村里带来压力和麻烦，这是一举多得的事情。我认为自己这件事做得也是较为科学的。刚开始县城没有封控，结果从昨日起就开始封控起来，要求足不出户，静态管理。正是前几天做了充分的准备，这一下子真的派上了用场，目前自己的生活、工作都不受影响，这完全得益于提前的准备、靠前的安排。不打无准备之仗，如若不做提前预案，那封控管理来了，就会变得手足无措。我们一定要有防范意识，要做出提前的准备，这样才能使自己永远处于安然自在之中。期盼本次家乡的疫情早日过去，让万家祥泰，国富民安。

心的启航

学会整理自己的心情，那将会使自己受益无穷，能够让自己明辨是非，让自己找到心的方向。无论心绪多么纷繁，我们都要努力让自己静下心来，深入地思考，让自己保持神清气爽、恬淡安然的状态，这也是生命原有的状态。那种自在无为的状态是一生之中的“珍品”，它能够让我们享受到做人的荣光和人生的福乐。很多时候，我们会被日常的工作和生活中的繁杂所拖累，难以保持安然和美的状态，内心之中充满了灰暗与遗憾，让自己难以安宁，心绪总是杂的、乱的，完全没有了内心的主张，不知道自己是谁，不知道自己该何去何从。要学会给自己营造一种清新的氛围，让自己在自由的天地中获得永久的安然。虽然每天都会有这样或那样的问题和烦恼环绕在自己身边，有时也会让自己手足无措，不知道路在何方，不知道怎样才能到达无牵无挂、无忧无扰的天地。还是要学会自我控制和管理，那样我们才能生活在自由自在的天地之中，才能获得人生的大成功，才能享受到天赐之福。这个福的来临主要是得益于对自己内心的把握。要树立人生的目标，并做出清晰的规划，这样我们才能每天都过得充实而有力。或许在生活中我们感觉不到什么新奇的地方，每天都过着看似普通的生活，吃喝睡养、一日三餐、上学上班、生老病死……好像是永远在循环往复之中，没有什么特别之处，有时自己也会感到很是无聊。我们要让自己真正静下心来，认真面对自己，多问一问自己：生活的意义是什么？如何才能让自己更加轻松自在？如何才能让自己的生活充满生机与趣味？如何才能让自己整日信心满满、力量无限？要从自悟之中去寻找人生的答案，在看似纷繁杂乱之中理出头绪来，让自己清醒过来，明了活着的价值与意义，真正找到人生的定位，这样我们就会活出个人样来，就不会再为了蝇营狗苟的奢望而失去自我，就不会为了眼前的荣辱得失而愁肠百结。

人生的福乐与力量完全在于自我的积储，在于对自我认知的打开。打开了对自我的认知，就找到了前行的方向，就拥有了战胜任何困难的勇气与力量，就有了人生收获的开始，那些所谓的愁苦和烦恼就会一扫而光，留下的只有快乐与自由，那些所有的不好就会离我们远去，给予自己的永远是无限的荣光。所有的收获皆是在平和的思考之中得到的。唯有平复自心，让自心静下来，我们才能够看清、看淡一切事物，才能够明了彻悟，才能够找到内心的依靠，才能够获得内心的安宁，才能够与周围的人事物良性互动，才能够客观地去面对一切问题和困难，冷静地分析事物的利弊，找到其中最积极的因素，并把它作为自我提升的契机，加以充分利用，让自己的性灵得以提升，这样自己的内心就会越来越强大，就没有任何的愁苦和烦恼能够困住自己，自己就会永远生活在喜乐之中，生命之中的大自在就会来到自己身边，让自己获得幸福圆满。纵观自己的生活，的确会有这样或那样的问题出现，其中很多的问题皆是因为自己内心不够成熟所致。自己往往不能够真正领悟什么是因缘和合，不知道什么是辩证客观，不知道怎样才能做到坚守和无碍，不知道希望和信心这些看似虚无缥缈的东西能够给自己带来很大的改变。仔细想来，其实所有所谓的福乐和自在皆在于舍弃之中。要敢于舍弃一些东西，不能对于自己的拥有太过执着。很多事情，你越是执着，就越是会朝着相反的方向去发展，越是与自己的初心背道而驰，甚至没有挽回的机会。所以，还是要学会客观地看待自己和他人，学会了知事物的发展规律，学会客观地面对痛苦，面对艰难与磨难，学会创造性地去生活、去工作、去发现，走出自我的小圈子。要知道，你不仅仅是自己的，还是众多人的，还是全社会的。一个人活着的意义就在于能够认清自我，并且能够创造自我，去实现自己的梦想。无论如何都不要放弃自己心中的梦想，任何时候都要相信自己、培养自己、引领自己。自觉自悟永远都不算晚，创造人生就要从现在开始，每天都是新的启航。

生命力量

星期天，一个人在鄢陵康桥半岛家里，早上也给自己放了假，没有像往常一样早起。往日均是在六点半以前起床，准时参加六点的英语晨读。有时晚上熬夜，早上起来还是有点困难的，好在每天都能够按时起床参加晨读，这样既能够让自己真正学到新知，加深记忆，同时也是对自己意志力的锻炼，也能够让自己重新认识自己。总感觉一定要给自己身上压些担子，增加一些任务，提升一些技能，让自己不要浪费掉大好的时光，让自己每天都过得更加充实。仔细想来，人的一生是很短暂的，短得让你无法相信，一天又一天，一年又一年，不知不觉便从青春少年走到人至中年。回过头看，自己也不知道这段时光是怎样走过的，自己也无法相信，再过几年自己就会步入到老年人的行列之中。虽然难以置信，却也不得不认清这一现实。逝去的时光已经无法挽回，想要回到从前是不可能的了。如果就这样匆匆忙忙地过一生，那这一生又有什么意义呢？到底能给社会、家庭、儿女和自己留下些什么呢？这些问题的确值得自己去深思。所以，我们要在有限的时光里好好地规划，把自己一切可以利用的时光都用在有意义的地方，努力拼搏，不要给自己的人生留下遗憾，要能够在年迈之时对自己感到满意，能够真正坦然面对自己，面对世界，让生命真正闪耀出绚丽的光彩来。基于此，我每天都会对自己有所要求，诸如学英语，学财务，学管理，写文章，开会议，做总结……每天都忙得不亦乐乎，好像每天都有做不完的事，每天都在急匆匆地赶路之中。对于近期的生活，自己还是满意的，最起码比原来没有目标和方向的生活要充实多了，每天都有既定的任务在等着自己去完成，要求自己不能够再虚度时光，要把每一天都充分利用起来，无论是学习、工作、创作、锻炼，都一定要有较大的收获。即便如此，自己对自己还不是很满意，感觉自己有时真是陷入了误区之中，有很多事情没能做出科学规划，有很多该完成的任务没能够完成，有很多该做的事情没能够做完，甚至在其他无益的事情上浪费了很多时间，给自己的身心带来染污，没能够科学地管控自己，让自己在欲望与嬉戏之中把很多美好的时光都浪费了，实在是可惜呀。时光一去不复返，奋力向前正当时。人活着就应该有所追求，要有明晰的目标，每天都要有所超越、有所进步；不能满足于现在的所得，那种小富即安、追求安逸之心要不得，那只会让自己脑袋“生锈”、内心“长草”。没有了人生的定力，没有了身心的安然与活力，那样人活着就如同死去一般，又有什么意义呢？那样就是把自己推向了坟墓，让自己变成了一个无所事事、混吃等死之人，那样的生活是没有情趣可言的，是要不得的。我们一定要对自己的生活做出规划，让它更科学、更安适、更自在、更有活力、更有价值。所有的努力都是为了这些。现实之中的名闻利养只是让自我满足的一小部分，只是赖以生存的方便条件。最主要的是在享有这些外在条件的同时，自己想做什么，自己能做什么，怎样才能够让自己的获得感更强，能够让自己在有序安乐的状态下去生活，能够创造出更多的物质财富和精神财富。物质财富和精神财富是并行不悖的，是缺一不可的。没有在物质以外的精神的依托，也没有在精神以外的物质的拥有。并且这些都是能够实现人生自由的前提条件，二者是可以互相支撑、相互转换的。生命的价值就是要创造这些价值，并能够引领我们不断走向光明，让生命之火永远燃烧。

做好自己

阳光正当时，拖延要不得。自己有拖延的毛病，遇到自认为烦琐之事就会拖拖拉拉，不能够马上处理，好像内心之中有一种无声的抗拒，那种莫名的紧张之感把自己的身心浸染，让自己不得安然，直到实在躲不过的时候，才想起该如何去解决，因此就显得匆匆忙忙，把自己逼得是紧紧张张。这的确是自己一贯的毛病，做事情没有科学的规划，不能够直面问题，总是抱着一种畏惧之心，害怕问题和困难的出现，可偏偏问题就出现了，因此就显得惶惶然，做事之前也忐忑，做事之后也茫然。如何才能平抑自己的心绪，如何才能够做出科学的调节，这的确是值得我们研究的一项课题。对于生活的规划和心绪的调节，对一个人的发展来讲是尤为重要的。一个人如果没有沉着的心绪、健全的人格，也就不会有好的未来。我们往往只顾往前冲，注重于眼前的事务，却无暇顾及自己的内心，不能够正确地疏导和引领自心，这样就会出现诸多的问题。的确，在现实之中有很多的事情等着我们去做，如果单看事情的繁杂之现状，那的确是千头万绪，不知如何下手，不知道怎样才能把诸多事务都做完整。自己也会想要把所有的事情在一夜之间都完成，但这也只是奢望而已。想要把事情做完、做圆满，那只是自己的一种想法而已，是很难真正实现的。我们要掌握科学的做事方法，那就是要静下心来，先把主要的、重要的事情做完，对于一次做不完的事情，我们可以分成几个步骤去做完，每次完成一个步骤，把握一种节奏，逐渐地形成一种积累，一点点地把看似不可能的事情做得更加完整，这样再难的事情也就不难了。也就是说，对于一件事情，不要指望马上就能够做完，要深知事物的发生发展都是有规律可循的，所有事情都需要一个逐步解决和完善的过程，我们千万不能求快。正所谓“欲速则不达”，你越是想着把事情马上做完，就越是做不完。其实事情是做不完的，你把这件事做完了，另一件事又会冒出来，你又会投入到紧张繁忙的工作之中，这样的做事方法是不科学的，是需要我们做出科学优化的。一个人的精力、时间、体力毕竟是有限的，你把自己的精力、时间、体力放在一件事情上，就势必会影响其他事情的处理。我们不可能把所有事情都做到圆满的地步，还是要有所取舍，对于该做什么、不该做什么，先做什么、后做什么，自己要有一个衡量。所以，做事情是讲究艺术的，也是有一定的“技术”含量的。要培养这种做事的“艺术感”，把做事情当作是一种游戏，通过做事来让自己融入其中，提升自己的能力与素养，让自己得到更大的发展。这就是做事情的根本，也是我们生活的意义。我们每天都会遇到不同的人、不同的事，都会有新的发现、新的创造，要学会把这些收获都珍藏起来，把它转化成人生最大的价值，让自己的人生更有意义，更加圆满。我们有时会有一种莫名的焦虑，会对自己的生活失去信心，会有一种未能获得的失落感，有一种与人比较之心，总感觉自己这不行、那不行，自己比别人差了很多，那种自卑、惶恐之心会把自己吓倒。一旦有了这种心态，我们就什么事情都做不好，就不能够自信地去面对，好像自己是这个世界上的弃儿一样，那种悲观惶恐之心就会喷涌而出，让自己心跳加快，不知所措，这样就会把原本已有的东西都丢掉了，原本已会的就变成了不会的了。这就是心态调节的问题，不能够正确地把控自己的心态，不能够有效地引领自心，这也是导致我们失败的主要原因。要相信所有事情的出现皆是对自己的一种锻炼，是给自己增长才干的机会，也是我们一生之中该有的收获。你的拥有是你自己所独有的，别人也有别人的优势与收获，你只需要做好自己，也只能拥有自己。你是这个世界上独一无二的，这个世界上没有第二个你。所有的对与错都是比较出来的，不要为表面的所谓的好与坏、多与少、得与失而计较，要知晓能活着就是人生最大的幸运。可能我们无法在所有方面表现优异，但要相信你所走的每一步都是天地对于自己的准备，冷静面对所遇到的一切，把自己手头上的事情做好，这才是我们最应该做的。

阳光正好

清晨早起好处多多，能够把自己从混沌之中唤醒，让阳光的能量洒在自己身上，充分激发出生命的动力，这样，一切慵懒和懈怠都会被赶跑，代之以轻松激越、信心满满，这的确是非常美的感受。每天早上能够迎接阳光的出现，让身体的每一个细胞都活跃起来，让内心无比愉悦，让生命再现活力，去尽情地享受生命之美，去感受人间的福德，让内心感受到无与伦比的美好，让性灵能够无限地升华，生命的奇迹就此展现，时光的繁华就此显现。一个人还是要有自悟之心，能够主动地去追寻人间之美，去创造人间之美，在美的氛围之中去感受人间的福乐。每天都要努力去创造、去发现、去涵养、去提升，这是我们生活的意义所在。的确，我们每个人不是为了活着而活着，不是为了仅仅去追求一些感官的享乐，那种快乐是短暂的，是低层次的，不能够让我们享受到最大的福乐。人生最大的福乐是一种内在的精神的满足与升华，那才是永久不变的，是人生最大的圆满与自在。我们要享受到恒久的福乐，要有更高层次、更美的感受，那才是人间最大的享受，才是我们永恒的拥有。

早晨是人间的洗礼，是生命新的发现。有了一个美好的早晨，人这一天都会过得充实而有意义，就会有无限的能量去面对这一天中遇到的每个人、每件事，就会在内心之中充满喜乐。这种喜乐是溢于言表的，是一种自然的显现。坚持英语晨读是这一段时间以来自己感觉最棒的一件事，从不敢面对，到敢于面对，再到不断坚持，通过不断地训练，自己在英语方面有了很大的进步，看到英语单词也不会再心生畏惧了。我总感觉人至中年再“学艺”是一件稀奇的事情，并且能够长期坚持下来，这本身就是不容易的。很多时候感觉自己还是管不住自己，一方面是社会事务较多，免不了丢东落西、疲于奔命，不知道怎样才能规划好自己，总感觉什么都想做，但又什么都做不好，不知道怎样才能把自己的生活调整得有条不紊；另一方面，自己往往心志不够坚定，容易被突来的欲望所扰，进而会深陷其中而不能自拔，忘掉了自己的根本所在，变得自己都不认识自己了，这样就会生活在纠结和烦恼之中，不知道怎样才能够拨开云雾见青天，让自己不被外在的诸事所缠绕，让自心清净安然，让自己终有成就，让心灵获得真正的自由。这种所谓的真正的自由也许很难找到，但我们还是要努力去追求，让自己不断地了悟，不断地解放自心，从忧烦和无序之中找到自在与有序，找到圆满与安乐。可能有些事不能太过于圆满，我们都是人而不是神，不可能做到事事圆满，也正因为我们是人，才会有这么多自己意想不到的事情发生，才会有这样或那样的问题出现，我们要学会接纳日常生活之中的残缺，学会接纳不完美的自己，学会用另一个视角去看自己，学会充分地理解和包容自己。哪怕是自己出了什么问题，抑或是思想和行为上有一些不合常规之处，有过一些遗憾之事，那也不能让自己纠结不清，要对自己的选择负责，用客观、淡然、坦荡之心去面对，唯有如此，我们才能真正解放自己，才能变不利为有利，变曲折为坦途，变逆境为顺境。充分地把握这明智无比的一天，让阳光与春风给自己带来美好，不断引领自己从光明走向光明，从幸福走向幸福。要学会感恩，从感恩之中去体验人生的美好。愿时光永在，信心满怀。趁阳光正好，让我们多去做一些对人对己有益之事。

安顿自心

学会安顿自心，能够在静谧之中找到安乐，在无染的天地中获得心灵的慰藉。这几天早上起来加强锻炼，除了晨读，还有对自己内心的激励。迎着朝阳锻炼身心，能够获得新的能量。这份能量来之不易，它带给自己的是成长，是发展，是无比的信心，是内心的安然。这比什么物质的获得都珍贵，因为它才是最真实的指引，它能够让自己心情放松，让内心有了依靠，有了向上之根。我发现，欲望的满足实际上也是痛苦的开始，有了很多很多的不安宁，有很多的无聊和无助向自己袭来，如果管不住自己的欲念，就会把自己引入火坑，就会在痛苦和焦灼之中度日，没有安然和美的时候。有时自己也感到很是不解，本来自己所期望的目标已经达到，应该是非常高兴才是呀，但实际上却是痛苦万分，还不如没有满足之时那么好。也许这就是一种天性吧。如果我们能够重新审视一下自己，能够从心底里去发现人生之妙，不被眼前一时的虚华所牵引，那人之自由也就实现了。要学会沉静，学会安守，学会自我省悟，学会把握自己的目标与方向，不会被眼前所有的外相所迷惑，这样人也就逐渐快乐起来了。

很多时候,我们是在努力寻找自己，找到能够让自己心安之处，让自己无忧无虑，没有任何压力，整日生活在平和之中；能够帮助自己走出阴暗，在内心的感恩与希望之中生活，那是一件非常美妙的事情。每个人每天都是带着使命从梦中醒来，都在努力改造着自己和别人，都在对自己的期盼和规划中生活，都在为生命的伟大和自由而努力着、奋进着，都在生活的重重压力之中去寻找坚实的力量，去突破自己思维的囚笼，去解除内心的禁锢，能够让生命中的每分每秒都变得快乐而有意义。所以，要把握好每一个时间段，把它当作是一生之中最重要的时刻，当作是自己生命中最大的福乐。无论如何，能够活着就是自己最大的幸运，更何况还是衣食无忧、身强体健地活着，我们没有理由蹉跎岁月，没有理由畏惧当前到来的一切，没有理由不深深地为自己而感到自豪与喜乐。因为这一切的到来真是太不容易了，是我们几辈子修来的福。至于所有的困苦和磨难，以及内心之中的压力和对于未来的担忧，我们要把它当作是时刻提醒自己的警铃，让我们不放逸、不松懈、不放弃，让我们既要想象未来，又要着眼于当下，让我们能够不断地开辟新路，另辟蹊径，开阔眼界和心胸，启迪心灵和智慧，让自身有一个清晰的思维，能够对自己有百利而无一弊。人只要融入一种氛围之中，并学会自我激励，就会发现身边的美好，珍惜生活中的每一次感动。太阳的每一次升起都是激动人心的，都会给人一种莫名的感动，那是积极的、温暖的、炽热的，是带着无限希望与憧憬的。看着绿树与红花，闻着花香与清新无比的空气，一个人在河边锻炼、漫步，那是多么惬意的一件事情啊。在这样美好的环境之中，我们自由挥洒，我们一路前行，把昨日的灰暗赶跑，代之以美好与向往、收获与希望，在自己的心中编织起梦的飞扬，一切都是那么美好，那么安适。人生漫漫但也很是迅捷，转眼之间自己已经步入中年，回想走过的日日月月，内心也是感慨万千。少不更事，总想着自己能够快点长大，能够创造出奇迹来，相信将来肯定是自己最美的天地，一切都是那么有希望，一切都是那么安适，从来不知还有愁容满面之时，还有痛苦哀怨之时，相信前程是繁花似锦的，生活是富足安乐的。但踏入社会之后，就来到了一个陌生的天地中，就需要自己去打拼、去努力，爱恨情仇、得失荣辱就会一起袭来。面对生活的纷繁复杂，有时我们会情绪失控，不知道怎样才能让自心安顿下来，不知道怎样让自己处于一种平和安宁之中，内心就像是长了草一般，难以安定下来，时而东张西望，时而犹豫彷徨，失去了内心的方向与依靠，内心的焦灼感日益增强，那种痛苦是难以名状的，就好像是站在一个十字路口，却不知道该去往何方。心中还有这样或那样的恐慌，对于未来感到不安，不知道明天等着自己的到底是什么，不知道自己能否迈过人生之坎，那种既留恋又不甘心的状态实在是非常难熬。做事之前还是信心满满，但真正遇到问题以后，就会显得失意连连，自己很难去控制自己的心绪，这的确是要用正念去改变的，不能听任情绪的垃圾把光明的道路堵满。还是要明白我们是面对问题而来，如果人生没有问题，那就不是人间了。我们在这无限光明的世界里能够学会安然平和，不被世事的烦恼所扰，才是人生最大的福乐。我们要相信自己，冲破黑暗，找到光明，肩负起给别人光明、给自己光明的责任，让人生精彩无限，让生活自在无碍。

生命之悟

人生是无常的存在，很多的变故是你无法判断与把握的。谁都不知道下一秒会发生什么，不知道今天会遇到什么事、什么人，不知道自己的内心是喜是忧。也可能在一天之中，内心也是变化无常的。就像是有一只无形之手在左右着我们的人生，一会儿让我们往东，一会儿让我们朝西。面对无常，如果不能保持一颗平常心，那么人是很容易失控的。我们在安排自己生活工作之时，难免会遇到这样或那样的问题，有些事情原本已经计划好了，但突然发生的变故会将原本的计划打乱。对此，自己有时也是懊恼不已，认为自己没有遵守对自己的承诺。如果一个人不能够把控好自己，失去了对自己的管理和约束，那么他的人生就会失控，就如同没有把握好方向盘的汽车一样，随时都可能遇到危险，随时都会有事故发生。也许，这就是所谓的无常吧。我们随时随地都会遇到变化，都会遇到自己想不通的事情，不知道怎样去面对和处理，不知道最终的结果又会是什么。也许是对自己要求严格了，其实自己始终有着一颗不安分之心，随时都想要有一些变化和刺激，感觉一成不变的生活是很单调乏味的，内心总是蠢蠢欲动，想要追求一些改变。有时候自己很难理解这无常的生活，也许正是这些无常的变故，才让人生增加了无限的可能。无常是让人感慨的，也是生活的自然显现；是对人类的警示，也是人生的本质。回想近期的疫情肆虐，谁能想到转眼之间疫情已经发生三年多了，当初可能谁都没有想到它会如此严重，并且还是长期盘桓，不断地发生变异，与人类的智慧相搏击，的确是近期难以彻底破解之谜。人生难免会碰到很多的问题，可能我们越是想马上解决，就越是解决不了，总会留下了很多的疑问。相信凭借人类的智慧终会将它彻底解决，还给这个世界一份安宁。现实之中，我们还是要做出力所能及的事情，要有所创造和发展，面对疫情要及时防控，真正做到科学应对、全力抗疫。相信世界的力量，相信人类的力量，相信我们一定能够战胜疫情，迎来世界交往的春风，能够用智慧来保护自己，用行动来维护自己的发展。其实疫情并不可怕，可怕的是要建立起快速反应机制，要懂得如何才能做到成熟应对，不能被外在的表象所吓倒，能够找到自己的信心和勇气。面对困难，我们决不退缩。要学会客观面对人生的无常。回想三月份的空难，真是令人非常痛心，也非常惋惜，现在想起来还是胸口堵得慌，内心久久难平。不过短短的三分钟，飞机就从监管雷达消失了，一百二十三名旅客、九名机组人员全部遇难，这实在是令人震惊万分，也令人痛心不已。世事的无常、生命的脆弱也正是如此，我们不敢想象，也不可想象，怎么会出现这样的事故，真是让人百思不得其解。那是生命的消失，也是特大灾难的显现，我们在极其悲痛之余，还是要学会冷静待之。整个事故调查工作还在紧锣密鼓地进行着，相信会在不长的时间内找到最终的答案。很多事情由不得你想象，你也真是不敢想象。作为一名普通人，只有为之而祈祷。我们都要好好地活着，珍惜眼前的每分每秒，珍惜当下拥有的一切，要知晓，唯有如此才是对天地的最大感恩。人生无常，我们要在这无常的人生之中去找到生命的答案，明了什么是该做的、什么是不该做的，什么是马上要做的、什么是缓缓再做的，内心要有一个清晰的分辨。一个人只有自悟自强，把关爱和感恩作为人生存在的价值，并在实际工作与生活中去体现出此点来，去不断地创造价值、创造美好，真正活出人生的意义来，才能不枉来世间走一遭。自己有时还是放松了对自己的要求，浪费了很多大好的时光，做事情总是三分钟热度，不能够长期坚持下来，这样是很难干成大事的。人生短暂，我们不知道明天会发生什么，我们都在逐渐走向衰老，在这有限的时光中，我们要把握好每一分、每一秒，多做一些能够让自己备感自豪并能够给予别人更多关爱之事，不断提高自己的时间管理能力，深刻地领悟人生的真正意义。很多时候，我们会拖延时间，把今天要做之事推到明天，可是明天还有明天之事，这样推来推去，把大好的机会和时光全都给浪费掉了，这实在是太可惜了。对于看准的事情，我们一定要努力去做，并把它做得更加彻底，不能半途而废，要学会坚持和认真，把热情和执着作为自己做事的原则，抛掉那些无谓事物的纠缠，给予自己更加自由的空间，让幸福满满，福乐再现。珍惜眼前的一切吧，很多在我们看来非常简单、普通的事情，对于有些人来讲，已经是遥不可及了。我们一定要学会自悟，要把这些感悟记录下来，作为自己一生的珍藏。

性灵升华

时光是可贵的，尤其是早上，它是一天的开始，也是生命的开始，是自由和圆满的开始。我们没有理由去哀怨什么，因为我们还活着，还有亲情和关爱，还有收获和喜乐，这一切都是最美的呈现，都是自己最大的福乐。要学会摒弃那些不好的东西，因为那些会让你浪费时光之事、之行为 皆是生命的大敌，是人生之中最危险之处，它们会消耗掉你的时光与意志，让你变得无聊与颓废。或许它们看似是一种放松和自由，但实际上却是在给你增加负累，让你沉迷其中而不能自拔，令你在欲念的海洋中沉没而不能自救。所以，我们还是要有积极的、能够消除欲望的东西，唯有如此，才能让自己更加自由，才能不被欲望所牵，不被现实所扰。我们要具备自悟的能力，让那些肤浅的欲望日益减少，代之以轻松和自在，让自己的身心健康起来，让美好环绕在自己身边。这是一件多么美好的事情啊！何必去刻意地追逐那些短暂的贪欲之乐呢？要去追求真正的光明与自在，那才是最长久的、最能够引领身心的东西，它会带给我们最大的满足，这份满足是什么也换不来的。那种关爱、理解、创造和发展、感恩，皆是生命的延长和圆满。要学会觉知，知晓自己在做什么，自己是被欲念所牵还是被当下所扰。要学会解脱，清理掉自身不和谐的东西，把那些缠绕自己的羁绊清理掉，代之以自由与轻松、博大与关爱、永恒与自在。一切皆是意向所致，不要为一时的欲念所挂怀，一切都会改变，唯一不变的是精神的永恒，是自我意识的增强。每个人的行为都是其内心愿望的展现，是一种价值的实现，是一种精神的外在表现。任何人都不会无缘无故地做出一些行为，而是被精神牵引所致。某种程度上说，那也是一种意识和习气的引领。如果想要改变行为，就要从改变意识入手。意识改变了，行为也就改变了，整个人也就完全变了样，成为一个完全不同的人，有可能与原来的自己彻底决裂，变成了一个令自己也备感惊讶之人，那么相信自己原有的习气就会有了很大的改变。导致这种变化的主要原因，就是自己的内心发生了根本性的改变。所以，评价一个人的优劣，就是要看看这个人对自我改变了多少，以及变化的大小。还是要守住自己的精神，不要让精神形同虚设。不要只是注重眼前所显现之物，不要只是追求短暂的欲望的满足，那些都只是低层次的满足，是不可能长久的，是没有支撑力的。我们需要的是高层次的、恒久的、高雅的、愉悦的、圆满的呈现，是对自我的高度认可。那是通透的，是阳光的，是能够被自己所认可的，也是被别人所尊重的。最主要的是它能够具有感召力，能够让人从贪欲的泥潭中脱身，从浑浑噩噩中醒来，唤醒对自我的善良和光明的认知，这样人就完全变了个样，就能把原来压在心上的阻碍搬开，获得轻松与自在，那是一种灵魂深处的解脱。很多时候，我们不是被外部的困难所压垮，而是被自我的坏情绪所打倒。自心没有了主张，人就会陷入了一种非常混沌的状态之中，就会备感迷茫、无所适从。想要把自己拉回到光明之中，但总是以失败告终，总是被放逸之“鬼”所拉扯，鬼使神差地跟着它走，完全地失去了自我。有时深陷其中还自鸣得意，好像体验到了不曾体验过的“神境”一般。可哪里是“圣境”啊？那是囚禁自我真心与善德的牢笼！它会让美好不能出现，把那些虚幻的、丑恶的、诱惑的、迷茫的、自私的东西都放了出来，将我们的心志完全打乱。当我们从迷茫之中醒来，感觉到的是痛苦和焦虑、失落与无助，就像是迷途羔羊一般惊恐不安，找不到了家的方向。这样自心就会在自责与悔恨之中备受煎熬，那是非常难受的，就像是从地狱中走过一般，让自己惊出一身冷汗，让内心又受到一次摧残。所以，内心的引领是很重要的，增加内心善达的力量是很重要的。我们要学会从生活的点点滴滴之中去找到人生的引领和生活的力量。有了这份力量的积聚，我们就不会再被诱导，就不会再陷入“魔掌”之中，就不会被所谓的贪欲带错了方向，不会被自私与贪婪害苦了内心。我们要有对人生的觉察力，要能够走向光明与活力，要有感恩与付出之心，把无私和无畏作为支撑自己生命的最大力量。时光的确是非常珍贵的，趁春光还在，时光正好，我们就应该去做一些永恒之事，就应该做些能让自己引以为傲之事，不断提升自己的性灵，让自己在光明与圣洁之中前行，留下人生最美的体验，无愧于人生，无愧于自己；能够给他人和后辈留下最可贵的东西，那就是精神的财富，能够用自己的亲身经历、所感所悟给他们一些指引，让他们少走一些弯路，多给大家的人生增添光彩。

相伴今天

没有大段的时间坐在桌旁，去思考，去学习，去写作，可能每次只有十几分钟，但是只要能够坐下来，多少时间均可，这样自己就能把碎片化的时间充分地利用起来。千万不要小看这些零碎的时间，它们积累起来也是相当可观的，就像如同收集杂物一般，如果能够定期收集，每次收集一点，长期坚持下来也会得到令人惊叹的结果，让人不禁感叹：这些本来要扔掉的、不足挂齿的东西，怎么就形成了那么大的价值？的确，很多事物看似很渺小，但如果长期积累就必有所成，一个人的成长也是如此。很多时候，我们只是看重于那些伟大的成就，惊叹于别人的获得，带着一种羡慕、嫉妒、憎恨的心态来面对一切，这是一种不健康的心态，是一种对自我的打击。如果不纠正过来的话，人就会变了性情，形成了极为不好的思维状态，就会沉沦其中，难有所得。我们要养成善于积累的习惯，要培养正向的思维，让自己能够通过不断努力来获得较大的成就。近些年来，自己一直没有停止写作，虽是没有什么大作，但出书的效率还是可以的，平均每年能够出版两本书，如果以此类推，再过几年，自己就会成为高产作家，就能在人生积累方面取得较大的成就。仔细想来，这些成绩都是在不断积累的前提下取得的。因为写作需要有耐心，需要真正沉下心来，对事物进行深入的思考，进行细致入微的观察，能够透过平凡、真实的生活有所悟、有所得。这种得到能够让自己受益无穷，那是精神的涵养，是对自己精神的提升，能够真正做到自己教育自己，自己引领自己，自己培养自己，自己成就自己。这个世界上最大的功臣就是自己，唯有自己才能够与自己永远相伴、不离不弃，没有任何的怨言，没有任何自我颓废的余地。学会关爱自己，我们就真正懂得了如何去生活。

能够充分地利用时间是成就的前提，也是把握自己命运的先决条件。在人世间，有了惜缘惜时的思维，就会得到应有的回报。生命本身就是一个不长不短的过程，要学会把这段时光充分地利用起来，真正发挥出其价值来，让生命充满生机与活力，让自己的每一个细胞都活跃起来，都能发挥出积极的作用，能够承载生活的责任与期望，能够实现自身的使命，那就是要活跃和热情起来，唯有这样，自己才会是一个生命体，才能够充分地展现出人生的意义。我们活着就要活出精神来，要活出生命本来的面目。积累是一个过程，是一个逐步改变自我的过程，是一个积聚能量的过程，是向着成功慢慢靠近的过程。有时候我们感觉不到自己在进步，好像是付出了努力却看不到收获，于是便会对自己产生怀疑，认为自己是不可能成功的。尤其是当自己再次遭受失败之时，那种对于成功的希望就会破灭，就会对自己产生了怀疑，就没有了自信，就会产生强烈的挫败感，这是很要命的。我们要深入地分析其中的道理，要了知这种状态才是变化的开始，是对自我的一次锻炼和提升。只要目标明确，一切的挫折都不能够阻挡自己前行的脚步，都将会化作自己成功的阶梯，成为自己成功的开始。只要有一颗追求梦想、永不放弃之心，人生的成功就是迟早之事。总是感觉时光如此飞快，感觉每天都没有什么收获，没有做出什么名堂，还美其名曰“顺遂因缘”，做到什么程度就是什么程度，没有必要对自己提出更多的要求，那些更多、更高的要求自己是完不成的，好像只有承认自己完不成这件事，内心才会感觉到轻松。还是要学会改变和积累，唯有改变才能成就，唯有积累才能收获。时光匆匆而逝，我们失去了青春美好的时光和活跃挺拔的身姿，尤其是那颗不安分之心变得呆滞而麻木，变得好像对人生没有了兴趣一般，人也变得未老先衰，好像已经加入到老年人的队伍之中。

我们要学会自悟和了知，要透过事物的外在形象去感知其本质，这样才能使自己不断地成长与进步。学会感知自我和他人尤为重要，我们要从头学起，不断学习新知，通过学习来不断提升自己、完善自己，不断拓展自己的视野，去看到人生不一样的景色，去不断丰富自己的精神世界。总感觉每一天都是一次新生，都是天地给予自己的最大恩赐。的确，活着本身就是一次伟大的胜利，每天都会有很多偶然和必然的显现，会有很多的相知相遇，会有很多的奇迹发生。千万不能小看生命中的每一天，唯有这一天才是我们最为真实的拥有，才是我们可喜可贺的事情，才是我们要拥有爱、给予爱的时候。生命之中的每一天都是这一生的映照，都会留下人生的影子，能够一生与己相随。

感受生活

静静地安守于自我，在这春末的中午，漫步在沿河公园的高架桥下，本来中午是非常炎热的，但坐在桥下长椅上还是非常惬意的，微风徐徐，鸟鸣悠扬，绿叶在阳光的照耀下显得灿烂无比。总想着能够随笔写下些文字，能够及时把身边的美记录下来，作为人生永久的留存，让心绪更加舒畅，把心底莫名的烦恼赶跑，代之以信心和快慰，让生活增添情趣，让生命之树常青。让内心平静下来是不容易的，我们最容易受外在的环境和诸多人事的影响，不能让自己安然平和。其实主要还是因为欲望太过旺盛，没有能够让自己安适的时候，每天都在想着如何从外在的一切当中去获得自身欲望的满足，可现实是欲望是没有尽头的，是不可能完全满足的。也可以说，这个欲望满足了，那个欲望又来了，就像是迎风的火炬一样，走得越快，烧得越旺，没有停歇，没有休止。在欲望的驱使下，人就会失去了自我，变成一个追求欲念之人，说得不好听一些，那就是追腥逐臭，没有能够安顿自心的时候，内心被欲望所充斥着，让自己摇摆不定，难以控制住自己的意念，也真正变成了欲望的奴隶。就像是囚笼把自己囚禁起来了，让自己很难脱身，整日东也不行、西也不行，不知如何是好，总是感觉有很多的困扰，总是感觉到有这样或那样的压力，让自己动弹不得。还是要学会放下，唯有放下，我们才能真正认识自己；唯有放下，我们才能找到自己的本心，才能找到自己的真正所想、所要，才能心无旁骛，不被外境所诱惑，就会生活在轻松与安然之中，就不会被外境与贪欲牵着走，就成了一个真正的向内者。那种轻松与自在是无与伦比的，是无可取代的；那才是人生最大的福乐，是人生的大自在。喜欢走在七里河公园的河边小径上，看着碧绿河水清澈见底，满眼的绿色给人以勃勃生机。尤其是在太阳底下的百花与小草皆是展现着生机与希望，踏步在青草和绿树之间，心都给染绿了，那种无限的愉悦就会涌上心头，让人流连忘返。自己很是喜爱这份绿，它是生命的火种，是希望的象征。好好地接受这份美好吧，在这花开的季节里，有了鲜花与绿叶，那生活也就有着落了。醉美的春色掩不住勃勃生机，总是有一种想踏在绿草上的冲动，在阳光的照耀下，与小草和绿树为伴，在泛着绿光的意境中流连忘返，总有一种莫名的冲动。每次走在河的两旁、在绿树红花中、在蜿蜒小径上、在蓝天碧水间，自己总会沉醉其中，忍不住多拍几张照片，留作纪念。生命是美好的，那是一种鲜活的律动，是自由自在的映照，是自我的奋发与提升。人要时时融入大自然中，在这里才能感受到生命的气息，望着这片绿色，能让自己的灵魂安顿下来，找到愉悦与自在之所。我们每天都在为自己的追求努力着，都在努力展现着自己的价值，都在争取着社会大众的认可，去赢得一些比赛，得到一些收获，但这与自身性灵的提升相比，还是有很大差距的。物欲的满足是生活中的必然追求，但在追求物欲满足的同时，一定要有精神的丰足，唯有这样，才能找到真正的自己。生命之美就体现在这莫名的感动之中，在这无限的畅想之中。要知晓这些都来之不易，需要积累多少的因缘才能构成这么大的福报，才会有这么多的巧合。每一次的感触都是天地间福乐的感召，都是对自我的肯定。相信一切都是在向着美好前行，一切也必然成就美好。只要你的内心永远是无忧无染、无疾无患的，内心的光明就能够引领着你走向福乐与自在。现实中所有呈现出来的景象都是对自心的一种教导，教导着我们如何去看待，如何去处理，不能停滞不前，它永远都在了解我们，都在用不同的生活试题来检验我们，看我们如何去面对人生，如何去看待无常、看待得失荣辱、看待痛苦与快乐，它有着很深的寓意。我们不能被眼前的景象所迷惑，要知晓其最终的意义是什么，能够理解其更深层次的含义。生命的美好就在眼前，能够生而为人本身就是不小的福德，我们要感恩天地的承载，能够让自己具有人的智慧与灵性，享受爱与被爱，在这繁杂而又平和的生活里去感悟、去体会人生的意义与福乐。我们不是神仙，肯定有很多的毛病与问题，肯定会有很多的不如意在等着我们，但无论如何都要珍惜、要学会在感恩之中去享受，在感恩之中去发展，在感恩之中去收获。生活之美皆在于你对它的态度，在于你能够用心去体会做人的妙乐，不是因为生活的苦而苦，而是因为不知乐在何处，去努力寻找和创造它，它一定会存在。

突破障碍

自己也是想突破障碍，成就一个不一样的自己，去尝试一些表面上看似做到的事情，如练习瑜伽。原本没有练瑜伽之时，总感觉它是非常神秘的，并且片面地认为瑜伽就是针对女士们的，好像是作为男士不太适合，也没有什么练的必要性，总是感觉怪怪的，在真正去接触、去体验之后，才有了思维上的转变。很多事情，唯有自己不断去尝试，才能够真正做到消化和吸收。通过初步接触和学习，自己也了解到其实在印度以及西方一些国家，练习瑜伽皆是男士居多，甚至在有些国家，唯有男士才能去练瑜伽。只不过瑜伽在传入中国时是由女教练来引领，于是很多人就把瑜伽定位为女性运动。通过训练让自己的形体更好看，真正练出马甲线来，这是一般人的想法。这种运动好像在中国唯有女性才是享有者，这完全是一种误解。其实，瑜伽也是一种对身心的训练。对于能够调养身心之事，我们都可以尝试，自己也愿意去尝试，通过锻炼与尝试让自己发现不一样的领域，能够给自己的生活增添一份情趣。这种习惯能够带领自己走向另一个世界，让自己的身心得到不一样的引领，让人生有了一个新的选择。很多时候，我们固化于某一种方式，把自己囚禁于一个狭小的领域之中，让生活变得僵化，没有了生机，也毫无情趣可言，这样的人生是一种极大的浪费。每天清晨起来就是生命的再次清醒，要让生命之力激发出来，面向东升的旭日，感受着大地从睡梦中醒来，东方的云层越来越亮，伴着镶着金边的云层，内心的光明也到来了，外在的阳光与内心的光明是相应的，是能够互相成就的，能够让内心之中的善德与光明同时展现，能够给自己一个大大的惊喜，生命的鲜活之美是如此的高雅，能够让自己深深地沉醉其中。所以，要珍惜每一个清晨，它是对生命的召唤，是对生命力的再次激发。好好地吸收这种能量吧，它是生命力的象征，能够让我们超越俗事的缠绕，能够让每一个细胞都活跃起来，能够让内心处于一种独特的亢奋之中，能够让自己沉迷其中，给自己留下一个最美的印象，这就是生命应该给予我们的最大的快乐。总是在想我们活着的意义，不是整日为没有到来的东西而魂牵梦萦，也不是为没有到来的失败而惶恐不已，要学会对这些做好屏障，因为只有让内心安住在当下，我们才会感受到幸福，才不会辜负了自己。因为所有对于尚未到来的事物的想象都是在浪费着自己的生命，都是在浪费着自己的时光。要不时地提醒自己，安住在当下，不让思维的野马跑得太远。只要把当下的每一件事情都做得更加精致，那么未来也就当然不会差。因为未来是由现在组成的，有了好的现在就会有好的未来，重视现在才是对自己最大的尊重，做好现在才能够赢得人生。要抓紧一切时间，因为天底下最大的损失就是浪费生命，让时光变得一钱不值，是对自己最大的亵渎。学会珍爱生命中的每一个片段，把当下的每分每秒做好，这才是对待生命应有的态度。我们无法预测未来，不知道明天将要发生什么，也不知道明天的自己是什么样。谁都无法对这无常的世界做出最佳的判断，我们往往是忧虑于未来，悔恨于过往，对于现在的一切都感觉是稀疏平常，没有什么特别之处，也不会对现在重视起来，认为这一天是很平凡、很普通的，好像失去今天自己还有无数个明天，还有很多很多的时间，况且今天还充满了痛苦与无奈、犹豫与彷徨，还有很多的困扰和自己不愿去面对的人与事，如果能够跳过今天直接能到达明天该有多好哇。这种想法越是炽热，自己就越是会对今天感到不耐烦，内心焦虑不安，不知道如何去安守自心，如何能够让自己打起精神来，如何能够真正赢得自己。还是要转变自己的思维，把一切的期望和喜悦聚焦于现在。要知道唯有现在才是最真实的，才是真正属于自己的，其他都不属于自己。只要我们能够把现在当作是自己最贴心的挚友，当作是人生最大的历练，当作是自己进入幸福大门的阶梯，抱着感恩与付出之心去面对每一天，那么我们就离成功不远了。

提升认知

学会重新认识自己，把自己的思维动念当作是考试卷，每天都要去寻找答案，去解答这个试题。也许我们还执迷于某一个答案，即使是这个答案有些问题，但对于自己来讲，认为没有其他答案，并且这样去解答还比较省力，能够很轻松地给出答案，因此就不急于去寻找其他答案。这就是思维的惰性，是一种非常自我的认知，是一种对自己没有把控力的表现。我们一定要努力去寻找另一种答案，去给自己拓展一种新的思路，让自己在另一种思维方式中得到启发，找到另一种答题方式，让自己得到新的发现和提高。改造自己是一项长期且艰苦的任务，需要我们不断地对自己做出研究和规划，把自己当作最大的试题，了解自己的思维动念，引领自己的行动和言语，让自己在新的环境中得到拓展。的确，我们有时会受困于自我而不能自拔，总是纠结于原有的东西，不能够透过现象看本质。还是要把本质的东西找出来，不断地改造自我，改变原有的思维方式，从而给予自己更多的思维路径。有了不一样的思维方式，那么自己离成功也就不远了。原来的自己总是有一种非黑即白的思维，认为这个世界是单极的，应该是一种语言、一种思维、一种方法，应该是这样，不应该是那样，纠结于自我的私有之物，不能够站在更高的角度看问题，不能够用客观、积极的眼光衡量一切，这样就会让自己陷入一种进退两难的境地。人是思维的动物，有了正确的思维就会有正确的方法，就会有明晰的方向，就会有不断进取之志，就会有较好的结果。

努力去超越自己的思维局限，给予自己一个新的发展空间，真正做到自己拯救自己，自己引领自己。回头看自己过去几十年的人生，有过很多收获，也有过很多遗憾，有时不知道怎样让自己成就，对于前途总是充满了畏惧和不确定之感，不知道如何才能让自己走出自己的圈圈，真正赢来自由与无碍。如果能够从根本上了知自我，能够不断地开发自己性灵的宝藏，那么人生的安乐就会到来。这个生命的宝藏就是对自我性灵的开发和涵养，能够明确自己的人生定位，让自己的人生更有方向。那就是自由的方向，创新与感恩的理念，和不断喜乐与满足之心念。这一切皆来自于自醒，能够真正地自醒，不被世俗所蒙蔽，保持一颗安稳、沉着之心，能够乐观地对待一切。一个人要学会对自我进行领悟，学会看清什么是真、什么是假，什么是美、什么是丑，什么是应该、什么是不应该。在确定自己行为与思想之时，也要学会融会贯通，把本来不相干的抑或是有矛盾的两个方向联结起来。要有客观地考虑真相的灵性，真假美丑、得失喜乐都是相伴相生的，不是孤立而存在的，也是互相映衬的，甚至说有时也可能会有转换的可能。也就是说，原来认为不好的东西，也不见得不好；原来认为很丑的东西，也不见得很丑。这跟不同时期、不同观念、不同境遇都会有很大的关系。要努力去学会自省自悟，能够认真地分析，找到自己真正的定位，这样的人生才是更加全面的。要学会努力去分析外在的多样性，不要用单极化的思维去看待一切，那样是非常落后的，是没有前途的。解除我们认知的障碍，才能让我们的人生拥有更广阔的天地。的确，认知的深度、广度决定了对事物的判断的准确性，决定了我们能否正确地了知外在的环境，能否让自己的人生少走弯路，能否用客观的判断、科学的方法来对待所有的事物。这个天地不是单一的，而是多极的，是丰富而深厚的。我们不能从表面现象的认知来简单地判断所有，不能被所谓的假象所蒙蔽，要时刻保持清醒的头脑，对于事物有一个非常明晰的判断，这样我们才能够让自己的人生始终走在正确的道路上，才能够拥有光明与广阔的心胸。对待万事万物有自己正确的判断，用智慧引领人生。

把握自心

学会安守自心是一种功力，也是一种生活的态度。学会彻悟生活是一种自由。面对生活的纷繁，我们如果能够简单了之，能够化繁为简，便达到了生活的至高境界。现实中有很多难解的问题，有很多令人抓狂之事，hold住就能掌控先机，hold不住就会哀叹连连、被动无比。这个区别就在于能否对事物有充分的了知，能否看透事物的本质，获得自我的本真，能否把现实之中的所有存在都当作是一种获得，当作是一种安守，当作是自己难得的宝藏。如果能够正确地认知事物，我们就会获得巨大的能量，就能够把千斤重担扛在肩上，就能够真正做到无畏无着、自由自在。这是一种极为理想的状态，是人生中一种奇妙的感受。面对所有的艰难与痛苦，你都能把它当作是一种游戏，在人生这个好玩的游戏中去品味其中的道理，能够让自我心安。它是一剂让自我迅速安宁的猛药，是让我们自省自查的清凉油，能够迅速让这颗躁动之心清静下来，让自心找到安顿之处，那是一种最美的境界。这种境界就是无我，就是超脱凡俗，能够在清静与自由的天地间穿梭，毫无障壁，如入虚空之中，给予我们最美的体验。超出世俗的偏见，明了周围所有的存在即是最为和谐的，即是自己最为宝贵的拥有，是无与伦比的，是自在无碍的。也许生活中我们会遇到这样或那样的烦恼和磨难，但要认识到，比起那些已没有了生命存在的人与物来讲，自己已经足够幸运了，这些所谓的不开心和失落感都是微不足道的。我们活着本身就是最大的胜利，就是最值得庆幸的一件事，至于说活着的过程中所发生的一切，皆是匆匆而过的体验而已，没有什么值得大惊小怪之处。并且这种现实的体验才是最真实的存在，才是一种最为难得的经历。向死而生，每个人都免不了一死，但在走向死亡之前都有机会让自己安然平和，让自己的性灵得到最大的提升，让做人的至美体验更加深刻一些。这是多么珍贵呀，是我们前几世修来之福！能够成为有思想、有爱心、有创造力、有坚持力的人，是多么可贵与幸运啊！不要对生活感到无奈和压力，比起生命的存在来讲，这又算得了什么呢？更何况，所有的出现皆是短暂的，是让我们体验人生之乐的过程。学会转变思维，让自己更积极、乐观一些，能够明了世事之规律，这样我们才是真正开悟了，才会拥有真正的自我。如果不能静下心来细细思考，我们就感受不到这些，就会被眼前的琐事所羁绊，就会失去了主张，就会被压力与烦恼所左右，完全找不到了自己，不知道哪个是真我，不知道人之乐趣到底是什么，不知道怎样才能让自己的内心平静下来。那种忧虑和无助就会充斥于心，让人孤独寂寞，内心久久难以平静。一个人要学会安守，懂得自悟的力量，把理解和包容、付出与关爱作为生活的本源，敞开内心，真正地面对自己、面对他人，能够与自己、与他人真正相交，做自己心灵的主人，去认真地规划和完善自己。感恩所遇到的每一个人、每一件事，所有的痛苦和忧烦皆是快乐、美好的感召，皆是自己收获的开始。生命不休，进取不止，把生命之光到处传扬。

很多时候，我们不敢正视现实中的自我，害怕与自己坦诚相见，害怕自己做得不够好，害怕无颜与自己相见，把自己不好的作为展露出来，把那些不足与罪恶之念公之于众，那是非常尴尬的事情，也是自我很不自信的表现。总是要求自己完美无瑕，不能有任何的污点，但恰恰是这种患得患失、追求完美之心害了自己。总是想把每件事情都处理得非常完美，这就给自己的内心造成很大的压力，让自己在痛苦和遗憾之中度日如年，不能够放下包袱，不能够释放自己，总是对自己万分地挑剔，这样内心总是处于一种紧张、不自信的状态之中，在失落和哀愁之中浸染，日久天长，自己也就成了一个满是愁容、时时寻求向人诉说自己不幸的“祥林嫂”，让自己很难平静下来。这的确是我们生活之中所遇到的较大问题。一个人如果不能把自己从痛苦和哀怨、自卑与混乱之中解放出来，那么他就毫无建树，毫无成就可言。学会通过调息、参悟和自育等多种方式，让自己保持清醒，不要被现实的纷繁扰乱了内心，始终抱着一种感恩与创造之心去面对一切，学会满足，学会给自心增添能量，让美好永远与已相伴，让快乐永久驻留心间。珍惜当下，学会知足，学会感悟，过好每一天的生活。

认知自己（一）

学会静下来用心思考，并不是一件容易事。那是一种因缘的聚合，是需要满足很多条件的，比如说，时间是否允许，空间是否允许，自身的状态是否允许，内心的认知是否允许等等。看似是一件非常小的事情，但实质上并不是轻易就能做到的，那也是多种因素的组合，是一生福乐的显现。任何一种状态的呈现，都是有其渊源的，是由多种因素组合而成的。就拿自己来说，我常常坐不下来，并不是因为没有时间和空间，也不是因为受到环境的影响，主要还是因为自我的认知出了问题，认为坐下来没有什么意义，不但解决不了既有的问题，还会让自己空虚寂寞，更会让自己胡思乱想，念头一个又一个，尤其是内心的贪求之念会变得难以控制，会生出一种自责之心、无望之心、忧烦之心，看不到自己的进步，看不到自己的优秀之处，总是想着自己还有这样或那样的问题，还有很多的不完美之处，总是用一种挑剔的眼光看待自己，一旦发现某些自认为不好的行为和思维，就会产生强烈的自我怀疑，认为自己这也不好、那也不好，产生了极大的自卑之心，无法与别人正常交流，总是害怕自己管不了自己。

的确，人是有自我冲突的，可能每时每刻都要面对这种矛盾。这种自我内心的矛盾与冲突决定了我们的心态和行为，有时候是欢悦，有时候是煎熬，总是想找到一种平衡，一种能够让自己始终快乐又圆满的状态。但往往越是这样想，就越是有种种的失落之感。因为往往自己也会让自己感到失望、感到焦虑，有些行为自己也不知道是如何做出的，内心感到很是困惑。如何才能驾驭自己？如何才能始终让自己处于快乐与圆满之中？如何才能保持一种希望与无碍、自然与洁净、纯正而深厚的品质，从而指引人生迈上更高的台阶？这些都是自己需要思考的问题。面对所有问题，我们都要学会客观地分析，学会分析其中的原理，学会自我解脱，学会把握其中的规律，找到问题出现的根源，这样我们才能及时地拾遗补阙，才能不断地完善自我，才能让自己在自由的天地中畅游。生活的宗旨就是找到自己，能够清醒地认识到当前的时局，找到自己心灵的一束光，能够驱散黑暗，迎来善德与光明。要懂得人之精气神就在于对自我的认知之中，在于对事物的高度把握之中。要学会正视自己，直面困境，把压在心上的重担卸下来，活出一个全新的自我。

要学会释放自己，让自己真正自由起来，不能背上沉重的思想负担。要正视人之困扰与欲望，把它们当作是人生之常态，不能以偏概全、以点概面，学会辩证地看问题，不断地调整自己的思维与行为。唯有不断调整自己的内心，才能让自己走上一条全面的、客观的道路，才能对万事万物做出科学的判断，才能拥有自己的一片天地。现实生活中，我们往往过于理想化，总是追求完美无瑕，追求尽善尽美，若是有任何的错误和缺失，就会心生怨恨，恨自己不够完美，恨自己不能把事情做得圆满无缺，整日为此忧愤不已、自责不已，认为自己不够好，自己会被外界所牵引，自己没有活力，害怕自己一直会是这样。那种无奈、怀疑、失望、自卑之心就会涌现出来，让自己非常痛苦，失去了对自己的信心，没有了面对困难的勇气，没有了自己的主张，陷入无比纠结和郁闷之中。某种程度来讲，这也是对自己的一种伤害。我们一定要知晓，这个世界有很多自己不知道、不完善、不完美的地方。如果任何事你都做得尽善尽美、完美无缺，那你就是神仙了，这个世界就不需要别人了，只要有你就可以了，因为你是完美的，是一切圆满的制造者。而这显然是不可能的。这个社会是我们互相协助的结果，是由不同的人所组成的，是由无数个优势互补而来的。可能别人具有自己所没有的优势，而自己也会在某一方面优于别人，唯有互相弥补，才能把所有事情做完善。要知晓自己是错误和问题的改造者，要客观地面对问题，不能回避任何问题。只有摆正心态、客观面对，我们才能把握问题、解决问题。我们是与问题相伴相生的，只有不断地面对问题、处理问题，我们才能不断地发现自己的缺点和错误，才能不断地提升和进步。要为自己能够遇到诸多问题和不足而感到庆幸，因为唯有与它们相遇才能让自己去思考、去努力、去发现、去成就，进而让自己成长。

心的衡量

很多时候，自己对自己的心思也是很难捉摸，不知道自己整日在想些什么，有时也未曾想到自己会有如此行为言语，自己也不认识自己了，对于自己所做之事备感诧异。也许这些看似诧异之处，实际上也是自己内心的印象。那并不是奇怪之事，而是自然印象的积累，是对自我潜意识的响应，是长期积累下来的因的转化。任何结果的出现都不是无缘无故的，都是对自己的衡量。一个人如果不能静下心来思考，就感知不到问题的存在；如果没有对自我内心的剖析，就不可能感知到最真实的自己。只有当我们安守于自心，真正让自己静下心来，那时我们的感觉才是最为敏锐的。精神引领行为，行为是精神的外延。不要只盯着一些外在的表现，荣辱得失，苦乐喜悲，那些都不过是一个匆匆的过程，一切皆是会归为平寂、归为本真的东西，不要被表面所迷惑。所有的外在努力都会转化成为成就，所有的潜意识与认知都是根深蒂固的，要想改变自己的行为，首先要改变自己的内心世界，唯有内心清明自在，我们才能够做出正确的行为。人生就是一个不断调顺的过程，是一个涵养自心的过程。结果的出现皆是生命之中的必然现象，是毋庸置疑的。那种生疏之感是油然而生的，有时自己都不认识自己了，好像一个素未谋面的陌生人一样，没有了熟悉的影子，没有了自我的高大，没有了自我的清高，没有了获得的荣耀，一切都是那么陌生，一切都是那么无助，整个人就像是被施了魔法一般，只会跟着欲望的影子走。在这个时候，人就会完全失去了自我，没有了自己，但也的确是自己，因为所思所想、所行所为皆是自己做出的，没有别人的影子，赖也赖不到别人身上，只能是用异样的眼光来看自己，让自己在欲望的旋涡中随意漂流，感觉真的无能为力。人之力量有大有小，亦大亦小，如若意志坚定，勇往直前，即心胸开阔，力量强大。如果自身被外界所困，整日为了一些蝇头小利而放弃了对自己的要求，放弃了自己的理想，把自己彻底变成了一个无头苍蝇，这样思维乱了，生活乱了，工作丢了，自己就会走入一个无序的状态之中，自己也无法去管理自己了。这的确是一种失控，但有时好像内心之中正是需要一种失控，就好像是一直让自己处于一种有序的状态之中，突然想要放飞自我，去尝试，去冒险，好像唯有这样才能获得不一样的快感。那是一种彻底的放松，但为此自己也付出了不小的代价，诸如精力、体力、金钱、时间、健康等多个方面都会付出一定的代价。这也就是说，我们要想去体验某种放纵的感觉，就必然要去承担放纵后的失落，那种内心的失落之感要超过其他有形的东西。如果不能将自己从迷茫中唤醒，那一觉醒来就完全是物是人非了。

一个人还是要静下来，从生活之中去发现一些问题，拥有一些收获。如果自己不去考虑这些，可能就会导致自己心态上发生变化，那种失落无助之感就会袭来，让自己精疲力竭，无法重新振作起来。这是非常要命的，也是失去自我的开始。我们要高度重视此点，要学会面对心中之魔，而不要刻意地回避它。因为回避是无用的，甚至会给我们带来更多的危害，让自己陷入一种无序、无法自拔的状态之中，最终让自己一事无成。要学会让自己明智起来，能够换一个角度去看问题，不但不能回避，还要学会从中受益，让自己从错误之中发现正确之路，从负面之中找到正面之处，不能一味地抱怨和心理失衡。要知道这种现象是必然会出现的，只是时间早晚的问题。要知晓无论你是情愿或是不情愿，它在冥冥之中一定会上演，一定会让你内心动摇。如果你想要阻止它动摇，那就要学会清醒和理智，要静下心来，明确方向，要让自己拿出一定的作品来，这样才能指导自己、指导生活。要让人生的指引融入血液之中，让生活展现出阳光的一面，不能为压力而活，也不能单纯受欲望的影响。人还是要找到生命的本真，要不断地发现新的自我，能够有无穷的力量来支撑自己，能够让生命的光辉永远照耀。有时仔细想想，也许正是因为对自我的期望值太高，才会使自己迷失，让自己无法正确认识自己。自己到底是谁，自己的内心受谁来指引，自己究竟要实现什么，人生的意义到底是什么……这一系列的问题有时搅得自己迷茫不已，不知道应该如何给自己定位，不知道如何成为自己的主人，去享受人间最大的幸福。自己总是希望把任何事都做得完美无缺，总是把完美的圈子套在自己头上，结果越是这样就越是压力重重。还是要放下人生完美的圈子，能够真实地活着，把一生的重担都卸下来，能够真正参悟人生的虚无与无常，能够真正明了生存的意义，那就是不为活着而活着，不为自己而活，能够在平凡之中去创造生命的伟大，能够把这易损的肉体活出金刚不坏之身来，能够永远感知、知足与快乐。

感悟青春

一直想把上次与刘老师回母校的经历写出来，可是总给自己找理由，拖延了时间。一来是总想着要仔细、认真、完整地写出自己的真情实感来；二来又担心自己写得不全面、不完整，因为所承载的回忆真的太多了；加之近期自己对时间的安排不尽合理，该做的事情没有时间去做，或是有一种畏惧之感，总是犹豫不决，空耗了时间，留下了很多的遗憾。人有时不去自觉自悟，总感到少了些什么，总有一种负疚感。那种感觉是非常浓烈的，像是一块大石头压在自己心头，搬也搬不走，推也推不开，那种无奈与痛苦让人喘不过气来，就会对自己产生怨恨，增加了自己的不自信，那是很要命的。所以，要及时地调整自己的心绪，始终保持好的习惯，哪怕是只做了一点点，如若能够长期积累，那收获也是蛮大的。言归正传，伴老师回母校是一件非常难得难忘之事，看似是件小事，稀疏平常，但对于离开母校已经三十年的我们来讲，那的确是个大事。原本一想起母校就会有一种神圣神秘之感，总想着要让自己平复心绪，能够在自己卓有成绩之时前去，那样更为合适，可能对自己是一种极为难得的收藏，也会让自己内心自信满满、福乐满满。其实也没有那么复杂，只是在生活中增加一缕春色而已。可能很多的事物在没有准备的前提下，就会悄然来到你的身旁。前阵子在郑州，跟曾经的班主任刘艳老师说起想回老校区看看，刘老师也是欣然同意，说是自打他到新校区工作，也很少回老校区，也想回去看看。这样我们就相约周日一同回老校区看看，刘老师还叫上我们的王祥老师一起去。我们都非常兴奋，尤其是看到了母校的模样，真是感慨万千，内心之中也是思绪翻涌。曾经的青春少年转眼已经变成了中年老汉，这三十年的光景不知道是怎么过来的，时光是如此飞快，快得让人不可思议。我们边走边聊，边走边看，校园里的一草一木还是那么熟悉、亲切，不禁让人浮想联翩，回想起三十年前上学的场景，有在教室里认真学习的画面，还有在操场上挥汗如雨的场景，同学们稚嫩的脸上泛着青春的荣光，那是对青春的礼赞，是对美好未来的期许。同刘老师、王老师一起边走边聊，感慨着学校的变化真是不小。新铺的跑道，新刷的楼面，还有改造过的小二楼、学习小三楼和食堂、礼堂，虽已做过整修，但旧貌还清晰可辨，没有什么太大的不同。置身于熟悉的校园，看着青春学子到操场上打球，三三两两下课后去就餐的身影，仿佛自己又回到了从前。从前总感觉日子过得有些慢，但如今回忆起来，不禁感慨：曾经的校园慢生活是多么难得呀！它承载着我们的青春年华，那种纯真和向上的力量一直指引着我们，让自己不放弃，能够沿着母校老师们指引的方向不断前行。对母校的回忆有很多，对青春的记忆道不完，我也在内心暗暗告诉自己：一定要重回旧时光，无论人生几何，都要感恩，都要珍藏，都要在心中发出一束光。

灵活处事

早晨是一天的开始，也是希望的开始。阳光，雨露，清风，草木，一切都是新的展现。千万不能错过这美好的时刻，它才是我们最应该珍惜的。无论昨天是什么状态，今日才是你最美的开始，是你拥有的最宝贵的东西。不要认为昏睡才能疗愈，其实早起才是疗愈的最佳时机，所有的身体机能在这一刻皆会焕发生机。时光是上天赐予我们最珍贵的宝贝，有了它，我们才有了生命。我们没有任何理由去浪费生命中的点滴时光，因为它一旦逝去便无法挽回，它是构成生命的坚实材料，没有了这些点滴的时光就不可能有人生的枝繁叶茂。看似漫长而又没有什么次序的生活，实际上都是有其真实意义的。我们活着的每分每秒都是有其深远意义的，都是我们千载难逢的机缘。这份机缘是来之不易的，是有其内在渊源的。既然上天赋予了我们这么大的福乐和职责，我们就应该好好地履行自己的使命，让人生更充实，更有价值，更有意义。时光有限，转眼成空。感觉天底下跑得最快的就是时光了，正如前天刚到锦州家里与孩子们嬉戏玩耍，转眼间周末已过，就又返回沈阳。与孩子们在一起之时，我还想着要把写作的任务完成，还要求自己要抓住一切可抓住的时间，能够真正做到见缝插针，可这所谓的见缝插针也被无形中袭来的困意所占据了。总是一到晚上就困意连连，倒头便睡，睡前还想着只能小憩一会儿，还要马上起来写一些落下的文章，可是一沾枕头就由不得自己了，再睁眼时已是凌晨三四点钟了。勉强起来，洗漱一下，其实还是困意十足，就想着反正时间还早，不如再睡一会儿，何必起这么早呢？这样一阵安慰，自己也就放下心来，又翻身进入梦乡了。有时我在想，控制自己的确是很难的，能够控制自己之人才是真正的大英雄。要真正做到自律的确是不容易的，如果评价自己的自律性，也只能打一个“不及格”。如果人至中年还做不到自我控制的话，那真是相当悲哀的。为此，自己还是要下大力气，要在思想上给自己以引领，让自己能够处于一种有序的状态之下，处于一种自然向上的状态之中，没有任何的隐晦之处，也没有任何自我的内心挣扎。一个人只有管得了自己，才能拥有真正的自我。在现实生活中，我总是想把事情做得非常完美，可越是这样想，内心的挣扎就会越多，有时就会愈加痛苦，好像自己没能够完成既定的目标就是一无是处似的，由此便会产生对自我的厌烦情绪，就会找不到自己了，就会把自己所有的成就都给否定掉。这是相当执拗的想法，是自我伤害的表现。有了这种思维，我们就会陷入一种消极的情绪之中，就会把自己所有的进步与成就都给抹杀掉。我们一定要去除这种思维，要客观地看待自己，既要接受自己好的一面，也要接受自己不好的一面。所有的存在都是客观的现实，所有的存在都是自我应有的显现。所以，我们还是要学会机动灵活地运用时间，要抓住一切零碎的时间去做一些事情，比如说在写作与听课方面，自己不可能有大段的时间去做，那就要抓住一切零碎的时间去做，真正做到见缝插针，灵活地运用一切可以利用的时间，给自己减负，把大的“工程”切割成小的“积木”去完成，这样自己就不会感到疲惫，就会在诸多的事务中做到游刃有余，没有了其他的障碍，人就变得轻松起来了。

时光之悟

要学会闹中取静、忙中思考，充分利用时间，让自己在点滴的时光中有所总结、有所收获。步入中年以后，每天都有很多事情要做，总觉得时间不够用，每天都如白驹过隙一般，转瞬即逝，没有留下任何的踪影。不知怎的，自己总是有强烈的危机感，总感到时间不够用，若是不能利用这有限的大好时光去做一些有益之事，那么人生也就太过遗憾了。我们要利用一切可以利用的时间，多去做一些有利于人、有利于己之事，这样人生就会充实起来，就会有更多的收获。就拿写作来讲，自己没有大段的时间去写，总是有这样或那样的事情影响自己，内心难以安定下来，无法认真地思考和学习，每天被诸多的事务所扰，有很多的想法，却难以把它们转化成文字，最终这些想法只能胎死腹中，再也没有了下文。我发现，人的想法如果不能够及时记录下来，那就只能是想法而已，不会产生什么实质性的意义。所以，要利用一切可以利用的时间，不断地完善自我、充实自我，把自己想要做的事情做得更加完整，让每一天都过得充实而有意义。一天的时间是有限的，我们不可能从早到晚去做一件事情，但我们可以充分利用一切碎片化的时间，将这些碎片化的时间充分串联起来，我们也能够完成一件伟大的事情。从某种程度来讲，把碎片化的时间加以运用，也是对自我的提醒，就像是闹钟一样，提醒我们应该去做什么事情了，应该换换脑子了，应该振作起来，把自己所安排的事情做完。虽然只有十几分钟的时间，但这一举动亦是对自己行为的引领，是对自我生活、工作、学习的引领，它所起到的作用是巨大的。这种利用时间的方式是非常适合我们这些中年“大忙人”的。充分运用好这些碎片化的时间，我们就能够妥善地处理好自己的工作与生活。这也是一种科学运用时间的方法，掌握了这种方法，我们就能够在一天之中做出较大的成绩，就会让自己的内心变得充实而愉悦，就会让自己的生活变得更有意义、更有趣味。的确，一个人一天的时间是有限的，而每天要处理的事情又那么多，我们都没有分身术，因此，学会科学地规划和调节自己的生活就显得非常重要了。一个人如果能够科学合理地安排好自己的生活和工作，那么人生就会变得越来越有意义，就会充满无穷的乐趣。生命的时光太短暂了，尤其是真正留给自己的时光太少了，我们每天都在生活的道路上奔波，在欲望的满足中追逐，很少有时间能够静下来，听一听自己的心声，遵循内心的指引，活出自己快乐的新天地。很多时候，我们是在为他人而活，总是思维向外、眼睛向外，在空寂与无聊之中虚度着自己的时光。即便是为他人，也只是一种表面的希冀而已，不能够真正地了悟。只有自己清醒了、了悟了，才能够真正给别人带来安乐。如果我们终其一生都生活在欲望与争斗之中，整日想着占有和贪欲，那么我们也就真的成了欲望的奴隶。可能我们始终是生活在现实的物质之中，一直在寻求着俗世的繁华与荣光，一直在占有和荣华里享受着人间的美好与福乐。但这并不是真正的福乐与自在，也许我们拥有的越多，失去的就越多，将来的遗憾也就越多。因为我们都做不到永生，我们所拥有的一切最终都会失去，没有什么是永远属于自己的。面对生命的无常，我们除了接受别无选择，我们终归要离开那些我们不愿离开的人事物，终会在无奈与失落之中生活。面对如此境遇，我们还是要懂得珍惜，要知晓现在的时光才是自己最大的财富，其他的什么都不是，一切都会随着时光的流转而同我们渐行渐远。放下过多的奢望吧，留下自己对时光的珍爱，把有限的时光用在关爱、创造与付出上，唯有如此，我们才能获得永生。

向心求索

学会滋养自心，让内心变得更从容、更坚定、更宽厚，把一切的境遇都当作是自己最美的遇见，当作是磨砺自心的基石。我们的英勇与信心不需要向外去索求，而应该是自心向内去追求一种成功与美好、坚定与奋进。我们要想拥有一个好的人生，就必须要经历一个不断地修复心灵的过程。修复自己的心灵，让它变得清净无染，变得没有障碍，变得清新澄明。所有的存在都是内心的映象，所有的认知都是对自我和万物的理解。在这个世界上，没有什么是不可能的，只是我们内心的力量与控制，以及对自我的认知会有所不同，所以得到的结果也不尽相同。很多时候，我们不了解内心的力量，不能够做到静思与总结，不能够及时调整心念，让自己的内心更聚焦、更有力、更清净、更慈悲、更柔和、更英勇。调整心念是一个艰苦的过程，是自我修正的过程，也是自我引领的过程。学会滋养和引领自心，我们就掌握了成就人生的方法；拥有了好的心灵，也就拥有了幸福的可能。

我们活着的每一天都是值得感恩的，在这个充满无常与变化的世界里，我们能够快乐地活着，能够衣食无忧地活着，这是天地之福，是美好的机缘的显现，我们应该为此而举杯相庆。我们有朋友的相助，有亲人的关爱，有儿女的亲情，这些都是我们应该好好珍惜的。我们能够无疾无染、平和安然地活着，这样的生活不是天堂，胜似天堂，这是我们修了几辈子的福德才换来的。能够健康地活着，就是我们最大的成功，还有什么值得自己愁眉不展的事情呢？所谓的成败得失、荣辱喜悲，与健康地活着相比，又算得了什么呢？我们没有理由不为自己庆幸与鼓掌，没有理由不去感恩与付出，没有理由不把自己管好，没有理由不去反思与总结。这就是幸福人间的充分展现，这就是我们开心快乐的源泉，我们应该为自己现实的拥有而备感荣幸。有些人整日紧皱眉头，感觉不到快乐，总是有一种忧心忡忡之感，好像是这也不顺、那也不顺，看什么都不顺眼，对于自己的拥有熟视无睹，那种愤世嫉俗之心总是令人抓狂不已。其实，这是缺少智慧的表现。在他的眼里没有光明，只有黑暗；没有美好，只有丑恶；没有成功，只有失败；没有感恩，只有仇恨。这样的人就像生活在地狱一般，自己把自己给捆绑起来了，并把自己关在了阴暗的牢笼里，那种感觉真是生不如死。这样的人生是悲哀的。这是一种愚蠢的行为，是自我设限的表现，也是自我毁灭的开始。

不同的感知就会有不同的心情，不同的心情就会有不同的生活，不同的生活就会成就不同的人生。我们要学会仔细去分析，认真去反思。对于自己所拥有的一切，要心怀感恩，要懂得珍惜。要看到光明的所在，要在平凡的日子里发现不平凡之处，在简单的生活中洞悉人生的奥秘。一切的存在皆是美好的展现，一切的拥有即是天地的恩赐。学会感恩、反思与付出吧，这样你的人生将会光辉无限。

真情告白

学会在心灵灰暗之时找到一束光，让内心在光的指引下焕发生机。面对生活的纷繁复杂，自己有时会感到无比疲惫，不知道怎样才能放松下来，能够找到内心的依托与愉悦，去做一些自己最喜欢做的事情，彻底地放下自我，把自己的生活调剂得丰富多彩一些，能够让内心的阳光照射进来，迎着阳光，踏着雨露，一路前行，找到属于自己的天地，让自己的心安定下来。有时候天气也会影响自己的心情，往往在阳光明媚之时，内心也是敞亮的，是清透的；但如果是像沈阳最近的天气一样阴雨连绵，那是非常影响自己心情的，如果加之整日待在家里不出门，那种压抑感就甭提了，好像喘不过气来一般，内心很是挣扎与纠结，不知该如何是好。一个人如果总是待在一个狭小的空间里，那是会疯掉的，内心需要释放、需要引领、需要安顿，这样才能让自己放松下来。有很多事让自己不得轻松，主要是自己的思维模式没有改变，没能够真正引领自己的内心，遇到问题只是感知到了压力和问题的可怕，没能够真正去分析其内在的原因是什么，是什么因素导致了现状的出现。一切都是有原因的，有了原因就会有结果，就会有一些行动，可能这些行动会给自己带来改变，可能这些行动会给自己带来对于世俗的依恋，让自己不想去改变它。其实这是完全错误的。无论如何，我们都不要回避它，不能一味地自责和后悔，要知晓这一现象的出现是有原因的，它是自己生活的最现实的展现，是实实在在存在的，是无法回避的，那就是自己所面对的客观现实，要从自己的内心之中去清楚明了其存在的原因、发展的过程和可能导致的结果。要充分地认知到这一点，千万不能够回避它，要把这一现象的出现当作是自己跨越发展的前奏和积累。有些事情你不遇见就不能够进步，你遇见了、理解了、解决了，那就没有什么神秘感了，就不会背上思想包袱，就能够轻装上阵，轻松生活。的确，现实中看似神秘的地方，去过了，欣赏了，剖析了，总结了，就不会再心生畏惧，就能够充满信心地去面对自己的生活，就会有新的认知，就会把自己引领到最美好的地方。生活中，我们不能背着包袱去前行，该放下的就要放下，不能总是想到其不足之处，每一次的思维动念、行为举止都有其内在的根源，都有其存在的价值与意义。不要认为有些事是偶然发生的，只是突发与偶遇。即使是相互的一瞥一笑皆是多少年的因缘，无论是多么伟大或者多么渺小的一件事，都是由多种因素累积而成的，都不是偶然的显现。我们要充分地认识到这一点，要把每一次的相遇都当作是多年修来之福。现实中有很多想为而不能为、想要而不能要之事，人心也有很多难以捉摸之处，我们不知道怎样才能找到人生的完美，不知道如何才能找到生活的愉悦与幸福。自己总是有数不清的矛盾之感，没有生活的方向与目标，人也就真的放飞了自我，就真的找不到自己了，不知道如何是好，不知道怎样才能找到自己永久的依靠，就会让自己处于一种难以名状的状态之中。要安顿好自己的内心，重新找到自己的定位，科学地调节好自己的生活，要学会从小做起，一点一滴地去积累，不断地提升自己的心志，把善德与清净作为生活必需的养料，作为成就自己的基石。在生活中，要懂得感恩与付出，能够把今日当作永恒，当作是生生不息的成长之地。要敢于面对挫折与矛盾，敢于直面困境与忧虑，敢于为自己的人生开辟一条新的道路，这就是我们生活的本质。不要再为过去的一切而后悔，也不要再为未知的明天而忧虑，活好现在就是对自己的真情告白。

轻松生活

今天周日，给自己放放假，让自己自由安乐、无牵无挂地独自安守。前几日忙于饮酒应酬，加之休息较晚，每天早起都显得力不从心，不知道怎样才能让自己完全放松下来。如若是不按原来既定的流程去做，就感觉自己把时光都给荒废了。还是要遵守既定的安排，每天按时起床去学习、开会、锻炼，让生活更加充实，不留遗憾。尽管是如此想的，但有时真是身不由己。今天还是起得较晚，尽管昨日睡得还算早，但一觉醒来，还是有些不情愿，看起来周末休息是非常有道理的。今日出门较晚，因没有晨读，就有些放松，在住处开完例会，随后再完成些工作，生活还是安排得满满的。不要整日把自己搞得紧张兮兮，在轻松的氛围中让自己成长，是一件非常有意义、非常快乐的事情。仔细想来，所有的进步与坚持都源自于热爱，唯有热爱才是永恒的，才是让自己不断进步的动力。没有热爱，什么都无从谈起。所以，培养兴趣和对事物的珍爱，才是我们进步的源泉。

临近中午，到市府广场活动、锻炼，压压腿，伸伸腰，呼吸呼吸新鲜空气，的确是非常舒适的。看来，人只有不停地运动，才能感知到生命之美。运动是非常有益的，通过运动，我们能够激发细胞的活力，能够让良好的空气进入身体，能够发现生命的律动，能够让自我的能量得以升华，能够更加清醒地认知自己。一个人只有在特定的时空中才能有所感悟，我们要给自己营造一个良好的生活环境，在这个环境之中我们将会发现不一样的自我，认知不一样的自己。今天的放空自我也是非常有益的，能够用心来引领自己，不给自己设定更多的目标和任务，让自己真正放空，真正静下心来。从市府广场坐地铁到工业展览馆，感觉有些饥饿，便到一方广场吃了久负盛名的喜家德水饺。看着晶莹剔透、洁白如玉的饺子，自己真是食欲大开，感慨人生之美味不过如此。在品尝着美味大餐之时，那种幸福感油然而生。其实，幸福距离我们并不遥远，它就在我们的身边，就在我们的生活里。吃过饭，又步行到科技馆广场，看着绿草如茵、高楼耸立的一派城市盛景，坐在广场的石凳上，稍事休息。天气虽有些闷热，但自己兴致不减，即便已是下午三点十分，自己稍感困乏，但那颗不肯安静、勇于向前之心不止。看着年轻人在足球场踢着足球，两个球队在激烈地拼抢，还有三三两两从市图书馆走出的人们，在这高楼林立、绿树掩映的环境中，让人心生一种福乐、和谐、雅致之感。人要追求一种生活的雅致与精细，要能够体验不同的生活场景，要有对生活的不同感知。

很多时候自己不善于表达情感，认为这种表达是矫情的，是不自在的，抑或是深受老家农村和父辈们的熏染，感觉羞于说出口。父辈们对于自我的情感展现是含蓄的，是不会直接表达出来的，那是一种埋在心底的感知与爱。不善于表达也是自己的性格所致，总感觉只要能够用心体验并用实际行动来展现会更好，实际上随着时代的变化，还是要学会去表达，把内心的爱充分地表达，能够让他人直接感知到温暖，也是一件非常美的事情。每个时代、每一辈人乃至于每一个人都有特定的表达方式，殊途同归，无论哪种表达都是一种真心的表露，是人性中光辉的展现。就拿写作来说，如果自己不能把想说的话写出来，就会思绪混乱，不知道该说什么，不知道如何去表达才能让自己的情绪有一个好的出口。对于我这种习惯把事情埋在心里的人来讲，这的确是痛苦的，那种无以名状的痛苦能够把自己的心志扰乱，让内心变得狂乱起来，就完全找不到自己了。生活的过程实际上就是找到平和的过程，就是调节心志的过程。坐在广场的石凳上，我想了很多，感受到一种内心的安适与自在，不禁拿起笔和本来，记录下自己内心的感受，把这生活中的每一个细节都描摹得清晰可辨，能够透过现象看本质，体会到自己心底里的最为真实的想法，能够把内心的风景描绘得更加美好。给自己放放假，让自己随心而动，能够在平凡的生活中发现最美的事物，能够让内心与外界相映，让自己生活在平和安乐的盛景之中，这的确是一种最美的感受。尽管生活中有很多限定自我的地方，尽管自己还有很多的困惑与迷茫，还有很多的奢望和挑战，但追求美好、自由、安乐之心永不停止，愿生活之美好常伴自己。

安守天分

时间从哪里来？最近一直在纠结于时间不够用，总想着能够把时间充分地运用起来，把一切的事情都做好。可往往是事与愿违，越是想把事情做周全，越是会有这样或那样的缺憾，不知道怎样才能把航天文化的大旗越举越高，不知道怎样才能够让自己的事业如日中天，不知道怎样能让自己身康体健，不知道怎样才能让自心平和安然。有很多想做的事情，但总是因为这样或那样的原因，难以做完、做好，总是留下些许遗憾。或许做任何事都不应求全，生活之中总会有得有失，总会有所遗憾，总会有我们想得而得不到的东西。关键还是要坚持，唯有坚持才能有成功的希望，如若不然，我们什么都不可能得到。有时候，我们的功利心太重，希望任何事情都能够一蹴而就，希望自己一切顺利，内心无比地快慰。可越是这样，就越是感受不到所谓的快乐。如若轻易就能得到，我们也就不会珍惜了，并且还会滋生更多的想法，产生更大的欲望。所有的得到都来自于点滴的积累，我们要在这个过程中去感受快乐。沉下心来，慢慢地品尝人生的滋味，相信我们都会有不一样的感受。沉下心来并非易事，我们每天都会去想一些事情，去做一些事情，每天都在盘算着自己的利弊得失、苦乐喜悲、高低荣辱，都在自我的小圈子里打转，不知道怎样才能找到自己，不知道自己整天在思考些什么，在畏惧些什么，在向往些什么，内心总是感到焦虑。要想让内心安定下来，的确是需要下些硬功夫、真功夫的。生活教会了我们用一颗平常之心去看待世界，用一颗关照之心去待人待己，用一颗包容之心去对待万物。在生活之中，我总是禁不住感叹时间的飞快，一天天、一月月、一年年，不知道怎么过得如此之快，让人来不及眨眼，让人感到时光是如此无情。可能平日里还没有什么感觉，只顾着忙自己认为非常重要的事情。这些所谓的重要事情也无怪乎是些名闻利养而已，有很多的东西是拿不上台面的。自己不知道为谁而活，不知道生活的最终意义是什么，不知道自己如此努力是为了什么，整日忙来忙去，不知所以。随着岁月的流逝，自己也是备感失望。人最可怕的不是其他，而是不知道自己活着的意义，不能够了知人事，不能够从平实的生活中找到乐趣与自在。现代人的确是有许多的压力，内心焦虑不安，感觉力不从心，不能够左右自己的心志，这样日复一日，年复一年，人就会变得异常麻木和不安，整日生活在痛苦和纠结之中，没有目标与方向，显得匆忙而无序。这就是不能够真正了知人生，不懂得知足和感恩所致。要知晓，活着就是最大的成功，如果能够放下忧烦，快乐地活着，那就更是福乐无比的事情了。因为活着是一件很伟大的事情，是对生命的敬意和对自我的肯定。要为自己能够健康地活着而感到欢欣鼓舞，要为自己没有那么多的压力与困扰而感到庆幸，我们能够自由地支配时间，能够做自己喜欢之事，那不是幸福是什么呢？可能生活之中还有这样或那样的问题，还有很多看似无法解决的事情，但相对于时光来讲，这些都是不值一提的，都是生活中的小插曲而已，没有什么大不了的。只要你能用乐观、自信的眼光看待它，你就一定不会感到痛苦，就一定能够获得人生的大自在。的确，现实之中有很多的困扰，有很多自己难以决断之事，总是犹豫不决，总想着把一切计划周全、完善之后再行动，可是如何才能做到周全、完善呢？自己也不知道，自己也不能左右所有行为和思维，更不能左右事情的结果，唯一能做到的就是要求自己一定要行动，不能停滞，要在行动之中找到属于自己的道路。也许如此不断地努力才是人之伟大之处，如果没有任何的压力与困扰，没有任何的障碍和痛苦，一切都来得那么容易，那我们也就体验不到真正的人生，也就不会有成功之后的快乐，人之一生的安乐也就难以达到了。人生就是一半喜一半忧、一半成一半败、一半得一半失，我们就是在这个过程中逐渐找到真实的自己。这个世界上没有所谓的完美，完美只是一种想象而已，并不是真实存在的。我们要客观地看待这不完美的人生，并把它当作是一种必然的过程，当作是一种享受，唯有如此，我们才能了悟真的人生。不要用绝对化的眼光去看待一切，要记住，这个世界上没有“绝对”之事，一切都是相对而生、相伴而成，只有不断地理解、改变自我，才能找到人生的安乐。学会客观地看待万物，客观地看待自己，学会在自悟之中找到自我，在前行之中不断地完善自我，学会在生活中惜时如金。

自我规划

总想着找到一大块时间去把该做的事做完，也总想着把该写的文章一下子写完，可现实之中自己需要做的事有很多，需要去安排的生活也很是丰富，可能沉湎于某一事物之中，就会忘记了其他事情。有时甚至有了时间也不想再去干点其他，还想着要休息一会儿，放松一下。有时计划赶不上变化，总是在时空之中打转转，总是感到有许多的事没做完，有许多的人没见到，有许多的计划没有实施。我们永远无法把每件事都做得尽善尽美，那只不过是一种奢望而已。还是要不断地改变自己，不断提升自己的时间管理能力。无论做任何事情，只要我们能够不断去思考，不断去规划，不断去实践，不断去积累，就一定能够取得成功。做任何事情都不能有畏难情绪，一定要不断地引导自己，不断地引领自心，抚平那些焦躁不安的心绪，时刻保持清醒和理智，不能任意而为，也不能听之任之。人生管理就在这日常的生活里，我们要不断规划与完善，不要去追求所谓的完美，而要把日常的工作做好分割与分类，并且要循序渐进，不要贪大求远，每天工作一点点，坚持不懈，就能够完成大的事业。点滴的进步即是大成就的开始，积累好一点一滴的进步，我们就能够取得大的成就。千万不能小看这些点滴的进步，它是我们成功的基石，是我们认识自我、培养自我的过程，也是我们成就事业的必由之路。很多人往往贪多求远，追求所谓的完美与极致，结果给自己带来了更大的压力，有时候甚至不堪重负，产生放弃之念，这是相当不可取的。如果我们能够放下身段，不追求所谓的完美和圆满，就会在工作中留有余地，并且持续性地开展下去，形成一种习惯，这样我们也就距离成功不远了。并且这种看似没有目标的“闲聊”，能够让我们锻炼成才，成为行业内的领导者。这些都是完全可以实现的。要学会充分利用碎片化的时间，不断地思考和学习，不断地积累新知，不断地发现生活之中的美好之处，在生活之中不断地创造，让生活变得更有意义。我们不能被表面的现象所迷惑，要有一个主导的方向，围绕一个目标去努力，不断地创造出自己的事业来。任何一种发展的模式都是创造出来的，是经过不断地思考和总结积累而成的。如若能够保持学习和创造的习惯，并且长期坚持下来，我们离成功也就不远了。成就在于长期的积累，不怕慢，就怕站，任何事业的成功都是通过不断努力才得来的，只要我们勇往直前，永不放弃，就一定能够抵达成功的顶点，就一定能够成就自己的事业梦想。但如果一曝十寒，朝三暮四，那就永远不可能成功，就不会品尝到成功的滋味。因此，看一个人能否成功，关键就是要看他的坚持力如何，有了长期的坚持就有了成功的保证。能够长期做一件事的确不容易，那是需要我们用尽心力和体力去实现的。在这个过程中，我们会遇到无数的困难与障碍，但无论如何，只要能够把自己的心志聚焦，就能有较大的发现。很多人总是左顾右盼，好像选的目标越多就越能够成功一样，其实恰恰相反，人的精力是有限的，只有把自己的智力和时间聚集于一处，才能够取得成功。聚焦是成就的最大前提，也是我们成功的保障。如果我们什么都想做，什么都想得到，可能到头来只会事与愿违，哪一样都做不成。因为一个人的时间、精力都是有限的，我们不可能把每件事都做得面面俱到，把所有工作都安排得妥妥当当，我们可能会遇到诸多的问题，遇到种种的纠结与不安，遇到很多的不如意之处，但既然选择了开始，就要充分发挥自己的主观能动性，去把事情做好，发挥集体的力量，围绕一个目标去努力，这样我们才能把事业做大，这就是所谓的“众人划桨开大船”。所以，做成一件事是不容易的，它需要我们具备优秀的时间管理能力，需要我们发挥众多的优势，需要我们付出心力和体力，需要我们做好统筹规划，需要循序渐进地去发展，坚定信心，坚持努力，这样才能够真正成就自己。科学地运用时间，及时地做出分析和总结，把时间管理和组织规划做得更加科学，这样我们就能无往而不胜。

时光之妙

把事情都安排好，从北京到沈阳，又从沈阳返回锦州家里，次日又从锦州返回老家许昌鄢陵，一路走来真是“马不停蹄”。先向北，又向南，虽然奔波，但这一决策是有原因的。一来一年级的女儿放暑假了，二来亚哲结婚，最主要是老母亲想孙子、孙女了。将近两年时间没能带孩子回老家了，这次也是为了圆一下老人家想见孙子、孙女的心愿。所以，此次回老家是势在必行的，自己一定要把这次回乡之旅安排好。全家人能够团团圆圆、其乐融融，的确是人间的一大福乐。很长一段时间，自己也是忙忙碌碌，整日为了那些自认为重要之事来回奔波，为了所谓的荣光和福乐而放弃了许多与家人相聚的机会，这的确是本末倒置了。要知道，能够享受到亲情的温暖，能够陪伴孩子一起成长，能够与家人聚在一起，这是上天赐予自己的大福乐。我们一定要珍惜这份福乐，它能够让我们内心有许多的安定感，能够带给我们许多的满足感，也是我们幸福快乐的源泉。如果不去好好地珍惜这份生命的福乐，珍惜这份天地的恩赐，而是白白在所谓的社会应酬之中浪费时日，那的确是本末倒置了。正所谓“身在福中不知福”，原来自己没能认识到此点，只知道去创造所谓的事业，给予家人物资上的富足，从而对于家庭亲情就淡了许多，与孩子们不能常在一起，这的确是一大损失。虽然努力打拼并无可厚非，但如若一味地认为事业是自己的全部，那就有失偏颇了。人还是要从家庭亲情中获得能量，获得前行的动力，这样我们才有了努力的方向和目标。一个人的努力不仅仅是为了自己，也是为了别人，尤其是为了家人。这是我们努力的目标，也是我们前行的动力。有了这一目标和动力，我们无论做任何事，都不会感到困难和辛苦，因为我们内心之中有着向往和奔头。一个人所有的行为都是有其来因的，都是有其内在原因所致。的确，有了亲情与爱心，有了奉献与无私，人就活出了真正的意义来。如若没有亲情、没有爱、没有为社会和家人所做的一切，那人生是缺失的，是没有任何意义可言的。那样人就只是象征性地活着，是毫无意义与价值的，那样活着也只是麻木地活着，不会有任何实质性的快乐可言。那样人就会陷入一种虚妄的、无聊的、僵化的、低劣的状态之中，不能够发挥出自己的潜能，那是有悖于常理的，是非常可惜的。可能在现实之中有很多的无奈之举，比如说会有很多的生活压力，会有千头万绪的社会关系、家庭关系需要我们去处理，踏入社会的确是一件不容易的事情。但如果能够转变心念，把现实之中的艰难当作是一种修行，去不断地发现和创造生活中的美好，去不断地争取人生之美好，这才是我们的奋斗目标，是生命的终极追求。如果做什么事都顺风顺水，没有任何的阻碍，没有任何的困扰，那所谓的成就又有什么意义呢？也许正是因为福乐难得，才显得异常可贵，才会指引我们不断地追求，去实现自己的大跨越。人生的意义也正在于此，我们要在不断地超越之中去获得自己的提升与发展，去创造出更大的事业来。

要敬畏生命，要善于积累生命中的能量，不断发挥出自身的潜能来，去实现自己人生的价值，这样我们才能更大限度地关爱身边所有人，才能真正做到有为有能、有情有爱，才会拥有人生无限的可能性。现实生活中我们会遇到很多的障碍，会受到很多繁杂事务的影响，受到很多不可名状之事的牵引，从而让自己的心志难以安定下来，一直处于一种痛苦和焦虑的状态之中，那种想得到又得不到的心理让自己痛苦异常，这也就是所谓的“求不得”的状态吧。我们安守于自己的现在，但又不知道自己的现在在哪里；安守于自己的过往，又不知道怎样才能找到自己的过往；我们有很多无以名状的愁绪与纠结，但又不知道怎样才能去轻松解开这种愁绪，如果任由思维的囚笼把自己罩住，那自己就很难拥有自己，很难获得内心的解脱。还是要善于清心，把种种无名与贪欲去除干净，还自己以安乐和美、清净无染。如果能够真正找到对自我身心的安守，那平和、宁静、安定就会来到自己的身边，它能够让自己永远处于一种平和的状态之中，让自己感受到无尽的福乐。事情有很多，但也要做到科学地规划，要平衡好自己的家庭与事业，要学会调整自心，客观地看待一切，科学地规划好每一件事，让生活充实而圆满。这是一个人的自我追求，也是正念规划的必需。很多时候，我们做不到正确规划自己的时间，不知道怎样才能做到多方兼顾，把每件事都做到最好。但生活的追求、世事的发展要求我们必须要把当下的每一段经历都当作是人生之中最为珍贵的时光，让自己心态更积极、更乐观，真正拥有一个美好的人生。

用心陪伴

这几天带着孩子爱人回老家鄢陵二郎庙与父母团聚，孩子们玩得很是尽兴，每天一大早就嚷着要婶婶用电车带他们去街上玩，往往玩一圈还不够，还要玩第二圈，真是没有玩腻的时候，那种兴奋劲儿就甭提了。因为急于出去玩，儿子有时还会爬上电动车自己开动车子，的确是做了几次冒险的事。总之，孩子是顽皮的，爬低上高，嬉戏哭闹，他们的到来也为老家增添了许多生机，老母亲、老父亲看到如此场景，也是乐在嘴上，甜在心里，还说着“越是调皮，闹得越欢，越是聪明”。反正我是感觉孩子闹腾得很，也深刻认识到了带孩子的不易，这可比做工作难多了，这时我才真正体验到了爱人带孩子的不容易。在与孩子斗智斗勇间，自己也学到了很多。带孩子不是一件简单的事，它需要你付出全身心的努力，稍有不慎，就会点燃“炸药”，令人措手不及。这不仅是拼智力、拼耐心、拼精力，更是拼体力、拼时间。和孩子们在一起就不能计较时间，不能认为是耽误时间，不能认为这不是正事。陪伴孩子才是正事，我们要把它当作是天大的事，这样才能保持专注力，才能有耐心和坚持力。我原来总感觉带孩子不是男人的事儿，每天总是把工作带到家里，这样带着工作进家门，既不能把工作做好，又不能把孩子看好，简直是一心难以二用。总体来讲，在家就应该有在家的样子，要把孩子当作是自己的玩伴，当作是自己的老师，因为孩子才是最纯真的，和孩子在一起，仿佛自己也回到了童年，能够重新去认识自己。我们总是感觉自己无所不能，认为自己比孩子聪明得多，认为孩子是顽劣的，没有自己的思想，没有自己的目标和方向。实际上，那是我们大人自以为是了，孩子们有自己表达情感的方式，孩子们是不会作假的，一切都是最直接、最直白的表达。喜欢孩子的这份率真与直接、坦荡与真情，爱就是爱，恨就是恨，美就是美，丑就是丑，一切毫无障壁。孩子表面上看是顽劣无知的，是天真幼稚的，是没有任何辨别力和思维力可言的，但实际上这是一种错误的认知，现在的小孩子可真是不得了，从小就见多识广，学这个学那个，涉猎广泛，甚至还会给你讲一些大道理，并且讲得合情合理、条理分明、绘声绘色、形象生动。自己虽是忍俊不禁，但还是要认真聆听，不能错过精彩的部分，也不能辜负孩子这股认真劲儿。他讲得有板有眼，你听得如痴如醉。现在的孩子都有自己的思想，千万不能把他们当小孩子看待，要能够和他们平等相处，并加以科学的引导。这也要求我们这些做父母的，要不断丰富自己的育儿知识，提升自己的育儿素养，并且要在日常生活中严格要求自己，真正成为孩子的好老师、好榜样，成为孩子们的骄傲，成为一个称职的父母。要想培养出一个好孩子，首先要成为一个好父母。父母是孩子的第一任老师，从这个角度来讲，自己还有很多地方做得不够好，比如说没有耐心，对于孩子的哭闹有时会束手无策，不知道如何是好，面对孩子情绪的变化，自己不能做到耐心地分析、科学地引导，反而会变得心烦意乱，情急之时就会简单粗暴地处理，甚至打他几下，对于调皮的儿子来讲，有时是狠了点，对于自己的女儿，可真是不敢用此下策。孩子总归还是孩子，嬉笑哭闹都是正常之事，但我们还是要讲方法、讲技巧，要学会分析孩子的心理，做孩子的知心朋友。虽是这样说，但人处于某些特定的环境和状态之下，就会难以控制自己的情绪，无法平抑自己的内心，往往容易被情绪所左右，一股恶气涌上来，人也就不是自己了。孩子是大人形象的投射，孩子的性格和父母的影响有关。某种程度来讲，孩子的表现正是父母的表现，父母有什么样的性格和行为趋向，孩子就会有什么样的性格和行为，因为孩子正如一张白纸，在用他所接触的、看到的、学到的一切来描摹，并且不是一时的表现，而是长期的熏习和感染所形成的。那是一种行为的投影，也是自然的显现，那是长期的外在影响和孩子本身的天性充分结合的产物。所以，对孩子的教育和引导是长期的工作，不要指望通过一次性的教育就能让他一直正向发展，这是不可能的，只是大人们的一厢情愿而已，这种方式有时反而会起到反作用，让孩子产生逆反心理，让孩子压力无限，阻碍了天性，扭曲了心灵，伤害了感情，让孩子与父母之间出现一道无法逾越的屏障。那样就悔之晚矣，因为心灵形成了沟通的障壁，没有了畅通的沟通渠道，孩子把父母视作了外人，甚至是敌人。那样的教育是非常失败的，是没有任何成效的。所以，要了解孩子，要与孩子为友，真正了解孩子的内心世界，懂得孩子的心理，学会引导，学会教育，学会用自己的形象来影响孩子，做孩子真正的朋友，做孩子一生的老师。

把握自己

不要执着于固我，不要机械式地做事。一切都处于变化之中，要在变化之中找到真我。不要奢望世界会按照自己的意图转变，要让自己生活在每一段精彩的故事里，获得最真实、最美好的感受。要了悟生活之美，感召善德与美好来到自己身边，让生命在一个个奇迹之中得以升华，绽放出耀眼的光彩。生活或许是平淡无奇的，甚至还会有很多的痛苦和遗憾，但正因如此，我们才能够深刻感知到美好与幸福的珍贵，才能感知到平和自心、拥有福乐的美好与意义。要在平凡的生活中去发现美，就像是在沙石之中去淘金一样，也像是在沟壑泥泞之中去挖出宝藏一般。不要小看日常的生活，它能够给我们带来一生中最珍贵的东西。生活就是涵养我们精神和意志的田地。要善于激发我们内心之中最为珍贵的部分，把创造和善良充分地展现出来，把人生之光华展现出来，去赢得生命中至真至美的盛景。

自己总是想把一切事情做得尽善尽美，想让一切事物变得完美无缺，总是希望一切事情顺风顺水，害怕遇到问题和变故，对自己总是感到不满意，用一种负疚之心去面对自己，有一种患得患失之心在干扰自己的心绪，令自己痛苦不已，那种焦躁不安的情绪把自己的内心搅成了一团乱麻。这是自己需要去克服的心理障碍。其实生活并不完美，完美只存在于自己的想象之中。生活并非单一的，一切都在变化之中，人在世事之中也只是一个顺应者、迎合者、改变者，在顺应的前提下去改变、去创造。要遵循自然的变化规律，要以变制变，以变迎变。人存在于变化的世界之中，就要以改变求生存，以改变求发展，在改变中去发现新的自己，在改变中去不断充实自己，在改变中去拓展自己的生命空间，在改变中去拥有自己的福乐自在。有时我们会陷入一种僵化的工作、生活状态，认为工作就应该到宽敞明亮的办公室去做，就应该正襟危坐、思维清明，在这样的状态下我们才能工作，好像其他形式的工作是不对的，没有了工作的仪式感，就好像不是工作一样。仔细想来，我们有几样工作是在办公室里处理的呢？因为有诸多的繁杂事务，自己整日奔波在不同的城市之间，每天的计划都安排得满满的，所以真正在办公室工作的机会并不多，很多时候都是在宾馆、在车上，在生活的间隙去努力、去提升、去总结，这就是生活的常态。如果只是片面地去追求所谓的“正式”的场所和形式，那工作与学习就都没法进行了。所以，还是要遵循规律，顺应变化，科学地运用时间，做到及时地学习，及时地提升。不要拘泥于工作、学习的形式，要抓住每一段碎片化的时间，及时地学习和总结。不要把某一项工作看得那么高高在上，非得讲究工作的形式，那是一种错误的理解，是不符合我们生活现实的。要在向上与创新的过程中去找到真正的自己，如若我们迷失了自己，就会变得惴惴不安、内心失落，找不到方向，看不到光明，感觉一切都是灰暗的，好像自己被全世界抛弃了一般，只能独自在角落里哀泣，没有了亲人的呵护，没有了朋友的支持，没有了老师的鼓励，没有了自我的信心，那样的生活是非常难熬的。究其根源，还是没能找准自我。总是在忙碌之中自我感觉良好，以为自己是无所不能的，好像自己是神一般的存在，其实自己就是一个普通人，没有什么奇特之处，自己所拥有的一切其实都是虚幻不实的，这些所谓的存在转瞬即逝，不可能永远属于自己。一切都只是暂时的存在，并不是永恒不变的。我们不要把这暂时的、不实的存在当作是永远的拥有，那样想就太过愚蠢了。要清醒地认知自己和他人，时刻做到自省自悟，保持一颗光明之心，做一个遵循自心之人，做一个真正自由之人。

幸福之境

前几日在西安感受最深的就是西安幸福林带的建设之美令人惊讶，同时也为西安市政府的魄力而赞叹。幸福林带即是在政府主导之下，把长约十几公里的厂区和老旧住宅全面拆除、搬迁，腾出空地来，在地上建设街区公园，地下开设商业店铺。一树一景，一店一貌，精心设计，科学施工，原本破旧不堪的旧厂区、旧住宅区转眼之间变成了市民休闲锻炼的绿地公园；同时充分利用地下空间，深挖其商业价值，不但满足了市民的购物需求，还充分地提高了其商业利用率，真是一举多得之事，实在是利国利民之举。听说在建设幸福林带之时，也充分引入了招商投资建设模式，把政府投资与社会资本充分融合，创造出一种新型城建模式。将来，自己还要深入地学习了解，不断提升自己的认知，丰富自己的知识，增长自己的见识。每天早上走在绿树成荫、现代建筑设施完备的幸福林带，的确会给人一种清新宜人、舒适无比之感，不免也让自己发出无限的感慨：是呀，一个地方政府能否真正为老百姓干实事、干好事，就充分体现在其行为上，为西安市政府点赞！很多事情皆是如此，一定要心中有事，用心做事。只要是为民谋福的好事，就要排除万难，努力去做。因为它能够给他人带来长久之福，能够真正惠及子孙，并惠及千秋。这样的事还是要多干些，这也是给自己积功累德。一个人活在世上，就要做一些令自己备感自豪之事，让自己的人生精彩不断。这种能够为他人考虑、乐于帮助他人之心，才是真正的善德之心。前一段时间，感觉自己有些放逸，做什么事都提不起精神来，不知道怎样才能让自己兴奋起来，让自己能够去做出一些有益身心之事。对于写作也是三天打鱼两天晒网，没有了坚持力，不像原来每天都能够坚持写作，每天都会有自己的收获，都有对于身心的调养。对于自己所上的任何课程也都变得心不在焉，不能够凝神聚气、全神贯注，没有了原来的那种激情。早上起来也总是慢吞吞的，消磨了不少时光。仔细想来，的确是罪过罪过，自己还是要学会努力调整自己，把自己的状态调整到从前那般。要认清生命的实质，那就是要有所创新、有所发展，要对生命与时光负责，能够在有限的生命里做出不一样的事业来，能够为他人与自己做出应有的贡献，让生命发光，让人生充满福乐，让人生的价值放大。可能我们做不到十全十美，可能我们还有这样或那样的不好习气，还有这样或那样的奢望，还有很多自己也备感差异之处，但只要自己有信心、有担当、有要求、有管理，就一定能够让自在与圆满回归，让美好和福乐呈现。要注重自己内心的健康与培养，让人生在内心的正确引导下走向征途。人总是要做些事情的，关键是看做什么样的事情，是去做那些自私自利之事，还是做无私利他之事；是去做那些低劣狭隘之事，还是做那些高尚付出之事。我们所有的行为都在充分地印证着自己的内心，也在锻造着自己的人生。虽然我们不可能让自己那么高大上，但也不要让自己“低小下”，要能够透过生活的方方面面去发现其中的最大价值与意义。我们都想要去做一些轰轰烈烈的事情，但我们人生的大部分时间都花费在了日常生活的细枝末节上，都在为自己的生活而努力打拼。尽管说这些生活的琐事看似平凡无奇，表面上没有什么有益之处，但这就是最真实的人生。每个人都无法逃避平凡，我们皆是在平凡之中去创造人生的不平凡，在简单之中去创造人生的不简单。很多时候不是看你有什么了不起的成就，而是看你如何去科学规划自己的人生，如何去管理自己的内心，如何去调整自己的人生轨迹。这才是我们应该努力去做的，除此之外，别无他途。我们总是要跟自己的内心去打交道，总是要让自己去接受自己，总是要在人生道路上找到内心的指引。有了心的指引，人生之途就会光明无限。生活中，我们总是抱怨自己没有这个、没有那个，总是有很多的愿望没有实现，总是羡慕于别人的拥有，总是在外在的感官享乐之中忘乎所以，总是在外在的虚华之中失去本心。这都是很危险的，也是很痛苦的。那份求而不得、贪慕虚华之心能够把人烧灼得痛苦异常，让人迷失了自我，没有了人生方向的指引，没有了善美之心的培养，人也就变得不是自己了。还是要静下心来，把自己置于空无清净之中，听一听自己内心最真实的声音，让自己平静下来，打理好自己的生活，努力去找到寄托内心、安放内心之所，让人生变得充盈而丰满，让生活变得自在无比。

改造自心

接受自己非常重要，学会接受自己的不完美，接受它、包容它才是正途。因为我们没有理由丢弃它，它才是我们最真诚的展现，也是自己永恒的存在。我们要真正认知自己，就要全面地理解自心，要从其中不完美之处去发现好的方向，找到自己内心之中最真实的一面。那种错误的或是不圆满的一面，才是自己应该高度重视的，才是能够让自己不断成长的根基。好的方面是已经具备的，不好的方面才是自己进步的关键，唯有改变它，才能让自己真正成长。我们所看到的一切皆是生命之中的必然显现，皆是长期因缘的积累所致，是迟早会出现的。要把这些当作是自己成长的助力，让自己以此为契机，不断成长、成熟起来。即便是不完美的呈现，也千万不要排斥它，要从中去发现生命的真谛，要认识到内心的冲动与丰饶才是自己所需要的，那是一种渴望，是生命中不可或缺的东西，也是自己存在的理由。我们都是有灵性的，都是在错误和混沌之中不断走向正确与清晰，从不足与残缺之中去获得成长的养分。不要害怕将自己内心中的黑暗面暴露出来，要知晓这也是自己真实的一部分，能够勇敢面对它也是一种能力，能够坦然接纳它也是一种胆魄。自己最需要的东西都在这里面，那种对于神秘事物的理解和对人生的客观对待，才是自己最应该去做的。我们或许会感到迷茫，对于某些事物会沉溺其中，有一种难以自拔之感，无法逾越自己心中的那道坎，好像自己永远走不出自己，看不到光明，看不到希望。这样的心态是有问题的，这种错误的认知是对自心的伤害，是对自我的舍弃。越是难以自拔、深陷其中，越是说明自己改变的时刻就要来临了，看清自己的高光时刻就要到来了。我们每天都在做着自认为重要的事情，并且忙得不亦乐乎。其实，那些看似重要的东西对于自己的福乐并没有什么帮助，反而是那些看似不重要的东西，那些看似虚化的东西和那些细微的感动才是自己应该追求的。要追求精神的升华，为自身精神的丰饶而不懈努力。很多时候，是因为自己没能够真正参悟其理，不能够深谙其义，因而就有了放逸之心，让自己陷入一种自私自利、贪图享乐的怪圈之中不能自拔。这的确是内心痛苦之源。日积月累，自己内心的根基就会产生动摇，自己就会成了被自己遗弃的孤儿。这是相当难受的，是对自我无名的认知。还是要学会深入地思考，明白自己真正想要的是什么，自己的心到底在哪里，何处才是自己的归途，如何才能让自己坚强起来，如何才能把自己从欲望的牢笼里解放出来，如何才能拥有真正的自己……这些的确是我们需要回答却又难以回答的问题。一个人如果真是被困于此，那他就会痛苦万分，就不能够找到真正的快乐，就无从知晓生命的真正意义。所以，还是要重新调整自己，树立正确的世界观和人生观，不断地培养自心，让它更有力量，让它毫无怨怼，让它轻松丰满，让它活力无限，让它能够成为引领生命的航标。我们要重新认识自己，重新塑造自己，把自己从欲望的泥潭中解救出来，洗去内心的泥污，让它清新亮丽，能够把人间之美发挥得淋漓尽致，让生活充满希望与美好。

自我力量

很多时候，自己不知道自己在做什么，不知道前方的道路还有多远，不知道如何去应对生活中的方方面面。想把一切事情都做好，但又不可能把诸事做圆满，这样内心就会感到焦虑不已、纠结万分，不知道怎样才能找到自己的本心，不知道如何才能发现最真实的自己。现实有时的确是矛盾的，是无序的，是有很大的冲突的。自己总是想在这些矛盾和冲突之中去找到平衡，力求达到一种诸事皆顺、万事皆安的结果。但往往越是这样想就越是纠缠不清，不知道如何是好。日久天长，就会有了患得患失之感。很多时候，我们不敢面对现实，不敢把自己最真实的一面袒露出来，总是想隐藏些什么，害怕别人看到最真实的自己。但越是这样想，内心就越是矛盾，就越是没有了根基，就像是站在十字路口，有人说要往东走，有人说要往西去，自己不知道如何是好，不知道哪边才是正途，不知道如何才能够抵达自己的目的地。越是发现诸多的矛盾点，自己就越是感到惊慌失措，内心没有了底气，也就没有了勇气，没有了前行的动力，就会在狭小的空间里进行自我掂量，掂量来掂量去，就是难下结论。这的确是性格之中的弱点，如果把这个弱点放大，就成了自己最大的失误。就拿在郑州的这些日子来说吧，因为天气燥热，自己也是黑白颠倒，晚上不睡，白天难起。虽然勉强能够起身，但也是晕晕乎乎，以至于工作和学习的效率都有了明显的下降。这也给自己带来了不小的困扰，的确是自己最大的损失。生活本身就是一个反复琢磨的过程，是一个逐渐调整的过程。不要把生活看作是一块洁白无瑕的白布，它会随着时光的推移而不断变化，变得丰富多彩。生活就是一个不断变化的过程，我们要在这个过程中不断充实自我，去收获人生的财富。人都是在世事的繁碌之中不断改变自己，在不断地探索之中去提升自己。尽管说人生有很多不可预知之处，但坚守和相信始终是我们应该遵循的行为准则。所谓坚守，就是不能放弃原来的理想，不能改变初衷，能够真正地与人为善、以心为念，能够从日常生活的小细节中去发现新知，能够不断地前行，而不会随意地放逸自我。这是生活对我们的要求，也是生命的光辉之处。要相信，有这么多的朋友在支持和鼓励着自己，我们不可能打理不好自己的生活。自信是成功的保障，也是幸福的前提。处事待物皆要保持自信，有了自信就有了进步的可能，就有了成就自我的基础。人生在世，自己才是自己真正的依靠，如果连自己都不相信、不认同自己，那么又如何让别人去相信你呢？没有了自信，一个人就会变得灰心丧气、哀叹连连，就无法发挥出其自身的潜能，就难以施展出他所具备的能力和天赋，他就会失去了成长和发展的空间，失去了前行的力量，也就没有了成功的可能。你看，没有信心是多么可怕呀！有了信心和希望，一个人就会焕发出无穷的力量，就会拥有战胜一切困难的勇气，就能够冲破重重阻碍，做出令自己也备感惊讶的事情来，就会对自己有了一个更高的认知，这样日积月累，就会让自己变成一个具备多种能力之人，就能够创造出自己的光明未来。自信的人生永远是光明无限的。所以，千万不能打击自己的自信心，要学会不断鼓励自己。每个人都需要鼓励和表扬，它是一个催化剂，能够让我们重新认识自己，重新认可自己。生活就是一个不断认识自我的过程，是一个不断培养自我的过程。暂时的问题、困难、痛苦不算什么，唯有不断地挖掘自己的潜能，不断地了解自己、规划自己、鼓励自己、包容自己、关爱自己，我们才能真正站起来，才能重新审视自己和他人，才能找到属于自己的天地，才能拥有他人难以拥有的东西，才能活出属于自己的精彩来。现实之中，我们刚开始去做一件事情时，往往会感觉异常困难，没有力量，没有方向，没有目标，没有结果；但如果你能充分地相信自己，充分地培养自己，充分地引领自己，你就一定能够实现既定的目标，收获人生的甜美果实，拥有人生美好的一切。

尊重自己

近些天来在郑州，工作生活安排得还是较为丰富，特别是注重了自己的身体锻炼，能够每天坚持瑜伽练习，让自己僵硬的身体得以调节，这的确是一件非常令自己欣喜的事情。一直以来，自己也是积习难改，每天都在伏案工作，甚至有时懒得下楼，要么在办公室，要么窝在家里，总之，越不动，越是懒得动。这样日久天长，的确是会出现毛病的，会让自己腰酸背痛，头昏脑涨、腿脚麻木。虽然自己也意识到了此点，但还是不能够真正重视起来，说归说，想归想，做归做，人一旦陷入某种习惯的怪圈，就很难挣脱出来。的确，身体是会对心理造成较大的影响。往往内心走不出自己所设定的圈子，那么思维也会受很大的限制。一个人只有充分地了解此点，才能够真正有所改变。在现实之中，自己什么都想做，并且还想把它做得很好，所以，那种好胜之心就会让自己很拼，认为所有事情自己都能摆平，认为所有事情今日都会很是圆满。那种追求圆满之心始终充斥在自己的内心之中，虽是能够做出些事情，能够让内心得到一时的满足，但那不能长久，内心一直都绷着这根弦，就害怕这根弦断了怎么办，那自己也就完全不能成就自己了。我始终感觉像自己这样追求完美之人不在少数，有很多很多的人都是因为如此而让自己负累较重，不知道如何才能得到解脱，不知道怎样才能让自己的内心安然平和。越是追求完美之人，越是内心负累很重，越是内心较为脆弱，容不得一点不完美。哪怕是自己有一点不足，就会产生极大的失落之感，就会哀叹连连，就会让自己的内心变得越来越脆弱，就会把自己逼上了绝路。这是相当可怕的。正是因为对自己要求太过于苛刻，认为自己必须在多个方面都做得很圆满、很成功，不允许自己的思想和行为有任何跑偏的地方，这样内心就会在无形之中产生一股抵抗之气，自己与自己就会争斗起来，自己对自己就会越发有意见，就会越来越不满足于眼前，就会有极度不满的情绪出现。如若不能因势利导，就会使自己的情绪崩盘，让自己陷入一种两难的境地之中。现实中自己要求自己必须得什么事都做好，内心中就产生了一种极其恐慌和压抑之感，就会产生内在的诸多矛盾与争斗，这就是目前所存在的问题。自己也试图开导自己，一定要有科学的安排，不能说自己什么都要去追求所谓的完美，现实社会中是不存在完美的，如果用完美去要求自己，那么自己就会变得真的不完美了。还是要放下执念，活出一个真正的自己，能够客观地看待自己，能够去接纳自己的不完美，能够不断地理解现实生活，能够理解现实中的人与事。这个世界是由不完美所组成的，每件事、每个人都有其有利和不利的一面，都有其好的或不好的一面，我们只是看到了自己的不好的一面要多一些，认为自己这也没做到、那也没做到，自己真的不是一个成功者，自己存在很多的不足和错误。这种对于内心的不满与自责就会促使自己的内心备感压抑，就会让自己看到的永远是自己的黑暗面，看不到自己的可贵和光明之处。内心其实是非常脆弱、无助的，没有所谓的正能量，自己只会给自己泄气，而不是给自己勇气，那种自卑、失望、失落、忧愤之心就会全面展现出来，把自己变得面目全非。这样心理就会有了极大的落差，就会负担不起来整个社会的压力，就会变得异常脆弱不堪。这就是追求完美之心给人所带来的危害。因此，自己一定要改变，要真正把内心的平和之境建立起来，学会全面、客观、公正地看待人事物，唯有如此，才能够真正面对自己、评价自己。要在现实之中去锻炼心志，学会理解自己、包容自己、欣赏自己、感恩自己，要把自己当作是自己的榜样，当作是自己的恩人，当作是自己可以信赖和依靠之人，树立起自信心，对于每一次的收获和提升，要奖励自己、鼓励自己。学会用另外一种眼光来看待自己，理解自己其实不是自己，自己是另一个人，自己对理想中的自己有客观的认知，向自己学习，成为自己追赶的对象。自己永远是自己内心中的一座丰碑，是自己学习的榜样，理解自己，向自己学习，是自己生活幸福的所在。

光明再现

自己有很多不能释怀之处，那就是自己所设定的目标没能如期地完成，没有能遂了自己的心志。这也让自己很是纠结，明明设定的目标已经很清晰了，为什么自己还是久拖未决，总是以这样或那样的理由去搪塞，推来推去，既没有完成目标任务，又给自己增添了无限的烦恼，真是何苦来哉！我是非常愿意给自己设立目标之人，好像是认为人就应该活在目标里，没有目标之人就如同走在暗夜之中，不知道怎样才能找到正途，不知道怎样才能走出黑暗、走向光明，唯有走到哪儿算哪儿，达到一个什么样的结果只有老天爷知道。这就完全是躺平的状态，我绝不允许这样的状态发生在自己身上。有时还表现得傲慢不已，认为目标不目标好像也没有什么，既然是目标，那就不一定能够完成什么壮士伟业，如若是这样一种心态，那还是什么目标哇，也就完全没有了自己的主张，总是那么莽撞。人如果到了这种地步，也就无所谓人了，也就完全不可能去创造所谓神奇。很多时候，神奇伟业是需要我们付出全身心的努力的，是需要我们有所牺牲的，甚至家人也要跟着“闹饥荒”。这就是没有目标的重大影响。所以，还是要学会好好地规划自己，真正做到守信、守诚，真心付出，以苦为乐，以失为得，能够把那些所谓的自我的东西舍弃掉，将之视为恶的象征；要不断地跟自己的懒惰、消极、推脱、痛苦、恼怒做斗争，彻底去除那些虚妄之物，让内心真正清明起来。这些大道理每个人都懂，关键还是要看你如何去处理那些现实中的问题，如何去克服现实中的困难，如何去体谅和包容别人，如何在生活里提升和修炼自己，让自心冲破迷雾，再现光明。所以，目标还是要有的，万一实现了呢？所有的成就完全在于心志，在于对性灵的滋养。

安驻自心

现在的状态很好，能够在早上四点多起来，整理一下内务，穿戴好衣物，一切准备就绪，打开台灯，写一段文字，把自己对清晨的感悟写出来，那是一件非常美妙的事情。很长一段时间没能够安然静守于桌前，与自己的内心对话；很长时间总是有睡不完的觉，总是在睡意蒙眬、浑浑噩噩的状态下，没有了原有的精气神，有的是精力的耗散，抓不住自我清晰的影子，不能够让心情豁然开朗，没有那种无碍无扰的精神状态，那是一种至真至美的状态，是人最大的享乐时刻。好长时间不能够让身心放松下来，每天都在得失荣辱中纠结不已，都是在自爱和爱他中循环不已，永远摆脱不掉。那是与生俱来的东西，你越是想要舍弃它，就越是贪妄，越是没有了定力，就会有一种莫大的无力之感。人生就是在这些矛盾纠葛中循环不已，不知归期。对于好的东西，我们不知道应该如何去珍惜；对于坏的东西，我们不知道应该如何去舍弃。那种无着与焦虑让自己也是无法安守于当下，总是有飞翔的愿景，但却总是被现实所阻隔，弄得自己是里外不是、动静难知，在纠葛与忧虑之中挣扎不已。仔细想来，很多事情是大可不必的，不需要总是装出一副济世救人的态度，好像给予别人的是多少，我们得到的是多少，这种无谓的比较让自己也很是无奈，好像什么都是一种权衡与比较，什么都是现实之中对于自己的定位。其实那种所谓的比较和忧虑，只是对于自己和外界的一种错误信号而已。要清晰地认知和接受现实的存在，学会放下身段，踏踏实实地去做些自己应该去做的事情，那就是安守与自乐、感恩与清净。在这个世界上，要找到令自己满意之所，找到快乐的心境和向上的勇气。学会安抚身心是一种能力，是对自我内心的修复，是一种新的生活情趣与境界。

勇于探索

不断地探索新知，在未知的领域不断前行，让自己的人生更加丰富，这样我们才能够让人生永远保持旺盛的活力，才能够引领自己走向更高的境界。很多时候，我们不敢往前跨越的主要原因就是害怕，害怕失败后的丢人现眼，害怕自己遭受损失。正是因为这种“怕”，让我们失去了很多的朋友和机会。这是我们应该引以为戒的。对于很多新事物，我们都应该敢于尝试、敢于探索，不怕失败、不怕竞争，要有一股不服输的劲头，哪怕遇到千难万阻，也不能轻言放弃。有了这种劲头，我们才能真正认识自己，才能真正成为自己的主人，才能成为改变世界的主宰者，也是自己命运的主宰者。我们不能过于自信，也不能过于自卑，坚持这些最基本的原则，我们才能够行稳而致远。一个人要学会不断探索，不能让自己停留在已有的认知里，在自己所设定的小圈子里活动，要敢于跳出这一怪圈，把自己融入大圈子里，唯有接触得多了，见得也多了，我们才能做出正确而客观的判断，才能拥有自己崭新的天地。话虽这样说，但真要在现实中做到勇于尝试还是不容易的，因为现实中我们还有很多的畏惧，需要考虑的问题太多了，现实的阻碍也太多了。越是这样想，我们就越是畏首畏尾，不敢去尝试，不敢去超越，就没有了胆量与气魄。尤其是当我们受到一定的压力和冲击之后，就会产生一种挫败感，就不敢再“越雷池半步”，长此以往，就会给自己带来极为消极的影响，就会让自己不敢再为事业而冒险，缺少了某种冒险精神，就很难闯出一番新天地。所以，还是要放下对于新生事物的恐惧，放手一搏，相信我们一定能够取得不一样的结果，达到不一样的成效，收获不一样的业绩。为了事业，为了明天，为了生活的丰富和美好，放手一搏吧，你的人生将从此改观。

生活标准

不能对自己没有要求，还是要有标准的。标准是什么？标准就是你对自己这一天的期望与规划。如果没有标准，就会随风而动，来也罢，不来也罢，那样就会随波逐流，就没有了希望。希望长在自己的心里，它就像一棵小小的幼草，在向上向善的泉水的浇灌之下，能够茁壮成长，能够迎风傲雪，不断成长，最终长大成人，成为一个对社会、对他人有价值、有意义之人。很多时候自己会不由自主地产生放逸之心，好像是这么紧紧张张干什么，还不如随心而为，想做什么就做什么，没有那么多的禁锢和限制，这样放松不疲累，才是真正地享受生活。这种想法不无道理，但在实际生活之中，一个人如果没有目标，没有可以为之而奋斗的理想，也就没有了人生的乐趣。长时间的嬉戏玩乐，就会让人变得无聊，感觉这一切也没有想象中那么快乐，反而增加了一些苦恼，增加了很多的不安全感，那种惶惶莫名之感就会涌现出来。那不是自己想要的生活，那是无聊的，是没有什么实质意义的。我们要做有意义之事，做那些能让我们从精神上得到莫大慰藉之事，做那些能够传播久远之事。对于人生价值的理解和创造是一个人终其一生所要做的事情，自己能够从做事之中去得到感悟与收获，去创造更多的价值。哪怕是这条路走得很艰难，充满了荆棘坎坷，有时还会有电闪雷鸣、疾风骤雨、严寒酷暑，但无论如何，我们在走一条希望之路、成就之路，这条路是康庄大道，是通往成功与幸福的必由之路。这些天来，一直在跟自己的懒惰与放逸做斗争。很多时候，人会有逃避和推脱之意，有一种所谓的趋利避害、趋轻避繁之心，总是想把自己置于轻松愉悦的氛围之中，好像唯有这样才会有好的结果，才会让自己很舒适。殊不知，越是这样，自己就越是不成熟，就很难找到成就圆满之所。因为很多的福乐都是经过长期积累得来的，是历经艰难和痛苦而获得的。正是体验了整个过程，才会倍加珍惜现在拥有的一切，才会对自己的生活有更多的认知，才会明了什么是人生。

了知不同

一天的工作和学习排得满满的，感觉很是充实，无暇去做些无聊的事情，从早上五点起床一直到晚上九点结束，好像每一刻都在思考和学习之中，现实中有很多自己要去学习的东西，如英语学习、瑜伽训练、健康训练、音乐学习、MBA、DBA课程等等，那些课程的多样性也让自己整日无法偷懒，总感觉到学习的状态还是很好的，它的确能够锻炼我们的专注力，能够锻炼自己的意志力，能够在学习之中去感知很多自己从来没有涉及的方面，的确是又新鲜又好奇，又乐趣无穷，仿佛真的又回到了学生时代一样。我们需要找到曾经的自己，需要在过程之中找到现在的自己，需要让自己屏气凝神，需要有一种激发和跟进，让自己置于新的天地之中，去实现未了的心愿，人心也是非常奇特的，它需要有不断的指引，能够让自己发现那些自己未知的领域。我们需要打开自己的心胸，只有心胸打开，我们才能吸取新鲜的空气，才能激发生命的原动力。

早上起来晨读是一件非常不错的事，能够激发自己的力量，让自己重新感知不一样的语言、文化、生活习惯，只有通过这些不同的渠道的了知，才能让生活别有洞天，感知到别的国家的人还有这样与己不同的地方，还有令人备感惊讶的地方。我们无法简单地评判某件事的优劣，无法去预知它能够给自己带来什么。就从自己从未涉足的领域来讲，那的确已经是胜利了，思想的境界又进一步得到了提升。我们需要面对现实中的生活，需要做出一些改变，让自己能够呼吸到不同的气息，感知到不同的场景，接触到不同的人事物，这样自己就不会受局限了，自己的眼界也就变宽了，不像原来那样爱钻牛角尖，爱用自我的眼光去看待别人，不要把自我的习惯和感受套用给别人，要允许有差异的存在，允许自己有一个改造自我的过程，允许自己站在更高处来看待这个世界。相信通过眼界的开阔、心量的拓展、生活的丰富，人生就会完全变了模样，就会有大大的不同。

坚持自我

人的收获在于坚持，在于能够永不放弃。很多时候，正是我们耐性不足，才丧失了诸多的机会，看着成功与自己失之交臂，一个人后悔不已，这可怎么办，我又将如何去应对？毕竟在现实之中成功是很难的，它需要我们付出长期的心血与汗水。努力了不一定成功，但如果不努力，那连成功的影子都摸不到。就像是水滴石穿一样，谁都没有想到小小的水滴能把坚硬的顽石穿透，这是什么功力？其实都是非常简单的，那就是能够认准目标，长期坚持不懈，永远只做一件事，做这件事就不要停止。如若我们工作能用如此“功力”，无论什么样的工作在我们眼里都不算什么，都能够做出卓越的业绩来。在现实的生活之中，我们往往抱怨自己生不逢时，好像机会都被别人占去了，自己没有了任何的机会与优势，其实这都是自己的想象而已。任何时候，任何人都会有机会和出路，在人生这一过程之中，没有绝对过不去的时候，只要你相信，只要你坚持，一切的机会都会等着你，一切荣耀、轻松和安乐都会等着你，你也不用客气，这些都是你的，这是你劳动的结晶，是你信心和坚持的果实，你是配拥有这些的。有时候，我们的思维往往停留在自卑和惶恐的状态之下，不敢正视问题，不敢正视自己，总是看到那些不足之处，对于自己所拥有的、别人无法相比的地方却熟视无睹，把眼睛向外，只盯着别人有什么、自己没有什么，而不是看到自己所拥有的，看到自己在这个社会上立足的能力和付出，以切身的体验去感受人生的幸福。每天都带着一颗感恩之心去面对所有的人事物，同时要深深地感谢自己。所有引导自己的老师皆是自己的恩人，皆是自己最尊敬之人，唯有在感恩之心的指引下，才能够充分地认识到所有成就的取得离不开自己的努力，自己不断地在调适自己，在鼓励自己、培养自己、支撑自己，因为能够与自己长期相伴的唯有自己，所以，所有成就的根源还是自己，从今天开始，相信自己、拥抱自己吧，自己才是自己最大的救赎。

感念母恩

今日是老母亲的生日，为此我也于昨日赶回了鄢陵老家。郑州虽离鄢陵不远，但由于近期在郑州参加学习，未能及时赶回鄢陵与老人们聚在一起，自己感到无比地纠结和不安，内心也是对自己较为不满，因为没能够真正做到孝养双亲。老母亲信佛，自己原本打算请一尊佛像，老人家肯定会非常高兴，但由于种种原因未能顺遂心愿，自己也感到很是愧疚，决心一定要满足老人家的心愿。老人们总是对儿女非常包容，知道我们整日忙于事业，东奔西跑，很不容易，认为回不回来给她过生日都可以，尤其是在疫情不稳定的情况下，老母亲也是反复叮嘱我。虽说如此，自己无论如何也要回去参加她的生日庆典，给老母亲过一个非常隆重而又热烈的生日，这是做儿女的心愿，也是一次敬老爱老的充分表达，同时也是对晚辈的教育和引导。无论何时何地，孝顺均是我们所遵循的行为准则，离开了这一点，其他都无从谈起。

本次生日庆典，弟弟红岗早早地将午宴酒店定好，并做好了其他一切准备工作，弟媳也是别出心裁地做成了“钱花篮”，预示着老母亲健康长寿、富贵吉祥，老母亲笑得合不拢嘴，姨、大爷、二爷、老父亲几位长辈也是欣喜无比，十几个晚辈们轮流给老人祝福，大家一起唱生日快乐歌，老母亲吹蜡烛许愿也很是激动。看到此景，自己也是非常高兴。是呀，生日宴不仅仅是一个过场，它更是传递真情的大课堂，是一次亲情展现的大舞台。能够在这个特殊的日子里让老人开心快乐，感受到大家对她的敬爱，那自然也会让她更加欣喜，能够更有利于她的健康。所以，生日庆典还是必不可少的。它的意义是非常重大的。平日里我们往往不善于表达，没有机会真正表露我们的敬爱、感恩之心，这的确是一个缺点。以后我们要更多地利用每一次表达情感的机会，向我们的长辈表达自己的尊敬之心，感恩永在心中。

生命之根

我们总是说没有时间，其实“没时间”是个伪命题，只要你真心想去做某件事，总是能抽出时间的，关键就在于你想不想做。现实生活中，我们总会感到疲累，好像是被重重压力包围着，想要冲破重围，去找到挥洒自如的新天地，去尽情地展现自我的能力。面对自己未知的东西，我总是怀着一种向往甚至羡慕之情，希望自己平凡无奇的生活中能够泛起涟漪，为枯燥的生活增添无限的情趣。这是自我的一种想象，也是内心的愿望。但如果回归现实，那份无限的畅想就会被压抑下来，自己仿佛又回到了昨天，这样日复一日，就好像是约定俗成的一样，不可能改变，也没有任何的改变。长此以往，青春与生命就会在无谓的消耗之中损耗殆尽。这种损耗是没有任何价值的，日复一日，年复一年，青春与活力就再也回不来了，人生也就没有机会供自己潇洒了，这就是做人的悲壮之处。所以，改变自己就要从改变自己的作息时间开始，要从珍惜当下的每分每秒做起。生命是消耗不起的，消磨时间是对生命最大的浪费。如果我们能够把握好生命中的每一天，始终保持一种活力与进取的状态，保持一种年轻人的热情，那么我们也就不会衰老，就会永远活在活力之中，就能够充分地展现出生活的意义。每天的科学安排是非常重要的，从早上起床到上午的学习、工作，再到中午、下午的工作要求，都要安排到位，另外晚上也不能放松。自己有时会想，反正白天已经很辛苦了，晚上就应该去消遣放松一下。这种想法表面上看是没有问题的，但如果让自己放逸下来，那就真的无法控制了，就会一发而不可收，就没有了紧凑而有价值的生活，就会因熬夜而让自己睡眠不足，让自己一天都没有精神、没有方向、没有底气。这样的生活是自己不想要的，也是自己不允许的。一个人还是要保持高度的自律，这样人生才会更加轻松，就没有了杂乱之处，内心之根就会扎得更深。愿自己的人生之根越扎越牢，能够让生命之树常青。

认识自己（二）

每天晚上都想着学点什么、写点什么，但“瞌睡虫”总是找上门来，一写作就困意连连，反而去看抖音、快手时很是精神。从来没有想过如何去做出科学的改变，这是难以解决的问题，但如果不去解决，就会让自己浪费了很多的时间，虚度了很多的光阴。有时会陷入无比焦虑之中，让自己苦苦挣扎。看似是小事，实际上也是大事。不能够掌控自己，是一种软弱无力的表现，同时也是没能够科学管理自己的表现。在这个方面，自己还需要努力改进，真正成为一个有自控力、不放逸、能够掌控自己生活之人。现实之中，自己往往与自己较劲，想要不断在生活之中去提升和改变自己。生活是我们的老师，它能够客观地反映出自己的实际状态，能够真正表达出自己的喜怒哀乐。无论我们的生活是何种状态，都不能失去面对生活的真心与勇气。要做到真心接纳自己，把自己放在一个非常重要的位置上，能够看重自己，而不是贬低自己；能够安抚自己，而不是嫌弃自己；能够关爱自己，而不是遗弃自己。因为自己才是真正陪伴自己一生之人，自己才是自己最大的恩人。我们要关心自己、爱护自己，不能让自己受到伤害，不能因主观的判断而将自己置于危险之境，不能因肆意妄为而把自己置于矛盾之中。自己应该是清朗的、无碍的、净洁的、向上的，自己是健康的载体，是指引自己走向彼岸的航标与灯塔，是人间安乐的最终实现者。所以，要客观地认识自己，把自己看作是另一个人，把所有的经历与他分享，无论遇到任何问题都可以与他交流、探讨。学会与自己和平共处，站在客观的角度上与自己交往，能够真正了解自己、尊重自己、关心自己，这是与自己建立良好关系的前提，也是必不可少的沟通与交流。一个人能否获得成长与进步，关键就是要看他与自己的关系如何，看他能否与自己成为朋友。

积累成功

学会拆分，那样再艰巨的任务也就不艰巨了，再麻烦的事情也就不麻烦了。就拿写作来讲吧，有时候自己也想写成“大部头”“大别作”“大著作”，一战成名，文采飞扬，受人推崇，但越是有这样的思想就越是会走样，越是会紧张起来，内心一直想的是功利，想的是如何才能出名，如何才能成为一个“大家”。越是这样想，越是显得自己太过于浅薄，显得自己底气不足，显得自己功利心太强，也就写不出什么好玩意儿来，就越发感到与“大家”的差距。一个具有文采之人永远不会说自己太有文采，一个不追逐名利之人恰恰会在人心目中留下丰碑，一个能够脱离低级趣味、能够清晰认识自己、客观认识他人之人才是真正的智者。一个人只有将取舍与功利之心去除，用平和朴实之语去表达，才能够写出具有生命力和吸引力的作品。那样的作品才是真实的反映，是人心的真实写照。具有朴实性、客观性的作品，才能够赢得人心；写出这样的作品之人，才能够成为人生的赢家。

自己距离“大家”还很遥远，但坚持真实性写作是自己的追求。如果说自己还算是作家的话，那就是把真实性贯彻到底。真实是最能打动人心的，有了真实性的表达，就有了写作的原动力和底气，就有了提升自己性情的机会与勇气，就具备了提升自己思维的前提条件。另外，在做事风格上一定要简洁化，真正做到先易后难，循序渐进，不断提高，这样积少成多，能够给自己增添信心，为生活做出积累。这是一个飞速发展的时代，容不得我们再犹豫、再停滞了，想做的事情就要努力去做，尽心竭力，全力以赴，相信通过积累就能取得好结果，就能够有所成就。我们不知道自己的能力有多大，但如果我们能够相信自己，不断培养和提升自己的信心，把每天的积累当作是自己进步的阶梯，一步一个脚印地往前走，扎扎实实地做好每天的工作，这样日久天长，必有所成。

成功素质

我认为自己的探索之心还是较强的，遇到问题自己会用创新性思维去考虑问题、解决问题，能够使自己大脑运转起来，能够调动一切可以调动的力量来应对，从来没有说是遇到问题就轻言放弃，从此变得一蹶不振。这一点对于自己的发展和进步是非常重要的。世事难料，我们在一生之中往往会遇到这样或那样的问题，“九九八十一难”都要走一遭。在这个过程中，就看谁的意志力和坚韧性更强，看谁能够一往无前、不断进取，看谁富有抗压精神，能够不畏困难、直面困难，从困难之中“杀”出一条路来。谁能够战胜困难，谁就能够赢得事业的成功，实现人生的目标。也可以说，我们的一生就是不断抗争的一生，是充分发挥自我能力、不断超越自我的过程。衡量一个人能否成功，就要看他面对问题和困难时的表现。如果能够具备以上所讲的创造力、坚持力，能够乐观面对困难，那么这个人离成功和幸福也就不远了。现实生活中，我们往往看到了别人的成就，却忽略了他在面对困难和问题时的态度，没能够深入地了解他的内在力量，片面地认为他就是比自己好，就是能够成功，反观自己就是不行，自己就没有那种运气和聪明劲儿。实际上，这是极其错误的观点。成功之人必有其自身的特质，有其能够成功与收获的某种精神。这种精神与特质就是面对问题的态度，就是创造力和坚持力，就是能够从解决问题中获得乐趣。就拿下棋来说，不会下棋之人只是对于棋局表示悲观，不知道先下哪一步、后下哪一步，不知道怎样才能把下棋当作乐趣，当作是不断挑战自己、锻炼自己的方式，不能够从中发现一些规律，从而指引自己走向成功。这的确是现实之中很多人不能够成功的原因。还是要培养自己的心念，改变自己的思维，提升自己的心性，不断地在生活中磨砺自己、培养自己、成就自己。

心念力量

找到最有意义、最有价值的生活，人生的福乐即可显现。那什么是最有意义、最有价值的生活呢？那就是要有能够创造和付出的能力。创造性是一个人成就的标志，也是生命活力的象征。生命在于创造，在于能够从诸多的困境之中找到突破口，能够综合运用社会力量去做同一件非常有意义之事。的确，人之一生如若能把一件事做好，那就很了不起了。深入其中，认真研究和分析，你会发现其中的奥秘，会对自己产生重大的改变，你看事物和世界的眼光就不一样，你就像是换了个人一样，能够活出自己的价值与精彩来。所谓的付出能力，就是突破了人性中自私的弱点，能够把获取转变成为付出，并且是无私地付出，这尤其难得，它已经不是凡俗所能够笼罩得住的，它已是往神圣迈进了一步，成了一个能够关爱众生之“神”，这是一项伟大的改变，是人性伟大的充分体现，把人之性灵提升到了一个非常高的境界。

我们不可能左右世界，但我们可以左右我们自己。那种不能够左右自己的说法只是一种推迟和怀疑的心态作祟的结果，实质上是一种懒惰和悲观的思维，是在为自己不努力而找借口。不能给自己找借口，还是要正视自己的心念，所有的改变全在于心念，虽然心念在一刻不停地转换着，但是那种根植于内心的东西是永远不变的，那是我们人类之根，是自我得到安然和喜乐之源。所以，调整心念就是调整自己的人生，就是能够让自己不断成长的前提。好的心念能引来好的人生，好的心念能成就伟大的事业。在生命之中，我们要的就是自由和安乐，要的就是生活的富足与幸福，要的就是能够获得人间的敬爱安乐，能够让自己圆满自在。这一切都来自于良好的心念的建立。让积极、向上、善德、有为、乐观、英勇、包容充实于内心，让人生充满奇迹与希望，让自己永远享受快乐与自在。

生活之安

时间很赶，让自己早上也是手忙脚乱，也是因为昨日睡觉晚的原因，总是想让自己多睡一会儿，这样能让自己精神一点，能够把今日的事情做得更加完整。很多时候，自己是处于一种矛盾之中，既要做好这样又要做好那样，好像只有把这些事情都做好，才能让自己心安。可现实之中往往是顾此失彼的，是不能够十全十美的。正是因为有此完美之心，才让自己一直很是纠结，不知道怎样才能让自己平和下来，做自己真正的朋友。想要很好地调节自己，让自己能够随意而动、随己而安，这的确是很难做到的，它需要我们具备一定的修为，需要我们重新认识自己，做到无畏、乐观，能够看破事物的表象，参透人心的实质与内涵。

每天都生活在理性和冲动之间，既有其严谨客观的一面，又有其感性冲动的一面，内心的状态是较为复杂的，它时而是风平浪静、波澜不惊，时而是暴雨狂风、焦虑躁动，让人难以平和平静、安然处之。仔细想来，人生的过程就是在自己平凡的生活里去找到属于自己的感动，能够让自己满意、自在、乐观、包容，让自己时时能得到安慰与欣悦，让平凡的日子变得有趣而有意义，能够把自己保护得好好的，把身心调养得异常舒适，能够把不安定之心调养得异常安定，让自我的认知更加深刻，不会再为得不到而失落不已，不会在为自认为不符合身心的东西而烦扰，让理性重回高地，让快乐伴随身心，相信所有的显现皆是福报。

追寻美好

早晨唯一的美好时光留给自己，踏着晨露，望着朝阳慢慢升起，让人感觉能够早起是一件美好的事。我们往往会受困于自我，不能让自己轻松地面对，不能够让自己在重要的时候有突出的表现，浪费了很多的时光，这的确是很可惜的。每天都是一段不长不短的旅程，是我们梦想的起点，也是对自我真正的体验。我们不知道明天将会发生什么，但我们一定要把握好今天，因为今天才是最真实的存在，才是真正属于我们的。要认清生活的真谛，要发现自身所拥有的东西，让它闪耀出夺目的光彩，让自己能够以此为傲，并由此发现不一般的自己。很多时候，我们受困于自我的惯性思维，认为自己可以这样，不可以那样，可以去做什么，不可以去做什么，应该有什么，不应该有什么，自己给自己设置了一道门。这个门是自己无法逾越的，是就此安守，还是勇于突破，是尊重自己，还是违背自心，这些都在自己的一念之间，这即是所谓的一念之间定生死。所以，我们要对人生做正念的把控，不能让内心失控，要给予它一定的指引，要真正领悟到，所有的自我皆是不存在的，都会在历史的长河之中被淹没，都是一个看似美好的过程。我们并不是因为如此才去选择行与不行、做与不做，我们要结合生活的现实去做出正确的判断，相信命运能够给予自己最满意的答复。这就要求我们不能停滞，一定要不断前行，去追寻那个令自己备感兴奋的美好。

不负光阴

每天循环往复，阴晴变幻。的确，这日子过得还是既平凡又欣悦。虽没有大的成就，但每天也是与己斗争，争取让自己“不负光阴不负卿”。始终感觉活着就应该有些精神，有些追求，有些能够不断超越自己、让自我提升的行动，如若固守于原有的自我，不能够积极有为，不能够在自我修行的道路上有所作为，那的确是罪过，的确是辜负了这大好光阴，那样活着就如同行尸走肉一般。自己评价自己是一个不安分之人，也是有很多想法之人，对于新奇的、自认为有意义之事总是充满好奇，对于没有尝试过的事情总是蠢蠢欲动，哪怕是有再大的风险，自己也是感知不到，这的确是好事，但也是坏事。好的方面是能够让自己不拘一格、敢于尝试、敢于承担，让自己心里满足，并能够从中学到新知；坏的方面是“好奇害死猫”，也可能让自己陷入一种难堪的境地，“一世英名”毁于一旦。这不得不让自己“三思而后行”，以免一失足成千古恨。千万要在安全的前提下去展开行动，不能做出“大意失荆州”之事。的确，人应该有好奇心，它是人生命之动力，它能够促使我们去认知更多未知的事物，让我们在面对事物之时做到客观待之、科学处之，以一种积极的心态去理解和包容万物，并在做事的过程中逐渐成熟起来。另一方面，我们也要学会预估风险，客观地分析事物的利与弊，在自己能够承受的前提下去做事。如若自己很难承受其带来的后果，那就要学会放弃，要有所取舍，懂得了这些自己也就成熟了。在我们不断成长与发展的过程中，最重要的一点就是方向的确定。要把自己努力的方向定准，方向准了，就可以全力以赴地朝着目标前行，即便是途中有些坎坷波折，自己也绝不放弃，能够沿着这条康庄大道勇敢走下去。自认为自己所选择的科技应用推广这条路是正确的，因为它迎合了时代发展的趋势，它也是社会发展的必然需求，是进行科技与产业充分融合的重要举措，是符合多方利益共享之原则的科学方法。建立高科技应用平台，能够把科技应用与实体产业结合起来，最终有资本加以助推，这样是大有作为的，它具有无限的前景与生机，相信自己通过努力能够在发展方向上多进步，能够让自己的人生更有意义。

目标确定了，关键还是要看行动。要每天给自己做规划，不断实践，不断总结，在实践中不断提高，通过实践来检验自己规划的正确性，如若在实际运营中遇到这样或那样的问题，就要深入地分析，拿出最佳解决方案，这才是正确的处事之道。在发展的过程中，团队的作用尤其重要。这不是一个单打独斗的时代，而是一个体现集体力量和智慧的时代。我们都不是“完人”，都有各自的优势与劣势，要学会整合资源，充分发挥出每个成员的优势，真正体现出团队作战的优势来。一项伟大事业的实现，需要依靠每个人的力量与智慧。唯有如此，我们的事业才能够成功。因此，在工作中，不能单打独斗，要学会团结大家指引大家，让企业的发展更有力量。

认识美好

在沈阳芊丽酒店的房间能看到如同蓝宝石的沈阳大剧院，还有宽阔蜿蜒的浑河，以及岸边的绿树和跑道，尤其是纵横交错的立交桥，就像是一条条玉带，把浑河岸边都缠绕起来。我抑制不住兴奋之情，拿起手机，选好角度，把这幅美丽而恢宏的场景记录下来，也作为一种美的收藏。的确，我们每天都在向往美好、追求美好，美好随时随地就在我们身边，在我们的心坎里。我们都有一双善于发现美的眼睛，能够把生活中的美好都记录在心里，把它作为人生之中美的片段。一个人要每天有美的展现，眼中有美的发现，心中有美的收藏。很多时候，我们会用挑剔的眼光去看待现实中的一切，看到的总是那些不好的事情，无论是国际的、国内的，无论是工作的、生活的，无论是社会的、家庭的，我们的关注点几乎都放在了问题上，放在了突发的状况上，尤其是对于那些所谓的阴暗面更是兴奋异常，好像是谁知道的阴暗面越多就越有能耐一般。其实，我们往往陷入了一种认知的误区，好像唯有阴暗面的展示才是生活的真实展现。没错，人生之中不如意之事十有八九，我们难免会遇到这样或那样的事情，难免会呈现出痛苦和迷茫的状态，但我们要充分地认识到这不是生活的全部，它只是生活之中必然会出现的插曲。我们活着的每一天都在与天地人做斗争，每天都在处理各式各样的矛盾，但这并不影响人生之中大部分美好事物的出现。那种和谐、自然、友爱互助、亲情恩德、创造奋进、英勇无畏之美时时刻刻就在我们身边发生，家庭的恩爱亲情、朋友的友情互助、老师的谆谆教诲等等，这些都是我们生活之福，都是我们一生之中的恩德。我们应该学会发现人生之中的美好，把它当作是自己成长的养料，当作是滋润自己一生的甘露。

自我认知

早上是一天的希望，能够每天早起并迅速进入学习、工作状态是我引以为傲的事情，的确也改变了我的生活，改变了对自我的认知。曾经的我一度也是“早起达人”，这是在六七年前的事情了，那个时候对自己要求极为严格，早上四点半起床，晚上要求自己必须在十点前休息，没有任何的不良嗜好，每天都以较高的自律标准来要求自己，不允许自己有其他不好的想法，除了工作还是工作，除了学习还是学习，过着“苦行僧”般的生活。每天早上起来，尤其是冬天，外面黑漆漆的一片，有时还飘着小雪花，把自己裹得严严实实的，在空无一人的大街上行走，并在沿河公园里开始锻炼。当自己一双脚踏在松软无比、洁白如玉的雪地上，留下自己的第一个脚印之时，那种兴奋劲儿就甭提了，心里一直念叨着：自己是踏雪的第一人。尽管可能还会有人比自己起得更早，但也不会减少自己内心的愉悦感。一个人，当你内心空灵、了无牵挂、战胜自我之时，那种兴奋劲儿是难以言表的。锻炼了一段时间，看到旭日从东方升起，内心感觉非常舒畅，那种生命的活力重新回归到自己身上，让自己能量满满，兴奋异常。所以，自己总有一种想法，希望自己每天都是看到太阳的第一人，这样能够迎接太阳升起，迎接天光大亮，的确是一件令人自豪之事，既给自己加注了能量，又能让自己做好一天工作生活的准备，这样的生活才是高质量的生活，才是真正有希望的人生。除了锻炼身体，锻炼心智之外，还能够沿着河边前行，看着一汪碧水，在垂柳的招呼下格外地清澈而有灵性，越往前走，心情越舒畅，脚步越轻快，那些原有的困意就无影无踪了，代之以无比的兴奋和愉悦。穿过两座铁路桥，就走到了北塔公园。自己非常喜欢北塔公园的氛围，它清新雅致、朴实天然。很多早起的老人在这里锻炼身体，有些在踩着节拍跳着舞蹈，有些在打着太极，还有些在引吭高歌，嘹亮优美的歌声响彻柳条湖的两岸。这的确是一幅美好的晨练图，这份美好一直挂在自己的心间。自己最喜爱的去处是白塔法轮寺。寺庙建筑庄严，殿堂楼阁皆是古色古香，供奉着佛像，尤其来到寺庙后院，跨过门槛，顿时一座宏伟庄严的白塔呈现在自己眼前。塔的四周环绕着石雕佛像，外围有转经筒，整体把小院环绕，院里杨柳依依，走在小院里，不由自主地双手合十，那份恭敬与清凉之心油然而生。是呀，每个人都有自己的向往与梦想，最终人生也就是在这梦想实现的过程中找到属于自己的归宿，那就是内心的安宁，情志的舒缓和自我的满足。回顾这几年，自己还是有所放逸了，对自己的要求降低了，总是感觉应该停下来，歇一歇，该享受一下自己的生活，应该有自己生活的空间环境，能够把自己所想要做的事情都去做一遍，这样也就今生无悔了。但仔细想来，自己所担负的责任还比较大，还有很多的事情等着自己去处理，自己不能停步，更不能放逸。因为内心总是有一个声音在呼唤着自己要努力，不只是为了自己，还为了那些关心支持自己的家人和朋友。还是要在生活里认清自己，能够选择一种较为科学的方式去工作和生活，真正让自己的内心自由起来、强大起来，能够真正做到包容、大度、慈爱与付出，真正成为自己的主人，能够给人间增添更多的光彩。

安顿内心

外边的世界很精彩，外边的世界也很无奈。外边的世界很繁杂，没有一处是平和喜乐之所。总是在得失喜悲之间徘徊，没有彻底的自在和长久的福乐，一切好像是站台上短暂停留的高铁，人们刚走到站台上吸口烟、喘口气，便听见了急促的发车铃声和工作人员吆喝上车的提醒，没有办法，只好熄灭烟头，立刻上车，要不然就要被关在车门外，再也上不去了。是呀，人生有时候就是这样匆忙，容不得你稍作思量，必须立刻做出行动，否则你就没有了生存的空间，就会被时代所淘汰，就会整日生活在苦逼之中。这是现实，但也并非全部。生活中也有很多的快活安乐之时，虽然短暂，但也能疗伤。然而，这终究不是根本，人生终究有很多不如意之处。总感觉安乐是短暂的，好像痛苦才是长久的。究其原因，还是自我的觉知力不够。如若能够有更好的觉知力，就能够真正寻觅到人生的“花果山”，就能与神仙为伍，与百花齐香。那究竟怎样才能达到这种境界呢？关键还是要修好这颗心，真正做到参透外境、了知自我，把那些无用之物剔除，给予自己正大光明之所，能够时时处处感知恩德，能够为别人的安乐而不断付出，从而对社会和他人做出贡献。那样人生的意义就完全不一样了，我们就会变得很豁达，很喜乐，很勇敢，就像是换了个人一般，完全不是原来的自己了，就学会了自律，学会了创造和付出，学会了为他人之好而欢欣鼓舞。如果一个人只顾着自己的“一亩三分地”，整天愁眉不展，纠结万分，又怎么会感到快乐呢？

心胸打不开，自然很郁闷，整日消沉哀叹，人就会老得快，身体也会一天天垮掉。所以，我们一定要重视自己的内心，把修心作为人生的第一要务。虽然修心不可能立马让我们财富滚滚、福乐安康，但它是一种长久的滋养，能够把人生之中的坏习气清除掉，能够让我们学会思考，学会客观处事、客观待人，我们就会变得更有定力，走起路来也就更稳了，就会越来越能沉得住气，越来越有希望、有盼头，就会真正知晓了人生的意义。生活之中有很多的插曲和故事，这些其实都是内心显化而成的，都是内心世界的映照，都是人生因缘的聚合，是我们应该去做也必然会做的事情，没有什么值得大惊小怪的。自己本来就是自己，所有的得失喜悲都是自己必然要经历的因缘，都是自我应有的财富。所以，没有什么应该不应该，没有什么偶然不偶然，一切都是该有的模样。无论遇到任何事都应该以平常心去对待，要始终坚信一切皆是必然的显现，一切的出现绝非偶然，一切皆是因缘聚合的结果。很多时候，我们不愿意承认这一点，只愿相信这是偶然的，这样自己就没有了所谓的负疚感。但越是这样，对于未知的恐惧感就越发地强烈，就会失去了内心的定力，就没有了进步的勇气，因为害怕自己做得不好，害怕一失足成千古恨，害怕自己的行为不符合道义与规则，害怕偶然犯错就会导致恶报，这种心理在影响着我们的心志和认知，影响着我们对于事物的客观判断。所以，内心有时是冲突的，是在优与劣、好与坏之间挣扎；思想有时候是矛盾的、割裂的，是一种敌对与冲撞，是一种哀怨与惊恐。这会让人非常抑郁，会让人找不到自己，从而失去了对生活的辨识力，变成了一个极其敏感而又胆怯之人，就会生活在思维的阴影里，想要逃避而又不能逃避，就会对我们自身产生伤害。无论世事如何变迁，善德之心永不改变。任何时候都要学会取舍、学会放下、学会给予、学会赞美、学会感恩。人是因为英勇而存在，也是因为创造而存在。在自我的世界里，要时刻点燃自己心中的那盏灯，让它破除迷惘，给自己清晰明亮之光。

太阳之光

早上起来，看到窗外太阳的耀眼与光彩，内心很是欢喜。太阳总能冲破黑夜，悄无声息地升起，展现着它的光芒，将所有的黑暗和阴霾一扫而光。无论是长夜漫漫，抑或是雷雨闪电，太阳总能够冲破迷雾，放射万丈光芒，给人以温暖和希望。纵观自己的前半生经历，亦是如此。自己少小顽劣，不服管教，总是仗着学校就在自己家的村口，能够“有人有势”，便总是“仗势欺人”，与人干仗，打得过还好，打不过就会搬来一群救兵，让他们给自己收拾残局，最终总能顺遂了自己的心愿。这样下去，自己就越发变得无法无天了。如若不是因为父亲的严厉管教，我想自己还真有可能走上邪途。好在有严厉的父亲在管束着，一旦别家的大人来告状，自己就没有好果子吃了。父亲收拾我有个特点，那就是悄无声息，表面平静，实则是波涛翻滚，在和风细雨中暗藏“杀机”，总是让我在毫无逃跑准备的前提下被逮个正着。只要在饭口，父亲便先是和颜悦色、面露慈祥地让我吃完，然后让我进堂屋。我的确毫无准备，但心里边还是毛毛的，有些惶恐不安，一旦走进屋内就坏了，那种恐惧感就会涌上心头。只见父亲不紧不慢地把门闩插上，一场收拾就开始了。如今回想起那个场景，内心还有点恐惧之感。的确，少小顽劣，真是不管教都不行。虽然这并不是好的教育方法，但从自身的经历来讲，的确是让自己长了记性，从此也就改变和收敛了许多。仔细想来，无论是上学还是工作期间，自己都经历了许多许多的事情，有些还真是令人匪夷所思，往往一些外表看起来温文尔雅之人竟也会做出一些出格的事情。譬如在某单位期间，自己依靠不服输的性格，硬是把一个没人想去做的“更年期”市场做成了全国市场的榜样，能够不断创新去工作，不断地想出新主意、新方法，并严格落实，认真执行所制定的各项政策，不打折扣地完成既定的任务，受到了公司领导的多次表扬。但有时自己表现出了心高气傲之势，敢于与老板拍桌子叫板，自认为自己是对的，是为了公司的整体利益考虑，无知者无畏，所以有一种“天不怕、地不怕、天王老子也不怕”之感。正是因为自己还太年轻，那种少年得志之态表现得淋漓尽致，好像什么都在自己的掌握之中，什么都要以自己的意志为转移，结果却因此吃了大亏。虽自认为没有任何过错，即便是现在也觉得有些委屈，但自己在态度上，尤其是在人际关系的处理上，还有很多的欠缺之处。如今回忆起这些往事，也许显得有些多余，毕竟还是要向前看，过去的就让它过去吧，但是每一段经历都有其独特的意义，过往的经历也会教会我们很多道理，让我们变得更释然，变得更坦荡，变得更能够理解人与事，变得更加成熟。愿太阳之光永远照耀着我们，冲破黑暗，走向光明。

认清自己

我们总是看着别人如何如何，完全没有把自己当回事。其实，自己有的别人不一定有，自己也可能是别人所关注的对象，自己的生活或许正是别人想要的生活；别人所拥有的可能是自己想要的，但自己拥有的也可能是别人想要的。我们不要去羡慕或是奢求别人所拥有的，要学会向内看，善于发现自己最为独特的一面，这才是我们应该去做的。对于自己想要的东西，要学会克制，要知道有些东西是不适合自己的。这就像是吃美食，有些食物别人吃可以，但自己吃可能就不行，甚至会过敏或致病。一切人、事、物的呈现都是有其特点的，是受特定环境影响的，是由诸多因素积累而成的。所以，我们每个人都是独一无二的，都有自己存在的价值，没有必要去攀比，也没有什么值得比较的。很多人往往陷入了认知的误区而不能自拔，让自己变得头昏脑涨，完全没有了自己的主张。其实大可不必，这样只会给你增添烦恼而已，没有任何的有益之处。

心灵抒发

坐下来很难，难的是因为把难真正当作了难，如果能够把难当作易，能够把易贯彻到底，并从中发现其有意义、有趣味的地方，那么一切就不难了，我们就更容易长期坚持下去。最近自己没能够很好地利用时间，把写作当成了一种负担，认为它会占用自己的时间，并且是一件有些枯燥的事，不知道怎样才能把看似复杂的写作做得更简单些。从另一个角度来讲，自己对于写作的意义还是认识不足，不能够真正重视它。其实写作并不只是简单的写作，它更是一种倾诉和抚慰，能够把自己的所思所感写下来，这本身就是对人们精神的一种鼓舞，也是对生命负责任的一种表现。写作不仅能记录下我们生活的片段，而且能记录下一段段的美好时光，当我们年老之时再去翻看自己的文字，就会回想起那些精彩的瞬间，顿时感觉人生已被拉长，让自己冲破迷雾见光明，也给自己的人生带来更多的乐趣。记录人生是一件非常有意义的事情。时光荏苒，一去不回，我们只有这一生的时光，一旦逝去便难以回头。如果说我们没有任何的记录，没有留下让后辈子孙可以翻看的东西，那该是一件多么遗憾的事情啊。可能每一辈人都有其应忙之事，犹如蚂蚁一般忙忙碌碌，每天都有数不清的事情需要自己去完成，有很多的恩怨情仇需要自己去体验，如果不能通过记录去分析它、理解它，并从中找到依赖支撑的精神支点，那么人生就会如地狱一般，我们就会生活在烦恼之中，不知道怎样才能摆脱那些痛苦与忧烦，不知道怎样才能留下那些幸福与自在的感受。的确，文字是人类文明的最美展现，有了它，我们就可以把对人生的理解与感悟整理记录下来，当作是自己一生的安乐。也许我们正生活在痛苦挣扎之中，但无论如何也要坚持记录，记下自己从痛苦到欢乐的心路历程，通过心灵的抒发，让自己在安守中宽慰，在奋起中进步，在创造中收获，在奉献中自在，让心灵处于平和自由之中，让生命展现出最大的价值。

学习生活

学习是一辈子的事情。总感觉自己要学习的东西真是太多了，尤其是面对当今日新月异的新时代、新技术，自己更应该努力去增长知识，改变自己。很多时候我们感到不开心，不是因为我们实际遇到了什么困难和问题，而是因为自己的思维放不开，不能够做到举一反三、创新创造，不能够用发散性的思维去看待事物的变化，不能够在变化中把握自己，思维形成了单极化，往往只是看到了事物的一个方面，而不能够看到事物的其他方面，不能够客观全面地看待和处理问题，不能够在思维上有较大的突破。这就是一种认知的障碍，是一种对自我的蒙蔽。我们往往哀叹世事不公，抱怨命运多舛，总是不能开心，不能敞开自己的心扉，内心变得盲从无依，一遇到事情就会变得焦虑不安，就会变得眉头紧锁，那种无序和烦闷之感就会油然而生。我们没有什么可以为自己担忧的，因为诸事的显现皆有其定数，皆是因缘累积的必然结果。所以，你去为此而思虑过多皆是自寻烦恼，还不如放松心情，告诉自己这是必然要发生的事情，既然说是必然要发生，又何必于心不甘呢？这一切皆是天地的造化，是因缘和合的产物，是完全不以人的意志为转移的。我们没有必要去为必然发生的事物而担忧，如果反复担忧，思虑过多，反而会给自己增加了无尽的烦恼，让自己左也不是、右也不是，忙而无措，不知道自己到底应该如何去面对。这种纠结之心会扰乱自己的心志，阻碍自己的思维。只有消极被动的影响，没有积极的正能量引领，这样的人无论何时何地都不会真正获得成功，只会让自己一直生活在焦虑之中。因此，我们要摆脱坏的情绪，让自己的心态成熟起来，真正做到“大事来临心能安，万物缠缚能脱离”，用积极的心态来代替消极的心态，走出阴暗，走进光明，让清净与自在充实于心。

成长养料

生活之中有很多的偶然和必然，该往哪儿走，应如何去走，看起来冥冥之中都有定数。这个所谓的定数，就是我们常说的因缘吧。所有事情的出现皆有其内在的因缘，皆是必然的结果。这个世界上没有什么偶然出现的事情，那只是我们对它的自我认知而已。没有什么是偶然，也没有什么是必然，一切都归因于因缘与自然的显现而已。很多时候我们急于去做某件事情，急于把这千头万绪梳理清楚，急于去获得某种结果，急于把事情办妥当。实际上越是这样，越是于事无补，反而会给自己增加更多的纠结与烦恼。这个世界上没有所谓的该与不该，没有什么是不可能的事情，只要我们有目标、有信仰、懂坚持、会践行，那么成功也就是自然的事情。所以，你没有必要去纠结与焦急，没有必要去痛苦和遗憾，没有必要去埋怨和后悔，一切的一切皆是应得的收获，一切的一切皆是必然的相遇。那么，我们唯一要做的就是要向内求索，能够把自己的内心养好，能够让自己明了前行的目标与意义，能够有自我的规划和学习方向，并在此基础上大胆实践、勇于开拓。往往人与人之间最大的差距就是思维，思维不同，方法不同，结果不同，意义不同。所以，要敢于让自己成为一个倾听者，要成为别人评判对象，能够让自己自然地面对所有，能够把对自我心志的塑造放在第一位。我们不苛求眼前如何能够得到更大的回报，我们只求能让自己开心自在，能够有不同寻常的看法和做法，能够把最普通的工作做扎实，能够把平凡的生活过得有滋有味。很多时候，我们是处于一种无奈与纠结之中，被生活和工作中诸多的事务所缠绕，不知道如何去解开其中的疑惑，能够把事情做得主次分明，能够把握好轻重缓急，这的确是一门生活的艺术课。仔细想来，人生不就是如此吗？我们皆是在生活之中去寻找自己，在迷茫之中去看到光明，在纠结之中去理清思绪，在努力之中去创造成就。这的确是一个锻炼自我的过程，也是一个千载难逢的机会，抓住它，把握它，运用它，让它成为我们人生之中不可或缺的元素，成为我们一生成长的养料。

美好人间

今天是周日，我给自己放了假，早晨在七里河边漫步，边锻炼边学习，看一看迷人的风景，拍一拍感人的场景，晨风清爽，心情畅快。锻炼良久，又接着参加音频会议，能够在不影响走路锻炼的情况下与大家交流，的确是曾经难以想象的事情。每天的微信交流以及腾讯会议都让自己获益匪浅。人总归是要找到一种方式，能够让自己在平心静气之时享受到人间的福乐。很多时候，我们都是在不经意间发现了事业发展的先机，并在不断地思考和交流中得到了提高。我们正是在不断地积累中得到了收获，每天看似不经意的思考和学习，日积月累，都会成为我们成长的养料。生活的过程就是一个不断感受和成就自我的过程，也是一个发现自己、了解自己、经营自己的过程。我们无法把每件事都做得尽善尽美，但正是因为这些“不完美”的存在，才会让自己不断努力向着“完美”迈进。这就是思考和学习的力量，是我们从愚昧走向聪慧、从渺小走向伟大的征程。的确，我们应该享受这种过程，在生活中不断地发现和提升自我，在平凡与普通之中找到非凡与卓著。相信我们每个人都会有这一天，相信我们都能够找到属于自己的发展之路，相信我们的未来都是光明无限的，就像是今天早上见到的七彩云一般，层层叠叠光彩无比地挂在天际，让人感受着大自然的神奇，也让人惊讶于大自然的造化。这正如我们这些普通平凡的人一般，相信自己能够创造出属于自己的伟大业绩，能够描绘出精彩绝伦的人间画卷。

坚信自己

好多天没有写文章了，显得有些生疏，内心也是毛毛的，没有了底气，就像是没有充气的轮胎一样，总是鼓不起来心气，整天忙一些所谓的大事，实际上，小事做不好，大事也甭想做好。人之生活一定要有所取舍，不断权衡哪个是最重要的，哪个次之，哪个是不重要的，真正做到去伪存真、重点突出。要想有所建树，不去学习和掌握新知是不可能做到的。现实之中，我们有很多困惑之处，不知道如何去把握与解决，处在一种极其迷茫的状态之中，让自己也陷入一种无力与迷茫之中。往往这时候是一种煎熬，是对自我生存与发展的考验，内心焦躁不安，烦恼不已，越是这样越是自己破茧欲出之时，越是能够激发自我自知、自强、自进之时，越是能够让自己变得更加坚强之时。如若一切皆是歌舞升平，没有任何的烦恼与压力，没有任何的向往与进取，没有对于自我的反思与总结，那么自己也就很难进步了。我们一定要有安忍之心，能够透过现象看本质，把一切事物的出现当作是必然的产物，当作是对自己、对现实的必然反映，没有什么大惊小怪之事，一切都是必然出现的现象。这条路是我们必然会走的道路，路上所有的坎坷、曲折、泥泞都是前行中的小插曲，都会给我们留下深刻的记忆，都是我们思维的催化剂，是让我们更有智慧的助推剂。没有什么能够与之相比的事物，我们一定用心去接纳它，真正地重视它，把它当作是实现自我提升的工具和助力，把它当作是自己最要好的朋友，用心接纳才是正途，不能用排斥之心，不能把它当作是“坏蛋”，要把它当作是一件大好事，是自己收获圆满与更大成就的开始。接纳的意义无限之大，是自我成就的最大展现。无论何时都要相信自己，不能被眼前的波折与困难所限，要学会转变心念，用欢喜之心去接纳任何一个困难与痛苦，相信自己能够走上一个更高、更新的台阶，始终相信自己的前途是光明耀眼的。

成功之念

心中的向往即是成功，我们除了成功就没有其他了。要学会始终相信自己，相信自己的能力、魅力、魄力。相信是指引自己从成功走向成功的法宝。现实之中，我们没有失败这一说，所谓的失败只是在成功道路上的一个小插曲、小过程而已，它是成功的助推剂，是对我们在成功道路上方向的校正而已，是害怕我们走错路的一种忠告与提醒。千万不要把所谓的困难当作是困难，而要当作是一种忠告与提醒，提醒我们去注意一些问题和现象，提醒我们不能有片面的认知，提醒我们要客观理解事物的发展规律，提醒我们要始终保持清醒，不能一直躺在功劳簿上和安乐窝里。要始终保持昂扬的工作和生活状态，任何的消沉和无奈感都是对成功的伤害。波折和困难并不可怕，可怕的是丧失斗志，把困难真的当作了困难，对自己失去了信心，这样也就失去了困难和问题本身的意义了，人就会半途而废，就真的成了失败者。那是坚决不允许的。危机有时确实是一种机会，就看你如何去把握和利用这种机会。如若能够把危机当作是一次对自我的调整和激励，那么整个人就会爆发出无穷的力量来。有些人整日生活在安乐窝里，不思进取，没有向上的动力，整日沉迷于自我的安逸之中，这种状态其实是对人的一种极大的伤害。可能我们还未真正感知到，但事过境迁，再回过头来看自己的过往，就会感到无限的神伤和遗憾，就会感到自己的生活太平淡无奇了。人活着就是要创造神奇，就是要有一种不屈不挠之志，能够激发出自己的内在潜能，能够做出令自己也备感惊讶的事业来。绝不能为一点点的蝇头小利，抑或是所谓的虚荣和繁华而怡然自得，那些都是伤害自己的毒药。我们要时刻保持警觉之心、向上之心，能够时刻让自己充满激情，能量满满，这才是人应该有的样子，乐观，坚强，自信，包容，付出，感恩，要把这些优秀的品质赋予自身，让成功和福乐环绕于己。

重新认知

写作即是写最真实的自己，没有真实的想象就没有写作的动力，就是人云亦云、虚伪矫饰，就是一种自我欺骗，自认为自己能够客观地看自己，能够经常自我反思，能够全面客观地去认知事物，但也总感到有这样或那样无力感，比如说，明明自己对于事物的理解是清晰的，认知也是较为客观的，能够站在一种所谓的道德高度去看待事物，能够理解其会给自己带来些什么，能够辨别是与非、优与劣、曲与直，能够有较强的认知力，但在现实之中一旦碰到一些吸引自我眼球的东西，能够去迎合自身欲望的东西，那就会乐此不疲，让自己陷入一种恶性循环之中，从而让自己失去了理智，自己的内心就像是脱缰的野马一样，再也难以驾驭，这样就会难以控制自己的内心，让自己陷入一种进退两难的境地之中，不知道如何是好，往往这时内心是慌乱的、无助的、焦虑的，不知道自己该如何面对自己，不知道下一步的路该如何去走。我们没有能够让其一成不变的东西，没有什么能够阻挡内心不再有任何想象，没有什么能够让自己绝对服从于自我的意志，这也许是人之必然要经历的一种挣扎，总是在知与行之间产生些许的偏差。不要小看这些许的偏差，它有可能会给自己带来大的危机，能让自己的内心产生极度的恐慌，从而影响自己的生活，这就是所谓的“差之毫厘，谬之千里”。还是对于事物的认知不够清晰，自认为变得一文不值，实际上这也是一种极为错误的想法。任何一种思维本身都是不完善的，需要我们在实践之中去矫正和完善它，需要经历一种反复的认知讨论，需要为自己重新定位，需要有一个新的思维的碰撞，需要对现实中的行为进行重点分析，把其中更多道理搞明白，并且能够成为认知中的佼佼者，能够从实践之中去总结，从总结之中去发展。

走向光明

很多时候，我们不能理解他人、理解自己，有很多的痛苦和纠结之处，总是拿自己的心念去理解他人，总是想着自己的感受而不能够理解别人的感受，总是有这样或那样的问题，不知道应该如何去调适自己，自己应该有什么样的想法和行为，能够给予别人什么，能够让别人始终处于一种安乐之中。对于别人对自己的反应不能过于偏激，不能总是想着“我已经对他这么好了，为什么他还这样待我？”这是一种付出必求法，好像是自己付出了就必须要有回报一样，这是一种错误的理解。人确实会有求回报之心，也可以说，那是一种原始本能的想法。虽是这样，我们还是要转换思维，要知晓自己已经得到了，得到了心安，得到了自得和快慰，得到了某种的自豪感，某种程度来讲，也展现出了一个甘愿付出的无私之人的风貌，那我们还有什么期盼呢？所以，要把自己的付出当作是理所当然的事情，不要为此而斤斤计较，要有自己的自安自得之心，有了这种感觉，人也就变得更加伟大了。人越是无私，越是没有任何的索取，那么心灵就会更加纯净，就没有了任何能够蒙蔽自己的东西，就拥有了无穷的力量，内心就充满了阳光。很多时候不是别人把我们束缚了，而是我们自我设限，用狭隘的思维来要求别人，整日想着自己为别人做了什么，自己应该如何如何，这是很不好的，是自断前程的表现。作为领导者，要学会检视自己的行为，学会用海量之心胸来包容别人、理解别人、关心别人、尊重别人，因为所有的包容、理解、关心、尊重才是对自己最大的恩德，是对自我最大的提升，要把它当作是自己最大的收获。要看到事物好的一面，也要感知其不好的一面，把不好的方面转化为好的方面，这样不就都好起来了吗？如若一个人的内心建立在这样的基础上，那么成功和快乐皆会与他相伴，他就会永远充满幸福，真正感受到人间的美好。我们无法去改变别人，但我们可以去影响别人；我们无法去教化他人，但我们可以去调养身心。身心的调养永远是自己走向光明的康庄大道。

学习孩子（一）

回家过“十一”，跟孩子在一起尽享天伦之乐，是一件非常畅快之事。对于我这个长时间离家之人来讲，每一次回家都是一件非常隆重的事情，都要把一切安排妥当，能够处理的事务都要处理干净，以免再把公务带回家。回家就应该有个回家的样子，能够真正抛开一些杂念，专心致志地跟孩子们在一起。的确，与孩子交往自己还是感觉到比较生疏，还不能够把握孩子们的心理，有时真不知道该如何与他们交往。千万不要小看孩子们，现在的孩子个个都是“机灵鬼”，有些事情我们还要向他们请教，比如像有些现代化的说法，我们大人都搞不懂，可孩子们能给你讲得一清二楚。对于一些安装烦琐的玩具，我总是备感困扰，不知道怎样才能把它安装好，但又害怕在孩子面前丢脸，又不能说自己不会，就只能硬着头皮去安装，结果还是会遇到这样或那样的问题，有时真不知道如何去摆弄，可是女儿简单的一句话就点醒了“梦中人”，让我豁然开朗，很快就把问题解决了。这就是孩子的智慧，三言两语就把问题给解决完毕了，这令我备感惊讶，有时也深感自愧不如。总结起来，小孩子思想单纯，毫无障碍，那种思维的专注性和灵活性是我们这些成人都难以相比的。成年人往往会把问题往复杂上去考虑，孩子们则是把复杂的问题考虑得很简单，这样往往看似复杂的事情在孩子面前总是迎刃而解，这的确值得我们深思呀。很多事情其实很简单，只是我们把它想得复杂了，这也许是我们成年人的通病吧。如何能够把事情变得简单，如何能够用最简捷的方式去处理事情，这是值得我们去研究的方面。现实之中，我们会执着于某一处而不得解脱，不能够从事物之中跳出来，不能够透过现象看本质，洞察事物的先机，把内在的规律找出来，这样只能在原处打转转，不能够真正解决问题，这是我们应该重视的问题。一个人只有站在更高处，才能看到不一样的风景，只有用最淳朴、最真实之心才能洞悉事物的全貌。我们往往畏惧于现实之中的困难，害怕暴露自己的不足之处，好像那样会让自己颜面大失，无法立足于人前。其实并不是这样的，我们只有最真实地活在人前，才能让别人真正认识自己，才能找到前行之路，才能被别人所接受。如果我们用虚假之意与人交往，往往得到的也尽是虚假之名，没有什么让人发自内心所接受的地方。还是要像孩子一般，活得真实一些，正是这种真实才能让自己更安心、更自在、更有所得。

学习孩子（二）

向孩子学习不是一句空话。的确，这两天假期跟女儿、儿子在一起，我也学到了很多东西。那是一种原有的、自然的、聪慧的力量，让我这个所谓久经风雨的成年人都有些汗颜。就拿背诵《千字文》来讲，女儿可能还未弄懂其文字所表达的意思，但记忆速度却很快，几乎是朗读几遍即可背诵，这简直是有些神奇。反观自己，背了几遍还是未能记牢。我问女儿怎么能记住，女儿说："我学过思维导图，我背的时候就在我脑子里有思维导图了。"这的确让我很惊讶，看来我也要学习一下思维导图记忆法了。有时候自己感觉记不住的主要原因还是用错了方法，不能够深切地产生联想，不能够真正掌握其中的要领所致，但更重要的还是自己思虑太多，太把记忆当记忆了，并且东想西想，思想不能够集中，每时每刻都在想着别的事情，尤其是想着自己如果不能够背下来的话该是如何如何，即便是现在还在与孩子相比较，想着我这个见多识广的成年人怎么也比小孩子记得牢、记得快，总是对自己的理解能力很有自信，认为自己能够把其原文意思理解了，就肯定能够记得住，这样越是着急就越是记不住，就越是自卑和苦恼。看起来孩子有自己的一套记忆方法，我想最主要的就是孩子没有那么多的条条框框，没有那么多的顾虑，没有那么多复杂的思想，背诵即是背诵，那是清澈透明的记忆，是没有杂染的记忆，是一种轻松无为的记忆，是形象具体的记忆。所以，向孩子学习的地方还有很多，尤其是要学习孩子那种自然、纯净、无染、无扰的心境，能够真正让自己回到天真无邪、正而无私的童年之中，那该是多么美妙的生活呀。学习孩子，研究孩子，孩子是我们的老师。

心的世界

现在是一个重新认识世界、重新认识自我的时候了，有很多的事情虽已经历，但还有种种的谜团，有时也的确让自己纠结不清、坐立难安。尤其是在自我认知方面，还有很多的困惑之处，不能够了解自己，又何谈了解别人、了解世界呢？对于自己的认知如若不经认真的分析、深入的思考，还真是搞不明白，甚至会陷入一种极端的思考之中，让自己痛苦不堪而又难以自拔。一个人如若不了知自己，就不能够客观地认知世间万物，就不可能为自身和他人做出贡献，就不能够让自我处于一种喜乐充盈的状态之中，就没有了生命的活力和昂扬的斗志，就没有了拯救自我的能力。所以，要想对他人、对社会有所贡献，就要先从自我的研究做起。我们不能够清晰认知自己的主要原因就在于双眼一直向外看，只注重于眼前所见之人之物，没有机会抑或是不想去认知自我所致，认为那都是虚无缥缈之物，没有必要抑或是毫无现实之感所致，认为那些所谓的思想都是虚的、是假的，皆是一些与己无关之物，去想它又有何用呢？还不如利用有限的时间去做一些能给自己带来利益的事情呢，那样会来得更直接、更现实、更有益。一个人若是产生这种功利现实主义的思想，就没有了向上向善的动力，就完全成了“机器人”，成了具有浓厚欲望之人，成了一个追求极度现实之人，就完全没有了信仰与精神的指引。这种极度的现实主义往往会把一个人毁掉，因为没有了精神向往之人是一个极度贫穷之人，是没有生命方向指引之人，他的内心是脆弱的，是不堪一击的。一旦有些微的灾难来临，他就会受到致命的打击，就会完全没有了所谓的精神支撑，就没有了人生存续的意义。可能越是看似富有之人，这种情况出现的概率越高。所以，我们一定不能被表面的现象所蒙蔽，还是要从自己的内心之中去寻找幸福与乐趣。幸福和自在往往是精神方面的，是用精神来承载的，物质的满足只是附带的而已。所以，不要被外在的物质与现实所蒙蔽，每时每刻都要保持一颗上进善德之心，学会安守，学会守真守静，能够通过这种静与美来感知到什么才是人生，什么才是自己最难的选择。静下来向内心求索，是我们生活中最为重要的内容，也是我们人生的重要任务。把自己的内心修得更丰富一点，更坚固一些，更善达一些，更有创造力一些，那么我们将生活得更加惬意，生命之光就会照亮一生，让我们无论何时何地都能获得无比的喜乐，那种发自内心的欣悦与幸福质感能够让自己陶醉，生活中一切看似大的问题都将是小事，都会如过眼云烟般匆匆而去，美好与安然就会永远与己相伴。

认识孩子

孩子的天性就有其简单纯正的一面，没有那么多的顾虑与忧愁，只要是喜欢的就欣喜若狂，只要是不喜欢的就噘嘴哭闹，那份直接是我们这些成年人所没有的。喜欢孩子们的这份直接，它是一种无障碍的天性使然。对于孩子来说，好就是好，不好就是不好，高兴就是高兴，不高兴就是不高兴，没有那么多纠结不清的东西，这正是我们成年人所缺少的。成年人的世界有很多的顾忌，哪些是能做的，哪些是不能做的；哪些是这样做的，哪些是那样做的，都会有所谓的规矩和套路，会有很多限制性的东西。从好的方面来说，是成熟；从不好的方面来说，是世故。但无论如何，人都要适应这个社会。要想在这个社会上立足，就要学会适应这种环境和这些约定俗成的风俗习惯。有些是不可逾越的鸿沟，要学会迎合和接纳，即便是内心很不情愿，但也要去做。生活中不是说你想怎样就怎样，还要看周围的环境是否允许你怎样，这才是问题的关键之处。我们要学会适应别人，而不是让别人适应自己；我们要遵循这个社会，而不是让社会遵循于我们。这就是现实中要重视的一面，谈不上好与不好。生活教会了我们要适应，而不是在生活中处处任性，这就是我们与孩子的最大区别。这样某种程度上就会把我们最自然、最纯真的一面丧失掉，就会把那种天真无邪的天性泯灭掉。我想，这是最为可惜的。正是因为我们思虑过多，才让我们这些成年人畏首畏尾，权衡利弊得失，不敢前行，不敢行动，害怕冒失，不敢发表自己最真实的想法，害怕别人"穿小鞋"，不敢直面问题，害怕自己会引火烧身，不敢坚持自己的观点，害怕受到来自于多方的反对等等。这些"不敢"与"害怕"，让我们失去了很多最真实的东西，变成了谈话连篇、正事不干、虚伪逢迎、效率低下。这样做起事来就很难会有成绩，很难再有什么新的发现。因为难以突破自我的心理屏障，人就会变得消极被动，就没有了那份朝气与活力，就没有了那么多的冲劲与干劲，人就如同行将就木一般，就变成了不是自己之人，有时甚至迷失了自我，自己也便成了虚伪的假象，不知道自己到底是谁，自己也就真的不认识自己了。很多时候，我们一定要静心自问：我是谁？我在做什么？如何才能让自己生活在清新澄明的世界之中，去真正呼吸大自然的气息，去找到真正属于自己的世界，去活出属于自己的人生来？还是要向孩子们学习。虽然我们认为孩子的言行有些可笑，认为他们的认知太过于简单，缺少那份成熟和谨慎的思维，没有对于事物全面客观的判断，好像他们的所思所想皆是有问题、有错误的，从而用我们成年人的思维和判断来评判他们，那样孩子就往往没有对的时候，就会处处皆有问题，处处皆不合规矩。这就是认知上的差异。我们虽然都是从幼小时候走过来的，但我们的认知是建立在成人的认知基础之上，不能够站在孩子的角度看问题，不能够用孩子的思维去理解问题，这样就会产生偏差，导致了成年人和孩子之间的认知差异，这样孩子也就不成孩子，大人也就不成大人了。还是要冷静客观地观察孩子、认识孩子、体谅孩子、引导孩子、教育孩子、学习孩子，唯有如此，我们才能真正成为孩子的朋友，孩子才能真正把我们当作无话不谈的良师益友。

理解自己

尊重人性，尊重自己的选择。很多时候，我们都处于一种压抑的状态之中，不能够让自己的心灵得到解放，总是有一种被动式的无法排解的身心压力，在一直压抑着自己，甚至还会刻意地控制自我，让情绪变得更加紧张。可能从某种程度来讲，人需要具备一定的自控能力，需要遵循环境和外界的要求，但我们一定要找到安抚自心的途径，要找到更多更好的方式来调理身心，要深入地研究导致这种身心状况出现的主要原因是什么。任何事物的发生都是有原因的，一个人不可能无缘无故地去做某件事情，一切都有其最终的根源，我们要找到这一根源，并且要用一种科学的方式来引导和改变它，这样我们才能够调理好自己的身心。我们绝对不能回避问题，也不能简单地对待它，那样即便是解决了一部分的问题，能够暂时停止一些所谓的能够导致身心失衡的东西出现，但那只是一时的，是无法从根本上解决问题的，假以时日，身心的魔障就会重新冒出来，并且一次比一次猛烈，就像是水流，如果只是一味地去堵，用尽所有的方法都将是无用的。因为你不了解你自己最真实的需求，只是一味地简单待之，没能够从根本上去解决问题，最终就会导致自己身心俱疲，就会主动投降，那样对身心的影响会是更大的。所以，如果出现了难以自控的身心问题，我们就要客观地面对它，深入地研究它，要认清其内在的实质，与自己真心地交流，不放弃，不低迷，不冷落，不退缩，永远保持一颗平和安宁之心，要把所出现的任何问题都当作是自己的朋友，当作是锻炼身心的考题。面对如此难解的考题，我们能简单待之吗？能随意放弃吗？能不闻不问吗？所以，一定要与真实的内心交朋友，不要自我抛弃、自我欺骗。所有自身出现的问题都是自己需求的结果，没有这种需求，就不会出现如此的行为。我们唯一要做的就是要乐观面对、坦然接受，要了解其有意义的一面。任何事物都有其两面性，有不好的一面，也会有好的一面；有黑暗的一面，也有光明的一面；有下降的一面，也有上升的一面。所以，越是遇到了身心运转的障碍，越是要从自身找原因，越是要看到其积极的一面，要从黑夜之中发现光明，从平凡之中发现伟大。其实，事物没有什么好与不好，就看你从哪个角度去看，如果你只是从单极化思维的角度去看，那就把这个世界给绝对化了，就会对人、事、物产生绝对化的认知。这显然是非常错误的。大千世界，所有的存在都有其道理，没有无缘无故存在的事物，一切的呈现皆有其理，我们要透过现象看本质，要充分地找到这种理与缘，唯有如此，我们才能不断地成熟和进步。如果我们不能够深入其中去理解与研究，那么我们就不会进步与成熟，就会受困于事物，受困于自我。要想突破困境，就要乐观受之，并能够从中吸取经验和有益于自我的东西，这样才能真正让自我提升。在深入其中理解事物的同时，我们还要不断地挑战自我，让自己尝试一些新鲜有益的东西，能够挑战一下不可能，让自己去尝试那些从来没有尝试过的事物，真正去体验一下什么才是真勇猛，什么才是真本事。那些真正有能力的人都是包容性、忍耐力、持久性、创新性都很强的人，他们不会屈从于命运的安排，他们总能够在看似不可能之处去创造可能，总能够把现有的资源当作是自己最大的资源去呵护和使用，总能够在最普通的事物之中去创造伟大的事业。这就是真正的生活。所以，生活给予了我们很多意想不到的东西，给予我们很多让我们自知自醒之物，要学会接纳自己、安慰自己、关怀自己、提升自己。人生处处皆有缘由，生活处处皆有收益。

认识生活

整理一下思路，抽丝剥茧，从生活的现象之中去发现人生的奥秘。有时候我们的确要反思一下如何去安排自我，如何能够把现实之中的一些纠葛和问题顺利地解决，这就需要有思考的真功夫。思考是要把问题清晰化和简单化，而不是复杂化，是能够有自己的生活的思路和情趣。生活中所有现象的呈现皆有其缘，皆有其变与不变的道理，我们不必为此而纠结不安，要学会敞开自己的心胸，去接纳所有现象的存在，要能够透过现象看本质，找到这种现象出现的核心与实质，找到其对自我有益的地方。尤其是对于那些看似不好的现象，更要重视起来，那才是自己不断成长的养料。通过分析这些看似纠结的、不安的、急躁的，甚至说是对自己有害的事情，我们才能真正感知到什么是真、什么是假，才能找到自己心中那个最真实的自我，才能够不怕现实之中所有的痛，能够乐观地面对一切。这就是生活给予我们最大的财富，它是无价之宝，比之平日里所谓的养尊处优要好之万倍。养尊处优没有什么不好，那是人向往的，但容易使自己陷入一种自欺自得之中，没有了动力，丧失了主动思考的能力，让自身没有了活力，那样所谓的好生活又有什么意义呢？所以，要对生活有客观的认知，把现实当作一本书，要仔细地阅读，找到其中最有教育意义的部分，让身心得到滋养与升华，这才是我们应该去努力追求、不断探究的生活。很多时候我们不知道如何在生活中去安顿身心，不知道这一天的生活有何意义，不知道怎样才能找到自己，不知道从生活之中发现意义，这是相当可悲的一件事情，是生活之中最大的失败。如若能够认识到现在的所有正是你所需要的，现在才是你最佳的状态，现在才是自我不断前行、不断超越的最佳时机，并能够珍惜、创造与付出，那么我们的人生就完全不一样了，就会变得非常积极、乐观、包容、宽厚，能够每天都活力四射、魅力无限，这样的生活才是最有意义的。生活中遇到什么并不重要，重要的是你如何去面对它，如何去接受与改变它，这才是生活的本质。

得失之间

生活即在得失之间。今日早上未能下楼去体育场，错失了清晨锻炼身体的好时机，自己也是有些遗憾。早起的美好体验就在于精气神的充分展现，能够亲眼看着红日从东方慢慢升起，给人一种无比欣悦之感，令人顿时感到神清气爽，能够活在清新的空气里，能够有太阳光芒的照耀，能够生活在自在安乐之中，那是一件多么美妙的事情啊。现实之中，万事皆是有得必有失，得到了别人的关爱，失去了自我奋进之心；得到了权力地位，失去了自由与健康。这的确需要我们用辩证、客观的眼光去看待。如若不能对此有清醒的认知，最终就会让自己陷入一种极其危险和尴尬的境地之中。今日之得失即是实证。原本自己早上起得很早，但是又找了一会儿耳机，耽误了时间，这样眼看着学习就要开始了，自己只能硬着头皮去上课。因为前边耽误了学习，自己就没能下楼，没能在七点之前晨练，这就是典型的得失，真是顾此失彼，终不能获得圆满。这也许是我们在日常工作和生活中常会遇到的情况，为此，我们还会内心久久不平。所谓百分百的圆满其实是一个伪命题，很多人、事、物皆是一个匆匆的过程，皆有其阶段性的展示，要认清其中某一段的情节，那个动作并不完美，我们无法找到属于自身的圆满，所谓的圆满不过是我们一厢情愿而已。现实之中，我们每天都在选择与犹豫之间徘徊，有时真是摇摆不定、左右为难，对于事物的发生发展充满担忧，对于即将到来的事物很是迷茫。我们一定要理清自己的思路，让自己具备充分的辨别力，能够学会用全面客观的眼光来对人对事，能够了知万事万物皆有许多的不足与缺憾。生活本身就是要不断地认知和改变，就是要透过现象看本质，能够让自己少犯错误，增长知识。我们往往不甘心现实的状态，在追求自身的成功方面不遗余力，努力向前，想要冲破重重的障碍，冲破现实的障壁，去找到属于自我的东西。这的确并不容易，但越是艰难越是有希望，越是能够让自己的内心坚强起来，让自己平和而坚定，完全没有了那些患得患失之感。这样才是自己最大的收获，才会让自己的人生精彩无限。

找到自己

学会从小事之中窥见大事，从大事之中发现小事。无论是大事或小事都不要当作一回事，因为事事皆不同，事事皆过客，任何事最终的局面就是过去，最终都成了无事之事。也就是说，即便我们现在看来天大的事，时过境迁以后，大家都会忘得一干二净，找不到原来的自我，留下的皆是寂寞，只能在叹息和哀怨中度过，认为当时自己不那样做就好了，就不会是如今的样子。但这种想法是错误的，是没能认识到问题实质的。我们终其一生追求的到底是什么，是荣华富贵、衣食无忧，是尊荣高贵、受人爱戴，还是学富五车、知识渊博等等？这些都是值得去追求的，但在追求的人中可能有很多是不如意的，会遇到这样或那样的障碍，会产生很多的孤寂、痛苦和不安，不知道如何才能让自己始终保持一种状态，不低落，不退缩，勇往直前，坚持不懈。可能有时很难坚持下来，会感到惶恐不安，会对自己产生怀疑，认为自己不可能完成既定的任务，就会把自己归于平淡之中，这样日久天长，对自己的认知就会发生了变化，就会变得籍籍无名、谨小慎微，遇到什么问题和困难就会绕着走，不敢去面对，自己也就真的变成了自己害怕的样子，这样的人生显然是失败的，是没有什么价值的。一个人无论处于什么样的境况，关键是要看他能否为了一个目标而不懈努力，能否始终保持乐观、豁达、包容、精进之心，这种状态不仅仅是为了得到什么，最主要的就是要让自己的生命更有活力，让自己能够掌握自己的命运，能够为心中的那个目标而矢志不渝。那的确是一种状态。人就应该活在某种状态之中，能够从最为不安与困窘的状态之中活过来，能够找到那份归属感与幸福感，这才是最重要的。也许我们不可能人人都达成此目标，但如果能够坚持如一，向着生命的美好方向前行，那就是最佳的呈现。那是一种精神的解脱和信仰的胜利，人之感受就能够畅快丰富起来。生命的态度就是不刻意，但也不要随意，自己的人生自己把握，努力了，用心了，也就不留遗憾了。能够让自己的内心丰满起来，不就是一种幸福吗？我们要学会正视自己，真正把自己当回事，在不断调整自己的前提下，拥有一个新的自己。

静待美好

今天小区实施静态管理，所有居民只进不出，每天每家出一人购物，如若特殊单位需上班工作者，需由单位开出证明才能出去。见此情景，自己也是有喜有忧。喜的是虽然实行了严格的疫情管控措施，但也体现了一种人性化，在实施精准封控之时，还能够考虑到企事业单位的实际情况，进行人性化管理，真正做到了精准封控而不过头，这本身就是一大进步，让人能够感知到一份体谅与理解之情，能够生活在安全的防范之中，并能够把最为紧迫之事做完，这的确是比之前的封控管理更人性化、更有温度。是呀，社会就是需要多一份理解与信任，多一份体谅与关怀。在有爱的社会中，人间即是天堂。其实我们需要的并不多，哪怕是一个微笑，一次握手，一个拥抱，都是一种鼓励与关爱，都会给人不一样的感觉，都体现了对于人生的热爱和珍惜，以及对于美好的向往与期盼。回顾自己几十年来的经历，很多时候就是这样的一种体悟才让我增加了对于人生的认知，生出了许多的感慨。我总感觉自己是一个相对封闭之人，不想或不敢与人交往，总有一种自负和自卑之感，总感觉自己有很多的不足之处，面对一些问题的出现，自己往往变得手足无措，变得盲从而无智，那种慌张与激动之情会把自己的思路打乱，让自己忙而无措，失去理智。这对于自己来讲的确是一种不好的现象，自己也能够感知到，但就是不知道应该如何去改变它，不知道如何才能让自己在安然悠闲、平和宁静的状态中把事情处理好。这的确需要许多的功力，需要我们能够客观而从容地面对。现实之中，每个人都会遇到这样或那样的问题和困扰，有些的确是出于性格的原因，有些是由于认知和经验的问题。面对一些突发状况的出现，我们往往会感到无所适从，不知道怎样才能把事情处理好，不知道怎样才能让自己安心，并且还会有许多的压迫之感，好像有些事情像山一样大、一样重，好像被此问题压住就永无翻身之地了。越是这样想，自己就越是害怕，这样一种情绪的叠加会把自己的意志力给消磨掉，把自己的负面情绪全部调动起来，让自己完全掌控不了自己，只能沦为压力与情绪的奴隶，成为一个消极与被动之人。长此以往，自己就完全不是自己了，就完全变了个样，变成了一个从来不认识自己的人。这就是压力和情绪给我们带来的问题。越是在这个时期，越是要让自己找到一个突破口，找到一种让自己快乐和自信的方式，比如说是培养一个兴趣爱好，如学习英语、坚持健身、练习瑜伽、打乒乓球、跑步、爬山等等，都是比较好的运动方式，能够让我们暂时忘我，让自己从旧有的情绪之中脱离出来，给自己换一种环境。可千万不要小看环境的影响力，不同的环境会带给人不同的心情，正如这百无聊赖的礼拜天，自己一个人在河边走一走，在公园里草地边的长椅上坐一坐，在夕阳的余晖中安心写一段文字，在柳叶的婆娑中浮想联翩。人就是这样，找到了适合自己的环境和生活方式，就会有了生活的许多情趣。就像刚才自己还是困意连连，索性就在公园的长椅上睡一会儿，秋风徐徐，夕阳柔和，那种感觉非常美好，虽然只是小憩十几分钟，自己却像是睡了几个小时一样，起来后感觉神清气爽，舒适无比。的确，环境是能够改变心态的，心态变了，生活的一切也就改变了。所以，还是要增加对生活的理解与认知，在自己所拥有的每分每秒中都有自己人生的情趣，都有生活的意义与向往，都有自己需要的最美的事物的出现，认真生活，静待美好，一切的圆满即可实现。

面对变化

今天小区实行封闭管理，因新冠病毒蔓延，整个城市都进入了静态管理，往日喧嚣的城市突然安静下来，街上车辆、行人稀少，整个城市仿佛睡着了一般。我还没有经历过这种阵仗，走在大街上，心里感觉空荡荡的，像是少了些什么一样，总有一种很不习惯之感。也许是城市太累了，需要休息一下，才能养足精神，更好地投入到工作之中。感慨于城市的突然变化，但也倾心于这份静谧。我不太喜欢过于喧闹的环境，总想在自己内心之中留白，让自己安守于宁静闲适之中，这样才能冷静地观察自己，让身心不再四处漂泊，让自己和家人安心。有时世事的变化太过于迅捷，就像是相处不久的情侣，还没有足够了解彼此就要马上结婚一般，是那样地匆忙，令人有些难以接受。的确，世事的变化是无穷的，有时让人眼花缭乱、无所适从。无论如何我们也要接受这种变化，顺应这种变化，从变化之中找到不变的东西。有了这般意志，还有什么不能适应之处呢？很多时候我们面对变化是慌张失措的，不知道应该如何去面对，心中压力巨大，如泰山压顶一般。认为自己无法解决眼前的问题，认为自己会遇到惊涛骇浪，会被淹没在洪水之中，完全失去了掌控权，会产生一种莫名的恐惧感，扰乱了自己的思维，让自己变得茫然无措、思维混乱、动作慌张、失去理智。这种感觉是痛苦的，仿佛自己被全世界抛弃了一般。从另一个角度来看，它也是非常可贵的，是对自身的一次锻炼与提升。人类的发展不就是建立在面对危险的勇敢之上，以及对于困难的克服之上吗？正是因为有了这种特质，我们的社会才能不断进步，我们的生活水平才能不断提高。要把问题和困扰当作是一道考题，越是难解，越是有意义，越是能够激发自己的兴趣，越是能够为自己带来成就感。所以，面对变化，泰然处之，它才是你最好的朋友。

写作之福

今日在郑州收到自己的新书《心向阳光》，内心颇为感慨。手捧着沉甸甸的四百多页的书，闻着这书香，自己内心很是陶醉。翻看其中几页，每篇文字虽不多（有些是近千字，有些是几百字），但无论如何，自己能够长期坚持写作，已经实属难得了。曾几何时，自己也是非常畏惧写书的，前几年刚决定写书之时，自己也把自己吓了一跳，好像这是高不可攀的大山一般，是自己难以逾越的，也仿佛是自己交给自己一个难以完成的任务，既惶恐不安，又心有所向。不知怎的，那种既害怕又想做的心理是非常矛盾的，不知道如何下笔，也不知道立何主题，不知道自己所写的文字是否通顺明理，不知道自己所写的内容是否有深意，能否把自己想说的话说清楚，不知道能否写出自己最真实的生活，不知道自己能否如期完成写作任务，不知道自己能否长期坚持……总之，内心异常矛盾，难以心安。心里就像是揣了只小鹿般七上八下，难以平复。尽管如此，自己只能坚持写作，不能停止，哪怕写得再不好也不能停止，因为自己知晓越是停止，挫败感越是强烈。自己不允许自己半途而废，半途而废也不符合自己的性格。就像是开向战场的战车一样，只能向前，不能后退，只有胜利，不能失败。因为写作承载着自己的勇气与信心，引领着自己不断前行。自己的确是有一颗不服输之心，无论遇到什么困难，自己都会想办法去解决，绝不能退步放弃，因为一旦退却，自己就再也不会成功了。可以说，写作是一个不大不小的任务，也是一个能够与人与己交心的工具，有了这个工具，自己的情绪就有了一个发泄的窗口，自己的生活经历就有了一个记录，自己的想象就有了一个展现的机会。唯有写出来才能让自己的思维更完整，才能让自己的思维更缜密，才能让自己的内心引领自己的行为，才能让自己不断加深对于人生的理解。同时，通过写作，能够让自己的思维更跳跃，让自己能够更加全面客观地看待人事物。因此，要坚持不断地写作，让它成为伴随自己一生的习惯，它会让自己去除烦恼与犹豫，让自己重新认识自己，让身心得到磨炼与提升。说来也奇怪，写了这么多书，但自己有时提起笔来还是会感到惶恐，尤其是文思枯竭之时，没有了灵感的闪现，自己也受困于内心之中，这是非常难受的，就会突然生出自卑之感，好像自己一下子什么都不会写了，好像是自己在看自己的笑话一般，就那样傻傻地愣在那里，动弹不得。自己的自信心就会受到很大的打击，不知道如何写下去，那种恐怖异常的思绪就会袭来，让自己茫然无措，不知道应该如何下笔，不知道人生之路应如何去走。的确，自己原本是一个非常自闭、非常自卑之人，也是非常敏感之人，不会表达自己的情感，害怕被别人瞧不起，害怕让家人朋友受累蒙羞。总之，内心顾虑重重，这也影响了自己的写作。一个人如果不能够战胜自己，是很难坐下来静心写作的。写作的确是锻炼自己耐力与信心的一种方式，也是自我修炼的重要途径。人活一生，会有很多的经历和内心的想象，的确需要将之记录下来，留作以后的纪念。至少是对于自己的认知有了清晰的记录，对于自我有了更多更新的了解。自己要求自己要认真地写下去，写出自己的真实自我来，不能写那些虚假的东西。虚假的东西是对自己的欺骗，真实的东西才是最感动人心的。总之，坚持写作，记录生活，感动自己，感恩天地赐予我记录之手。

理解压力

面对压力，有时也会手忙脚乱，不知道如何是好，有时甚至食不知味、夜不能寐，苦苦求索而不得排解。但好在常常是将压力转变为动力，能够激发起自己不服输的劲头来，让自己冷静下来，认真地审视自己，找出究竟是哪里出了问题，并能够科学地应对，而不是一味地愁闷，去想象那些无谓的烦恼，那样只会给自己增添压力而已。在特定的时期，一定要保持镇定，要知道此时最为重要的就是相信自己，唯有自己才能拯救自己。要有一种坚韧不拔、敢于创新的精神品质，能够在危机之中发现机遇，抓住一切机会让自己奋起直追。这就如同下棋，棋局越是难解，自己反而越感兴趣，越是能够让自己得到锻炼与提高。当前，在疫情肆虐、国际形势严峻的前提之下，整体市场经济都有了一个大的调整，有了一个大的洗牌，如果不能及时地调整自我的方向，不能够寻找到一条新的发展之路，那就会面临大的危机。我们不知道前方会有什么在等着自己，但我们要始终相信自己，把自己当作自己的“神”，这样才能够战胜困难，赢得胜利。有时候，我们没有对现实危险的觉察力，总是生活在安逸自得之中，认为那些不好的事情不会来到自己身边，认为自己拥有取之不尽用之不竭的资源，这样就会让自己产生懈怠之心，认为一切繁花似锦，一切都是那么安然平和，对于危机失去了警觉之心，当问题出现时，人就会陷入进退两难的境地。我们不能坐以待毙，一定要直面问题，抽丝剥茧，创新创造，找出问题的关键点。正视问题和困难，才是解决问题的第一步。如果不能够冷静下来，只是盲目地悲观和乐观，那样是无法解决问题的。我们要静下心来，客观地认知自己和他人，正视问题的存在，在正确认知事物的前提下去找到解决问题的突破口，这样才能够占领处理问题的先机，才能够把危机真正转化为机遇。现实之中，我们要科学地分析事物，客观地面对问题，找到解决问题的思路和方法，要站在更高的层面上去看问题，充分认识到所有问题和困难的出现都是天地给予自己的考验，是让自己重新认识自己的机会，是一次对心性的磨炼。唯有不断磨炼自己的心性，才能拥有坚忍的意志，才能让自己不断成长。即便如今已经人至中年，自己也要把磨炼意志作为后半生的重要课题。人生难得几回搏，现在不搏更待何时？很多时候，我们习惯于安逸之所，这是大多数人的向往，但所谓的安逸并不会给自己带来发展，带来刻骨铭心的记忆。当你什么事都不做之时，你就会感觉到非常无聊，没有了上进之心，没有了向上的勇气，没有了目标，这样人是会发疯的，这样的生活是没有意义的，这完全是对自己生命的极大浪费。我们要看清事物的本质，要知晓现在才是自己最大的机会，也是自己最大的幸运。要感恩现在所拥有的一切，要乐观地接受所遇到的一切，这是一生之中最为辉煌的时刻，再也没有比现在更好的时候了。要学会知足和感恩，要学会谦卑与平和，静静地去寻找生命之途，去发现自己未知的领域，去感知人心之中最为珍贵的东西。很多事情也是奇怪，唯有在某种特定的境况之下，自己才会有如此深刻的感知。相信自己，理解自己，提升自己，用勇敢与创造来开创更加美好的未来。

回望生活

看到书桌上摆放着自己前几日出版的新书《心向阳光》，不免总是翻看几页，闻一闻书香，摸一摸新印的一行行文字，内心也有了无限的满足之感。的确，四百多页的厚厚的书籍摆在自己面前，内心产生一种由衷的自豪之感。这本书是自己对于生活的记录与总结，是对生活的感知与分享，也是对自我的剖析与引领。总之，写书对于自己来讲是一种非常好的习惯，不求能够被多少人看到，因为每个人都有自己的生活习惯和生活感知，每个人对自我的觉知和理解都是不同的，不能拿自己的认知来引领别人。我总认为写作是对自我的认知和总结，是一种自我世界观的展现，没有必要把自己对于外界和自我的认知强加在别人身上，自己还是要清醒地认识到此点。但无论如何，对时光的记忆和对生活的分析都是必不可少的，因为我们每天都要处理很多的事务，都要经历很多的事情，都要与不同的人去交流，都要打理好自己的生活，都要做好人生的抉择。因此，学会反思和总结就显得尤为重要了。如若我们不去反思与总结，那么自己所有的认知和感受都会是零碎的，是不系统、不完整的。并且，以后回忆时也记不起来了。即便是自己有超强的记忆力，但毕竟还是没有那么形象和深刻。因为很多事情只有你亲临现场，并能够及时记录下来，那样的体验才是鲜活的。如若不然，事过境迁，再凭我们的记忆去记录的话，可能就没有当时那种感觉了。我很享受生活中的每一个过程，无论酸甜苦辣皆是自己生活的展现，皆是自己人生的一部分。我们总是说要“不枉此生”，那么到底怎样才是“不枉此生”呢？可能每个人的认知皆有不同，我认为要想“不枉此生”就应该关注自己生活中的点点滴滴，把生命中的每一个瞬间当作是永恒，能够真正理解其真实意义，能够给予自己更多的启示，并能够从中学会很多的知识，让生活开悟自己，让生活引领自己。无论生活是如何的不堪，都要把它当作是人生最大的福乐、最大的收获、最难得的记忆，这就是我所理解的生活的本质。理解生活就是要让生活发光，能够始终让生命在光明中前行，要始终相信自己，千万不能否定自我。因为无论是在精神层面还是在物质层面，我们最大的依靠就是自己，天地给予我们的最大宝藏就是自己。没有了属于自己的这颗心，一个人就什么都不是，也不会经历所遇到的一切。一切皆在于我们自己，所谓的机遇也好，贵人也好，时机也好，皆是自己不断争取和努力的结果，皆是自己积累的因缘所产生的必然结果。无论在任何时候，千万要记住，自己才是自己人生的主宰。我们要重视自己，自己的生活本身就是一本绝无仅有的书籍，是无与伦比的精彩的篇章。你必须认识到这一点，你是这个世界上独一无二的存在。很多时候，我们不太重视自己的生活，感觉每一天都是稀疏平常的，没有什么值得重视之处，即便是想着这一天做出些什么成绩，也感觉是遥不可及的，是无法实现的，是需要经过一个漫长的过程的，感觉现在时机还不成熟，还需要一个不断完善自我的过程，好像潜台词就是你不可能在今天做出什么成绩，也不可能有什么新的发现；并且还搬出很多很多的理由来证明此点，比如说“我上次做了同样的选择，结果没有做成功”，“上次我就遇到了同样的问题，也没有把它解决好”，“去年我们就做好了计划，却没能够实施成功”等等。诸如此类的说法简直把你的大脑弄晕了，不知道这最终的结果到底是什么，不知道如何去调整我们自己，不知道成功什么时候会到来，那种既奢望又害怕的感受充斥着内心，让自己也是焦灼不已。这的确是一些错误的认知在指引着自己。试想如果不敢去尝试，不敢去追求，又怎么会有希望呢？虽然希望不一定会成为现实，但如果没有希望，人生就会黑暗一片，就不可能有自己崭露头角的那一天。很多的收获和成就就是在今天发生，每天都是能够让自己收获满满的，要充分地相信这一点，无数个昨天都是有自己的所得，无数个今天都是自己的因缘，天底下没有什么是不可能的，这本身就是自然规律所使。

不忘学习

每天早上五点起床，这已经成了习惯。尽管如此，自己还是要把手机闹钟定好，加一个双保险，以防自己早上起不来，耽误了每天早上六点开始的晨读课。虽然每天的晨读没有谁来要求自己，但人总归还是要有人提醒和督促的。小李老师每天的晨读早课都安排得很妥当，课程主要以英文视频片段为蓝本，把其中的语句和单词挑出来，让我反复看、反复读，她也会领读，这样的学习方式很不错，让我这个“英语盲”逐渐找到了感觉，并逐渐从畏惧到接受，再到喜爱；从小片段到大片段，再到整篇，在阅读方面从不顺畅到顺畅，哪怕是生的单词和语句，也能够把它大致读下来。虽是通过手机视频学习，但自己也适应并喜欢上了这种生动形象的学习方式。另一方面，通过学习，自己也敢于用英文与人交流了，虽有些生疏，说起来磕磕巴巴，但总归是不再畏惧了。敢说，是学习英语的第一步。另外，通过每天早起学习，自己养成了早起的习惯，也感受到了早起的重要意义。那就是一个人精神的带动，是一个人努力向上的一种表现。通过早起，我也发现了许多的早起之美。看着朝霞逐渐突破黑暗，慢慢把黑夜打破的场景，内心是非常激动的。尤其是太阳如火一般从东方慢慢升起，那种昂扬的、向上的、辉煌的状态让人不禁兴奋起来。那是新的一天的启动，是新生命的诞生，是对内心的唤醒，能够引领着我们不断前行。我很是喜欢早起的感觉，能够让自己每天收获满满、快乐满满。回想从前，自己可不是如此，尤其是去年的某些阶段，自己因为应酬不断、经常熬夜，整日昏昏沉沉、无精打采，生活、饮食都不规律，加之对自己要求较为松懈，所以自己很是萎靡，失去了原本的进取之心，就像是变了一个人一样，变得自己也不认识自己了，变得很是消极，没有了活力。加之久坐桌旁，整日腰酸背痛，四肢乏力，这就是“越不锻炼，就越不想锻炼；越是不动，就越懒得动”，这样就会变得异常消极，内心不能够真正安定下来。由此可见，再坚强的一个人，如果不去长期锻炼与坚持，那么他也会变得弱不禁风，软弱无比。这样是非常有问题的。如果一个人丧失了进取心，丧失了向上的勇气，变得缩手缩脚，随波逐流，不敢于面对问题、挑战自己，只能浑浑噩噩地度过一天又一天，这样是对人生极大的浪费。我们还是要沉着冷静，要客观反思自己，找到自己的不足之处，并不断地加以改正，学会给自己定目标，能够逼自己一把，不断挑战自己、提升自己、警醒自己，培养一颗勇敢和坚持之心，去赢得人生的大成就，找回曾经斗志昂扬的自己，把每一天安排妥当，能够利用一切可以利用的条件，在自己擅长的领域中做出自己应有的贡献，这的确是一件非常了不起的事情。虽说生活中没有什么惊天地泣鬼神之事，但如果能够长期坚持做好一件小事，相信我们就一定能够赢得人生的辉煌。要充分相信此点，因为所有的大成就都由小成就积累起来的。要学会检视自己，学会找出自身所存在的问题，让自己拥有超越之志，拥有创造之趣，在生活中不忘初心、不断思考、努力创造，想着自己的目标不断前行。唯有如此，自己才能够拯救自己。所以，虽是一个小小的晨读课，但其中也大有乾坤。一个人一旦焕发了某种精神，他就能够做出大的成就。对于这一点，我深信不疑。回顾人生过程中的点点滴滴，自己也是失去了自己的青春年华，有了许多的遗憾、委屈和无奈，但也有了许多的收获。最令自己欣喜的是进取之心没有失去，能够明白自己要靠自己，要对自己有更高的期望和要求，能够从身心的培养开始，让身心能够与人事物相应，把握住人生发展的规律，能够想着一个目标前行，这是我备感自信的一面。无论如何，人生不能忘了学习和反思，不能忘了提升自我的能力和素养，唯有如此，才能收获人生的幸福快乐。

天生我才

有一种情况就是平日里写的文字自己总是不满意，感觉自己写字没有章法，也从来没有临摹过什么帖子，好像自己写的字只有自己能够看清，别人很难辨别，这可能是因为自己写字没有按照书法体去写。字自己倒是写了不少，但谈不上写得好，尽管每天都在写，但提起写字自己还是没有自信，总感觉自己还欠缺很多。总是羡慕于别人的字写得如此之好，然后自疚于自己的字写得如此之烂，这的确是自己的一个心结。可是要拿自己的字让别人看，评价都是“很好”“龙飞凤舞”“形体流畅”。自己不禁有些沾沾自喜，产生一种自我满足之感。但这种感觉是不实的，自己知道自己写的怎样，那只不过是“糊弄人”罢了，自己也知道怎么回事。一直以来，自己对于自己的字体总是没有什么自信，也没能够耐着性子去学，结果导致了现在很少有人能够看清自己的“龙飞凤舞”，只有公司文案温柔才能够看清自己所写，不管自己写得如何之草，她都能够辨别出来，这的确也需要一定的功力。我有时在办公室看她把我所写的文章放在电脑里，为了便于辨认，也会把字体放大了来识别。如果字体太小，可能有时就连自己也辨别不清吧。无论如何，写字的习惯已经养成了，无法在短期内加以改变。它是长期养成的写字习惯，看起来这一生也只有与自己相伴了。虽说如此，但自己也有新的发现，那就是写字的时候可能自我感觉不好，但如果写完过了两三天再回过头去看，你还别说，还是很好看的，颇有一种大师的风范，整篇看下来有一种名家草书之感。所以，有时候我也在想，从不同的角度去看待事物，一定会产生不一样的结果，这跟看自己写字是一样的道理。当时自己没有什么感觉，但事过境迁，再回头去看，就会有不同的感觉了。那种洋洋洒洒、笔走龙蛇之感的确也会让自己内心的郁结打开，让自己有一种飘飘然之感。所以说，任何事物处于不同的时空，便会产生不同的意义，也会给人不同寻常的感觉。这种感觉是自然的，是对自我的一种全新的认识。所以，无论是认识自己还是认识他人，都应该放在不同的时空中去看，每个人都会有自己的性情领地，都会有适合自己生存的土壤，如若能够合理地安置，那一定都能够闪光发亮，都能够成为自己心目中的英雄。每个人都要找到自己的定位，要坚持自己的风格，不要对自己一直抱着一种怀疑的态度，要充分认识到自己的不足，更应该看到自己最为优秀的一面。很多时候，我们对自己的认知是片面的，是不足的，不能够客观公正地看待自己，总认为自己这也不行、那也不行，这也不好、那也不好，到头来没有了进取之志，没有了努力之心，人也就真的颓废下来了，就会完全没有了自信。一个人如果没有对自我的客观认知，不能够坚守自己的本心，没有了继续前行的信心与动力，那么他就绝对不可能抵达自己理想的彼岸。一个人要想成功，首先就要对自我充分地认可，要找到自己最优秀的一面并充分发挥出来，也就是找到自己能够与外境和谐共生的最佳结合点，把自身的能力、优势与外在条件充分匹配，找到能够展示自己的舞台，充分发挥出自己的潜质，这样我们就能够为人所瞩目，就能够创造出自己的一片天地。很多人不成功不是因为没有这个能力，不是因为自身没有优点，而是因为自己没能够找到展现自我价值的最佳匹配点，没能够找到适合发挥自身能力的舞台，一直在做那些不适合自己的事情，这样就会把自己的才华埋得越来越深，直到把自己的优势消耗殆尽，这就是问题之所在。我们要找准自己的人生定位，明确自己的优势在哪里，要把自己的长处充分发挥出来。生活的本质就是在找到适合自己成长的热土，能够在属于自己的领地上去开创属于自己的事业，哪怕是刚开始并不显眼，也要坚守前行，不断寻找与创造，相信总有一天会自然花开，成果显现。天生我材必有用，天生于我必成就。

机会再现

要学会从危机中找到突破点，真正做到化危为机。也可以说，每一次危机的出现正是改变自我的大好时机。近三年来疫情还在时断时续地发生，动不动就给我们来一下“静态”，这的确是现实中的无奈。近几日自己也处于“静态”之中，能够独自静下来思考，能够有时间去做一些总结，这的确是一件非常重要的事情。一些平日里还未来得及独自考虑的事情，自己如今都可以安静地考虑考虑，能够深入地领悟其中的道理，能够重新燃起抗争的勇气，能够对自己有重新的认识。也许正是因为有了这个时机，才有了人生的另一番天地。纵观前半年的生活，有创造，有突破，有进步，但也难免有低落，有徘徊，有纠结，有无奈之时，自己对于自己的认知有一定的偏差，对于自己的管理也有一定的问题，但无论如何，感谢经历，让自己重新认识了自己，对于自己有了新的发现，无论是好是坏，是喜是悲，是优是劣，这都是一种难得的经历。我认为自己的爆发力还是很强的，自己的抗压能力和耐受力也是很强的，不会为了某件事而整日纠结不清，也不会因为一时的困扰而失去自我，每一个阶段都能够平安度过，每一次前行都会有一个更新的起点。我们一直在路上，在向着梦想不断前行。平日里我们不能感知到真实的自我，皆是在莫名的狂热和热切的交往之中来抬高自己，实际上这是微不足道的，是不能够看到真实自我的。我们被障壁所隔离着、敌对着，看不到在黑暗中的身影其实是伟人们充满力量的展示，这就是生活的本质。生活的本质就是在认清自我与现实后依旧能够傲然前行，能够用自己的思想和行为去引领自己独有的人生之路。学会思考吧，它会让人生变得厚重，让我们在某些纷乱无序之中找到幸福之路，在哀愁苦闷之中找到舒畅与快乐。我们要有这种功力，要学会等待，要有足够的耐性，这样才能成为生活最大的契合者。生活之中没有些许的压力是不行的，那样就不能让生活出彩，不能够激发自身的潜能，不能够实现自我的价值。如果没有对自身的要求，人也就真的成了无序无望之人，就没有了超越自我的勇气和信心，就没有了那种奋斗的激情和突破自我的欲望。所以，要敢于面对现实中的一切，要把这一切当作是快乐之因、收获之因。有了它，人生的灿烂就此开始。一个人的伟岸和坚毅就是在困难之中锻炼出来的，是在没有希望之时凝聚而成的，看似没有希望，没有收益，实则都是最大的收获，它能够改变自己的性格，能够让自己冷静地思考，能够给予自己更多的关切和鼓励，能够让自己在最为激烈的思维碰撞之中去领悟人生的真谛。所以，要把所有的压力和不幸当作是生活的必然，哪怕是看似无解之处，也会有可以破解之时。要充分地发挥自己的聪明才智，在烈火与炼狱之中去锻炼自己，要为有这样的机会而感到无比荣幸，为自己的努力而鼓掌欢呼。即便有时会产生困扰和畏惧之感，但这种机遇是难得一见的，它能够让自己觉悟，让自己领悟到生命的本质，那就是在不断地破解难题之中得到成长，在无奈与无助之中得到帮助，自己救赎自己，这是生活教给我们的一把解决所有问题的金钥匙，是一种最大的给予的出现，它能够让自己从安乐窝里警醒，能够让自己更清醒地认知自己。这是一种让自己实现蜕变的机会，要正视它，把它当作是自己前行中的助力，要为自己感到庆幸，好好地利用这个机会，让它发挥出最大的价值来，真正在生活里让自己有最为清醒的认知，让自己的内心磨炼得更加坚强，让自己的大脑变得更加活跃和富有激情。这一切都来自于人生之中最大的困境和磨难，它才是能够引领自己走向光明、自由、自在的最大神力。要感谢生命所赋予自己的一切，学会愉快地接受所谓的不愉快，让自己在任何境况下都能够勇敢以对，并从中创造出人间最大的奇迹来。

人生如棋

有时候你不努力一把，你就不知道自己的潜力有多大。很多时候我们总是哀怨自己命运不济，总是感慨生活的艰辛和机会的难遇，总是羡慕别人拥有的机遇。回想自己总是哀叹连连，好像自己是生活的弃儿一般，那种莫名的委屈和现实的压力令人喘不过气来，不知道如何能够达到和别人一样的成就，如何能够让自己生活在平和、安乐、富有之中，能够享受到别人没有享受过的福乐，总是盼望着那种无忧无虑、自由自在的生活状态，总是希望能够轻松地把握自己的人生。其实哪有那么轻松和自在？轻松和自在不过是自我心态的调整和对现实的把握而已，你所认定的痛苦不见得真是痛苦，你所认定的快乐不见得真是快乐，所有的存在皆在于自己的理解而已。理解方式对了，人生就会轻松不已；理解方式错了，就会错上加错，让自己陷入情绪的旋涡之中难以自拔。不同的内心向往和对于现实不同的理解，就会产生不一样的结果，就会有不同的情绪表现。所有的情绪表现皆是对自我的认知。认知能力是一个人能否驾驭生活的前提，要学会客观地认知自己和他人，能够明确感知到现在处于一种什么样的状态之中，能够清醒地认识到自己应去做什么、怎么去做，能够从中找到最科学的方式来做。如果不能够正确地认知自己和他人，不能够客观地规划自己的生活，那人生将没有希望。对于连自己都很难把握之人，又能够去做些什么呢？那样的人是不能够左右自己行为的，也是无法掌握自己命运的。所以，我们一定要自信起来，要对自己有信心而不是患得患失、犹豫不定，要主动出击去争取最大的效果，要在逆境之中找到向上的方向，要学会引领自己的内心，这样我们才能够取得事业的成功。遇事要冷静，处事不惊慌，始终保持一个清醒的大脑，能够明辨方向、把握重点，始终让自己走在一条正确的道路上，这样的人肯定是能够获得成功之人，是能够获得大圆满、大自在之人。因为他有一颗坚强之心，因为心的伟大决定了人的伟大，决定了所从事的事业的伟大。反观自身还有很多有待锻炼和提高之处，还有一些患得患失的思想，遇事总是把它往最坏的方向去想，总是被眼前的现象所迷惑，总是有一种畏惧之感，面对那些棘手之事总有一颗想逃避之心，不想或是不敢面对某种境况，总是选择性地去做事待人。人一旦有了这种患得患失之心，就会不自在、不安然，就没有了内心的定力，做起事来就会顾虑重重，就像是阴云密布、泰山压顶一般，完全没有了那种轻松之感。这也是一种不成熟的表现，是不能够把握自己的表现。真正的把握就应该是洪水猛兽不畏惧，泰山压顶不弯腰，能够用智慧与勇敢去面对，能够自信满满、快乐满满。唯有如此，我们才会有力量和机会，才会有更多的智慧和能力去解决。我们不能还没有遇到事情就愁眉苦脸、畏首畏尾，那种忐忑和犹豫之心能够把人捉弄得够呛。这是完全没有必要的。本来人已经很是疲倦了，如果自己再给自己施加压力，那就更是压力重重。我们要学会释放压力，那么应该如何去做呢？首先还是要用奇思妙想去找到更多的解决方法，与其发愁苦闷，不如轻松放下，唯有轻松当下，才能轻松获得。这既是规律，也是现实对我们的安排。所以，面对疑难问题，要发挥我们的创造力，找到解决问题的最佳方式。既要看到问题的实质，也要找到解决的办法。这个过程的确是锻炼人的最为必要的过程。对于某个问题，我们可能会百思而不得其解，但是如果能够不断地去寻找突破口，总归会找到一个解决的办法，到了那时我们就会有一种“山重水复疑无路，柳暗花明又一村”之感，那种茅塞顿开的感觉令人畅快无比，那是一种特别的难以忘怀的喜乐之感。如若被表面的困难所吓倒，不能够正确地认知事物，就会有很多的烦恼出现，就会有许多的焦虑、苦闷出现。世界上的事情还真是奇怪，我们越是害怕什么，就越是会出现什么；越是逃避什么，就越是会碰到什么。要学会客观看待，坦然接纳，积极处理，这样人生就会如同一盘非常有趣的棋局，我们就一定能够获得圆满的结局。

照亮前程

今天已经写了近五千字，打破了自己每天写作的最高纪录。不知怎的，总是有些话要说，有一种想要一吐为快之感。原本自己不是一个乐于表达之人，很少会滔滔不绝地讲话，也很少用文字来与人分享。与人交流，吐露心声，畅谈生活，的确会让人收获很多的快乐。很多事情如果一直憋在心里，无法吐露，抑或是不想分享，就会对自己的精神状态产生影响。人是靠交往而活在世上，每时每刻都要与人交往，即便是用文字去表达，也是人际交流之中最为重要的一环。如若没有畅通的交流机制，没有能够与人交流的方式，那么这个人就会变得苦闷甚至绝望，就不会拥有快乐的生活。真心交流是一种技能，也是一种本能。我们生活在社会中，免不了要与他人打交道，无论是自己的家人，还是社会上接触的每一个人，我们都要与之交流。学会交流也是赢得别人关注与关爱的最重要的途径。有了好的交流，就如同点燃了一盏明亮的灯，它能够指引我们走向人生的美好。每个人都要学会与人交流，能够通过交流而互相认知，进而产生心灵的共鸣，能够互相尊重与帮助，让彼此的生活变得顺达美好，这的确是与沟通交流分不开的。生活就是一个互相交流的平台，有了这个平台，每个人都会找到自己的归宿，都能拥有了解别人的窗口，拥有彼此携手的可能。在社会交往之中，无论对方高低贵贱，都要做到一视同仁，尤其是那些平凡之人，更应该得到关注与尊重，因为他们在用心去生活、用心去工作，甚至做了很多又苦又累之事。我们要提升自己的怜悯之心，给予他们更多的关注，更多的关爱与尊重，让这个社会更加和谐、安定，这样社会这个大家庭才会更加温暖而美好。儿时自己少不更事，总是感觉自己生错了地方，应该生在一个富贵安乐的家庭里，那样起点就会很高，就不会受那么多的磨难，就会做任何事都顺风顺水，没有任何的波澜。这真是极为错误的认知。所有的存在即是自己最大的造化，即是能够让自己不断发展的起点。拥有了现在的自己，才有了未来更多的可能。正是因为遇到了这些问题和困扰，自己才会变得更坚强、更包容，更能够体谅他人，这是一大收获。同时，正是因为遇到了现实中的一切，自己才能够得到锻炼与提升，才能够不断完善自己、成就自己。谁都离不开现实，现实才是我们进步的最大助力。要努力接受现实、认可现实、尊重现实，不怨天尤人、不胆怯退缩，朝着既定的目标奋勇前行，去实现自己伟大的梦想。现实之中，我们最容易忽略的就是对自己内心的调整，要在不同的角色之间进行转换，既是领导、员工，又是父亲、儿子，这种转换是对自我的一种锻炼，也是对自己适应能力的一种检验，看自己能否把事事都处理得认真、圆满。这一点是非常重要的，它不仅关系到自己的社会适应能力，更重要的是对于不同角色的理解。能够迅速地转换身份，扮演好每一个角色，这是相当不容易的，需要我们具备高度的自治力和灵活性。相信自己能够担当得起，任何时候都要相信自己，因为你的人生是由你自己来描绘的，要不断鼓励自己、培养自己、引导自己，给人生交上一份完美的答卷。很多时候我们把自己隐藏得太深，没有给自己展现自我的机会，没有充分地挖掘自身的潜能，没能够给予自己足够的重视，把自己当作可有可无之物一般，在利用自己为自己做事之时，往往容易指责自己，认为自己这也不行、那也不行，结果把自己的信心给毁掉了，这样就成了唯唯诺诺的可怜虫，成了连自己都嫌弃之人，好像自己一无是处，做不好任何事，也不可能实现自己的梦想。如此这般的认知实际上是把自己完全否定了，这样自己就没有了获得幸福的基础，没有了走向成功的信心和勇气，整个人就如同死去了一般，是没有任何希望的。我们要做的就是要唤醒自己内心的梦想，为身心注入能量，让自己每天都信心满满、勇气满满，用智慧、爱心和创造去点燃生命之炬，照亮自己的前程。

自信生活

自信心的培养对于每个人来讲都尤为重要，有了它，人生才真正有力量。现实中，我们在生活和工作中碰壁多了，自信心就会日益减少，就会越来越感觉人生中有很多难以控制的东西，自己无法左右自己的人生，无法去决定人生的成败，人生的福祸喜悲都不是人力所能控制的，那都是天意，都是跟自己的所谓信心无关的东西。表面上看此观点是正确的，但实质上这是有问题的，是在为自己的不努力找借口而已。一个人的信心如何，决定了其主动性和坚持性，决定了其是否能够成功。如果我们对于自己有足够的信心，对于自己的发展有明确的目标，能够完全按照既定的规划去做事，能够踏踏实实地去做积累，能够矢志不渝地去坚持，那么我们就一定能够收获成功与幸福。最可怕的就是即便对自己有信心，但不能够长期坚持，不能够脚踏实地地做事，不能够认认真真地执行，那样是永远无法成功的。唯有充分而踏实地去落实，才会有成功的可能。一个人如果没有自信，是不可能成功的；有了自信而不能踏实做事，也是不可能成功的。唯有把自信和踏实努力相结合，才会真正取得成功。很多时候，自己不自信的原因是因为不相信自己能够成功，对于前景表示担忧，对于最终的结果没有把握，害怕自己没有成功会怎么办，内心有一种患得患失之感。有时候越是这样想，心里就越是发毛，越是担忧，这样忧虑不已、担心不已，事情就真的发生了，这就是墨菲效应的现实展现。那么面对未知的结果，我们应该用什么样的心态去对待呢？本人认为还是要沿用毛主席的教导，那就是要“在战略上藐视敌人，在战术上重视敌人”，要学会制定解决问题、实现目标的具体规划。这个规划越具体越好，每一个实施细节都要考虑到位，并且能够不断完善，认真实施，拿出具体的路线图来。相信只要我们认真待之，就一定能够取得最终的成功。成功不是期望来的，而是脚踏实地干出来的，要把想法变成计划，把计划转化为方案。制订切实可行的方案是实现最终目标的前提。我们要精心地研究、认真地分析，不断地归纳和总结，这样思路清晰了，一切就都好办了。要想有一个比较好的结果，就要把信心和方法结合起来。信心是基础，方法是妙用。只有信心，没有方法，是不会取得成功的；只有方法，没有信心，也是不会有好结果的。所以，还是要学会尊重自己、认可自己、接纳自己、培养自己，不断地拓展自己的思维，提升自己的认知，学会用海量之心去待人对己，把生活当作是自我学习的大课堂，在生活之中不断地汲取能量，客观地认知自己，充分地理解自己、包容自己、提升自己，不要妄自菲薄、自暴自弃，要学会自己鼓励自己、自己教育自己、自己尊重自己，这才是自信的基础。自信不是盲目地认可自己，狂妄地认知自己，它是有基础，是我们日常锻炼和培养的结果，是通过日常的工作和生活不断总结的结果。一个人如果没有自信，就相当于失去了成功的前提。自信才是成功的基础条件，有了它，我们的事业才有了基础保障。方法的选择尤为重要，它是成功的路线图，是我们取得成功的必备条件。有了信心，有了方法，剩下的就是认真执行、不断坚持，这是非常重要的。有了信心和方法，再加上不断地坚持，美好与幸福就会来到我们身边。

响应号召

为响应郑州市政府的号召，在疫情突发期间，小区实行了静态管理，只能在小区内活动，不能出小区，原则上足不出户。本次新的变异病毒真是来势汹汹，已有多个小区被严格封控，甚至有些已被划为中风险区，最后整个城市都实施了静态管理，由此可见传播的风险有多大。虽说被封在小区有很多不便之处，但比起那些有病例的小区，这已经相当不错了，那些被划定为风险区域的居民连下楼活动都不允许。没办法，为了防止病毒外溢，只能采取这样严格的管控措施，唯有如此，才能有效防控。可想而知，如若整个城市都处于静态管理，那将需要政府付出多么大的牺牲，除了制定防疫政策，提高应对策略之外，还要保证居民生活物资供应充足，每一个细小的方面都需要重视起来，并且要安排到位。可见，做什么工作都不容易，也都会有不尽如人意之事，这就要求大家互相理解、互相体谅，能够理解政府的良苦用心。希望疫情能够早日结束，人们的生产生活尽快恢复正常。的确，现实之中有很多的变数，有时你不知道会有什么事情发生。面对突如其来的变故，我们应该保持平静处之而不惊的内心，因为现实社会总会有某种状态的出现，无论是国际的还是国内的，这个世界永远处于变化之中，我们无法完全去预测它，人生的无常也正是如此，不知道今天会如何，明天又会如何，也许会有许许多多的变数，会有我们意想不到的结果出现，无论这个结果是什么，我们都要保持一颗安然处之之心，要客观冷静地去面对，始终相信自己，相信自己能够不断地进步，不断地理解与提升，把内心变得异常广博，这是生活促使我们必须去做的，也唯有如此，我们才能拥有一颗平和安守之心，才能生活在安然福乐之中。不要刻意地强求些什么，要顺遂自然，又要不甘于现状，要学会改变自己的命运，如若逆来顺受、唯唯诺诺，那就失去了自身的价值。还是要做些事情，做出一些于人于己有益之事，把自我的价值推进作为生命的动力，在平凡的生活里创造出不平凡的业绩来。要时刻保持顺应变化的同时，还要能在变化之中求发展，在变化之中求福乐。很多事情都有两面性，有其不利的一面，也有其有利的一面。如现在这几天正是因为在遵照社区静态管理的指示，留在家中不能出门，但这也是好事，能够给予自己更多思考的机会，能够对自己的工作做出科学的规划，能够不断地思考一下自己的生活，能够针对目前产业发展的情况做出合理的预估，能够不被现实的困难所影响，不断找出一些新的产业发展的突破口，并且让它更能够符合现在的实际，有针对性地做出指导和规划。的确，市场经济的规律就是变化，我们要针对这种变化而不断调整自己的战略战术，从而及时地把握每个时期的发展规律，有针对性地制订运营计划，让自己的思维和方法能够跟上时代的发展变化，唯有如此，才能抢占先机，永远立于不败之地，让自己的产业发展走上一条健康的大道，这的确是化危为机的最好时机，是我们必须得把握的。在现实之中，千万不要抱怨世事的变化如此之快，也许正是因为这种变化，才让我们拥有了更大的发展机遇，摆脱了原来条条框框的桎梏，能够让自己在一个更大的范围内去思考问题，让自己的思维更跳跃，让内心更有创意，这种变化的最终结果就是能够让自己找到更好的发展机会，能够让自己的思维上升到一个更高的层次，让自己收获更多。千万不要害怕变化，也不要抱怨诸事的不顺，不要畏惧未知的危险，也许正是因为这些改变与危险的出现，才给自己带来了新的发展机遇。我们要顺应这种变化，把握这种变化，把这些变化都当作是千载难逢的好机会，当作是自己二次发展的机遇。机遇是难得的，我们一定要学会经营自己，学会在特定的时期引导自己，把自己引领到一个更能发挥自身能力的地方去，让事业的发展更加迅速，让成功给予每个人以安乐和幸福。

实现过程

时光飞快如闪电，从早上五点起床到现在下午三点，好像是一眨眼的工夫。总是想着每天多做些事情，能够让前行之路畅通无阻，让心中的梦想转眼之间都变成现实，宁可用尽全身力气，也要让自己迈入辉煌无比的殿堂。的确，有时那种追求自在福乐之心还是很盛的，总是有一种想法，那就是早日实现自己的梦想，早日能成就自己的一番伟业。这种愿望我想每个人都会有，每个人都会有自己对于美好人生的向往，都会有自己短期、中期、长期的规划，都会有自己昼思夜想的美好蓝图，那种热切焦灼之心是相当炽热的。梦想是一种愿望，但只有愿望是不行的，要想把愿望转化成为现实，需要付出很多，需要我们用全身心的努力去争取，成功之花需要我们用心血与汗水去浇灌，唯有如此，我们的梦想才能够得以实现，我们人生的宏伟蓝图才能描绘出来。我们不仅要有自己的梦想，更要有去实现梦想的人生规划和实践，离开了规划与实践，梦想是不可能实现的。当然，这一切的前提就是要有自己的梦想，要敢于造梦，要拥有实现梦想的勇气与能力，这是第一步。其次，就是要围绕此梦想来不断地规划，让它符合实际，也就是说既不能好高骛远，又不能过于低下，要始终把握一个度。这个度就是指它是完全符合实际的，是自己努力后能够完全实现的，并且能够非常符合自己现在的实际情况，是切实可行的，这是制定和规划目标所必备的。任何时候都要抱着求真务实的态度去面对所有，在自己力所能及的前提下去努力实现目标。当然，所谓的力所能及标准也是不一样的，无论如何，要在适合自己实际情况、在自己既有能力的基础上去拔高，这是实现目标的现实需要。第三个方面就是要规划实现的线路图，能够把这一线路图规划得清晰明了，并且非常细化，细化到每一个步骤，千万马虎不得，每天都要为此目标的完成而努力，去完成一个个细化的目标。第四个方面就是认真实施阶段，这个阶段是最为重要的，能够把每天要完成的目标都圆满完成，不能有任何的推托之词，每天都要给自己做交代，每天要有自己的工作总结和完成后的建议，并能够在实施细节上精益求精，绝不能敷衍了事，那不是糊弄别人，而是在糊弄自己，那才是真把自己当傻瓜来欺骗。不能真抓实干，不能够深入其中、高质量地完成现有的工作，那的确是对自己的愚弄。很多人就是因为在执行力上出了问题，想法和计划都是很好的，但就是在细节上出了问题，有句话说得好“细节决定成败”，你不注重细节，细节就会在重要事情上愚弄你，最终让你功亏一篑。这就是问题之所在。所以，还是要在日常工作中踏踏实实、尽心尽力去做好自己的事情，要牢记所有的成败皆在于自己是否用心去做。一个人用心与否，其结果往往是天壤之别的。第五个方面是要长期坚持，我们为了目标去努力，并不是说短期努力就能达到的，还需要长期的积累，需要我们持之以恒地去努力。如何能够做到长期努力呢？那就要养成一个不断坚持的好习惯，要做好长期努力的准备，不能被一时的挫折所吓倒，不能盲目自大，好像自己已经够努力、够坚持了，成功应该早就来了，梦想应该早早就实现了。做好一个阶段不算是好，能够长期坚持才是真的好。如果我们在一个阶段内的努力没能够达到既定的目标，我们一定要认真总结和反思，看我们在哪个方面存在问题，绝对不能听之任之。认真地总结和反思是成功的必备，要学会及时检视，发现问题及时解决，绝不能掩盖问题，要把解决问题当作是前进路上的法宝，通过解决一个又一个的问题来消除自己前行路上的一个又一个障碍，这样自己的信心就又增加了。往往我们不能坚持的主要原因就在于失去了信心，不能看到自己的成绩，也不能看到问题之所在，这样一直在迷茫之中去工作，是不能够长久的。成功需要一步步来，在每一天、每个阶段中去发现自己的潜能与优势，要看到自己的成长与收获，并且清楚自己处于成功过程中的哪个阶段，每个阶段都是清晰明了的，这样成功也就离我们不远了，我们就会看到前方胜利的曙光。如若再坚持努力一下，就一定能够抵达理想的彼岸，从而实现自己心中的梦想。

认识变化

昨日小区例行核酸检查，发现一例阳性病例，今天早上业已确诊，这样给本小区解封的希望之火浇灭了，带给小区居民的是更多的遗憾。真是世事难料哇，谁都不知道会有什么事降临到自己身上，不知道怎样才能左右自己的命运。可能生活本身就是一个未知数，带给你的是许许多多的谜，让你应接不暇。谁都无法左右生活的突发变故，有时你越是不想让它发生，它越是会发生，它是不以人的意志为转移的。面对诸多偶然事件的发生，我们能做的就是接受和转化，要变不利为有利，变被动为主动，只有这样才能真正找到自己的所得，才能让自己的内心平静下来，让自己能够反复思考自己的生活，能够找到让自己安乐的地方。现实之中这样的例子有很多，我们每天都生活在偶然与必然之中。能够按照自己的意志去生活，是一件非常荣幸之事。如果时时处处忤逆，那就要考虑自身和环境了，就需要认真地分析一下容易出现问题的原因，最大限度地调整与改变它。的确，现实之中充满了无数个变数，有许多的可能性存在，所谓的人生无常便是如此吧，就像是本来自己计划每天写出四篇文章，结果因为杂务繁多，没有时间，连一篇都没有写完，这的确是令人遗憾的事情。这就要从自身找原因了，看看是否是因为自己计划不周而引起的问题。很多时候自己总感觉时间够用，可以完成许多任务，认为自己很快就能把事情做完，结果才开始做事，就有了其他事情；即便是没有事情，自己也会推托，想着不能那样辛苦，不能完全把时间放在工作上，还是放松放松吧，结果就导致任务没能按时完成，那种羞愧与悔恨之情就会涌上心头。这的确是一种循环，有时想改也改变不了，完全形成了惯性。自己有时也会为此而感到痛苦，不知道怎样才能不受其他事物的影响，能够按照既定的计划去工作，能够圆满甚至超额完成任务，这的确是自己梦寐以求的事情。可能这只是一种想象而已，因为我们不知道今天还有什么事情等着自己，但也不能因此而否定自己的愿望，我们还是有办法、有能力去面对的。这就需要我们去做出科学的规划。即便是有很多意想不到的事情出现，自己也不能悲观失望，不能让其他事情打乱了自己既定的计划。因为每天都会发生很多事情，每天都会有新的事物出现，这是正常的，我们不可能预知明天会发生什么，也不知道自己的人生将会遇到什么，但正因如此，人生才充满了神秘感，才能让我们及时调整自我，不断用智慧去解决所有的事情。也可以说，人生就是一个不断调整自我的过程，是一个逐渐认识自我、理解自我的过程，也是一个随机规划自我的过程。这个所谓的“随机”不是随便的意思，而是说我们要具备创新力和随机应变的能力。要做到这样并不容易，但正是因为有困难，我们才能不断锻炼自己、提升自己、成就自己。况且，这个世界上做什么是容易的呢？要相信自己是有智慧的，自己就是智慧的化身。我们要规划好自己的人生，管理好自己的时间，安排好自己的作息，要努力克服现实中的种种困难，始终保持一颗乐观向上之心。能够保持快乐是一种能力，也是生活情趣的体现。我们不能被表面现象所迷惑，要有创新和接纳之心，相信任何事情都具有两面性，都有其好与不好两个方面，要学会客观全面地去看待，这样我们就会始终保持一颗安然平和之心，真正做到遇事不惊，做事不乱，沉着冷静，泰然处之，这样我们才能取得好的结果。

见证成长

现在已经养成了习惯，每天早上五点便能自然醒来，并能够按时起床，坚持英语晨读和身体锻炼，这的确是一大进步。尽管晚睡的习惯还没有改掉，但生活作息上有了很大的进步，比之前晚上不睡、早上不醒要好很多。能够把学习和锻炼相结合实属不易，至于说晚睡，还是要想办法改变的，要找到一种好的方式去管理自己，在这方面自己还需要下大功夫。的确，习惯一旦养成，是很难改变的，无论是好习惯还是坏习惯，都是如此。生活还是需要科学的管理，不管理是不行的，唯有科学管理，自己的身心才会有自在和喜乐。要做到改变自己、规划自己并不容易，我们有时处于一种矛盾之中，越是想要全身心地去做某件事，越是会产生抵触情绪，难以付诸行动，或是难以长期坚持，长此以往，就会打击了自己的自信心。还是要不断地强化自己的心念，真正从做事之中找到乐趣，发自内心地喜欢上它，这样就变成了做自己喜欢的事，也就更容易坚持下去。一切动力皆源自于喜欢，如若不喜欢，那就很难长期坚持，就不能够真正领悟其中的意义。长期的坚持来自于自己内心的不灭之火，有一份炽热的向往，就有了做事的认真与坚持，就能够从看似简单的事情之中悟出深刻的道理来，就能够看透事物的本质，无畏于现实的困难，勇敢执着地去做事。对于一些看似不好的事物，我们不要把它当作是洪水猛兽一般，要知晓任何事物都有其好的一面，都有其意义之所在。我们不可能把所有好事都占尽，不允许一点不好的东西存在；

也不能认定那些不好的事物就没有其积极的意义。任何人事物都有其两面性，所谓的好与坏只是自己的感觉而已。自己感觉不好的人事物，别人有可能认为是好的，因为每个人的立场不同，看事物的角度不同，对事物的理解也就不同。我们不能用狭隘的眼光去看待事物，也不能盲目听从别人的说法，因为别人的理解也是带有其主观意愿的。我们每天生活、学习的意义就在于能够更加清晰地去认知人事物。要改变我们对于人事物的看法，也就是不能片面地去看待，而是要全面、客观地去看待，这样我们才不会从一个极端走向另一个极端。一切事物的出现都有其内在的根源，要认真分析事物产生的原因，这样我们才不会在遇事时过于惊讶。万事万物皆有其缘，不分析，不对比，不进行深入的研究，就不能够得出正确的结论。这就是学习的意义之所在。就拿学习英语来说，我的英语口语基础较差，一直认为自己不会说英语，轻易给自己下了结论，认为自己是说不好英语的，连语句和单词都记不清楚，并且还给自己找了一个年龄大的借口，认为自己到了中年就没必要去学习了，这样就把自己困在了自己所设定的小圈子里。通过近几个月的学习，我发现自己之前的想法是完全错误的，如果不深入其中去体验，就会永远困在自己的想象里，难有出期。如今，自己的口语已经有了很大的进步，每天坚持晨读，几乎从不间断，渐渐感觉读英语也没有那么难了，即便是遇到一些生词，自己也不会有畏难情绪，而是认真地去领悟，读起句子来也流利多了，也敢读下去了。原来对于陌生的文章自己不敢去读，也读不流利，害怕别人笑话，但是现在已经没有这种担忧了。这就是长期坚持、不断努力的结果。通过不断积累，自己的认知逐渐有了改变，在学习上有了长足的进步。由此可见，任何事情都有改变的可能，关键就看你是否愿意去改变，是否愿意去认知不同的事物，是否拥有改变的决心和勇气。

人的确是需要改变的。首先是自我认知上的改变，这也体现在对自我培养和提升的重视上。其次是行为上的改变。只有把自己的想法转变成为实际行动，这个想法才是有意义的。行动是落实想法的途径，是自我成长的前提。一个人有了想法却不行动，那就只是空想家，是不会有什么出息的。另外还要有坚持。短期的行动可能看不出什么效果，但如若长期坚持就必定会有所成就。能够用恒心和毅力去坚持做一件事，这样的人是最容易成功之人。现实之中有很多人做事习惯浅尝辄止，没有前期坚持的恒心和毅力，原本想法很好，可一旦遇到一些现实的压力和问题，就会把原来的初衷忘得一干二净。这是很多人不成功的最大原因。所以，我们一定要集中注意力，把每一件事做好，并长期坚持下去，这样成功自会到来。

左右情绪

在桌上放着一本自己的新书《心向阳光》，有时候拿起来翻一翻，看着厚厚的一本书，翻阅一下，闻着阵阵书香，内心增添了几多满足之感。看着自己的思想和文字能够以书的形式呈现出来，心中也增添了几多自豪之感。对于写作，有时还是很忐忑的，感觉自己驾驭文字的功底还是较浅的，没有那么多华丽的辞藻，也没有那么形象的描绘方式，只知道傻呵呵地写，也不图什么，不为什么，就是要把自己的心声吐露出来，真可谓是一吐为快。把自己的心声表达出来，把自己对于人事物的认知写出来，这种畅快的感觉还是非常美好的。的确，人都要找到抒发胸臆的方式，都要有一个祖露心声的渠道，唯有如此，才能让自己的身心健康起来。自己原本不是一个善于表达之人，但随着年龄的增长，对于外境的感触就完全不一样了，就有了一种想表达的欲望。有时候在想该写些什么，自己也不会写什么高深的文章，那就写写自己的生活吧，用最平实的语言说一些自己能听懂的话，这样既鼓舞了自己，也愉悦了别人，的确是一举多得的事情，对自己也是非常有益的。一个人如果没有一个表达的出口，什么都憋在心里，那是要出问题的。所以，写作也是一种调节自己情绪的好方式。人是情感动物，我们要把握好自己的情绪，调节好自己的性情，在内心之中注入一股清流，这样一切的障垢都会被冲刷掉，还给自己一个清新澄明的心境。现实之中，自己往往被情绪牵着鼻子走，在生活之中去选择、去区分，按照自我的理解去待人处事，往往带着情绪去生活、去工作、去看人，这样容易让自己陷入自我矛盾之中——也就是所谓的情感不接纳，但现实中还是要做——这种不情愿之感充斥于心，让自己感到很是苦闷，从而日益影响自己的身心健康。这样没有一个好的状态，也就没有一个好的生活。因此，学会调节自己的内心就显得尤为重要了。那么我们应该用何种方式来调节自己的心性，又该如何让自己心情变得开朗愉悦呢？这一切都源自于对自我心态的把握，也可以说，没有好的心态就没有好的人生。心态对于人来讲，就好像是生活的调节剂，它能够重新定义和安排我们的生活。影响了心态就是影响了生活。所以，保持好的心态对于自身来讲尤为重要，它决定着人生的快乐与幸福，影响着我们的生活，也关系着我们事业的发展。要想有好的生活、好的人生，就要先把自己的内心调整好，让它包容、大度、安乐、宽厚，始终有快乐藏在心中，把关爱与舍得记在心间，这是非常重要的。那么心态如此重要，到底如何保持好的心态呢？这就需要我们从现在做起，时刻留心自己的情绪，让自己置身于快乐之中，哪怕是遇到再难的事情也要保持镇定，努力保持平常心，真正认识到事情的发生既是天意，也是人为，无论如何那都是一种必然的现象，是自己所应该尊重的现象，是自我意念的回归，也是现实的映象。我们无法去拒绝它，天地交给你的就只有接受和面对，而且还要乐观地去面对，不担忧、不烦躁，把它当作是财富的降临，当作是对自己的一种磨炼。因为正是有了它的出现，我们才能够真正看清自己，给予自己更加广阔的空间，让它成为自己上升的阶梯，成为催促自己不断进步的号角。可能看着是不近人情，其实它是用另外一种方式教育自己，告诉自己该怎么做，不该怎么做。它是让自己自律上进的监督者，也是让自己纠正自身错误的引领者。如果能够与困难险境交朋友，并能够破解一个个的难题，解决一个个的困扰，那么自己也就有了更大的收获，对于人生的理解就上升到了一个新的高度，就会取得了不起的成就。很多人不成功的原因就是害怕困难、害怕烦恼、害怕阻遏。其实，人们就是在面对和解决的过程中不断成长的。如果能够解决心念之事，能够对事物有一个重新的认识，那么这个人就是人世间的智者，就是幸福生活的拥有者。

科学做事

总希望在一天中取得更多的成绩，可越是这样想，越是让自己压力重重，越想越头大，越想越畏惧，这也许是给自己压力所致。还是要学会调节自己的生活，把工作与生活有机地结合起来，有张有弛，张弛适度，这样人也就变得轻松多了。很多时候，自己想要多做一些事情，哪怕秉烛达旦、废寝忘食，也要把工作做完。可是别忘了，事情是做不完的，今天所做之事还没有做完，明天就又会有新的事情出现了。想要把事情做完，其实是一种静止看问题的方式，事实上事情的发展是动态的，事情总是在悄无声息中突然发生，有时你甚至来不及思考和准备。如若执着于某件事，自己跟自己较劲，那是很辛苦的；再加之没有解压方法，不能从众多压力之中挣脱出来，精神的防线一旦被突破，情绪和压力的洪水一旦没过了理智的闸门，那么就会导致自身意想不到的事情发生。要想解决危机与压力，我们就需要有智慧、有规划，有应对的方案和技巧，不能一味地盲干，那样不但解决不了问题，反而会让事情变得更糟，以至于自己也无法收拾。这一点应该引起我们的重视。当然，在影响问题能否成功解决的众多因素中，精神因素占据了较大的比重。那么，如何才能正确地面对工作和生活压力，如何才能从繁杂事务之中解脱出来，并能够赢得事业的成功呢？首先还是要从事物的本身入手，要了解事物的关键之所在，把握事物的本质与方向，抽丝剥茧，找出解决问题的关键点，并在关键点上下功夫，创造性地提出解决问题的方法，分清轻重缓急，要像攻取堡垒一般，思路清晰，目标精准；另外，要做出科学的规划，该硬攻的硬攻，该缓攻的缓攻，重新整理好思路，做好准备，然后将之一举拿下。也就是说，要讲究战略战术。面对一些问题，我们有时会无从下手，这时就应该先冷静下来，放松一下自己的身心，比如听听音乐、跑跑步、打打球、游游泳，把自己从事务之中解放出来，也许在短暂的活动和休息之余，我们就会灵光闪现，问题就能迎刃而解。这就是调节身心的重要作用。很多事情看似很难，实际上只要你敢于直面问题，善于把握其内在规律，善于调节，善于规划，那么你就一定能够取得好的结果。千万不能急于去做一些事情，正所谓“事缓则圆”，有时候缓一缓反而是一种不错的选择。如果急急忙忙地处理事情，往往就会欲速则不达，甚至让事情变得更糟，这的确是不可取的。所以，遇到事情之时，一定要冷静下来，越是重大的问题，我们越是要沉着冷静地面对，静能生慧，唯有保持冷静的头脑，才能找到解决事情的最佳方案。要告诉自己，天底下没有解决不了的问题，要对自己有信心，要知道只有自己才是解决问题的高手，也就是“战略上要藐视敌人，战术上要重视敌人”。要有充分的信心，信心是战胜一切艰难险阻的法宝，有了它，我们将战无不胜。千万不能执着于某件事而不能自拔，更不能灰心失望，总是想着自己不成功怎么办，不能自己吓自己。千万不能否定自己，不能总想着“不”，那样是会害死人的。就像是站在钢丝上表演高空徒步的杂技演员，如果在表演时总是想着：“我掉下去怎么办？我演砸了怎么办？我出事了怎么办？我出丑了怎么办？”这样想，他就无法专心于技能的展示，就会受情绪的影响而发挥失常，即便是自己已经掌握的东西，也会忘得一干二净，完全没有了章法，这样是会出事故的。所以，在面对诸多问题和压力之时，我们要沉着冷静，张弛有度，充满信心，精心策划，努力做好一件事，把结果交给天地，相信幸运永远垂青那些乐观向上、自信自强之人。

活出感觉

大脑之中有很多的想法，都是纷繁复杂的，一会儿想想这儿，一会儿想想那儿，都是没有方向的，也许这就是脑海之中的稍加停顿，也许正是在这纷繁复杂之中才能找到自己想要的东西。我们没有什么可期望的东西，有的是对自我的理解和宽容，有的是对于未来的憧憬与规划。尽管看似有些不妾地气，不太符合实际，但什么事都是从无到有、从想象变为现实的。表面上看是偶然出现的，实则是早有酝酿，在脑海之中早有期望。所以，什么都不是偶然的，都是因缘所致。这个世界上无论成败得失都有其价值，都有其深刻的意义。瞎想也不是瞎想，每一种想象只要去想，都有其重要意义，就害怕不想，什么都不想大脑就会退化，就会有了很多的无聊之意，就完全没有了生活的情趣，人就变成了木头，并且还会越来越干枯，完全没有了生机，那样就彻底“死”了。所以，要想“活”着，就要不断地“动”，这就是“活动”的本意。如若不能够客观全面地去理解它，那人也就真的会僵化和“死去”。一个人要有想法，要有对人生的科学规划，要明了这一天的意义，要对这一天有所规划。上天给予我们这一天的生命，我们就要好好地利用它，真正把它的价值充分展现出来。如果连最重要的时光你都不去珍惜，那你还会珍惜什么呢？人这一生之中最为宝贵的就是时光，它是我们最大的财富。没有了它，我们就失去了一切；拥有了它，我们就拥有了一切的可能。所以，不要在那些无聊的事情上浪费自己的时光，那是得不偿失的，也是毫无意义的。做任何事情，首先要看它能否给自己带来有价值的东西，能否让生命延长、让精神永恒，能否给予自己最大的福乐。这才是我们所应该考虑的，而不是那些蝇营狗苟之事。要有能够让生命发光之物，有能够给予这个世界美好的地方。自己所谓的暂时的得失喜悲又算得了什么呢？的确，面对现实中的压力和烦琐，我们可能早已耗尽了进取的热情，没有了那种轻松与向往，没有了激情与动力，整个人都变得麻木，如同行将就木一般，这样的生活是极为痛苦的，那样没有希望地活着已经和死去没有什么区别。一个人只有为梦想与希望而活，才会变得活力四射、年轻异常，才会有使不完的劲儿，才会有很多的美好藏在心底，才会找到寄托心灵之所，才能够创造价值，从而让自己的生活充满阳光。这是事实。现实生活中往往会有这样或那样的不如意，会有很多的愁苦等着自己，但我们一定要坚守精进与乐观的原则，透过这些现象找到生活的本质，那就是要突破与创造，要抗争与融合，集合一切有利于梦想实现的力量来做成一件惠及自身和他人的大事业。就如同哲人所讲：“你不去努力，就不知道自己有多强。”要让自己去努力，不能在前行之中掉队，不能犹豫不决、愁苦不已。没有了英勇向上之气，那人活着就没有了滋味，就会生活在憋屈和无奈之中，整日怨天尤人，没有了进取的勇气与动力，人就一下子没有了自己，如同失去了魂魄一般，没有了重新塑造自己的机会，这样的生活是无趣的，严格来讲，是对于生命时光的浪费。一定要把自己的认知改过来，让自己激昂振作起来，真正活出自己想要的样子。这一点我们是完全可以做到的，是没有任何问题的，关键是要看你下决心了没有。如果说你下定了决心，即便再难也会咬牙坚持下去。一定要相信自己，美好与成功永远属于那些有勇气、有智慧、有毅力、有意志之人，那样才是最美的活法。

学习超越

无论遇到什么境遇都要学会直面以对，充满信心，用坚韧勇敢之心去面对，这才是做人的真实态度。也许我们生活中还有很多的怯懦，但不要怕，这是你必然要经历的过程。惊叹于自己能够拿起笔来去表达，无论写得如何，只要是自己最真实的抒发，我便感觉到无比地庆幸。庆幸自己能够如此幸运，有这么多的能力和美好属于自己，有如此善良包容的内心，它也很宽阔深厚，能够把一切包容其中，给予最深的呵护。人生百年，眨眼之间。时光是飞快的，也是刻骨铭心的。它能给我们带来很多的记忆与感叹，能让我们痛苦和喜乐。无论如何，生活充满了变故，有很多已知和未知的东西。它就像是一道难解的题，想马上把它破解，但又想让自己多想一想，给自己增添些困扰，因为只有这样才会感觉这道题很有意思，它能让我们感知到生活的曼妙和深厚。千万不要怀疑自己适应生活的能力，相信生命的力量能够撼动日月，心念的引领能够让我们冲破阻遏，抵达光明。生命之光就是让我们在激流中搏击，能够展现出自身的力量，能够在寒来暑往中看到不同的风景。这样的人生才是最有意义的。要把每天当作是人生的最后一天来过，努力珍惜眼前的所有。也庆幸能够赶上这样一个好时期，能够在这日益变化的时代中保持住进取的本色。所以，要为自己鼓掌，真心去享受每一寸光阴。世事的变化阻挡不了自己前进的步伐，男子汉的勇猛永远是在拼搏之中得以展现。的确，面对世事的繁碌，我们都会有一种想停下来歇一歇之感，那种疲惫不堪的神情是晦暗的，也是无力的。面对诸事的杂陈，既不想去面对，也不敢去面对，希望能够张开翅膀，展翅高飞，飞到无忧、无虑、无碍的天地中，尽情地享受人世间的那份安然。可现实容不得你去多想，只有去面对，唯有客观地面对才能真正地解脱。如果不敢去面对，不能从对事物的认知中找到希望，不能从险境中找到平和，那人是成熟不了的，就会被世事的得失忧虑所牵，自己也便不是自己了，自己成了受外境影响和左右的木偶，完全没有了自我的主导和创造。这是没有悟性所致。所有的烦恼即是智慧的开始，只要你能够透过事物的现象去看其本质，就会从中悟到很多的道理，就能够从中发现一些规律性的东西，这才是智慧增长的大好良机。所以，要充分认识到问题和烦恼的有益之处，这正如佛家所言的“烦恼即菩提”的本质，那就是一切都有其两面性，都会有其有益的地方，不能只看到事物的一个方面，而忽略了其他的方面，看问题不能单极化，看事情不能片面化，要学会多角度、全方位看问题，这样我们才不会陷入单极的、片面的思维之中，才能从另一个角度、另一个途径找到自我发展之路，才能够有更新的发展机遇。很多事情我们不可能在短期内就找到其规律，这就需要我们静下心来，深入其中，要经过一定的分析、实践、再分析、再实践的过程，不断地尝试可能才会得出一个较为客观的结论，才会有一个新的发展契机。正如宇航级产业推广的过程中，我们尝试了很多的方法，可能有些方法是不切合当前市场实际的，会显示不出来最终的收益，我们就又换了其他的方式，在一点点地尝试，一点点地积累经验，这样日复一日、月复一月、年复一年，在实践之中我们也总结出来很多的经验与教训，对我们来讲也是收益颇深的，能够让我们了知很多原来不知道的东西。原来我们只能是凭想象认为事情应该如何去做，应该怎样才能成功。但偏偏费尽九牛二虎之力，付出了很多也没有看到曙光在哪里，这时我们就会心慌意乱，认为自己的努力都白费了，认为这样是不能成功的。这种思维一旦存在，那是要命的。那是一种极其短视的行为。因为越是困难的时候，越是我们接近成功的时候，这也就是所谓的“黎明前的黑暗”。这个时期是最为关键的，如果我们能够咬牙坚持，不断努力，能够在创新实践中再走几步，那么胜利就会属于我们。人生就是一个不断超越自我的过程，超越思维，超越困扰，超越惯性，超越自我，这的确是我们迎接成功的关键所在。所以，学会把握事物的关键就是要敢于打破，善于打破，能够从自己日常的生活中汲取能量，自信坚决地走出自己的一片新天地来。

感动自己

每次坐下来就会去反思自己的对与错、得与失，学会从生活与思考中找寻答案，能够在平凡的生活里去找到向上的动力，能够让自己的神志更加澄明，能够让内心有安放之处，如果不去对生活总结与思考，总感觉少了许多东西，心里边就像是没边没沿一样，没有了它的根基。整天在思考一个问题，那就是如何让自己真正地放下，怎样才能真正彻悟生命的真谛，它的意义到底是什么，如何才能让自己的性灵更高远，对人生有一个真正的领悟？如果不去思考这些问题，就好像自己的生活失去了意义一般。的确，人至中年，想的事情就多了起来，对于生活就有了新的看法。如果说身心没有滋养的方法，没有正确的引导，对于每天的忙碌就会心生厌烦，就没有了生活的意义与情趣。所以，把每天的反思与记录当作是生命不可或缺的工作，把它当作是自己获得心理平和的重要途径。就像近期在小区里的静态生活一样，小区因为疫情原因号召居民足不出户，静态管理，事发突然，一开始的确感到很不适应，好像是什么事都办不成，连去河边锻炼都不可以，感觉到很是无聊与苦闷，但仔细一想，这种静态不正合我意吗？最起码可以利用这段时间多写些东西，并且不用再东奔西跑，安安生生地在家待着多好哇。这样一来，杂务也就少了，人自然就清净了。最主要的是其他公务什么的都不耽误，这样一想，居家也是有其妙用和意义的，原来所谓的委屈也就烟消云散了，那种悠然自得就又回到了自己身边。所以说，思维变了，人也就变了，境遇也就变了，就会把逆境当作顺境，把委屈当作妙用，一切的美好就又会回到了自己身边。这就应了那句话：我们左右不了环境，但可以左右自己的心境。能够以己为乐、以心为用，这才是人生的良好态度，也是生活的最佳状态。千万不能埋怨其他，所有的存在即是事实，也是必然会出现的实相。无论你愿意与否，它都必然会出现。我们唯一要做的就是要接纳它、面对它、欢迎它、改变它。也许所谓的改变只是我们的一种想法，也许这种改变看似是不可能的，但如果自己能够真正把心静下来，把这当作是自己进步和改变的机会，那它的确会成为自己成就的前提。也许正是因为它的出现，才促使自己去重新认知外在的一切，也进一步提升了自己对于事物规律的认知，以及对自我心念的总结与认知，同时也激励自我不断进步与发展。如果没有它，也许自己还想不到去改变。正是因为它的存在，自己才变得更加理智了、勤奋了、深刻了，不再“虚张声势”、自我感觉良好，而是精益求精、不断进取。这种改变是有价值的，它能够让自己警觉起来，重新认识自己，进一步拓宽自己的心量，让心性变得更加柔和，让意志变得更加坚定，让思维变得更加全面，这样对自己有百利而无一害。我感觉自己就是这样的人，不害怕现实的磨难，不畏惧将来的呈现，自己能够激励自己，让自己变得更勇敢、更坚定，变得越来越相信自己。在人生的前半段，自己的确吃过不少苦头，也品尝过不少生活的甘甜，唯一能够让我非常自信的就是永不服输，总是能够在危机之中找到方法，找到自己的方向，能够在这种变化之中让自己站稳脚跟。可能在这一改变的过程之中，会有这样或那样的纠结和痛苦，会有这样或那样的不情愿，但一旦自己咬牙坚持下来，那种心理的畅快劲儿就甭提了，那种对自己的自信与认可就会大大地增强。事实的确如此，回忆过往，每一次在最为困苦潦倒之时，内心的压力是巨大的，那种无奈与挣扎之感是刻骨铭心的，当时不知道自己还能咬紧牙关冲破重围，能够在没有任何条件之下重新站起来，能够具备那种咬定青山不放松的意志，自己也对自己非常钦佩。当然，时代不同了，好汉不提当年勇，人生已经走入一个新的时期，新的时期就会遇到新的困难，会遇到新的问题、新的矛盾、新的困扰，但自己也相信，任何一个时期都会有它独有的特质，都会有令自己感动的时候。所以，还是要相信时代、相信美好、相信自己、相信明天一定会更好。

迎接黎明

早上五点起来总有莫名的欣悦之感，尽管昨晚睡得较晚，到了深夜一点多才睡，睡了四个小时，但精神还是很好，并没有困乏之感。也可能是昨天白天有休息的缘故，无论如何，我总感觉早起是一件很惬意的事情，能够让自己在没有嘈杂和忙碌的情况下保持一个好状态，能够真正感受到自己的存在，听一听自己的心声，写一段能够激励和感动自己的文字，这的确是一种享受。是呀，生活还是要有乐趣的。这个乐趣就是希望，能够自己给自己找到希望，能够让自己有进步的空间，能够每天都有要做的有意义的事情。就自己来讲，每天五点准时起床，不管睡多晚都会准时醒来，这可能是近半年以来养成的习惯吧。不知怎的，不用人或闹钟叫醒，自然就醒来了。一方面是早起习惯了，最主要的可能是有人催吧。因为我每天早上六点有英语晨读课，虽是网上学习，但也不能让老师一直等着。让老师等是很不好的，那样自己也感觉是没有脸面的。同时，不仅要按时上课学习，而且还要把状态调整好，不能迷迷糊糊，不注意听与读。因为有很多的生词，如果不认真地听读，自己是记不住的，就会总是读错，这样多不好意思呀，最起码不能让老师瞧不起呀。所以，既然要学就要当一个好学生，能够天天有目标、天天有进步、天天有提升，这的确是非常好的事情。一个人如果能够确定一个目标，并为之而不断努力，能够从学习之中找到乐趣，这是一件非常值得庆幸之事。并且学习不是走过场，而是通过学习让自己思维变得越来越灵活，让自己的信心逐渐得到提升，让自己有一个大的超越。人如果每天能够进入到一种学习的状态，每天都能够学到新知，不仅让自己感到愉悦，而且能够让自己不老，也的确是促进大脑活力，能够提升自己年轻态的一种大好的方式。学习能够让人改变状态，能够让人不断进步，能够让人有所寄托，能够让人找回年轻的状态。对于人至中年的我来讲，这是尤为重要的。所以，自己越是在工作和生活进入繁杂阶段时，越是要学会调节自己，让自己回到年轻的状态，找回青春的感觉。那种感觉是美好的，就如同早晨从东方升起的旭日，是那样地鲜亮而热烈。当你看到一轮红日从东方慢慢升起，穿破迷雾，从浅变深，就像是一团火焰般，给大地带来了光明和希望，带来了热情和追求，那样的景象是非常美妙的。在平日里，自己每天早上都要走上桥面，迎着朝霞，望着太阳从河面上慢慢升起，霞光把河水映照得美轮美奂，那是非常美的享受，也让自己的内心愉悦无比，浑身都轻松起来，整个人都感觉无比舒畅。所以，我喜欢早晨，喜欢那早晨的太阳，喜欢早晨的云彩，喜欢早晨葱绿的小草，喜欢早晨的清净，喜欢早晨城市从睡梦中醒来的感觉。总之，这一切都能把自己内心的激情点燃，哪怕是再大的困意也会烟消云散了。所以，要记住早晨的美妙，坚持每天与朝阳见面，去看一看太阳从东方升起的画面，就像是自己重生了一般，给予自己更多的乐趣和力量。自己一定要把这些美好珍藏起来，当作是自己进取的力量，学会珍惜与欣赏，学会感恩与付出，活出不一样的人生来。的确，要学会自己找乐趣，找到触动心灵的东西，找到内心所依的东西，这样的生活才是最有意义的。很多时候，我们甘心于生活的平庸，好像这一天没有什么特别的地方，每天遇到同样的事、同样的人、同样的景，好像天天如此，也没有什么新意了，就会变得麻木了，没有了新颖的感觉。即便是自己也认识到了要努力调节自己，要提升自己，往往也是一曝十寒，不能够长期坚持下去，不能够把它养成一种习惯，这样浅尝辄止，带给自己的只有无尽的遗憾与叹息，还有无奈、悲伤与失望。一个人如果不能够学习激发自己的人生，就会感觉生活是一个沉重的负担，这个担子就会变得越来越重，就会不堪重负，就会哀痛不已、悔恨不已、愁苦不已。现实之中，我们都很平凡，都有自己剪不断、理还乱的愁绪，但如果我们看到了这一点，却不去努力振作和改变自己，不能从对生活的麻木之中清醒过来，那么生活带给自己的就只有无聊与痛苦而已。所以，向自己的人生致敬，向自己的生活献礼，珍惜眼前的一切，创造美好，让美好体验伴随自己一生。

把握改变

每天都过得很快，好像是转瞬即逝，一天的事情有很多，不知不觉时光就在指间悄悄溜走，悄无声息，让人来不及追上它，就像是如梦如幻的云彩，看似挂在天边一动不动，可转眼就飘得无影无踪。人有时候的确感觉时光既慢又快，既长又短，不知是怎样的魔力，能够创造出一种永恒。在永恒的时空中没有任何的阻隔，只有隔空的依恋，是那样地紧密，似恋人间的紧密相拥。人要是能生活在永恒的时空该有多好，能够让我们有充足的时间去做事，不会再受这时空的限制。白昼与黑夜的交替让我们在凡尘中打转，忙完了白天又忙黑夜，把所有的思虑都化作云烟。人要有觉悟，能够在这不远不近的幻影中找到真实的自己，让自己在无着之中找到有相，在虚无之中找到真实，那种既实又虚、既有又无的境况是很神奇的。生命既是一种幻象，也是一种梦呓。我们在不时地想象着自我的样子，既真实又虚无，既遥远又邻近。看似不变的人生时刻在发生着变化，让人难以捉摸。有时自己也是非常无奈，不知道如何去把握它，显得既焦虑又失落，但有时也是既兴奋又幸运。生活是一个万花筒，它呈现出来的是五彩斑斓，同时又有很多的无奈悲欢，如若不能客观以对，不能够接纳与和解，就会让人眼花缭乱，不知所措。但如若能够活得有智慧，不把眼前的真实当作真实，不把眼前的虚幻当作虚幻，那你也就彻底解脱了，就能够找到真正的自己，能够让自己在无喜无悲的状态下找到一份安然，安然地面对所有，面对那些看似无法解决的问题，平和而勇猛地面对困苦，在淡然之中找到快乐，在无我之中找到自我。一切看似没有边际，但一切也都呈现出有形的边界。无论如何，要想找到属于自我的拥有，就要有简单无着之心，看淡一切，用最最朴实和简单之心去面对万事万物，用最为童真的内心与事相处、与人相交。人一定要活得简单一些，活得坦荡一些，活得真实一点，这样才能够找到生活的安乐之所，才能不被眼前的焦虑和苦痛所困。事情本来就以它自有的规律在发生发展，谁也无法去阻止它的运行。我们只能在尽到自我努力之后，轻松放手，让它按照既定的线路去走。要相信所有的呈现即是最好的安排，你只需要等待，不需要对自己产生任何的挂碍。生活在没有挂碍的日子里是自由的，那是自我的放飞，那是灵性的提升，那是无着的自在。在得与失、荣与辱、多与少、福与祸之间流转，不会为一时的变化而食不甘味、夜不能寐。那是洒脱之美，那是真正彻悟了生活，参透了人间而又甘守清净，并能够变得越发变淡和单纯。所以，自己也觉得由简入繁易，由繁入简难。很多看似纷繁复杂之事，实际上都很简单，只是我们惯于把事情看得太过复杂。如果我们能够简单地待之，能够不为外相所动，不为外欲所牵，从容以对，那事情也就变得越发简单起来。如果我们随之起舞，没有主见，一味地随波逐流，到头来只会迷失了自我，这是非常可悲的。所以，生活就是要寻找到简单之物，能够用简单来代替复杂，来指引自己的生活，能够在简单之中去发现生命中最为宝贵的东西。简单的确是人生的一种态度，能够用简单之法去处理事务，是最为高效和务实的处事方法，是自我能力的一种充分体现，也是能够做出成绩的一种工作方法。让我们的生活变得更简单些吧，把那些华而不实之物去除掉，去伪存真，除虚就实，找到最为真实的自己，让自己过上最为轻松自在的生活。一个人生活的难易苦乐全在于对事物的态度和对自己的态度。要正面去接受事物，不断地改造自己的心念，心态变了，生活也就变了。要培养接受的心念，对于任何事物的出现，我们先要学会接受，哪怕的难堪难解之事，我们也要坦然面对，把它当作是事物发展的必然，把所有的呈现当作是一种必然。我们不可能违抗大自然的规律，就像是我们决定不了自己的生死一样。不要认为所有事物的出现是偶然的，这个世界上没有“偶然”，只有“必然”。看似偶然，实则也是必然。所谓的偶然只是我们的错误认知而已，客观上讲，它是实实在在存在的，这是最现实的反映。所以，要学会接受，然后想办法去改变。这个改变不是来自于一时的奇思妙想，而是要参透其理，认真积累所致。要积累所有能够改变它的因，这个因需要有一定的存量，不能想着简单做一下就能把事情做好，就能够得到好的结果，那是痴心妄想。也可以这样说，事情的改变需要一个潜移默化的过程，是一个不断积累的过程。这是急不来的，越是着急反而越会误事，这就是所谓的“欲速则不达”。往往看似能够马上改变，实际上却是久久难以改变，这正是其中的道理所在。因为看到的未必是真实的，所有的改变都是从量变到质变的结果，没有量变就没有质变。那种想要努力一次就立马成功的想法实在太过幼稚了。所以，要客观地看待自己，客观地评价自己，不断地反思自己：努力到位了没有？积累够不够？长期坚持了没有？要始终相信自己，为了心中的梦想不断努力，即便遇到再大的困难也不要灰心失望，要知晓成功的法则就是积累和等待，如果没有成功，那就是努力不够，积累不够。这才是成功的真谛。

感知自由

今天小区开始解禁，为期近半个月的小区隔离现已解除，总有一种被解放的感觉，虽然自己还未出门，但消息传来也是欣悦无比，感到无比地畅快，感觉到自由的幸福。虽是短短半个月的居家隔离，却恍若隔世一般。虽然还可以在小区内活动，但是看着小区围墙外的街道，还是有着无限的向往，那种自由自在的感觉真是太好了！由此可见，一个人的自由是多么可贵呀！由此我也想到，生活的本质就是自由，有了自由，一切都会变得开心无比，特别是对于那些曾经失去过自由的人来说，自由的意义更加深刻。一个人有了自由，就有了放飞翅膀的天地，就有了舒心自在的生活，就有了轻松呼吸的机会。那种状况是无比美妙的，能够让人感觉到原来未曾注意的外在的一切都是那么新鲜，看着这宽敞无比的马路，听着在路边树上啾啾叫唤的喜鹊，还有熙熙攘攘的车流，生活是如此美妙，自由的感觉真好。现实中，我们一直在追寻着自己生活的自由，盼望着生活中没有任何的阻遏，没有事务的烦恼，没有人与人之间的争吵和误会，没有内心之中感到郁闷与愁苦，一切都是那样刚刚好，好的让自己想都想不到，好的让自己喜气溢于言表。人的确要学会感知生活之中的福乐，要充分地认知到身边的幸福、家人的关爱、孩子的可爱、朋友的友谊、同事们的支持，这一切皆是福乐的展现。就拿自己来说吧，正是因为有爱人的大力支持，能够把家操持好，并且对于我的事业确实是非常支持，才使我能够安心在外工作，没有牵挂。家里的一切皆是由她来担当，这一点我是非常感动。虽然平日里与爱人交流不是很多，但那种默默的关爱、用心的付出之心是能够真切体会到的。就像是印章一样，一直盖在自己的心底里。自己每次出门，短则六七日，长则一月有余，并且还是长年累月皆是如此。两个孩子年纪尚小，女儿七岁了，刚刚上小学二年级，儿子四岁多，在上幼儿园。“不养儿不知父母恩”，养育儿女的确是不容易，不仅要关心他们的生活起居，还要指导他们的学习，真是异常辛苦。作为幼小的孩子来讲，是少不更事，左突右撞，上蹿下跳，真是离不了人，需要大人细心地看护。尤其是孩子有个头疼脑热，大人的心也很是紧张。如若有了什么较为严重的病患，更是揪心不已。有时候爱人为了给发烧的孩子做按摩理疗，一直从晚上七八点做到凌晨，自己双眼熬红了，身体虚脱也顾不上，有时我也是看在眼里，疼在心里，真是可怜天下父母心。每一个孩子的成长都离不开母亲的细心呵护，所以，母亲是我们最值得感恩之人。正是有了家里的支持与厚爱，才让自己有了充足的时间去工作，才有了更多的精力去思考、去总结、去写作，才让自己有了更多、更大的规划，才能够真正去做出些事情来，做出些业绩来。我们生活在爱的环境中，每个人都会享受到来自各方的关爱与支持，正是有了这样的一个环境，才让我们感受到了生活的美好与幸福。虽然现实生活汇总还有许许多多的问题和纠葛，还有这样或那样的矛盾与困扰，但我们一定要知晓，比起我们所得到的自由与关爱来讲，那还是小巫见大巫了。我们要有充分的知，能够觉知到自己所拥有的幸福。也许现实之中还有让我们无解和苦闷的地方，还有很多的看似不平之事、不良之物、不优之人，但要知道，什么都不是绝对的，都不是尽善尽美的。我们不能用苛责的眼光来要求别人，因为每个人都会有难言之隐，都会有自己难以应对的时候。个人如是，集体如是，社会亦如是。我们要充分看到其好的一面，从美好之中汲取快乐的营养，滋养自己的身心，同时积极行动起来，向社会奉献一份爱心，为社会增添一份正能量，尽最大的努力为外境的优化出力，为他人解忧助力。一切都要从自我做起，不能只当一个所谓的“理论家”和“评判家”，要明确自己应该如何去做，管理好自己，调理好自心，积极锻炼，认真学习，勤奋工作，不断创造，为社会的发展尽自己的绵薄之力。这样积极有为，不断奋进，成为一个社会发展的贡献者，成为给予别人温暖与关爱的热心者，那么我们就会感知到生命是如此美好，就能够收获更多的福乐和满足，就能够真正展现出人生的意义和价值。

认知觉醒

时光如隙，想不到还有很多事没做就已经是黄昏了。很多时候自己还是有遗憾的，感觉这一天没有像早上那样充分地利用，有很多时间被浪费掉，实在是可惜呀。虽说是一天不算什么，但这一天也是生命之中最为重要的一天，如果没有这一天，自己的生命就早已不存在了。不要说是一天，就连从生命中拿掉一小时也是不行的。所以说“重视人生的一天，它不会再回头”永远是一句至理名言。人生有无数个选择，但绝不能失去了这一天，我们要把这一天当作一生来过，要安排得妥妥当当的，要时刻抱着对生命负责的态度去面对它、拥有它，把它当作是一生至爱。可能有时越是装着爱惜时光之心，越是会给自己找很多不爱惜的理由，总是拿很多的理由来说明自己没有那么多的时间，还有很多的事情要去做，自己的确是太累了，需要调剂调剂，浪费点时间也没关系，我有办法把它补回来等等，这些说法不一而足。我发现人最聪明的一点就是能够给自己找理由，让自己在没有牵挂之下去生活。实际上均是自己给自己找借口而已，所谓的科学只是为自己的不珍惜时光做推辞。可能说到这些有很多人会提出反对意见，认为有些事确实是必须要去做的，比如运动、休闲，是为了缓解大脑疲劳，为了更好地工作。这是没有任何问题的，关键就在于能否科学合理地安排时间，能够把各项活动都当作是对自身的锻炼，当作是科学生活之中最为重要的一部分。如果真是能够按己所想，能够做到科学规划，能够从“玩”之中找到其中的意义来，那“玩”本身也是一种工作，无论日常的行为是什么，都能够让我们学到很多，都是我们不断进步之源。所以，科学生活、工作是一个大范畴，并不是说去玩、去运动就不是努力提升，就没有意义。这是一种错误的理解。生命之中的每次思考和行为皆是一种提升自我的展现，能够从中发现其现实的意义来，这一点要处处留意，需要认真去思考、去总结，这样就会有新的发现、新的方法，就一定能够看到更多、学到更多。我总认为生命就是在不断地学习和进步之中，尽管说我们看似很平凡，看似很普通，看似每天都在做着一些不痛不痒的事情，没有什么惊天动地的作为。但别忘了，正是因为这些看似平凡的小事，才铸就了我们伟大精神的源泉。我们每个人如果能够充分调动自身的能量，都能够成就自己的一份事业，这是毋庸置疑的。很多时候正是因为我们没有真正重视自己，不相信自己能够创造出惊天伟业来，所以我们就不能够成就大业。如果能够充分地认知自己、认可自己、理解自己、包容自己、培养自己、相信自己，自己就一定能够给予自己一个全新的面貌，就一定能够如己所愿。这就是真正相信自己的结果。我们所谓的相信自己往往都是假的，嘴上说的是相信自己，实际做的可不是这样，总是感觉自己这也不行、那也不行，总是认为自己不能担当一些事情，对于某些事情总是心生畏惧，总是在做事之前反复琢磨，一直在念叨着：要是不行怎么办，要是丢人怎么办，要是别人不尊重我怎么办？把自己的一切交给了别人，通过别人的嘴来判定自己，这是尤为愚蠢的，也是不客观的。因为他自身在认知上不完善，你想从他的嘴里得到客观评价，那是不可能的。所以，生活的本义就是要教会我们如何去客观地认知自己，如何把自己当作自己真正的主人。真正把握住自心之人才是真正的自信之人。可现实之中，人不能够客观认知自己，要么自大，要么自卑，要么强大，要么弱小，其实这些都不是客观的认知。往往每个人都有其不同的方面，有其长处，必然有其短处，有其优势，必然有其劣势。这个世界上没有完人，若有完人，那就不是人而是神仙了。所以，千万不能用单一的眼光去看人，而要全面客观地去看待。很多事物你是无法评判好或坏的，好与坏都只是某个人对事物的看法而已。可能你所看到的好，也不一定是好；你所看到的坏，也不一定是坏。关键在哪里，谁也不知道。我们唯一要做的就是认知事物的两面性，从不同的侧面去认知人事物，这样用辩证的眼光来看，我们的认知就会更加全面。所以，无论是对时光的认知，抑或是对人事物的认知，都会存在不同的观点，每个人都会有自己不同的理解。我们要学会认知自己，不断地改变自我的认知，随时随地去尝试、实践、分析、总结，对事物有一定的辨识力，让生命的每一段时光都闪光发亮。

改变思维

每天的生活周而复始，但每天的认识皆有不同。生活教会了我们如何去正确认识自己，如何保持正确的认知，怎样看待自己，怎样看待别人，怎样保持一个好的状态，怎样才能永远立于不败之地。这就是生活的本义。面对现实之中无尽的担忧和烦恼，我们应该以怎样的心态去面对，怎样才能让自己快乐无忧，怎样才能拥有一个积极的心态？这是我们每天应该思考的问题。学会正视自己才是正途。正视自己就是要回归本源，从自己思想的源头上去寻找答案，找到久违的自己，能够有所祈盼与发现，能够成为自己的向导，引领自己穿过山岗密林，踏过沙漠沼泽，攀过高山峻岭，跨过江河急流，能够一直带领着自己奋勇向前。不要看平日里稀松平常，当遇到特定时期，自己还是能够英勇地站起来，没有什么犹豫之处，那种不屈的才智的大门敞开着，去迎接人生一个又一个的考验。的确，生命的过程是一个不屈的过程，是一个能够让自己清醒认知自己的过程，是一个突出自己能力的过程，是一个挖掘自我潜力的过程，也是一个让我们相信自己的过程。无论任何时候，相信自己都是第一位的，不相信自己是我们最大的悲哀，是我们成功的绊脚石，是让我们畏首畏尾、不敢进步的拦路索。千万不能否定自己，无论到什么时候，我们都要相信自己，都要相信美好，相信自己能够战胜一切，相信自己能够创造奇迹。也许我们会用谦逊的口吻说自己不行，这也不行、那也不行，看似无他，但如果此话说多了，真的会让自己没有了前行的定力，没有了突出的自我，长此以往，那自己也就真的不行了。不是自己不行，而是思想意识把自己给害了。这种自责与自悲之心就会把自己给害了，让自己没有抬头的余地。总是感觉自己不行之人是很难有所成就的。曾经自己也有过这样的一些经历，因为家在农村，父母都是农民，年少之时，少不更事，总认为自己与别的条件好的同学相比，既没有他们家庭的富裕，也没有他们父母的学识，这些并不算什么，最要命的是自己对自己的能力产生了怀疑，总是感觉自己记忆力差，什么东西都记不住，无论是多么用功，有些古诗词和英文单词就是记不住，这就产生了对学习，尤其是对考试的极大恐慌，不知道怎样去解决它。究其原因，还是对自己不自信所致。内心总有一个声音在对自己说："你不行，你是无论如何也记不住的。"在考试之时总是想到题目不会解答怎么办，考试考砸了怎么办等等这些令自己畏惧的后果。这样越想越是恐慌，越恐慌越做不出题来，这就仿佛打仗开始之前，自己就已经缴械投降了，这样仗还怎么打？没法打，只有坐等失败。这种心理如果不改变，那肯定是会影响自己成绩的，让自己考不上更好的学校。因此，自己也是从自己的内心入手，每天都要反复念着自己的名字，说肯定会行的话，并不断回忆自己成功时的影像，来消除紧张的状态；在考试之前反复练习吐纳，在长长的吸与呼之间让自己保持一个平和的心态；并且让自己"强颜欢笑"，自己跟自己开玩笑，对着题目开玩笑，用"高傲"的姿态面对它。这样做还是很有效果的，每次考试自己都能超常发挥，这也令我感到很神奇、很不可思议：只是心态上的小小改变，怎么会有如此之大的力量呢？从那以后，再难的东西，自己都能够记得非常深刻；再难的问题，自己也会信心百倍地去面对。首先把自己心态调好了，一切也都好起来了。所有的成就就在心态的改变之中，在思维的转变之中自然而来。我们要学会转变思维、改变心态，要对自己有一个客观的认知，真正做到理解自己、尊重自己、包容自己、培养自己、赞美自己，给自己一个光明的指引，如此，人生之路便将光明无限。

尊重现实

任何时候都要相信，人生之中的一扇门关闭了，就意味着另一扇门为你打开。没有必要再为打翻的牛奶而哭泣，因为你即便是哭死也没用。人世间的事该是你的就是你的，不该是你的求也没用。所有事物的发展都是有其客观规律的，我们要尊重规律，尊重这所有的呈现，那样才是最为智慧的。一个人如果因为那些不能如愿的事物而追悔不已，那只能说他是天底下最大的傻瓜，他不理解这个世界上还有“无常”两个字，还有“应该”两个字。因为这个所谓的“无常”只是说明一切事物都在发展变化之中，这个发展变化既有其偶然性，也有其必然性。这个世界上所出现的事物都有其必然性，这是你用什么办法都阻挡不了的。它的发生发展，它的命运解决，都是事物规律的必然呈现，没有什么不应该，一切都是应该的，也都会成为历史的必然。不要去埋怨自己没有做到这个、没有做到那个，埋怨自己没有把事情做完善，才导致了今天事故的发生，这种认知本身就是对自己的伤害，也是没有理由、没有道理的。尽管说自己在某件事情的处理上有欠妥的地方，但事情的发生发展是必然的，是最终有其规律可言的，也是迟早会发生的，这是无法改变的事实。所以，不要再为没有发生的事情而忧心忡忡，那是一种毛病，是无端的恐惧与怀疑。我们一定要改掉这个毛病，不要让它在自己身体里留存太久，不要让负面情绪占据了自己的思想高地。知道了这些，我们就不会变得整日惶恐不安，把未来的和完全没有必要的忧虑当作是心头的那块病，无法抹去，无法改变自我。事物的自然规律是无法改变的，我们要学会尊重规律、认识规律、遵循规律。一切的认知皆是建立在辩证的理解之上，千万不要把事实的变化当作是对自我的抱怨，好像正是因为自己的原因而影响了事物的改变，正是因为自己的原因而导致原本唾手可得的成功变得遥不可及，从而对自己产生怀疑，那种抱怨之情就会突然闪现出来，就会让自己活在迷茫和失落之中，自己的意志力和信心就会大打折扣，好像这一切的不应该、一切的失败都是自身的原因，是因为自己在处事待物上的不成熟所致。诚然自己也会有这样或那样的问题，但不能把所有的原因归结在自己身上。事物的发展规律必会有其发展变化的一面，我们不能简单待之，不能够对自己产生抱怨之情。要知道这样的危害不在于变化本身，而在于这种埋怨、抱怨、悔恨、愧疚、自责就是对自己最大的伤害，它会伤害自己的自尊心，会影响自己的轻松生活，会把自己的责任心和事业心毁掉。所以，千万不要为自己无法完全掌握的事情而悲戚不已，要知晓那些无法掌控之物其实根本就不属于你。即便有偶然的成就，那也是必然中的偶然。所谓必然中的偶然，就是指积极努力就会有机会，但这种貌似成就的因素有很多不确定性，所以就是一种偶然。对于事物的发展，我们要积极有为，从中不断地寻找机会点，但我们也不能耽于此点，还是要多方面准备，不要把命运掌握在别人手中，要努力去做那些自身能掌控之事，努力去实现那些目标，但也不要苛求结果，尽人事、听天命，这才是正确的处世之道。也许正是因为这一次的失败，才促使自己不断努力去争取更大的成就，才能让自己有更多、更新、更好的选择，才让自己走上了一条能够真正掌握自己命运之路。自己掌握自己命运才是根本，才是我们的希望之境，才是自己生活的真谛。我们追求一生的宗旨就是能够让自己掌握自己的命运，能够把对自我的尊重放在第一位，给予自己最大的锻炼，给予自己更多的机会。要充分认识到事物的两面性，利弊得失、成败优劣、高下尊卑、大小强弱都是可以互换的，每一件事物都会有其不同的属性，我们要正视这种不同之处，充分了知其真正的内涵。尊重现实，了解现实，改变现实，时刻保持喜乐之心，不能有任何的对于得失的留恋和奢望，学会安顿好自己的内心，这才是我们永恒不变的做事之法，是我们成就自我的坦途。

营造环境

今天艳阳高照，秋高气爽，云淡风轻，好一派深秋的景象。走在七里河边，看着蓝天与高楼倒映在水面，野鸭也在河水里畅游，河堤两岸植被红绿相映，河边小道上干净整洁，顿时内心就变得非常舒适。忙里偷闲，戴上耳机，听听音乐，在河边走走，的确是一件美好之事。每天抽时间出去走走，也是非常惬意的。回想起前阵子因疫情封在家的情形，实在是有些憋闷，不知道如何去调适。一个人在室内久了，心情就会很不好，不能够接触外在事物，不能够看到外在景致，不能够在阳光下沐浴，不能够在秋日里徜徉，这的确是很不适的。人是受环境影响的，需要有好的环境，需要有美的图景，这样才能内心轻松无比。昨晚睡得较晚，一直在做些无聊之事，把时间白白浪费掉了，本想着晚上出去走走，但却未能成行，导致内心有些失落。看来，人还是要行动起来，集中注意力去做一些有意义之事，这样才能让自己每天都有进步，每天都保持好的心情。能够去做出些自己非常想做之事，这本身就是幸福快乐的。就拿每天早起来说，自己一直坚持得很好，能够每天五点起床，写些文字，然后参加六点开始的英语晨读，七点后坚持到室外锻炼，八点半参加每天的工作例会。我感觉这样的生活既紧张又轻松，既严肃又活泼，既健康又进步，的确是非常好的习惯。这个习惯自己也是坚持了半年有余，我想我还会继续坚持下去，它能给自己活力，让自己每天都活力满满、进步多多。回顾前几年，的确还是有很多不好的方面，每天是晚上不肯睡，早上起不来，饮酒应酬、伤肝伤胃，精神恍惚，注意力不集中，整日腰酸背痛，浑身不舒服，不是这有病就是那有病，也是感冒不断，神志萎靡，那种痛苦劲儿就甭提了。所以，一个人的内环境和外环境都要加以调适。内环境就是自己的内心，要能够调适好自己的内心，把神志集中起来，去做一些有益身心之事，不要去做那些伤害身心之事，把良好的习惯培养起来。外环境就是要能够经常出去锻炼，找到好的锻炼方式，比如走路、跑步、打球、游泳、练太极、做瑜伽等等，把自己的身心锻炼好。一个人的精神状态就完全不一样了，就会有无限的活力和精神，生活之中就充满了希望和快乐。的确，营造好的内环境与外环境尤为重要。没有对自我的环境的营造，就不可能有自己的安适与喜乐。生活的收获皆在于这种对自我的锻炼与改变，要把那些难以改变的都改掉，代之以新的面貌。就拿写作来说吧，自己原本把它当作是一种任务，为了出书而写作，好像写作就是一种装潢自我的工具。如果本心没能够调适到你所喜爱的事业之中，你就会感觉在做任务，就会感到压力很大。如果每天不能完成此项任务，内心就有一种负罪感，就会感到痛苦。如果你现在所做的一切未能让你感到轻松愉悦之时，还不如把它放弃掉。如果说你还未能培养对它的兴趣，那的确就不应该选择它，抑或是需要调整好自己的认识，对于它的意义和乐趣要深度挖掘出来。自己这些亲身经历也说明了这一点。通过调适，自己也从所谓的痛苦走了出来，把写作当作是一种抒发自己情感的渠道，是对自我人生的延长，也是对自己内心的抚慰。人不能等着别人来抚慰自己，而要自己调整自己，自己宽慰自己，自己提升自己。可以说，写作就是一种调适自我内心的好方法。自我环境的改变是对自身发展的关键，也是人日常生活质量的保障，是自我发展的必备。我们既要改变自己心中的内环境，又要努力改变我们生活的外环境。环境改变了，那一切也就变了。人是受环境影响的，环境的优势决定了一个人的成长。如果没有一个好的心理环境，整天愁眉苦脸，哀叹不已，没有信心和计划，不敢担当与尝试，那这个人就如行将就木一般，没有什么希望，也不可能有什么收获。因为他本身就不相信自己，不能够排解心中的负面情绪，没有自我潜意识的引领，那人也就真的废了。没有了生机和活力，缺少了学习与创造，没有了思考与总结，那这个人就没有了希望，前途也就可想而知了。越是在最为困难之时，越是要想着如何去突破，想着怎样才能突破自己，要鼓励自己、包容自己、支持自己、相信自己，学会客观地分析目前的利弊得失，找到不同的解决方案，并把它执行到底，去争取一个好的结果。正向思维，心性阳光，这才是拯救自我之道，也是营造自我环境的良方。至于说外部环境，也就是要有自己学习和进步的外部环境，要善用其境，让自己融入其中，让心性得到提升。总之，一切来自于自我环境的改造，成就自己就靠它。

进步人生

昨日、今日学习博士课“定量分析”，需要用到大量的统计学、高等数学公式，我听得是“云里雾里”，顿时感觉自信心备受打击，没有了往日对于课程的那些自信。“定量分析”课程的确是需要自己努力学习的，虽然自己对于数学不是很敏感，当年也没能把数学学好，这也是自己的缺憾，但自己也下决心要努力补上这一短板，争取通过努力能做到听得懂、算得清，给这一门课交上一份满意的答卷。无论遇到任何困难，这都是人生的必备课题，需要我们去努力解答。人生如题，需要我们不断地分析、研究、判断，需要我们做出正确的决断。如果不能够认真学习、努力思考、深入分析，那么我们是不能够解开题目的，那样就真是如同听天书一般，就会学不下去，甚至会中途放弃，这样是很不好的，也是对自我的伤害。仔细想来，我们一生不都是在学习的过程之中吗？不都是要去迎接一个又一个试题吗？不懂不要紧，只要我们努力学习，认真研究，对自己也充满自信，那就一定能给自己的人生交出满意的答卷，就一定能突破自我，迎来人生美好的明天。“不知道”，“不懂得”，“不会做”，这些可能是我们的口头禅，好像这样一说自己就能把困难推开了一般。这种想法是要不得的。我们要清醒地认识到自己能够把所有的困难逐渐化解，越是不清楚、不懂得的问题，我们越是要打起十二分的精神去分析它、攻克它，唯有如此，我们才能不断进步，人生才会有大的跨越。我有时候也会犯急躁病，无论是学习还是实践，无论是生活还是工作，都想要一口吃个胖子，想要一下子把一切都掌握，想要让自己马上成为行家里手，这个急躁病给自己带来了很多苦恼，让自己痛苦不堪，无法释怀。究其原因，还是不会用“蚂蚁啃骨头”的精神来面对，对于任何的疑难问题，不会用韧性的精神来慢慢解决和消化。我总认为所有的事情都能够解决，只要你想解决，就没有解决不了的事情，关键是冒进和敬畏之心害了你，让你在困难面前裹足不前，让你在看似强大的难以克服的问题面前止步，这是一种对自我的亵渎，是对自信心的打击，是一种现实中的无奈与无能的表现。事实往往不是你想象中那么难，没有你想象中那么“压力山大”，只要你能像解剖麻雀般细心，一点点地去分析和积累，最终就会找到解决问题的方法。现实之中，我们总是不够自信，遇到问题就会心生畏惧，不知道怎样把问题答得完美无缺。面对问题，我们应该学会找出其关键点，学会调整面对问题的心态，将问题大事化小、小事化了，能够从问题之中找到自我提升的方面，能够通过问题来锻炼自己的心志，不畏惧问题的出现，从中发现一些规律，让自己的能力不断提升，让内心变得日益坚强。我想，这才是学习的根本。我们不是为了学而学，不是为了装潢门面而学，我们是为了探索未知、提升兴趣而学，要从学习之中得到启发，得到对自我的超越。学习是我们一生的任务，学习也是生活的本义，我们无时无刻不在学习中成长，无时无刻不在学习中成就。金无足赤，人无完人，我们要发现自己的优势与不足，既要发挥自身的优势，又要不断规避自己的缺憾，并且对于这些欠缺的方面，我们要抱着谦虚的态度去努力学习，争取把这些欠缺弥补上，真正对自身有更大的提升。虽然我们做不到面面俱到、毫无缺点，但我们要不断去弥补缺点、不断完善自我，而不能听之任之，没有自我的发展与进步，那样就失去了生活的意义。人活在世间就是要探索新知，就是要让自己不断得以提升，无论是思想上，还是行为上，都要有较大的提高，能够把思维拓展，把心胸放宽，让视野高远，让能力提升，这才是人生的要义，也是我们应该去努力追求的。生命不息，追求不止，我们要真正创造出自己的智慧人生来，能够感召一切美好的到来，能够给予别人更多的付出，能够在人世间留下更多的记忆与美好。

学会倾听

学会倾听，现实之中我们总是喜欢表达、喜欢展现自己，而不善于倾听，甚至不想听别人说什么，总是想让别人听些自己的故事。哪怕是你的故事不精彩，没有其意义和生动性，也还是想讲给别人听。这的确是一种表达欲的自我满足。这种满足之感也是很强烈的，那种一吐为快之感能够让人很是舒畅。这样宣泄和吐露能够让人欲罢不能，让人流连忘返。尤其是能够看到很多人在认真听自己所讲之时，那种兴奋劲就更足了。我们每个人都是一本书，都有其丰富多彩的故事，都会有能够感染别人的潜质。如果我们这一生都认真梳理的话，我想这其中的故事性还是很强的，也是非常引人入胜的。我们往往看小说看得非常痴迷，看了第一个章节，还想看第二个章节，还想看第三个……这样一直都有引人入胜的精彩片段，都会有自己关注的焦点。实际上我们每天可能没有认真地观察自己，没有充分地展开想象。就拿我们自己的生活来讲，每天都是非常丰富的，包括我们内心都经历了很多的波澜，都有这样或那样的惊心动魄的经历。我们要把自己的生活记录下来，留作一生的纪念。因为它是唯一的，唯有自己才有的经历，这个经历和心理过程是唯有自己才拥有的。我们不能失去我们自己，不能只是当“听客”，也要做自己的主人，做能够给自己写书之人。这的确也是表达的一种。很多表达不仅仅是针对别人，而是要针对自己，针对自己的行为方式、思维动念，学会深入地挖掘，唯有如此，才能让自己的内心安定下来，才有了对于生活、对于自己的深入理解。的确，自我有了实践和总结，有了记录和表达，就相当于有了一个完美的生活一样，人生的意义就此展现。内心世界的丰富性决定了人的生活质量，有了丰富的内心世界，就相当于把自己置身于一种美好的环境之中，那个环境是你想象不到的，它能让你看到你原本看不到的东西，能够让你感受平日里不曾有过的体验，那是对自心最美的陶冶。一个人拥有了一个好的心灵世界，就意味着拥有了美好的生活场景。内心世界是需要我们认真去打造的。这种陶冶和对自我的修正是生活中必不可少的。表达是对自我的修正，表达是对心灵的展示，表达也是人生认知的展现。表达是人类所需要的一种情绪的宣泄。我们需要表达，这是生活中不可或缺的需求，是自我对于世界、对于万物的一个重新的认识。在表达之时，我们也要注意方法，也就是说在自己表达之中还要考虑到别人的感受，要给别人一个表达的时间，给别人一个真切的、能让其充分发表自己感受的机会。这是对人的莫大尊重，也是自我潜能的充分发挥。通过与别人的交流，能够让我们学到许多，能够让自己有所省悟，增加新的认知。千万不能小看这种认知，这是改变自我的大好机会，也是提升自我认知能力的大好机会。我们要善于抓住机会，为我所用，让自己能够有一个对于事物的新的认知，打破旧有的认知，形成对事物正确的判断。这就是对自己最大的教育。每个人的心理世界都是非常多彩的，我们通过与别人的充分交流，能够学到很多的东西，能够让我们的内心产生变化。与人相交就如读书一样，我们要接触各色人等，要学会与人交往，在不断的交往中让自己不断成长。所以，交人如读书，学会放下自己，走入别人的内心世界，去感知不一样的东西。有时候我们会固化于自己对于人事物的认知，不太注重别人对人事物的认知，这是不客观的，也是不正确的。听一听别人的看法，能够让自己的思维打开一扇门，让我们看到不一样的风景，能够给自己一个触动，可能也会改变我们原本的看法。这种改变是潜移默化的，是一种思想的交融与碰撞，它能让人不局限于自我。我们往往认为自己是正确的，别人是错误的；自己是全面的，别人是片面的；自己是客观的，别人是主观的。这种思维是错误的，会让我们无法做出正确的判断，甚至会给我们带来灾难。就如同走入一个新的城市，我们认为自己所走的方向是正确的，其实这个方向是错误的，自认为是向东走，其实是在向西走。人一旦走入一个误区，想改变可能还是较难的，不知道如何去改，我们往往会受旧有认知的影响，所以，还是要与别人充分交流，能够从别人对同一事物的认知之中去发现一些端倪，能够在不断的前行之中给予自己更多的提醒，这对于自己的事业和对生活的决策来讲都是非常重要的，我们对此要予以高度重视。人是受自己的经历和教育所影响和左右的，不同的人有不同的精力、不同的阅历、不同的环境和教育，所以认知都是不一样的，我们唯有不断地探讨研究，从别人身上汲取营养，再结合自身的优势来进行判断和执行，那么我们成功的概率就会更高了。

永久纪念

前日惊闻我院办公室主任王裕妍病逝，内心很是震惊和痛惜，有些难以置信。回想起来，小王的音容笑貌仿佛还在我的眼前，一起开会，一起研讨，一起去与别人商谈，一起去航天基地参观等等的场景马上闪现在自己眼前。这样一位优秀的同事在年轻芳华之时去世了，实在是令人心痛。她在与病痛战斗期间一直保持着乐观、勇敢，可就这短短的半年时间，病痛急剧恶化，无情的病魔夺去了她鲜活的生命，实在是难以接受。可是事实如此，也很无能为力，只能祈愿她再无病疾，能够一路走好！这件事在心里一直久久难平，也为失去了这位好同事而惋惜不已。小王是一个很有悟性之人，能够把每次的会议精神和一些事物领悟得非常清晰，也能够把每件事务处理得非常妥当，总是给大家意想不到的惊喜。她能够把复杂的问题简单化，能够看到问题的实质，能抓住问题的关键，这一点是非常值得我们学习的。每件事交给她办总能办得非常妥当，让你放心。她也非常有亲和力，对于每位同事都非常热心，能够用真心去帮助他们，赢得了大家的一致赞扬，研究院的大事小情都能够处理得非常妥当，的确是一位有品位、有素质、有涵养的好同事。在她患病期间，我与她见过几次，也是因为开会或是公务活动，询问其病情，她总是轻描淡写地说一下，总是说没事儿，问她需要什么帮助，也是说不需要，并且总是那么乐观，感觉不像有重大疾病之人，工作还是那么兢兢业业，也没有任何的耽搁，前几个月患病在家，但也是用手机去处理很多的公务，后来听其爱人讲，有几次是忍着病痛、打了麻药去单位参加活动，这让我很是感动。的确，一个人的精神品质就体现在她的日常工作、生活中，那种对于工作的执着认真，对于他人的关心与爱护，是一个人崇高品质的展现。一个人不见得有多么长的生命，关键是要看他做了些什么，为集体、为他人做出了什么贡献，是否用真心去做事待人，因为这是展现一个人最有力的证明。由此我也想到，我们每天的生活不就是一种精神的抒写与展示吗？不管你做什么职业，不管你的能力是大是小，如果你能时刻把别人装在心里，别人就会把你装在心里，那种高度的认可和尊重是拿什么也换不来的。人活着就是创造一种精神、一种品质，创造一种能够为他人付出的精神，一种忘我的精神。如果一个人一天到晚总是想着自己的一亩三分地，总是为自己去想去争，甚至整日愤怒不已、争斗不已，更有甚者去做出些伤害别人的事情来，这样的人是没有精神品质的，是没有什么出息可言的，最终留给他的只有谴责与骂名。一个人活着还是要有些精神的，要有些能够流传下来的东西，因为一个人的生命就是如此短暂与无常，谁都不知道明天会发生什么，每天都会有很多的难以想象的事情。所以，还是要慎重选择，认真对待，让更多人认可自己，让更多人怀念自己，让自己的精神品质永远传播下去，这样的人即便死去了，他的精神也是不灭的，他会永远活在别人心里。也许有些人会说："精神是什么，我也看不见，注重这些又有何意义呢？"这些人所讲的"精神"，只是拿所谓的物质的有形与精神的无形相比，但他不知道所有的有形皆是由无形所创造出来的，没有无形就没有有形，就没有了引领事物发展的方向，就没有了获得有形物质的强大动力，就没有了创造力，就没有了做人的智慧。如果没有了精神的指引，那一个人还怎么称之为人呢？那跟其他动物又有何不同呢？自私自利，唯我独尊，弱肉强食，互相争斗，这跟其他动物又有何不同呢？甚至说有些动物还有跪乳之情、骏马之义，何况是人呢？我们一定要学会涵养自己的性情，把性情涵养好了，能够真正时刻把别人放在自己的心间，那别人也会把你放在心上，你能够学会爱别人，别人也会爱你，这个世界是相互的，是一种互相吸引与感应的磁场。我们要尊重这种天地之律，能够时刻把自己的心志调整好，不让它走偏。能够把理与义、恩与情放在心间，永志不忘，这样的人能够创造出非常多的奇迹来。因为他的初心就是光明和美好，所以他所感召的皆是光明与美好，他所得到的也是光明和美好，这是必然的。我们一心向好，不是为别人，而是为自己，是能够让自己的生命展现光彩的必备。向心怀美好之人致敬，愿他无论在何处皆能够顺达自在，福乐永存！

改变认知

在取舍之间找到最真实的自己。每件事都有其现实的意义，有其利与弊的存在。不要一遇到问题和困难就认为是不好的，是让自己备感煎熬的，就会想办法赶快逃离。其实这种想法倒是没错，我们都有趋利避害的天性，也都有对于现实的不满之心，都会对自己的感知与行为有不满意之处。但从另一个角度来看，问题也有其现实的意义，那就是能够让自己彻悟和警醒，能够让自己重新审视自己，让自己学会客观地认知事物，找到事物的本质，从而获得新的、正确的认知，不会被事物所诱惑，不会让自己走入歧途。这就是事物的两个方面，我们一定要客观待之，找出事物的本质，从而让自己有所进步。对于所有的存在，尤其是原来自认为不好的东西，要学会勇敢接纳它，把它当作是良药，当作是能够让自己清醒的泉水，能够洗去自身的疲惫，换来清新亮丽的自己。从某种意义上说，我们一定要感谢所有的存在，感谢所有的问题和困难，感谢那个不成熟的自己。不要对自己有任何的埋怨，要学会认可和接纳自己，发现自己身上的闪光点。有时候，接纳自己的错误和不完美比刻意地批评来得更有意义。我们往往只是关注于自己的不好，而对于自己好的方面熟视无睹，这样就会自己嫌弃自己，自己厌恶自己，时间久了，对于自我的心理会造成极大的伤害。一个人没有了自尊与自信，就会变得异常消极，就不会有好的自我认知，就会导致自己不能自立自强地生活，内心就会产生痛苦和纠结，那种矛盾与自卑会把人压垮。我们一定要学会认可自己，尤其是当自己有了一些错误和问题之时，要学会尊重和包容自己，充分地理解自己，要知晓这肯定是有原因的，那种结果的出现肯定是有其背景的，我们要找出其原因与背景，深入地分析它，找到其积极的方面来，而不是一味地否定它。这样我们就会更系统、更辩证、更认真、更客观地看待它，就会让自己冷静地面对问题，就能够找到真正解决问题的方法。有时候我们会钻入自我否定的怪圈之中，感觉自己有很多的坏习惯、坏思维、坏情绪，并自认定这些都是很难改变的，认为自己永远不会向好的方面发展。这是一种极其错误的思维观念，是一种限制自我发挥的阻碍，是引导自己走向失败的陷阱。其实所谓的不好只是一种片面的认知而已，个人的认知不能单极化，所谓的不好其实也有很多好的方面，有很多能够让自己重新认识事物的方面，只是你把认知的大门关上了而已。我认为，人正是因为不能够全面客观地去看待事物、看待自己，不能够深入地理解事物的真实性，所以才会陷入思维狭小的空间里出不来，才会钻进牛角尖，把自己的思维搞乱了，形成了内耗，把那些所谓的不好当作是前行路上的“拦路虎”，当作是真的不好的欧诺个系，这是极其片面和错误的，是我们需要马上改正的。人就是在不断碰壁和领悟中慢慢成长起来的，没有充分领悟，就没有全面的解放，人生就会在纠结不堪中循环不已，没有自己彻底放下的机会。这的确是我们人生之中所遇到的重要问题，也是我们马上要破解的重要课题。要学会不把自己当作自己来看待，“我”本身就是无形的，那是一个符号而已，是没有什么意义可言的。如果能够把“我”当作第三方，我们就是为拯救它而来的，它肯定是不完美的，甚至说有很多重大的错误，当这些不完美抑或是错误业已出现，摆在我们面前的不是后悔和责备，不是自卑和失望，不是恼怒和苦闷，这些都是解决不了问题的，都会成为障壁心灵的枷锁，对于自我就会产生二次伤害，甚至说其危害力比问题和困扰本身还要大。往往问题本身没有什么，如果你不能够全面客观、乐观从容地去面对，就会陷入一种恶性循环之中而不能自拔，这是很严重的事件，我们应该加以改正，要用积极的心态去面对它，要认识到它的核心意义，要学会跟“恶魔”交朋友，学会化敌为友，找到对自己有意义的方面，从中发现那些能够让自我明了的东西，让自己彻底看清人事物的本质，让自我深入地感知现实的状态，让自己发现最真实的自己，能够通过这些深入地观察和分析，不断地思考和总结，让自己茅塞顿开、灵感闪现，让自我的认知上升到更高的层次，将那些多年来困扰自己的问题化解掉，让自己的生活迎来新的变化。学会客观处事，成为问题与困扰的朋友，找到其最积极的一面，让自己的心智更成熟、更稳健，找到心的安乐之所，从而获得圆满的人生。

拥抱生活

来到桂林真是别有洞天，花香四溢，绿树成荫，温暖如春，轻松无比，人们的生活是井然有序，街上是行人如织，人头攒动，总体是一派繁荣的景象。这比起在疫情阴霾下的郑州来讲，真是差异极大，把内心的憋闷一扫而光，仿佛到了另一个世界一般，无论是季节的差异，还是生活的环境，都有了天壤之别。桂林一派繁荣祥和的景象真是让人流连忘返。来之前真是没有想到有这般的不同，只是听说桂林山水甲天下，风景秀丽，名山秀水，一派南国风光，别的就没有什么想象的空间了。因为没来过的缘故，感觉一切都是新的，一切充满了好奇。到了酒店就赶紧把厚厚的秋装脱下，换上半袖T恤，顿时感觉轻松无比。桂林的空气是湿润的，没有郑州那么干燥，湿湿的，滑滑的，手摸上去也是舒适无比。自己总是害怕秋天的干燥，总是有一种对于生活环境的挑剔，好像在一个地方待惯了，总想着能否走出去，去到一个陌生的地方，一个人行走四方，在一个新的地方住下来，静适怡悦，其乐无穷，那种舒适劲儿是无法比拟的。这也许就是人生之福吧，很多时候我们在喧闹之中感觉才是快乐，被眼前的繁华所迷惑，被那些无聊的交际所占满，每天想的都是表面的虚华，是没有根基的享乐，是华而不实的存在，是自我虚饰的存在，没有了清静无为之乐，人就会变得很庸俗，就会让生命空耗。这是完全没有意义的，是会产生无聊之心的，那种无聊忧烦之心会把人的内心搞迷惑，让自己陷入一种两难的境地之中，左也不是，右也不是，一切都好像没有了意义一样，就有了一种对于现实和未来的恐慌，那是非常别扭的一种感觉，那种感觉就像是失去了灵魂一样，就像是找不到自家的孩童一般，没有了父母的影子，人就变得异常孤单，那种悲凉、冷漠、恐惧之心会把自己的生活扰乱，自己就像是迷途羔羊一般，从此没有了生活的方向，也不知道生命的意义，那样的生活是非常无聊的、忧心的，是没有幸福快乐可言的。总之，内心的环境和外部的环境要相应，要把身心的感受调整到乐观与平和之中，能够把外在之美与内心之美相互重合，这样才是真正的美。的确，每天生活在桂林这样美的城市中，那是非常幸运的，能够有这么蓝的天，这么碧绿的水，有舒适宜人的气候，还有清新无比的空气，令人沉醉其中，身心舒适无比。尤其是桂林的美食也是异常丰富，除了地道的桂林米粉之外，还有很多的小炒美食，尤其是两江鱼和新鲜的漓江虾，做法独特，色香味俱佳，吃到嘴里，鲜美无比，那种独有的辣辣的香味一直萦绕在舌尖，让自己也是回味无穷。可能自己形容美味的词语还稍显贫乏，不仅仅是一种美味，还有如豆豉鱼茄煲、凤毫竹笋炒牛肉、花菇焖猪脚、兴安柴火腊牛肉、刘三姐家艾叶粑、农家干笋焖土鸭等等很多的美食，真是听都没有听说过。念着这些名字就感觉很有食欲，就有一种想吃的冲动，写到这里，肚子也“咕咕”叫唤起来。桂林的美景诱人，桂林的美食馋人，桂林的山水养人。自己还有很多的溢美之词来夸赞，这的确是发自内心的表达。的确，生活需要我们不断地调剂，要学会调整自己的心境，要学会选择不一样的生活，学会从生活之中去找到乐趣。如果我们改变不了外在的生存环境，那么就要学会改变自己的内在环境。把自己的内心调整得非常安适和美，这是非常难得的，也是生活的最佳选择。选择了好的心境，也会给自己打开了一扇大门，一扇通向美好幸福的大门。日常生活之中有很多的乐趣，我们要学会享受这份乐趣，学会选择这份乐趣，让自己在平凡的生活中过得不平凡。在每一个平凡的日子里，要找到自己的快乐之所，找到发挥自己价值的地方，也要找到提升自我心性的方式，比如说运动，比如说音乐，比如说写首诗歌，比如说读一本书，抑或是能够与朋友在一起交流，总之能够让自己感觉有所收益的方式都是非常好的，都是生活中必不可少的对生命的滋养。生活快乐之门在向自己打开，要学会保持信心与勇气、从容与坚定、乐观与包容，去迎接它、拥抱它，让自己的人生更有趣味。

善调身心

学会张弛有度。如果弓拉得太满，会容易折断，还是要保持轻松的状态，这样收获会更多，效率会更高，成就会更大。很多时候，我们会急于追赶，急于把事情做好，急于去解决某件事情，可越是这样越是容易出差错，容易把事情搞砸，这的确是我们常犯的错误。以前总感觉抓紧时间就是节约时间，就能够展现勤勉之志，能够让自己更容易成功。这种想法本身没有错，但如果一味蛮干，不懂方法，不注意技巧，不能够在做事之时把自己调整到最佳状态，勉强行事，那是容易出问题的。正如我们为了赶路而开快车，还不知道休息一下，总是想着早点赶路，为了节约时间而疲劳驾驶，最后因为犯困而出了大的事故，让自己也是追悔莫及。本来是为了节约时间，提高效率，结果却是背道而驰，反而耽误了不少时间，这就是“欲速则不达”的充分验证。所以，该学习时就学习，该工作时就工作，该休息时就休息，这才是生活之道，才是做事之道，它能够让我们始终保持一种精神状态，让我们有精神、有能力去做一件事情，这是非常重要的。精神集中、精力旺盛是做事业的前提，有了它就有了战胜一切困难的基础条件，就有了超越自我的可能。如果做事不讲自身精神的调节，过度劳累，没有了对自己身心的调适，人是会出问题的。精神状态会影响人的身体，身体也可以影响精神，它们是一体的，是能够相互转化的。无论是精神还是身体，皆是生活与工作必须具备的基础条件，没有了它们，抑或是没有了其中一点，那要想有好的人生是绝对不可能的。所以，要尊重自然，遵循现实中的一切，尊重规则，遵循事物原有的状态，我们不能回避现实，要在尊重现实的状态之下去改变现状，去改变既定的一切。每个人都在想着超越，都在想着如何能够精神百倍、能力超群地应对一切，都想有非凡之力，去成就一个圆满的人生，去实现自己的所有愿望。这是一种希望，也是一种渴求。但如何去实现这种愿望，满足这种需求呢？那就要从管理自己的身心做起，设定一个小目标，并不断地实现它，不能刚开始就设定一个太大的目标，这样大的目标往往会超过自己的实际，如若总是难以实现，就会打击自己的自信心，让自己的精神很沮丧，就会丧失了前行的动力，变得软弱无力，那种原有的精神百倍的状态就会消失得无影无踪。所以，目标的确立一定要符合自己的实际，从一点一滴做起，把自己的潜能一点点地挖掘出来，不断地汇集，这样假以时日，就会实现自己大的目标了，到了那时，你再回头来看，你就会为自己能具备这么大的能力而惊讶万分，就会有了超乎寻常的魄力，有了一览众山小的气概，那种撼动天地的气势能够压倒一切，能够让人体验到前所未有的自豪感，那种自尊与荣耀就会越来越强烈。以这种精神状态投入到工作中，就会做出更大的成绩来。这就是精神状态的积累，它能把我们塑造成战神，让我们成就非凡的事业。所以，养精蓄锐很重要，点滴积累很重要。如果只是为了积累而不去养好身心，那就绝对难以成就，即便有所成就，也只是暂时的，是长远不了的。因为人体的忍耐力是有限的，人是肉体和精神的统一，人不是机器，不可能长期去做一项工作，那样人体是受不了的，如果强行去做，总会有崩溃的一天，那样的结果是自己难以承受的。千万别忘了，自己是人而不是神，是人就会有极限，如果没有那样的敏感点，人是要出问题的。所以，发挥自己的人之机动灵活性，科学地调整自己的作息、自己的身心，让它恢复到最佳的状态，平衡身心，调养心性，尊重自然，乐命天年，要有持久的努力，要能够平衡自我，学会用科学的方法来管理生活，用科学的方法来调养身心，那么一切的生活之妙就会来到自己的身边。生活的妙用就是要看你能否掌握，能否用客观的眼光去看待，能否管得住自己，能否学会在生活之中去总结。如果一个人无论在何时何地都能够灵活地指引自己，能够时刻把自己的身心调整好的话，那他一定是生活的胜者，一定是能够笑到最后之人。

心念改变

早上早早起来，晨读加晨练，天天不能少，这已是一种生活方式了。并且这种生活方式对自己的改变是不小的，它能够让自己的懒散之心有所收敛，那种晚上不睡、早上不起的状况有所改变。这的确是对自我习惯的一次调整，也的确让自己有了许多的收获。至少能够把自己向上的动力和学习的积极性激发出来，让自己认识到努力改变自己才会有不一样的人生，才能生活得轻松而有价值，这才是自己所追寻的生活的意义。如果整日没有目标、没有意义，那样的生活还算生活吗？那不就成了即将腐朽之木了吗？那是无论如何都要规避的。好的生活往往在于高度的自律。我不能说自己有自律的特质，因为自己还有这样或那样的缺点，还有许多难以解决的问题，还有很多难以自控之处，那种惯性与惰性还有待调整，最主要的还是不能科学规划时间，总是睡得有些晚，虽然早上能够被迫早起，但还是有些困乏不已、哈欠连连，早起后还要“小憩”一下，否则就会缓不过劲儿来，这的确是自己需要加以调整的。对于改变自己这件事，自己有时能够主导自己，但有时会受到诸多因素的影响而变得难以自控，那的确是很难受的。那种明知故犯之心始终缠绕着自己，如影随形，完全无法控制。可能正是因为这样，才使得自己不能把心结打开，不能够真正认清自己是谁，不知道自己终究要去向何处，这的确是自己最纠结痛苦之处。有时候自己会跟自己较劲，自己在找不自在，在忧虑的旋涡之中打转，对于习惯性的东西，既难以割舍，又无比讨厌。即便是自己每天都在写些东西，都在通过写作来宽慰自己，但有时还是不能彻底解决。核心原因还是不能把自己的内心所想真实地表达出来，不能够找到那些根本性的软弱之处，害怕见光，好像这些缺点一旦见光，自己就不是自己了，自己就成了别人眼中的笑话一样，那种与生俱来的高傲和虚荣就不由自主地展现出来。总之，自己还是需要加强修养，要让自己对于人生的认识更加通透，否则，自己不敢面对真正的自己，那自己也便成了陌生之人。人最可怕的就是每次都说要改变，但每次都改不了，抑或是不愿意改。那是有其深刻原因的，最主要的还是思想意识的原因，是自我内心起了变化，认为自己所有的行为皆是有其道理指引的，有时候是没有什么理由的，所有的存在即是现在内心的反应，没有什么应该不应该，所有的出现皆是应该，是身心自然的反应，是一种必然的存在。现实之中的确会出现这种状况，让自己无法控制，无法左右自己。仔细想来，也许这就是自我认知的问题。你的认知如何，决定了你的行为如何。你的认知改变，你的行为就改变。也就是说，认知决定了行为。如果这样去理解，那一切也就释然了。一个人所有的行为举止皆是其内心的产物，要想改变行为，必先改变心念，心念改变了，那一切也就变了。所以，我们还是要从调整自己的内心入手，深入其中，找到行为背后的原因，找到心念产生的根源，这样我们也就充分理解了自己。随着认知和内心的不断变化，我们也就不断地成长起来了，自信心也就自然而然地建立起来了。就拿学习英语来说，我总认为自己很难熟练掌握英语口语，面对那些怎么都记不住的单词，内心之中涌现出一种畏难情绪，总觉得自己怎么这么笨，连几个单词都读不准、记不住，于是对自己的能力产生了怀疑。其实自己还是没能调整好对于学习的认知，没有一个正确的心态去面对它。要知道所有的语言都是由长期的熏染和使用所形成的一种工具，如果没有这么好的环境，还没有长期使用的习惯，那就不可能在短时期内掌握它。只有自己不断地学习，长期地坚持，把自己浸入到语言的氛围之中，就一定能够掌握它。这样认知改变了，心态改变了，自己学习起来也就自然多了，对于自己也有信心了。每天在学习中都会遇到这样或那样的困惑，比如说使用电脑打字，自己至今还是很生疏，不如手写来得流利，还没有形成用电脑打字的习惯，没有掌握其中的门道，所以会觉得很难。其实，那是一种自我设限的表现而已。了解了其中的实质，就把握了自己。改变心念，就能改变人生。

学会整理

只有静下来听一听内心的声音，我们才能将事物看得越发通透。如若只是做事，却不加以分析和思考，那样我们是不会有大的收获的。现实中很多人容易犯经验主义的错误，不能够把这些经验加以分析和总结，不能够真正看到事物的本质，那样是不能够真正进步的。那么平心静气有什么作用，又如何能够让自己对事物深度了悟呢？这就要求我们养成深度思考的习惯，把思考当作是对人生的最好总结，通过思考把不相干的事情连接起来，让模糊的事情逐渐清晰起来，这样我们就能够逐渐看到事物的本质了，就不会因为一些突发事情的出现而情绪满腹、牢骚不断，就能够看清问题的本质，能够在自己的脑海之中理出头绪来，就会找到问题的根源。不仅要思考，而且还要用笔记录，把事物的原委写出来，这样我们就已经朝着解决问题的方向迈近了一步，就有了战胜烦恼的信心和勇气，就有了让身心平和的可能。思考和写作的过程就是一个资源利用的过程，我们对于每天出现的问题都要进行深度的分析和研究，要收集到实际的信息，并从中总结出好的经验。深入思考，不断总结，是自身不断成长的必由之路。深入思考是对自我生活的检视，是能够避免自己失误的最为关键的环节，是能够让自己拥有智慧的捷径，也是解决难题、寻找出路的重要方式。当我们遇到棘手的问题，一时难以解决，那就静下来听一听自己内心的声音吧，这样我们就能让自己的烦躁之心平和下来，就像是正在焦渴难耐之时，马上喝了一杯凉白开一样，是那样地舒坦，那种透彻心扉、清凉惬意之感是令人激动的，也能够激发起自己的灵感，让自己找到解决问题的新思路。有时候静下来写一些自己的心理感受和体会，对于一个人心智的成熟也具有较大的意义。它的确是让自己沉静下来的良方，也是生命之中最为幸运之事。它能够让自己找到心的归宿，那是人生中不可或缺的成长要素。静下来听听自己的心声，我们才能够沿着人生之路不断地前行，去找到自己的梦想之境。我们要保有这种经验，总结这份经历，让人生之路行稳致远。静下来是一种智慧，是能够调整身心的一种能力的展现。一个人如果不能够让自己平心静气，不能够很好地管理自心，那是一种失败，是自己最大的损失，是对事物充分思考的屏障。它挡住了我们提升智慧的大门，影响了我们对事物客观处理的能力，是对自我发展的一种阻碍。所以，静下来之人才会有所得，是一个了不起的人，是一个随时在生活之中发现美好、创造美好之人。我们不能被现实中的表象所左右，不能被日常的忙碌所影响。要知道所有的收获皆是内心的觉醒，皆是内心的主使，皆是性灵的展现。所以，只是简单地面对，不加深度分析地生活和处事，皆是不能做到圆满的，就会出现这样或那样的问题，甚至顾头不顾尾，没有一个完整的结局。那么怎样才能静下来呢？我想除了表面上置身于幽雅之处，保持清净之心之外，最主要的是要用笔把思路整理出来，能够把所思所想记录下来，这是非常重要的。因为只有用笔记录，才是最为缜密的，也是最为全面的。可能刚开始我们没有什么感觉，没有那种醍醐灌顶之感，但是写着写着就会有另一种认知，原本的看法不见得完整，但越是把思考写成文字，越是能够攫取智慧的明珠，越是有很多的奇思妙想，就会把那些碎片化的、不完整的、不圆满的事情串联起来，这样我们的收获就会变得越来越大，就会有不一样的认知。这个认知很重要，它是我们待人处世之道，是我们行为的指引。没有思考就没有收获，就没有智慧的凝结，就不能让我们的思想之树开花结果。所以，要养成整理写作的好习惯，无论在生活中有什么新的发现，都要好好地记录下来，通过自己的思考进行加工，这样我们就能够在人生路上越走越顺，就能够给予自己更大的惊喜。有时候自己想都想不到整理记录的巨大力量，它是我们收获成就的保障，是我们增长智慧的必经之路。也许我们天生浅薄，但相信勤能补拙，只要我们加倍努力，不断积累，就一定能够做出常人难以做到的事情，就一定能够获得意想不到的收获。

美的世间

桂林的水是柔柔的，没有了大江大河的汹涌澎湃；桂林的山是秀秀的，没有了三山五岳的巍峨气势；桂林的雨是细细的，没有了雷雨闪电的大雨滂沱；桂林的女子也是小小的、弱弱的，没有了模特女郎的伟岸妩媚。对于桂林的印象停留在山水之间，化作弥漫的晨雾，在这丽山秀水之间萦绕。桂林以它独有的气质展现在世人的眼前，来到桂林便感受到了烟雨朦胧、峻峭无比的美，有两江五湖的秀丽，也有奇山峻岩的秀美，总之一切都搭配得那么适当，就像是天地之作，展现得那么和谐自然。仔细想来，人生所追求的福乐不就是如此吗？美境如心，每天目之所及皆是美的影子，皆是内心美的映照，那生活也就真的美了起来。的确，人只要把内心之美与外境之美充分调适，能够让二者相映成趣，那么人生的喜乐就会充分展现出来，就会把美的图画印在自己内心，就没有了纠结与不安，没有了烦闷和抱怨，就有了目标与根基，就有了人生的指引，整个人就换了模样。的确，美景怡人，在桂林深切地感受到了那份婉约之美，那种江南的温润秀丽真实而全面地展现在自己眼前，让身心沾染了很多的幽静雅致与情趣，那份舒畅是无法形容的。在美景如画、江山俊秀的氛围中，往往会引发自己的诗性。同行的周剑良教授每天都会写一两篇诗作，每天都徜徉在诗的海洋中，怡乐身心，陶醉其中。我也是经常在闲暇之时到漓江边榕树下踏着石板漫步，观照着宽阔的江面，碧绿的江水平静而清澈，沿着石阶近距离观看，还能看到江中游动的小鱼。我还从来没有见过如此清澈的水流，那一刻仿佛把内心也清洗干净了一般，在江水和榕树的相互交映下，人也就真的有了灵气，感觉所有的存在都是在为我们而巧妙地融合在一起，让人留恋不已。是呀，每一处景致都是自然巧妙，如鬼斧神工一般，把天地人的构图做得如此精妙，真是让自己大开眼界，感慨万千。人生活在这样的环境之中，那真是如神仙一般。仔细想来，还想什么富贵利禄、尊崇荣华，这就是我们人生最大的获得，是我们最富有的所在。处于这样的美景之中，内心也就开阔多了，原有的愁绪也就悄然消失了。也许是这场景不适合吧，在这样的环境中发愁是不应该的，更多的是感激和快慰。能够深切地感知生活的幸运和美好，能够让自己生活在如此的美景之中，去享有天地所赋予的恩泽，能够抱着感恩之心去面对一切，能够用自己的实际行动去报恩、去创造、去付出、去获得，这是天地的造化，也是上天所赋予我们的责任。通过对美景的分析和体察，能够让我们明了很多的道理，那就是要常怀感恩之心，珍惜当下来之不易的美好生活，尽情地享受人间的美好，始终保持乐观的心境，去面对所遇到的一切，这是自己多少年的付出所得到的，是对自己的奖赏，是对自己的激励与指引。人的生活就是每天创造和寻找美好，就是有一颗不服输之心，就是能够在人世间创造出伟大的事业来，就是要活出应有的气质来，留下与美境相应的东西，这样我们才能心安，才会有更多对于美好的发现。选择美好，创造美好，这也许就是生活的真正意义，也是我们孜孜以求的方向。游遍天下美景，吃尽天下美食，拥有天下美事，这也许是一种奢望，好像自己不可能实现，不可能达到如此目标，看似的确是这样，因为一个人的精力和时间是有限的，不可能把所有事情都做得尽善尽美，不可能把一切人事物都了知得一清二楚，那种追求美的内心也只是我们的想象而已，是不可能完全实现的。尽管如此，追求美的心灵是永远不变的，拥有人间最真挚之爱，体验人间最深厚的情，这是我们不枉来世间走一趟的最有意义的表达。如果在有生之年，你对自己没有任何想法，不知道去欣赏美好，不会去创造美好，那这一生又有何意义呢？人生就是一个发现美、创造美的过程，也是一个自我规划发展的过程。我们要把对生活之爱谱成歌曲，永远一起吟唱对于未来的希冀，因为唯有如此，才能实现人生的大圆满。

亲情无价

回到家的感觉的确是不一样，是亲情的回归，是爱的呈现。离家已有一个多月，本想着孩子们会对我有些生疏，抑或是有些隔阂。但一进家门，儿子就狂奔扑来，那满脸的笑容比山花都烂漫，比阳光都温暖。女儿也是一听到门响就马上“爸爸、爸爸”叫个不停，那种触动心灵的童音能把内心给融化了。是呀，亲情是永难忘怀的，是血脉相连的记忆，是人间真情的流露。孩子的感情是最真实的，没有半点虚假的成分。看着他们那纯真的笑脸，自己也完全没有了旅途的疲惫之感，代之以无比的愉悦与幸福之感。自己进到屋内，还没来得及洗手洗脸，儿子女儿就把水果端了出来，并一个劲儿地给我拿苹果、冬枣、桂圆，嘴里还一个劲儿地念叨着：“吃吧，吃吧，这些水果挺好吃的！”看到如此场景，我的内心比蜜都甜，那份幸福之感油然而生，忘掉了一身的疲惫，抱起孩子也真是快乐无比。与孩子在一起是快乐的，但有时带孩子也是非常辛苦的，尤其是带两个孩子，需要有更多的耐心和爱怜之心，能够真正把心放在孩子身上。爱人正是如此，她把她的全身心都用在了孩子身上，无怨无悔，虽是辛苦，但也乐在其中。这也许正是母亲的伟大之处吧，这也是人性光辉的闪现。作为孩子爸爸的我有时也感到深深的歉疚，没有尽到做爸爸的责任，不能够长期陪伴孩子，也不能像爱人那么细心，她对待孩子的那份身心投入真是令我自愧不如。自己也是整日忙于工作，长年累月地在外工作，整日在脑海里考虑的都是工作上的事情，无暇顾及家里的一切，养育孩子的重担就落在了爱人身上。自己整日也是匆匆而来，匆匆而去，对于孩子的生活无法照顾，对于孩子的教育也是无暇指导，这一切都落在爱人身上。尤其是老大女儿今年刚上了小学二年级，除了在校的正常学习外，还要参加许多的课外学习，比如钢琴课、英语课以及其他课程，爱人也是全程陪同。尤其是近期疫情反复，有时还要居家学习，爱人还要带着孩子在家上网课，同时要陪孩子做作业，给予孩子一定的指导，真是可怜天下慈母心，母亲的伟大可见一斑。没有孩子时还没有这种感觉，但一旦有了孩子，那种感觉就完全不一样了，那份血肉亲情会牢牢地与父母联结在一起。照顾孩子不是一天两天的事情，它需要长期的耐心，需要陪伴孩子逐渐长大，这是一项较大的家庭工程。仔细想来，我们每天都生活在情义之中，受到各种关系的影响，有很多需要我们互相增进的感情。每个人都在情感的世界里去找到自己的定位，去实现最大的可能。也可以说，我们人生的每一步都与情感的引导有关。一个好的家庭氛围，一个有理性、有感情的家庭生活，对于孩子来讲是影响巨大的。孩子们会用他的眼光去看待一切，去认知他们的意义和发展，一个成熟的心智就会逐渐形成，就会指引他们的成长。所有的成功、幸福、收获全在于内心的成熟。这一成熟的前提就是要有一个好的环境，有父母、老师的引领。要想孩子有一个好的前程，父母就应该有一个好的人生目标，有无限的对于生活的希望，对于将来伴侣最为明智的选择，有一个对诸多是非的分辨力。要让孩子逐渐成熟而有智慧，首先就要让自己成熟而有智慧。要让孩子勇敢坚强，首先自己就要勇敢坚强。要让孩子有担当、负责任，首先自己就要有担当、负责任。所有的人事物都会因自己的想象而出现，所有的获得皆是自己不断努力的结果。千万不要想着一切皆是偶然发生的，千万不要只是把自己的命运归结于运气。好的运气皆是由自己带来的，坏的事情也是由自己造就的，没有什么是偶然的，一切皆是必然的显现。这一前提就是对于自我的认知。你认为自己是一个什么样的人，你认为你的人生将会是什么样，你认为你能否解决眼前的问题和困难，你认为你的生活将会如何？我们想要的是什么，它就会呈现出什么。千万不能给予自己一个绝对的否定，认为自己不配做什么，那你就永远不配；千万不能认定你没有幸福和快乐，那样你就真的没有幸福和快乐可言了。所以，自己的认知很重要，包括我们对于同事、朋友、夫妻、子女以及对于自我的认知，你有了什么样的认知，就会得到什么样的关系，这是事实。现实之中，我们对于家庭、孩子也可能期望很多、付出很多，总想着能够从家庭关系，尤其是亲子关系中去收获什么，而往往忽略了对于自我的引领与教育，在日常生活中有时不由自主地把不好的情绪释放出来，把那些很自我的看法展现出来，这样就是一种无声的教育，它会潜移默化地影响孩子，在孩子幼小的心田里种下认知的种子、情绪的种子就会生根、发芽、开花、结果，就会以它应有的姿态呈现出来。这就是父母的影响力。所以，培养孩子的过程是健全和提升自我心性的过程，也是磨炼父母意志的过程。养儿不易，育儿更不易。养育儿女是对自己的再生，是一次对自我人生的修炼和提高，需要我们这些大人不断努力，在人生的道路上树立自我的信心，投递对家人的爱意，能够感知到幸福快乐的来临，这样的亲情就会转化成为动力，能够让我们的生活更甜蜜，让我们的孩子能够更健康地成长起来。

认知自己（二）

有些事情是很难捉摸的，你不知道事情的变化有多快，有时快得连你都感到非常惊讶，不知道事物的发展规律即是变，变也许正是事物的根本，没有变的不变，也没有不变的变。总之，我们要跟上变化的节奏，用前瞻性的思维和眼光来面对它，能够有一个提前的准备和规划，唯有如此，我们才能在这个变化的世界中立于不败之地，才能拥有自己的发展目标与方向。比如说一件事的成功，它不只是说我们一时的努力就能成功，我们一时的拼搏就能成功，成功是有诸多条件的，任何一种条件不具备就不可能成功。所以，在特定的时期，我们拼的是坚持，拼的是一种韧劲儿，一种忘我的像傻子般的坚持，在别人不看好自己的时候，自己要看好自己，在别人不理解自己的时候，自己要理解自己。要找到能够安慰自己的方法，能够把自己的所有状态都当作是向着成功迈进了一步，所有的看似不可理解的东西都能够从中找到确切的答案，能够从对自我内心的观察中去找到生活的影子，这个影子一直伴随着自己，它在指导着自己，你无论走到哪里，它都会一路相随，你摆脱是摆脱不掉的。往往你越是想把它摆脱掉，你越是陷入一种自我的矛盾之中而不能自拔。其实那个影子才是你思维动念的主使，它是把你引向不同道路的向导。我们是要与影子相悖呢，还是接纳它的主使？可能我们最不愿意看到的就是被影子所牵，但又很是无奈，不知道哪个才是真正的自己，怎样才能摆脱影子的主使，能够成为自己的主人。这的确是一件非常矛盾之事，但越是矛盾越是要深入地研究矛盾，能够从矛盾之中获得经验，将矛盾转化为动力，能够从矛盾之中获得有益的东西。不能一味地回避矛盾，回避矛盾会使矛盾更大，能够让自己深陷其中而不能自拔。所以，要深深地刻在我们内心之中，真正学会引领它，对所有思维动念进行充分的分析研判，从而得出一个正确的结论来。人生的每时每刻都在与自我内心较劲，都在对某种事物的感怀之中去得到安心，都在对自我的判断之中去找到突破。所有的喜怒哀乐也都是自我内心的认知，是对于所有的价值的研判而已。我们往往陶醉于自我设定的氛围之中，在其中感受到愉悦和宽慰，或许是一个甜蜜的陷阱也未可知。这就是被内心的“影子”所驱使的结果。所以，还是要深度地研判某种事情的是非曲直，能够用客观理性的眼光去看待，能够用长远的规划来指引，对待任何事物的出现都不能回避和畏惧，即便是看似危险重重，但尝试了，体验了，就有了新的认知，就会有意外的收获。因为人生有很多的事情，只有你经历了，你才会有更深刻的认知，你才会有发言权，才能够给予自己静心分析的时间。对于任何事情都要用客观全面的眼光去看待，唯有如此，你才能真正变得成熟。也就是说，无论在现实之中遇到了什么样的问题，你都应该把它当作是客观存在的现实，当作是自己要直面以对的存在。我们不能逃避，也逃避不了，唯一的办法就是要认可它、接受它、分析它、理解它、引导它、规划它、改变它，这才是正确之路。人生在世，所面对的抉择有很多，处于十字路口的机会有很多，越是在这种状况下，越是要保持镇定和乐观，要学会相信自己，相信每一次的变化都会经历痛苦，都会有这样或那样的不安，要学会正视自己的问题，让自己真正成熟起来，从生活之中去找到方向，把生活中的每一天都当作是奋起的机会点。要知晓生命能给予自己这一天就是对自己的看重，我们绝不能辜负这一天，要在这一天之中取得更多的成就，把这一天当作是生命最为关键的一天，它关系到自己的生活状态，关系到生命的质量，关系到能否让自己醒悟，关系到能否真正找到自己，关系到能否从生活中发现更多有意义的东西，能否创造出令自己备感惊讶的事业来。要为自己喝彩，为生命中的这一天喝彩，为自己现在的拥有而喝彩，为能够遇到一种发展的机遇而喝彩。

独守自心

回到沈阳这两日，一个人独处的时间要多些，总是想着给自己一些思考的时间，能够对于工作、生活有一个深入的思考，好好想想如何去生活，如何把这段特殊时期的工作安排好，能够让自己放平心情，提升心智，找到更多的机会点，让自心变得安然平和。因为没有自我的调适是不行的，是会出问题的。如果一个人整天都是匆匆忙忙，无暇去思考，不会求得自我的安慰，那是会有压力的，会让自己的心智蒙灰，就会看不到生活之美，感知不到人生之乐，那样的生活是痛苦的。有时遇到的一些事情和困扰，自己也会愤愤不平，感觉像是一腔热情无处发挥，一切用心无人体会，不知道成功在何方，不知道轻松何处寻，心中有些混沌与迷茫，有一些无法掌控的东西，那块压在心上的石头总是想移移不动，也像是被困在泥潭之中一般，有劲儿使不出，不知道怎样才能发挥出自己的能力来，不知道福乐在何方。这种感觉的确是很难受的，可是这种难受又无处诉说，也不想在人前表露，不想让家人担心自己，认为自己已年近半百，好像整天没正事一样，那种复杂之心难以名状。所以，还是要学会与己共语，因为自己才是最了解自己之人。我们不能指望别人认同自己的所有想法和行为，因为每个人都有自己的认知特点，都有对于事物的不同看法，这些都是很现实的存在，没有什么虚构的东西，一切都是真实的展现，一切皆是内心的主张。一个人的觉悟程度决定了他的高度，决定了他能否认清自己。如何认清自己是谁、要去做什么，如何才能给自己带来些什么，如何才能让自己置于安乐清净之中，让自心坦然无垢，如何才能在当前的道路上步步向前，解决好自己遇到的问题，不怕前路的困苦障垢，能够唯心是用，以心为主，能够找到自心的安乐之所，这些的确是自己应该认真思考的问题。心中的魔力是很大的，它有时会推着你往前走，可能已经令你置身于危险之中，你却抱着侥幸心理，认为自己不会有事情，所有的问题均不是自己的问题，所有危险的出现都与己无关。如若这种思想占了上风，那你就真的危险了。因为你失去了警觉之心，对于所处的环境是麻木的，这样是最容易出问题的。所以，还是要省察自身，及时发现自身存在的问题，并加以改正，让自己保持一颗清净无染之心去待人处事，这样自己才能避开所谓的危险，这就是自我净化的能力。这是一种身体自发的排毒机制，要时常启动这种机制，它能够清除掉自身的病灶，让病毒远离自身，给自身以健康，给内心以纯净。那种纯净无碍的状态是非常愉悦的，在那个净化的空间里，你自由飞翔，能够与自己的真心相伴，没有任何的干扰，没有任何的烦恼，有的就是周围的美景，有的是发自内心的喜悦。如果能够回到那种场景之中，你就真正如同羽化了一般，轻轻地，随风飞扬，无论飘到何方，周遭皆是净土，那里充满了真诚和友爱，充满了互助与尊重，充满了喜乐与自在。一个无碍的人生才是人之向往的神殿，才是生命中不可多得的财宝。想到这些，自己现在的内心也是安乐平和了许多，那些曾经的烦恼也就不见了，代之以平静与愉悦，那简直是超级享受，是任何生理享受都无法相比的，那是精神的伊甸园，是人性的耀眼光辉，是人生的黄金时刻。拥有了它，就真的拥有了一生的福乐。所以，我们每天的生活就是在寻找这种精神的光亮，就是在让我们脱离凡俗，就是在让我们心灵净化。自己很向往这种感受，只可惜自己的大部分时间都被一些日常的俗务所占据，这种感觉也是转瞬即逝，很快自己就又回到了现实的俗务之中，那种尘雾就又笼罩在自己的心头。谁都无法摆脱现实的缠绕，谁都无法生活在真空之中。年少之时，也有过对清净的追求，害怕沾染一些凡尘的污垢，害怕自己没有了清净与自在，好像是自己如果去迎合现实，不能做些提升自己的事情，那就会产生莫大的羞愧，对于自己就没有了自信可言，那种消极的状态令自己感到很是惊讶，也紧催着自己赶快逃离。所以，自心就是在这正邪之间循环，感觉既害怕又快乐，在这时空的转换之中，我很庆幸能够坚持了七年的写作生涯，通过写作也让自己保持了努力的习惯，拥有了发展的信念。所有的存在既是自己努力的结果，也是自己人生的幸运。无论世事如何变幻，那份努力总结与学习之心不变，那种不断创造和跨越之心不变。总之，所有存在，皆为我爱；所有过往，皆为向往。珍爱自己，把心灵看透。

家庭教育

答应孩子要在周末回锦州，并到学校接她放学，这是跟女儿的约定，自己无论如何都要遵守承诺，不能让孩子失望。加之岳父在沈阳三个月有余，也很想念他的外孙、外孙女，于是就和岳父约好周五一同回锦州。一家人相聚总是其乐融融，孩子也是无比欢喜，儿子乐得直蹦，女儿也是高兴异常。看得出来，孩子感受到了无比的幸福，那种安乐和欢快是无法形容的。家庭的温暖总是令人向往，家人的亲情总是那么炽热。人是靠情感活着，没有情感就没有了快乐和幸福，也就没有了生活的真正意义。在家里自己也是非常放松的，那根紧绷的弦真正松弛下来，紧张的神经也有得到了缓解。晚上哄女儿睡觉，自己也是一沾床就昏昏欲睡，完全没有了精神，浑身也是酸痛无比，连起床洗漱的力气也没有了，头昏昏的，腰酸酸的，背疼疼的，真正知晓了什么叫“腰酸背痛”。每一次回家都能够提前睡觉，甚至能够一觉睡到天亮，第二天起来舒爽无比、精神无比，那种走路的轻快劲儿就甭提了。没有了任何的倦意，有的是清新愉悦，腿脚轻快，神清气爽，戴上耳机，听着音乐，在社区体育小广场快步走，踏着音乐的节拍，沐浴在阳光里，入冬的风虽是寒凉，但天空万里无云，湛蓝澄澈，空气清新无比，那种异常舒畅之感让自己感觉像是要飞起来一般。我很享受这种感觉，很希望能够每天都有这种感觉，每天都精神百倍地去面对自己的生活。可是现实却并非如此，自己还有很多的事情需要去处理，还有一个个的问题需要去解决，还要集中注意力去分析和研究产业发展，还要去与相关人士做交流，还要参加不同的学习活动。总之，还有很多事情需要自己去努力做好，在这个过程中，总会有这样或那样的困惑与迷茫，不知道怎样调养好自己的身心，不知道如何去摆脱外境的缠缚，不知道如何才能科学地安排自己的作息，让自己有一个好状态去面对所有的人事物。每当自己独自在外面，就好像是没有了限制一般，就会有些“为所欲为”，不会科学地安排自己的工作和生活，把自己的作息全部打乱了，整日昏昏沉沉、无精打采。自己还需要在这方面加以改变，需要像在家里一样，按时作息，科学安排，让自己保持旺盛的精力去面对一切。回到家里感觉的确是不一样的，不仅是作息有了较大的改变，而且心态也完全放松下来。跟家人在一起总有一种踏实感，有一种有根的感觉。在外面总感到空落落的，没有了根，没有了女儿的天真，没有了儿子的淘气，没有了爱人的唠叨，没有了老人的呵护，总之，与在家的感觉是截然不同的。相信人人都有对于家庭亲情的向往，都渴望得到这种安心之感。一个人在外面做再大的事业，在家也只是其中的一员，都要接受家的熏陶，都要有爱的享受，这是我们生活的意义，也是幸福人生的感召。可能我们做不到在生活中拥有圆满与完美，但只要有一点就够了，有了健康与安乐、亲情与付出，人生的意义也就充分展现出来了，我们就有了面对困难的勇气，也就有了前行的动力与希望。一个人要有所挂牵，无论走得多远，要知晓还有家人在等着你回家，等着给予你更加舒适、安乐、幸福的生活。这是人生之中最为珍贵的，也是人生圆满幸福的必然。很多时候自己无法把事情做圆满，不知道怎样才能把家庭与事业完美结合，不知道怎样才能把家庭生活搞得更加丰富，能够把儿女教育得更加优秀，能够让家人们都能够感受到更多的幸福感，尽可能成为一个好儿子、好丈夫、好爸爸，把每个角色都扮演好，尤其是要给家人带来更多的安乐，给儿女做好表率，对他们有所指引。回顾过往的表现，和自己的目标还是有一定距离的，尤其是在教育引导孩子方面还需要加强，要学习教育心理，能够了知孩子的心理，学会引导和教育。在教育孩子方面，自己的言行更为重要，父亲的行为、思维、情绪、态度对于孩子来讲是影响巨大的，自己要在这方面加强学习，回到家里也要打起精神来，与爱人一起把孩子教育好、引导好，真正将他们培养成才，将来让他们也能够生活圆满。对于爱人始终怀有感恩之心，她平日里要带两个孩子，非常不容易，不但要养，而且要育，养和育都是不容易的，都是一项大的工程，需要付出很多的心血，并且还要不断地提升自己。在教育孩子的同时，我们也需要共同提高，共同进步，这样才能引导好孩子，才能让孩子们健康成长。

找到童真

来去匆匆，周末在家的日子总是这么短暂，总有某种缺憾之感。如果不走吧，好像是对既定的工作有影响，家庭氛围和工作氛围总归是不一样的。家庭有家庭的温情，公司有公司的效率。人在不同的环境里，状态也是不一样的。与孩子们在一起是幸福的、快乐的，虽是因儿子有些淘气不听话而“大动肝火”，但看到他天真烂漫的小表情，自己还是感到无比的欣悦。是呀，在孩子幼小之时能够与其一同成长、一起玩乐，的确是很难得的一件事情。但也确实有孩子跟没孩子时期，大人们的生活也发生了翻天覆地的变化，一切都有了新的含义。可能在没孩子之时，总感到冷冷清清，家庭生活缺了很多内容。一旦有了孩子，那就是热闹非凡。有时想找些清静的地方都很难，真不知道该怎样更好。是清静闲适好呢，还是热闹非凡好呢？总之，各有各的好处，关键是如何看待它。有了孩子的确就有了一份责任，就有了从来没有的感受，有了更多的牵挂、更多的发现、更多的成长。与孩子们在一起，自己学到了很多，也发现了很多原来没有发现的东西。孩子的天性是活泼的，是有其固有的灵性的，那种自发的、毫无矫饰的内心和行为充分地展现出来，没有任何的隐藏，有的是天真烂漫，有的是活泼自然，有的是一尘不染，那是原来自己的影像，通过孩子能够让自己看到原来的自己是什么样子。很喜欢孩子的天性的展现，他们爱憎分明，坦诚自然，没有任何的隐藏，没有刻意的装扮，一会儿哭，一会儿笑，打打闹闹乐陶陶。有时我在想，如果我们能回到童年该有多好哇，没有了压力与惶恐，没有了纠葛与烦恼，没有了哀叹与彷徨，有的是自然的挥洒，有的是任性的展现，有的是快乐地接受，有的是破涕为笑的脸庞，一切都是那么自在无碍、幸福安乐。如果我们能够回到童年，那该是一件多么幸运的事情啊。可能我们在现实中生活久了，就会对平凡生活中的一切产生了厌倦之情。孩子们总是能够从最为简单的玩乐中找到乐趣，找到能让自己专注的地方，并且能够乐此不疲，视若珍宝。儿子最喜欢的是海洋动物，也喜欢恐龙世界，可能动物对于孩子来讲是最有吸引力的，他每天都要把海洋动物们玩一遍，并且能够把它们的名字准确地说出来，甚至还能用英文说出来。如果你给他纠正，他会找到电视节目，把主题介绍再让你看一下，往往他说的是对的。对于我们这些在海洋动物领域的“小学生”来讲，那是很尴尬的一件事情。尤其是对自认为“博览群书、见多识广”的我们来讲，是一件很没面子的事情，不得不让自己内心产生了动摇，有些自惭形秽之感，嘴上不说，但心里暗自思量：难道自己还不如一个“乳臭未干、稚嫩无比”的孩童吗？在某些方面，我们还真是不如他们。他们有一种与生俱来的专注思维，能够心无旁骛地专注于某件事物，能够把事物了解得通透无比，这一点自己真是甘拜下风，无法比拟。的确，成年人的思维与孩童的思维有很大的不同，我们作为成年人自认为“学富五车、认知广泛”，自认为孩童们与我们相比差之千里，但我们也要清醒地认识这一点，不能用表面现象来认知和解释，我们需要了解孩子的本性，那是智慧的展现，是灵光的闪现，是人与生俱来的天性使然。这一天性呈现的最大根源是来自于我们内心清静之中的智慧之光的挖掘。要相信人类的智慧，有了智慧的挖掘，我们就有了战胜一切困难的勇气和力量。总之，与孩子在一起，我学到了很多，也感知了很多。这也提醒自己，与孩子在一起时要放下身段，学会与孩子做朋友，学会洞察孩子的内心世界，真正成为孩子的良师益友，成为他们成长过程中的伴侣，同时自己也要保持一颗童心，学会用童真的眼光去看待世界，用真实的态度去面对一切人事物，能够与人坦诚交往，把自我内心变得简单些，把内心的阴暗冲洗干净，还自己一片澄澈蔚蓝的内心世界，那么人生就会快乐异常、幸福无边。

相信生活

写作应该是心灵的回归，是对自己的省察。通过写作，能够把自己看得更通透，能够让自己有一个与心交流的机会。这个机会是很难得的，也是人生中一种最大的享乐。如果没能够与自己交流，那内心也就真的被困死了，人也就真正失去了生机。人是靠精神活着的，如果没有了精神，人也就失去了活着的意义。那些真正灰心失望之人，没有了对于未来的畅想与希望之人，往往生活都是极为痛苦的，如同被限制在一个框架之中，不能逃离，看不到任何的曙光和美好。那样人也就真的被现实障壁住了，就完全没有了希望，就失去了对生活的热情，就会整日生活在痛苦挣扎之中，看什么都不顺眼，想什么都不对头，自限于狭小的范围之中，难以脱离出来。我们要把内心调节好，它是人生的重中之重，不能只是简单地生活，还要有对于生活的提炼与打磨。有了对生活的精雕细刻，就有了生活的情趣和无限的创造，就有了生活的乐趣和享受，就有了人生的创造和奉献。所以，要重视生活中的每一天，每一天都会永远留在我们记忆里，化作永恒。那是亘古不变的真情的流露，那是无私奉献的精神的硕果，那是无私无畏的探索的意志，那是铁汉柔情的充分展现。所有的一切都来自于对生活的挖掘和珍藏，它能把人性中最伟大的一面充分地展现出来，能够把人生的意义诠释得更加完整。所以，看似普通不过的生活蕴含着无尽的意义和内涵，它有着无尽的荣耀与繁华，有着丰富的创造和精神的升华。一个人的现实生活看似平淡异常，没有什么可感到奇怪之处，不知道在自己的身边还有那么多的不平凡的生命，还有那么多的不屈的灵魂，能够与之为伍乃是自己的一大幸事，能够与之同行，自己应该感到无比地幸运。有了生命就有了一切，就有了可以操控的人生，就有了对于社会万物的理解，就有了能够展现信心、寄托希望之处。感恩能够拥有这么多的人生财富，感恩能够拥有自己的思维和行动能力，感恩能够有如此美好的时光，感恩能够在这大千世界之中有自己的一席之地，能够有自己的声音发出。我们不能辜负了如此的大好时光，不能把所有的一切当作理所当然，这是我们千百年才修来的福分，是我们生生世世所积累下来的恩德因缘。相信这个世界上没有无缘无故的存在，一切的存在都是有其道理的，都有其存在的价值和意义。我们没有理由怀疑自己、怀疑别人，因为已有的这一切皆是充分证明了我们的价值与意义，皆是印证了我们存在是一种必然，我们一定有能力去改变这一切，一定会有信心去解决所有的问题。天地所赋予我们的责任就是要去克服与创造，克服现有的困境，创造未来的福乐。活着本身就是一个修炼的过程，能够在修炼自我的道路上不断进步，能够充分地理解得失喜乐、荣辱尊卑，能够自觉地理解自己，给自己一个充分思考和理解的机会。所以，我要表达的就是要尊重我们自己，尊重我们现在的生活，尊重自然的显现，尊重内心的感召，相信一切都会成为自我成就的养料，成为能够战胜自己的法宝。有时候我们把生活当作是一种负担，哀愁这个、烦恼那个，整日有许多的痛苦愤懑之处，把所有的一切都当作是轻易所得之物，把所有的怨恨都指向他人、指向社会，认为这个社会对自己是不公平的，好像自己就应该是一个社会的看客一般，总是站在局外看世界，或是如同一个对外境做评判的裁判员一样，用空洞的理论来说教，用错误的思想来引领，让自己带着怨恨去生活。这样的人生是痛苦的人生，是不能自我解放的人生，是负累的人生。还是要看清楚自己的方向，明了自己的定位，在自己力所能及的前提下为别人、为社会多出一份力，多做一份贡献。能够把光和热传递给别人，能够把善和美展现给别人，这不仅有利于别人和社会，更有利于自己。真正做到“穷则独善其身，达则兼济天下”，能够清净喜乐、善达为人、自在安乐、圆满无碍。要学会相信社会、相信国家、相信别人、相信自己、相信未来、相信生活，真正成为一个乐活知足之人。

随心随缘

今日沈阳奇冷无比，最低温度达到零下十五六摄氏度，出门锻炼也是冷飕飕的，没法伸手，真有寒风刺骨的感觉。前几日还温暖无比、艳阳高照，可近两日就开始了下雨降温模式，的确有些受不了，对于我这半个沈阳人来讲，也是感到有些难以马上适应。天气的变化倒是其一。近几日回沈阳也是受疫情影响，有些小区已处于静默之中，很多人也是难以出行。在这一特殊的时期，大街上也显得冷清了许多，走在市府广场上也没有那么多人了，偌大一个广场只有三三两两的人在锻炼身体，广场上的轮滑队也只剩下一个人了，在广场上转哪转，摆着不同的姿势，的确是滑得非常好。我也是暗暗佩服这个大爷，能够有如此毅力，一个人也来进行轮滑练习。天气晴冷，天空蔚蓝，看着广场上迎风招展的红旗，自己也不由得拿出手机拍几张照片，把这些美的影像记录下来。每个季节都有每个季节的美，每个场景都有每个场景的感受。在生活的每一个片段中都要去发现其中之美，它是我们生活中的一部分，是我们生活中最为珍贵的影像，要把它好好记录下来，作为一生的珍藏。很多时候会感觉时光很漫长，有许多的取之不尽、用之不竭的时光，能够让自己做好每一件自己想做的事，事实是可能就来不及去做，人生的无常随时均会降临，谁都不可预知明日是如何，不知道将来会是什么样子。所以，还是要做好现在，不要留下任何遗憾，不能在有机会之时再失去这个机会。所谓的有机会就是我们现在生活的每分每秒，它是支撑我们生活的重要支柱，是让我们不断发现自我的前提，也是能够让我们发现美好的必备。无论到什么时候都要保持一颗求美之心，去发现生活之美，去创造人间之美，这样我们自己也就美起来了，我们的生活才能抵达梦想之境。保持这种心境能够让我们年轻，能够让自己活力无限，能够让自己体会到人生的妙境，能够让内心充满阳光。有时候真是人算不如天算，很多事情本来计划要去做，结果因为种种原因而难以做成，总是会留下些遗憾，不能真正达到圆满的地步。自己有时也是为此而沮丧，但仔细一想，这也许就是生活的本身。生活本身也许就没有什么圆满，圆满也许只是一种梦想与希望，只是我们的奋斗目标而已。在追求目标的过程中，我们要相信自我，努力去实现和完成它，能够为此而尽到一份力也是一件非常荣耀的事情。我们在做到客观认知的同时，也要认真努力，谦虚谨慎，把当前的工作做好，不断地努力超越自己、发展自己，尽可能给予自己一个满意的答案，让自己对自己深感满意。对于那些没能实现的愿望或计划，我们要客观待之，不要有什么所谓的患得患失之感，要有精神的引领，要知晓我们每一天都是在追求之中，每一天都是对自我的超越，每一天都在成就着自己，每时每刻都会有重大的发现，都会有人生的奇迹出现。要相信自己，相信自己的能力，相信自己的潜力，相信自己的价值。现实之中，我们往往会遇到这样或那样的问题，面对这些问题，一定要摆正心态，要始终相信正是因为有这些问题才能使自己成长。正是因为有了目标的召唤，我们才有了奔向目标、超越自己的机会，才有了实现人生大圆满的可能。因前夜没能够按时休息，昨晚显得有些疲惫，本想着吃过晚饭后把没有完成的作业做完，把没有写完的文章写完，但结果就坐在按摩椅上睡着了，什么也没有完成。当自己醒来之时，已经是深夜一点钟了，就急急忙忙起来，稍作清醒便进入了工作状态，把英语功课做完，把该写的文章写完，把昨日的微信朋友圈发完。待一切完成了，那心情可就完全不一样了，就有了很多的踏实之感。要不然总是带着遗憾去休息，总是有一些不如意之感，总是感到没能够完成当日的工作，那种负疚感让自己内心不踏实、不安定，这也许是自己的一种追求完美之心吧。无论如何，能够把自己所想之事做完，能够让自己不留遗憾，才能真正让自己心安。参透无常，追求圆满，愿我们的生活都能够随心随缘。

改造心念

写作的确是一件大事情，它需要自己静下心来，它是一次对心灵的洗礼，是对内心的重大调适，是对生活的客观认知。这是我们一生的权利，是情感表达的窗口。有了它，就有了改造自我思想和意志的条件，就有了通向美好生活的阶梯。可能乍听起来有些不以为然，但现实正是如此。一个人对自我和外界的认知如何，决定了他的视野和心胸，而这些都起源于认知。如何能够很好地认知，决定了我们对于自己生活的态度，是对自己的抚慰和鼓励，还是对自己前行之路的指引和鞭策，这些皆在于自己如何看待自己，如何能够从内心之中去找到答案，这完全来自于缤纷多彩的生活。生活的魅力是不一般的，它每天都会有故事，在时时刻刻影响着我们。要学会给自己的心找到依靠，在无我自在的天地中享受。写作的确是一种抒发，是一种内心世界的展现，它能够让自己内心变得丰富，变得高雅，它极富有乐趣，能够让我们在心的世界里遨游。我们很多时候都在追寻这种感觉，追寻那些能够让自己内心解放的东西，能够让自己有了生活的信心与方向，能够在人生之路上自我安慰、自我鼓励、自我支持、自我依靠，的确非常美的。我们有时不知道如何去定位自己，不知道怎样才能成为自己，会经常性地失忆和走偏，不断地偏离原来的生活轨道。但如果我们培养了自己的省察力，就会自然而然地接受某件事，就没有了那种焦灼的心情，就会变得积极向上，有信心、有能力去做任何心所向往的事情。我们都在向上的路上前行，难免会遇到这样或那样的问题和困扰，那么应该如何去面对这些问题和困扰呢？首先，心态很重要，不能一见到这些麻烦事就恐惧万分，不敢正视它，把它看成是牛鬼蛇神，下意识地把自己看扁，认为自己解决不了问题，自己一定会出问题，自己一定会迈不过这道坎，这样越想越可怕，就会最终导致自己的失败。对于心态不好之人，你就是给予他任何的支持都无济于事，最关键的原因还是失败的阴影笼罩在他的头上，这样就完全没有了希望，就会被现实所吓倒，也就失去了独当一面的信心。一个人没有了信心就跟没有了灵魂一样，就丧失了斗志，变得惊恐不安、自卑软弱，没有了方向，人也就完全失去了向前的动力，就像是在战场上，还未开战就已经投降了。所以，做事情之前要先把心态调整好，能够清醒地认识自己，客观地认识别人，能够在平凡的生活里发现自己闪光的、有趣的、有能力的方面，并加以归纳汇总，扬长避短，不断学习和总结，能够天天有收获、天天有发展，这样我们才能充分发挥出自己的能力，就会在未知的领域有所突破，就会清楚难以逾越的障碍，就会完成看似不可能的事业。一个人贵在自知，能够清楚地知道如何才能提升自己，贡献别人，让大家形成合力，共同迎接美好幸福的到来。这的确是意念的力量，它能够支撑自己走过美好的一生。很多时候我们靠的不就是那股子劲儿吗？不信邪，不盲从，有自己坚持执着之心，能够做到长期积累、长期进步，这样整个人看上去就会精神百倍，做起事来就会雷厉风行，不畏艰难。这是很好的品质，是长期积累的结果。回想自己过去也有很多的放弃和软弱之处，有时会言不由衷，不能够正确认识自己，导致某一阶段内有些“肆意妄为”和松散懈怠，一时被眼前的表面现象所干扰，产生某些情绪上的变化，这样就会导致自身的抵抗能力降低，就会犯一些毛病，这样循环不已，长期如此，那自己也就失去了工作的激情，丧失了生活的情趣，这样是很危险的，这样的人生肯定不是自己想要的。要想改变，就要从“心”开始，从调整自己的情绪开始。能够写出二十余部著作，这就是一场自我的革命，是自我发展的例证。改造自己，从心开始。

梦想启航

昨夜咬着牙把落下的“课程”补上，因为白天忙于其他，没有把英语作业做完，加之没有完成当天的文章，这样总是感觉有什么事压在心上，心里总感觉不踏实。做任何事都要当日事当日毕，如果一直这样累积下去，就永远没有完成的那一天。自己一定要改变这种状态，发挥蚂蚁啃骨头的精神，去完成既定的事情。无论是工作还是学习，都要有始有终，这样才会有一个相对圆满的结果。想至此，自己也是拚上了，无论再困也要完成作业和写作。有时候实在困得没办法，就去洗洗脸，活动活动，清醒清醒，来回走动走动，喝点水，吃点水果，好在一应俱全，什么都很方便，这样就又开始了学习和写作。曾经一度实在是熬不下去了，就躺在按摩椅上，结果往往是一躺在上边就进入了梦乡，呼呼地大睡起来。一睁眼就已经过了午夜，心想：怎么办？是继续睡觉还是把事情做完？自己不断地做着思想斗争，最后还是决定无论如何都要把事情做完，因为明天还有明天的事情，很多事情是不能拖的，越拖问题就越多，积累的事情也就越多。加之自己是一个不喜欢欠账的人，如果总是让我欠着别人，那内心就永无安宁了。如果能够想方设法地把事情办好了、完成了，那内心才能安定，睡觉才能睡得踏实。所以，无论如何，自己也是最终把学习功课和写作完成了，这样自己对自己还是满意的。今后自己也会继续努力，既然已经踏上了这条学习之路，就要义无反顾，努力向前，把既定的学习和工作任务完成好，这样才能最终实现自己的一个个目标，成就自己的一个个梦想。人还是要有些目标的，有了目标，人的精神是不一样的。尽管熬夜到近凌晨三点，但今早还是在五点半按时起床，洗漱完毕，还是要参加六点的英语晨读课，已经养成了习惯，便不能轻易地改变，唯有不断地坚持、不断地学习，才能让自己有了更大的提高与发展，才能让自己的每一天过得充实而有意义，才能让自己的能力得以不断提升。的确，现实生活之中有很多我们所计划要完成之事，有许多不得不用尽我们全身心的努力去完成之事，这就需要我们有所牺牲，要学会放弃一些事情，科学地安排好自己的时间。如果我们不去做精心的安排，那样就会让自己疲于奔命，慌乱不已。很多事情都需要自己用心去体会，需要我们不断地寻找突破的方法，不断地跨越一道又一道的障碍，唯有如此，才能真正地生活，才是生活本来的面貌。如果自己目标不明确，行为没方向，那怎样才能成就自我呢？恐怕我们很难去实现了，只能是看着别人完成而自惭形秽，感觉自己一无是处。人与人之间的差距就是这样逐渐形成的，有的人在不断地进步、永无停止，有些人却找不到前行的理由，认为自己没有必要为难自己，何苦去做那些出力不讨好的事情呢？如果能够放任自己，让自己的身心自由起来，那该有多好哇！面对这一问题，自己的确是犹豫过，彷徨过，不知道应该如何是好，不知道怎样才能跟上时代发展的步伐，不知道如何去完成自己既定的目标，那种痛苦和迷茫往往充斥于心。自己在内心之中也是暗暗要求自己，不能放弃学习和进步，哪怕前行之路再艰难，自己也要保持住学习和创造的精神，在自身优势上下功夫，充分发挥自己的主观能动性，主动出击，主动学习，积极有为，坚持到底，认准了目标就要努力走下去，不能因为一时的困难和阻遏而放弃了梦想。我想，这一点是自己对自己最大的认可。当然，在这一过程中还有很多不科学、没有进行认真妥当的安排和研究之处，还会遇到这样或那样的问题和困惑，还有许多的不顺畅和难以解答的问题，但自己也非常相信，只要能够不断坚持下去，在坚持努力的过程之中去不断调整和规划，自己一定能够走出阴暗，走向光明之境。的确，在当今这样一个美好的时代，自己也具备基础条件，有很多的条件在助力着自己发展，要学会珍惜当前的一切，尤其是时光，它才是我们最大的财富。趁着阳光正好，我们要收拾行囊，昂首阔步向前走，去实现自己的梦想。

心灵思考

很多时候内心是漂移不定的，不能够做到每时每刻都理性面对所有的外境，会受外在的诸多人事物的影响，把自己的内心引导得乱飞乱撞，就像是在田野里受惊的小鹿一般。没有了定力的内心是不可能快乐的，是不可能找到内心所依的东西的，人也就真的变了模样。自己很想改变自己，能够始终保持一种客观理性的心态，能够不被外境所诱惑，能够客观理性地看待问题，能够有自己的思维空间，能够好好地安放自己的内心。这的确是自己真实所想。因为岁月雕琢已经容不得再去调换，只能是依托时局的改变而改变，不改变就会愤懑不已。因为人活着都不容易，有许许多多的问题和困惑都需要我们的内心去修补。而这一修补的前提就是要先对自心做出调节，能够彻底明了自己的所思所想，能够理解自己的每一个行为。所有的行为和思维都是可以理解的，那只不过是人类的一种自然而然的反应而已，没有什么大惊小怪之处。我们往往纠结于生活的某一点，用单向的思维来理解它，认为它是好还是坏，是黑还是白，这一切的一切都看似是那么简单，从来没有缓和的余地。往往这些思维都是有一定问题的，我们要充分了解人性，人性之中必然会有生物界的天性，都会有某些不完善的地方，都会有情绪的波动和心态的改变。要客观地看待这种改变，要认可这种改变。每一种行为与结果的出现都会有其自身的道理，没有什么应该或是不应该，一切皆是自然的呈现，都有其改变的意义，也有其存在的价值。了解人之本身的特征，更有助于面对自己的问题，能够在遇到问题时保持冷静，保持客观之心去对己对人，这一点非常重要。在现实生活之中，往往会容易心理失衡，因为每天都生活在情绪的不断变化之中，每天都会有这样或那样的纠结之事，均需要自己去做出决断，需要我们去评判与决策，需要自己拿出勇气去面对。也需要内心保持一种定位，不会被外在的环境左右了自己的心志，不会因为有了诸多的困扰而悲观失望，失去了对人生的信心，没有了战胜困难和问题的勇气，这是非常可怕的。人的内心一旦失衡，那一切的问题都会主动找上门来，就会有了这样或那样的障碍，自己的心志就会被迷雾所障垢，就会内心失衡，甚至会做出一些让自己遗憾终身的事情来。所以，保持一种平衡的心态是多么重要哇，它是我们成就自己、安乐一生的关键。有些事情不是事情本身，而是因为内心所使，内心如俊杰，内心也如狂魔，内心是光明，内心也是阴暗。很多事情出现的原因，皆是因为我们具有了某种心态所致，是内心在改变着我们自己，是自己在不接受自己。心病还需心药医，一个人如若产生病态的心理，那么他所遇到的一切都会成为障碍，都不会顺顺当当，都会有各种各样的问题。当我们遇到这些麻烦之时，一个人的境界就会表现出来，就没有了当初的那种平和无碍之心，就会变得焦虑狂躁，就没有了当初的那份“温柔”，整个人都变了样，外在的样貌与表现就会千差万别。有时冷静下来，自己都感觉到无比地惊讶，不敢相信自己怎么会是那个样子。心之所染，人之所行，心念的力量是很大的，它是改变世界的基础，有了它就有了战胜一切的可能。没有什么是永恒，但永恒还是人们追向目标的前奏。有了这个追求，就有了孜孜以求的原动力，就有了战胜一切艰难险阻的法宝。人而为人不是偶然，它是有很多必然性的，它是天地的赋予，也是生命的点燃，它是带着灵光而来，这份灵光就是与生俱来的智慧和意志，就是那种思想与意识的存在。有了它，我们就有了思考、总结、实践的基础。某种程度来讲，每个人都是非常伟大的，可能这种伟大是自己无法察觉的，我们只是看到现实的展现，把现实的展现当作是永恒的存在，非自我可为之事，好像别人的成就是别人与生俱来的，自己的不成功也是与生俱来的，从而产生了对自我的怀疑。其实这是一种错误的认知，是没能够真正了解自我生命的一种表现。那种对自我的否定能害了我们一生。好像别人永远是成功的幸运儿，自己不成功好像也是必然的，是很难改变的。这种心理在我们踏入社会之时就已经存在，只是我们没有觉察而已。因此，如若不把心理进行规划、调节与指引，那人是要出问题的，是会被自心所羁绊、所困厄的，这样日久天长就会听命于错误认知的指引，听命于所谓的命运安排，就会陷入一种封闭的、愚昧的状态之中，就很难再改变，这样就把我们的创造力、进取心、学习力给蒙蔽住了，就会跳不出原来对自我的认知，就会把自己生命的进取和创造的能量消耗掉了，最终导致自己一事无成，碌碌无为、浑浑噩噩过完自己的一生，这是相当可惜的。这就是自我认知错误所导致的结果，也是不能够实现人生价值的根源。人活着始终是要发光发热的，要留下些能够让自己引以为傲的东西，要有所追求、有所创造，能够把自己所想转变成为现实，这就是生命的高级状态，也是思想意识所指引的正确道路。要知晓一切现实的出现皆是自我心念指引的结果，我们可能不会马上改变外在的环境，但我们可以改变我们的内心世界，能够让我们的精神世界丰富起来，能够在另一个维度中呈现自己的状态，能够在现实之中得以展现，并让它得以充分地弘扬。要相信没有什么是我们做不成的，关键是你的内心准备好了没有，有没有清晰地规划自己的人生，有没有深入地调适自己的内心，这才是我们人生福乐成就的根本。

认识学习

昨日忙着准备课件，要给锦州博雅实验学校讲科普课。这也是受学校高志宏校长之邀，给学生们讲一节航天科普课。尤其是恰逢神舟十四号返回地球家园，陈冬、刘洋、蔡旭哲三位航天员凯旋，这真是值得记忆的一天，是具有历史意义的一天，能够与孩子们在一起共同学习航天精神，了解航天知识，提升学习动力，培养爱国意识，具有非常大的意义。自己女儿也在博雅学习上课，所以自己也一定要把课准备好，这肯定会对孩子有一个大的思想意识的提升，了解航天，学习航天，争做一个对社会有价值之人，创造更多的人生奇迹，我认为这些活动都是非常有意义的。考虑听课的大部分都是中小学生，自己也在想，如何能够针对孩子的特点来讲课，能够把课讲得更形象、更生动，让孩子们爱听爱看，能够充满兴趣。无论是在主题内容的选择上，还是在图片视频的展现上，都要突出创意来。我也是让沈阳的几位员工一起来规划整理，对于所选的内容和展现形式，我来做一些规划指导，这样也是忙忙活活准备了一天，大家都很尽力，都在积极努力准备。的确，要想讲好一堂课是不容易的，是需要付出精力和时间的。但无论如何，能够看到孩子们认真听讲、反响强烈，自己还是非常欣慰的，感觉大家的努力没有白费。能够给孩子们带来一些知识的讲解、思想的引领，的确是非常有意义的一件事，是我们要努力去做的。由此，我也想到，无论是做任何事情，都要有创意，都要考虑事物本身的规律，有针对性、有创造性地做，这样结果就会更好。学习如此，做任何事也是如此。在现实生活中，我们每时每刻皆是一种学习，学习也可以说是伴随我们一生的功课。通过学习，我们能够明了事物发展的规律，和我们为人处世的行为准则，让我们掌握了很多的技能，能够从容地面对我们的生活，能够适应社会的发展。随着社会不断的发展和进步，我们需要学习的内容也会不断更新。我们所处的时代不同了，面对的问题不同了，发展的方式不同了，应对的事务也不同了，所有的不同都需要我们去科学面对，去进行思想和行为的改造，因而就要不断地更新知识，并能够创造性地工作，唯有如此，我们才能跟上这个时代的发展，才能成为这个时代所需要之人。当然，学习不仅是单纯的死记硬背，不只是能记能背，还要注重学习的方法和技巧，掌握以小博大、四两拨千斤之法，这样才能够有大的提升。这就是学习方法的革命，它能让我们的学习效率有很大的提升。近期自己也在学英语口语，本来自己英语底子薄，加之多年未能深入学习，英语口语更为差了，很多的连读方式读不准，英语单词较陌生，相当于零基础状态下学习。这样一度自己也很伤脑筋，不知道如何才能把英语口语掌握，加之年龄越来越大，自己精力有限，在此基础上如何能够像当年的年轻小伙一样冲劲十足？自己也想了很多的方法，比如说是“词根拼读法”“谐音比拟法”“联想记忆法”等等多种记忆方法，不断培养自己的记忆习惯，充分发挥中年人理性思维较强的优势，把自身的劣势转化为优势，不断地创新记忆，能够让自己的学习更有效率。学无止境，每时每刻都要把学习作为生活中最重要的一部分，不仅是学，而且要有创造性地学，真正把学习当作是一件快乐的事情，这样才能提高学习效率，提升学习的积极性，把学习作为最快乐、最有意义的一件事。所以，如何能够快乐地学，用一种独特的方法去学，能够真正把学习融入自己的生活中去，就显得很是关键。很多人没能够坚持学习下去的关键就是没有把学习当作是快乐，而是把学习当作是一件非常痛苦的事情，这样是不能长期坚持下来的，是没有乐趣和收获可言的。我们要学会在学习之中去创造、去发现新的兴趣点，要明了学习的真正意义，把学习的目的和学习的方法充分地结合起来。也就是说，既要有学习的目标追求，又要讲学习的兴趣培养，从学习中找到乐趣，找到兴奋点。这样的学习才是最有效的，也是最长久的。信心的培养，兴趣的培养和终极目标的确定，是人学习和提升的关键所在。唯有不断地在学习上坚持创新，坚持兴趣的引领，才能在学习中取得成果。总之，学习伴随人的一生，我们每时每刻都在学习。也可以这样说，学习是我们一生的功课。因为所有的知识都是在学习和思考中总结出来的，都是从无知到有知的转变，都是长期熏习的结果。没有说哪个方法就是最好的，哪个方法就是绝对不好的，好与不好的关键就在于能不能入心，真正起到震撼心灵的作用。这是自己对学习的一点看法。

精神力量

思想的转变是一个人进步的核心。内心的世界决定了人生的景象，它是生命状态的集中体现，是一个人拥有什么样人生的关键。所以说，什么样的内心决定了什么样的人生。一个人活在世上，如果不能够把内心调整好，让内心平和安然、自在无碍、乐观积极起来，那么就不可能获得人生的乐趣，就没有了奔向幸福的原动力。面对人生的纷繁复杂、困扰无常，如何去调整自己的内心就显得尤为重要。因为我们每天都会遇到这样或那样的问题，都会有这样或那样的事故，一切都是那么飞快而难以捉摸，没有了自我对于事物的客观认知，那么一切都会显得混杂而无助，不知道如何才能让自己平安喜乐。这是人生给我们留下的最大问题，这个问题需要我们马上就拿出答案来，不能够拖延。那么这种情况下就要看我们内心的决断力了，如若没有一个强大的内心，人一旦遇到问题就会容易失去对自己的控制，就会陷入一种有常的悲戚之中，就会有对于生命的错误认知，也就是把无常当有常，就会产生内心的挣扎与争斗，就会把自己的生活搞得一团糟，就会给自己和他人带来灾害。所以，培养一个好心态尤为重要。它能在关键时刻救人于水火，能让自己增添希望，能够给予自己无穷的快乐与幸福。尽管说人还是那个人，事还是那个事，物还是那个物，哪怕是周围一切皆没有改变，只要我们内心有了变化，有了新的创意和判断，有了正确的认知和规划，那一切都不成问题，内心中就会充满了喜乐，就会有无穷的力量来推动着自己往前走。这就是内心的力量。那么我们应该如何去寻找这份力量呢？首先就要从对于日常生活的观察做起，对于自己的生活进行科学的规划，在平凡的生活中找到乐趣，看到人生的目标与希望，把对于目标的向往转化为内心的动力，努力在工作中去创造成绩，在生活中去寻找快乐，在对自我的反思中去发现问题，并用创造性的思维去解决问题。拿起笔来，把自己的生活记录下来，通过写作和整理，对自己所思所想进行汇总和分析，仔细地观察自己的生活，用“局外人”的眼光来看待自己，这样对自我的认知就会更加清晰，就会对于事物有了不同的认知，就会从生活中找到最大的快乐。我走到哪里均习惯拍上几张照片，这是一种爱好，每当我把看似司空见惯的景物拍下来，就会猛然发现原来身边还有这么美的景物。原来自己整日忙于工作，还真是没有仔细观察过身边的景物，没想到自己身边还有如此美景，真是超出自己的想象了，那种欣悦之情就会溢于言表。这种认知的不同是因为景物本身发生了变化吗？不是，而是我们的内心发生了变化。正是因为自己这颗心发生了变化，看待事物的角度不同，以及观察事物的仔细程度不同，才发生了翻天覆地的变化。所以，看待事物的角度和深度，决定了人生的宽度和高度，决定了情绪的变化。反过来，情绪又会影响我们的内心，决定我们的行为。所以，还是要学会思考与观察，这样人生就会完全不一样了。人至中年，遇到的事情真是越来越多，这一天的时光不知不觉就溜走了，一年又一年就这么快过完了。就2022年来讲，不知不觉就快要过去了，因为现在已经是十二月份，转眼之间，即是元旦，不知道今年的日子怎么过得这么快。在感叹时光飞快之时，也难免内心多了些许的悲凉，人生就是在这不知不觉之中完成了它的轮回，如若不能认真思考和积累，那真是成了时光易逝空悲切之人，只是感叹而不能解决问题。还是要奋起直追，去迎接和创造人生的美好。要把身上的负担和危机当作是运气和机遇，当作是不可多得的给予，利用人生大好时光去做一些自己想做之事，让自己在自己所安排的生活之中享乐，给予人生最大的安慰，让自己发现一个了不起的自己。没有什么比精神的涵养更重要的事情了，有了它就有了人生的力量。生命的延长在于精神的弘扬，在于信念的支撑，在于能够拥有那份生命之光。看似现代的工业发展给人创造出了人间奇迹，高楼大厦，飞机高铁，现代文明给人类带来无穷的福音。但别忘了，表面上这些巨象的东西，实际皆是内心所使，是一种精神的指引，能够充分发挥大脑的功能，能够有一颗改天换地之心，因此才创造出了人间的辉煌。如若没有精神的指引，没有规范的建设，没有创造发展做指引，恐怕人类文明是很难达到的。仔细想来，我们有别于其他生物的地方，皆在于我们有一个能够不断思考的大脑，能够思考与总结，能够学习与创造，这就是我们人类的能力，是我们改天换地、重塑自我的保障。注重精神生活的丰富，你的人生将非常精彩。

心的力量

置身于某一种场景之中，能让你换一种不同的心境。在山涧溪流边，在田野草地间，在广袤沙漠里，在喧闹都市中，都会有不同的对于生活的认知。每一种认知都是鲜活的，都是不可多得的美好体验。人是受环境影响的动物，周围的环境如何直接关系到你的心境如何，能够把你的情绪也带动起来。春季百鸟鸣唱，夏季绿叶繁花，秋季果实飘香，冬季白雪飘洒，每个季节都会有不同的景致，都会带给人不同的内心感受。要能够觉知现实的存在之美，从眼前的景致之中去体味生命之美。景色和季节的转换往往能够让人有不同的品味，有不同的畅往。要时刻守住内心的那份洒脱，真正做到无挂无碍地生活，这才是心灵真正美的感知，是对于生命的尊重和关爱。感叹于生命的不同季节里有不一样的感知，都能够收获美的印象。在不同的景致里处处皆有美的影子，它是清新的，是脱俗的，就像是江南烟雨中的女人，清新婉约，大方怡人，在楚楚动人之中流露出温润之美、文化之美。那是一种展示的状态，最关键的还是那份追求自然的心情，有了这份心境，就有了生活的乐趣，就有了向前走的信心和勇气。一个人要找到自身能够安然静乐的状态，没有任何的打扰，没有什么高谈阔论，没有什么勉为其难，一切都是自己自然的状态，没有任何刻意的雕饰。这种自然平和才是自己所需要的，是自己追求的一大动力。生活之美就在我们身边，在互相的关爱鼓励中，在尊重和体谅的内心中，在充满希望和梦想的眼神里，在你我双手的相握中，在热烈而温暖的拥抱里。一切都是那么简单平实，一切又是那么平凡无奇，一切又是那么难能可贵，一切又是那么纯朴贴切。这皆是生活该有的样子，是我们割舍不掉、与己相伴的影子，是永远无法把它去掉的，也是自然存在的。它的存在是自己一生之福，有了它就有了人性至真至纯的情感的获得，就有了生活的意义和向往。它不稀奇，但也不简单；它不遥远，但又不紧挨。你如何看待它，它就如何存在。它是你心中更多模样，是我们似曾相识的故人。它就在你的心中，只是你不曾注意它而已。它始终存在，它是伴随你的生命而来的。要学会抓住它，用心去感知它，不要让它身上蒙灰。若是尘垢满面，油渍满身，就不可能显现出它的真面目来，就不能被自己所辨识，那清净平和就不可能显现出来，自己也就完全没有了方向，就成了无根之木、无源之水，就会落入世俗的尘埃之中，就完全没有了自己。人要找到自己，找到自己的真心所在，找到自己真正的渴求之物，找到自己想要拥有的一切。我一直在想，人所拥有的到底是什么，是物质的富足，是世人的尊崇，是家庭的温情，是事业的顺达？可能这些短期内会给自己带来内心的满足，但面对生死，面对无常的一切，这些都算得了什么呢？可能到了寿终正寝之时，一切都将化为乌有，就完全没有了那份满足和潇洒了，原来的拥有就完全变得没有什么意义了，唯一留下的只有内心对于未来的惊慌失措和那么多的不情愿。这些都是现实的存在，每个人都逃脱不了命运的安排，也逃避不了生死这一关。那么，我们应该如何去看待这些呢？是悲伤，是哭泣，是悔恨，是不满？这些只会给自己增加痛苦而已，没有任何的补益。唯有自己把事情看透，想开，唯有自己才能安抚自己，自己才能引导自己，让自己在无伤无碍中生活。所以，在精神的世界里我们才能真正找到自己，精神才是永恒的存在，才是一生之中最应该去珍藏的。要学会在平凡的生活里找到精神的慰藉，在无序和烦琐中找到简单，在身心忙碌的间隙，能够以心为伴，能够好好地与心对话，把自己在平日里不能说的话与自己说一说，能够有一个真正的倾诉对象，那就是自己的内心。

我们对外的所讲、所做、所为皆是内心的映照。除非是言不由衷，说一些违心的话，做一些违心的事。那样也是痛苦的，是憋屈的。如果一个人连真话都不敢说，那样生活还有什么意义呢？那样的一生就是虚伪的一生，也是最痛苦的一生。要学会给自己的内心加油，不断提升自己的内心的能量，不断把心的力量释放出来，让心的能量充满自身。它能使我们自身发生质的改变，能够让我们更清醒地认知自己、认知事物、认知整个世界。所有的困惑和不安皆是心的驱使，所有的伟大与雄奇皆是心的创造。有了心的方向就有了人之梦想，就有了前行的力量。我们不可能左右所有的境遇，但我们可以创造另一个天堂，创造出自己最大的辉煌。那就是心的力量，看似无形，实则有形；看似虚无，实则存在。生命中一切的展现皆是心意使然，皆是自己内心的构筑，是无穷的力量的凝聚，是一种向上的引领和对美好的重构，以心为念，向心而为，心的力量能成就圆满的人生。

生命之光

给生活留白，让它回归自然的状态，能够自由自在地享受当下，回归内心的自由与无碍，是非常幸福的。一个人要能够给自己创造出自由的天地来，能够把所有的繁杂俗务放下。放下即是获得，获得了另一种生活；放下是一种真的释放，不受任何的拘束，获得永久的自在。在现实的生活中，我们往往是瞻前顾后、犹豫不定、焦虑不已，把一个“南瓜脸”留在世间，好像自己永远是一个弃儿一样，找不到归宿，人就显得莫名的恐慌，不知道前方是什么，不知道怎样才能找到能够释放身心的渠道，不知道怎样才能走上正确的人生福乐之途。的确，现实之中有很多的迷茫，有很多的事务需要我们去处理，并且这些事物都很重要，都是耽搁不得的。所以，整日忙得是团团转，完全无暇停下来，正是这种“忙”把“心”失掉了，无暇去思考，也懒得思考。因为这种思考自己感觉是遥不可及的，认为它是一种浪费时间的行为。其实，这就是我们不能脱离“苦海”的主要原因。总认为自己现在的事最重要，其实什么是重要，什么是不重要？人活在世上，没有不重要之事，关键是看你如何去安顿它，如何能够把生活调剂得更加轻松自然。人来到世上是享福的，不是来受罪的。至于说怎么享福，怎么受罪，每个人都会有不同的认知。如果能够调整好心态，人生时时皆是春天，人生处处皆是美景，人生天天好心情，随时随地有福乐。关键在于如何去看待人事物，看的角度不同，得出的结论也就不同。所以，活着比的是健康，比的是长寿，比的是心情，比的是态度。尤其在关系到一个人的利弊得失、荣辱尊卑之时，你的态度决定了你的格局，你的格局决定了你的人生。一切问题的出现皆在于你的认知，皆在于你内心的包容性。就本次的疫情来讲，的确给人们带来了无尽的烦恼，出门、上学、公务、聚会、娱乐、旅游、交流都受限，尤其是关系到自己的身体健康，这些叠加起来，的确是让人很难承受，整日就像一块大石头压在心上，让人飞驰的憋闷，不得舒展。最大的问题就是让人失去希望，不知道什么时候才是尽头，不知道明天到底是什么。三年了，压在心上的这块石头相当沉重。近些天来，通过专家们的一致研判，政府的果断决策，终于把原来的条条框框清除了，生产、生活终于能够逐渐恢复到原来的状态了，这是一个天大的好事情。之前总是心情沉重，总是担心不能出门，不能回京。这两天真是天壤之别。各地都放宽了疫情管控政策，一般的场所都不再查核酸了，生产、生活都有序地开展起来了，心情也顿时敞亮了很多，那种轻松之感真是欢乐至极。太阳出来了，驱走了阴霾与寒冷，和煦的阳光洒在自己身上，真是无比地惬意和兴奋。心情是愉悦的，脚步是轻松的，眼睛是有光的，那种发自内心的快乐溢于言表。晚上，市府广场上的人顿时多了起来，在五彩斑斓的灯光下，人们踏着现代舞的节拍在跳舞。广场上热闹非凡，舞蹈队有好几个，广场中央还有人在打“神鞭”，啪啪的声音宛如春节的鞭炮一般，还有五彩的陀螺在地上转哪转，每个人都是异常欢欣。看到如此场景，自己的内心真是感触颇深。是呀，压在人心头上的石头终于搬开了，人们重获自由，幸福翻身，一切都充满了希望。这种信心和希望能够把人的情绪一下子带动起来，让人充满了激情与活力。这种激情与活力能转化成无穷的创造力，能够让人的工作和生活焕发生机，能够让人获得无限的福乐。这是情绪的点燃，是生活的自然状态的呈现，是人应有的幸福生活。回想那些在战乱中的人们，是一种什么样的状态和心情？是一个什么样的场景？真是不敢想象。我们要为自己平和安乐的生活而感到无比地荣幸，没有战争，没有灾害，没有冷漠，没有放弃，有的只有珍惜、关爱、帮助与支持，这一切真是相差如此之明显。这是人世间截然不同的显现，是人世间最大的反差，只有经历了才会有深刻的感知。一个人无论何时都应该珍惜当下，感恩他人，感恩那些全力帮助你的人。也许他本身也会有这样或那样的缺点和脆弱，但天底下谁又是完美的呢？每个人身上都会有这样或那样的问题和缺陷，都会有很多的不足和迷茫。客观来讲，自己身上也有很多的问题和缺陷，需要在生活和工作中不断地克服掉，需要有一个不断提升的过程。自己对自己还是很包容的，那么对于别人难道就没有包容之心了吗？尤其是与家人和朋友在一起之时，人常在一起就会有这样或那样的问题和矛盾显现出来，就会把别人的毛病看得很清楚，甚至就会有一种“晕轮效应”，也就是会把问题和毛病放大，这的确是现实存在的。这样人就会产生心理上的变化，就会有一种否定之心，把家人和朋友对自己的关爱当作是理所当然，就看不到他们的优点，就会从他们身上去挑一些毛病。长此以往，就会产生一些心理变化，变得不理智，变得没有耐心，变得不可理喻，甚至会说出一些伤感情的话来。这些现象是客观存在的，也是需要我们努力去加以解决的。如果任其发展下去，终究是要爆发的，就会给自己和亲人们带来极大的伤害。所以，在处理关系方面，我们要客观待之，要不断地反思自己，加强自我心态的调整，始终让自己的内心平和安乐，客观全面地看问题，不能被眼前的障垢所蒙蔽，要始终保持一颗清醒和自信的心，把别人的安乐放在心上，真正地理解别人，感恩亲人，把这份浓烈的爱与情感长久地保持下去，成就自己一生的圆满。这的确是我们应该努力去做的。所以，调整自己内心最关键，无论是与人共处还是自己独处，都要把感恩放在心中，把温暖付诸行动，做一个有温度、有能力、有胸怀、有思想之人，让生命之火永远点亮。

管理自己

管理自己是一项大的工程，它不是一朝一夕就能够掌握的，它需要一定的功力，需要长期的积累，它是一个人成熟的标志。会管理自己生活的人都是能够掌握自己命运之人。每段时期都要有自己的规划，无论是每天、每周、每月，都要有一个目标。生活不能盲目，无论是开始、过程，还是结束，都要有充分的规划，有一个能够指引自己的方向，这个指引不是一时的，而是长期的，是能够让人不断坚持的标准，是能够引领人生的灯塔。自己在管理时间上总是犯错误，很多时候明明是计划好的事情，却因为这样或那样的问题而改变。主要是因为没能够充分地规划而造成的。在做一件事时往往会沉迷于其中而不能自拔，把其他的一切都忘掉了，没有了时间和空间的概念，结果导致了自己既定的计划难以实施，这是相当可惜的。如若这样长期下去，那自己就难以真正成为自己的主人了，就变成了任性的奴隶。这说明自己在规划生活和工作方面还有所欠缺，有很多难以驾驭的东西。如若不加以改变，自己就很难有大的提高，就难以获得长远的发展。的确，一个人如若连自己都管理不好，又如何去成就一番事业呢？自己的行为活动是自我发展的一把标尺，是自我成就的基础。没有了既定的标准与规划，那怎样才能筑牢成就的基石呢？这显然是不可能的。所以，我们一定要改变自己。可能这说起来容易，做起来却很难，我们往往管得了一时，却管不了长久，时间一长，“老毛病”又犯了。究竟如何才能够真正改变，如何才能焕发出生命新的容颜，如何才能真正成为生命的引领者？恐怕“路漫漫其修远兮”，需要我们努力付出，需要坚韧之力，并且还要讲究方法，长期坚持。首先要有一个更加清晰的认识，要充分认识到改变的重要意义，认识到不改变的最大危害是什么。唯有充分地认识到此点，才有改变的强大动力，才能够促使自己想方法去改变。改变是一切事物的必然，不改变是发展的静止。一个人只有这一生，没有更多的时光等着你去挥霍，没有更多的机会让你去荒废。唯有一次，也只有一次，好就能长久，不好就会暂停。生命的光辉在于觉知，培养一个好的观念比盲目咬牙坚持要强得多。即便你咬牙坚持也坚持不了多久，因为你没有发自内心地去认知它，它只是存在于自己的潜意识之中，没有真正触达心灵。不能够触达心灵的认知是肤浅的，是不能够长期指引人生的。所以，那样是不可能长久的。那么怎样才能真正触达心灵呢？那就要学会分析，学会不断地强化意识，学会用实际的例子来教育自己。要开展意识方面的研究，要把这种现象记录成册，每天都要翻看一下，形成自己的观后感，并把它记录下来，就像是打卡一样。每天的打卡分享即是对自己的提醒，是对自己潜意识的加深，这样一来自己的意识就能够真正被唤醒了。还要有正确的意识的引领，比如说要学会冥想，从冥想的意识之中去参透自我的内心。每天要给自己一定的时间去放空自己的思维，去拥有属于自己的思维空间，在自我思维的天地中去感知生命脉搏的跳动，去把握自己的精神内涵。一个人最大的进步就是觉悟，唯有真正地觉悟了，才会有脱胎换骨的改变。要跟着自己的觉悟去走，把自己的思维锻造当作是一项伟大的工程，要想到自己所有的行为皆来自于心念，来自于内心之中的欲望之手。考虑问题一定要彻底，要能够深入到自己的内心之中，充分地了知自我的心理想法，把内心深层次的东西找出来，加以分析和判断，从而得出正确的结论来。这些关系到一些心理学方面的东西，所以学习一些心理学方面的知识对于指引自己的人生是大有裨益的，是一种向上向善之根，也是真正了解自己的前提。学会把握自己的心理，就能够真正把握自己的行为，就能够改变我们的思想和行为，就能够从根本上去解决人生问题。焕发内心的觉醒只是管理自己的首要部分，还需要有改变的强烈意愿，要让自己充分认识到改变自己的最大意义，它能够给我们带来什么，明了其中的意义就能够形成长期的坚持。改变自我的意义就在于给予自己一个不一样的生活，让自己的福乐更多，轻松更多，能够更加接近和实现自己的梦想，能够让自己感受到更大的快乐。这是一种置换的行为，用一种行为来置换另一种行为，如若能够让身心获得更多的快乐和慰藉，那这种坚持才是更加持久的。要培养自己更好的习惯，就要让自己参与到更多、更有意义的事业之中，能够有更多的发展，有更大的收获，这样新习惯就能够真正培养起来，老习惯就能够逐渐被改变了。所以，改变是永恒的，改变自己，才能拥有更好的自己。

感恩所有

学会感恩，感恩这个世界的给予，感恩它能让自己活成了自己想要的模样。虽是还有些许的慌张，但相遇难忘，幸福永藏。没有什么能跟感知现在的美好相比的，那是人生的壮丽篇章，是生命中最亮眼的光。不要因眼前的小波折而迷惑，不要因失去而迷惘。我们要懂得觉醒，懂得珍惜现在的一切，懂得唯有现在才是一生中最重要的时光。我们往往会带着患得患失的心情去面对一切，认为这个世界给予自己的太少了，好像有很多的梦想都没有实现，感觉前行之路还充满了迷茫。人最大的问题就是不知道自己在哪里，不知道怎样才能战胜自己，成为自己心目中的那道光。学会感恩与满足，就知晓了幸福的含义，就浑身又有了力量。有时会因为自己所取得的成绩而沾沾自喜，认为这一切都是自己应得的，皆是自己努力的结果，皆是自己能够完全驾驭的，因而就会有一些骄傲的情绪。其实自己会产生这些想法是因为还没有学会全面客观地认知，这些想法都是片面的、浅薄的。所有的成果固然与自己的努力分不开，但没有一个好的环境，没有家人们全身心的支持，没有朋友们的帮助，没有同事们的共同努力，要想圆满完成一项工作，获得较大的收获，那是不可能做到的。一个人的能力再大，也只能做一个方面，不可能把所有事情都做得完美无缺，自己还是会有这样或那样的不足，只有客观地看到此点，并充分地发挥大家的力量，所遇之事才能做得圆满。成功的确需要多方面因素的聚合，需要发挥多方面的力量，它是集体智慧的结晶，是众多力量的凝聚。所以，要学会感恩，感恩现实之中给予自己诸多帮助和关心、关爱之人，正是因为有了亲朋同事的大力支持与关爱，才有了自己的今天。这不是一句客气话，的确是肺腑之言。在现实之中要想做成一件事情是不容易的，需要我们付出许多的心血和汗水，需要审时度势，把众多有利的因素聚合到一起，充分发挥各自的作用，做到在各个方面都有支撑点，这样才能事事皆顺、事业有成。一个人的力量毕竟是有限的，需要有诸多有识之士的力量的聚合，单靠个人英雄主义是不行的，尤其是在当今高度融合的时代，谁都离不开谁，谁都有其闪光点。我们要想成功，就要学会汇聚这些闪光点，要做好统筹组织工作。就像是电影导演一样，要想拍出一部好的电影，就要把编剧、演员、灯光、摄影、剧务、场记等等诸多的人员都充分调动起来，加之不断尝试各种的拍摄场景，还要对剧本进行不断地改编；拍摄完毕，还要进行后期制作、配音、剪辑等工作，这些都是必不可少的。所以说，拍一部电影是需要动用很多人力、物力的，是需要付出全身心的努力的，不能有半点的松懈，这样下来才会有一部像样的作品。至于说能不能被观众认可，还要接受观众的评判。电影如此，人生也是如此。我们都在各自扮演着不同的角色，能否在各个领域中表现得很好，那就在于自己的努力了，在于能否具有整合和领导团队的能力。这不仅需要有超前的眼光和良好的把控能力，最核心的还是你能否团结一大批志同道合的人一起朝着同一个目标而不断努力。如何才能赢得大家对自己的尊重和认可呢？那就需要有共享融合的品质，需要有不断学习进取的精神，还要有尊重个人与团队的品德，以及在管理和工作能力方面能否服众，能否真正成为大家的楷模。如果自己不具备这些基本条件，那要想做大事业是不可能的。有什么样的胸怀，就决定了能做成什么样的事业。如果小肚鸡肠，追逐小利，那就永远不可能成为大企业家，也不可能做出惊天大业来。所以，人创造的事业如何完全取决于其内心，内心决定了人之行为，有一颗永不服输、永远向前、敢于吃苦奉献之心，能够以人为本，以创造、付出之心待人之人，是能够做成事业的。反之，是永远不可能有大的发展的。这是现实的定律，是被实践证明了的事实。所以，感恩不能只是挂在嘴边，还需要付出行动，真正把别人装在心上，这样的人才能够被人所信赖，才能够获得事业和生活的双丰收。感恩不是一句空话，感恩就是要从自我的培养做起，能够不断地培养自我的能力，能够在同领域中表现出自己的优秀来，这也是感恩别人、感恩自己首先要完成的提升。感恩别人我们好理解，要想让自己感恩自己是很难的。好像自己怎么能够感恩自己呢？对自己又有何感恩之处呢？我们要认识到，所有的成就皆是在有自我进步和发展愿望的基础上，在自己不断对自我有更高要求的前提下，逐渐实现的。如果没有一个清晰的事业发展目标，没有对自己的充分信心和对事业追求的热情，是一定不可能完成既定的人生目标的。所以，要感恩自己的努力和付出，要感谢自己有一颗不甘于现状之心，有敢于奋力前行的决心和意志，还要感谢自己不忘初心、坚持信念的恒心与毅力。所以，一切在于感恩，在于对于理想与信念的理解。

找到规律

学会在事物中掌握规律，要透过现象看规律，从事物的表象之中抓住实质性的核心问题，不能被表面的现象所引导，成为表象的奴隶。自己看待事物的确是有一些片面的地方，从日常的生活细节方面就能够看出来。比如今日早晨送儿子去幼儿园，本来在下楼之时孩子就是想让他妈妈开车送他，同时也想让我送他上学，结果呢，我就领着他先下楼，本想着幼儿园离家就这么近，孩子不会再坚持什么，我送他上学即可，并且他也想让我送他，对于昨日刚回来的我还抱着很大的“新鲜感”，但没想到孩子到楼下就不走了，眼看着上幼儿园的时间已经到了，我也很是着急，抱起他就走，想着走着走着他就不再想着等妈妈开车了，结果孩子却拼命挣扎，自己这一招儿也便失算了，孩子就是不肯上学，我也只能给爱人打电话，让她下楼开车送他。由此我也想到，孩子毕竟到了有自己主意的年龄，如果非得强迫他去做某件事，看起来还真是不灵，还是要找到规律和方法来，不能“强攻”，只能“智取”，唯有如此，才能更好地引导和教育他，才能够达到管理孩子的目的。所以，在不同时期就应该采用不同的方法，管理孩子如此，工作也是如此。针对不同的时期，还是要有针对性地改变方法，有针对性地调整自己的战略，不能用老的思维和方法来应对。比如说市场运营，就应该根据疫情时期的特点来进行规划，加强线上运营的力度，通过与自媒体、短视频的结合来创造一种新颖的运营方法，能够用大家喜闻乐见的方式宣传推广，实现产业的发展。同时，也要加强国际市场的拓展，把国际市场的原材料市场打开，进而把国内成品市场和国外原料市场充分地结合起来，把国内和国际、成品和原料充分结合起来，真正形成多角度、多维度的矩阵式产业宣传新模式。实践证明，这条路是现实可行的，只要我们能够坚持变革，能够抓住机遇、不断变革，能够深入其中去研究市场运营规律，就一定能够把产业推广工作做好。所以，无论是生活还是工作，都要讲究规律，努力去研究规律、把握规律，唯有如此，我们才能把事务处理得更好，把生活调节得更好。很多时候，我们会由着自己性子来，总是感情用事，一腔热血，遇事不冷静，不会平和自心，不能够理性看待一些事情，不能够深入其中找到规律，找到根本性的问题并圆满地解决它。对于生活和工作上的事情，自己总是自认为能够处理，不去虚心听取别人的意见，有些刚愎自用，由着自己性子来，这样往往会给自己带来困扰。有时候非常坚信自己的认知是正确的，好像别人所讲的是没有可行性的，自己的判断是正确无误的，这样就没有与同事探讨的机会了，就容易出现更多的问题。要虚怀若谷，能够与别人共同研究探讨，因为每个人都会有不同的认知，都会有好的想法和建议，要学会从别人身上汲取能量，并加以创造，这样我们的智慧就会不断增长，我们的能力就会不断增强。把握事物运行的规律是日常生活和工作中必须要做到的，也是一个人进步和成熟的标志。我们每时每刻所想所做皆是为了找到事物的规律，能够真正把握事物的规律，找到方法，有所创造和发现，这是人类进步的必由之路，也是我们能够战胜困难、获得发展的前提保障。人生就是一个不断寻找途经、创造方法的过程。我们要树立自己明确的目标，看清前方的道路，坚持去做一件事，不断地总结与分析，这样我们离成功也就不远了，我们的明天就一定会是最美好的。所以，评价一个人有没有发展的潜质，有没有前途与希望，关键就是要看他的创造力和坚持力。既要通过实物找规律，又要真正把握规律，把它作为自己生活和事业的引领，用规律来指引，用方法来提升，那么再大的困扰和问题我们也一定能够解决，一定能够取得更大的收获。生活之中，我们要了解自己、了解别人、了解社会，这样才能真正获得圆满的自己。

提升思维

学会思考，在生活的方方面面，都是思考的大好良机。有了思考，就能够把人生看得很通透，就会对人生有了新的感知。如果不加思考，不去总结，那人生也就没有了趣味。也可以说，我们是在思考中长大，在思考中进步。思考出真知，要要求自己每天都要把自己的所思所想予以总结并发挥出其作用来。思考是对生活的修炼，是对自我的反思，这也许是我们人类所具有的特质吧，这也是人类的伟大之处。很多的创造与发明皆是思考的产物，精神文化是思考的结晶。要学会思考，不断思考，把生活当作思考的精神家园，成为思考的主人，让它引领自己的人生走向快乐幸福之境。每天把自己的所思所想写出来，一方面能够把它作为生活经验的积累，另一方面也是调节内心、疏解情绪、缓解紧张的一种方法。另外，它也是人生长久的记忆。我们每天的生活是丰富多彩的，每天我们都会遇到不同的人，会做不同的事，都会在内心之中留下印记，我们要把它真正记录下来，总结出来，这些都是在为思考和创造提供素材，是很好的精神养料。某种程度来讲，写作也是一种很好的思考方式，它还是最为完备的、最为系统化的思考。写作的每一个字都需要身心的结合，能够用思维去感知所有，需要不断做出凝练和提升，它才能真正成为素材和养料，才能真正指引我们的生活。我发现能够针对某件事做出深度思考和没有做出思考是完全不同的，深度地做出思考并明了其中的意义，这样提升就会更快，对我们自身的认知就会更清晰，就能够把事情处理得更好，这就是思考的意义。我们的生活每时每刻都是鲜活的，它能够把自我的态度带出来，能够带有个人的特点。的确，现实之中人与人是不同的，每个人都会有自己的经历和处事风格，都会在自我的认知天地中游荡。所有的思考都是有其意义的，它能让我们更加清晰地认知自己，更能够不断发挥自己的优势和特殊的能力，能够在这五彩斑斓的世界里尽情地展现。思考是上天赋予人类的一种特殊技能，也是能让我们自身的价值得以实现的前提。没有思考就不可能有自我的进步，就不能够创造出人类的现代文明来。我们要善于运用思考这一能力，并把它转化为对社会的价值创造上。我们不可能任何事情都能够生而知之，这就需要我们把日常的生活当作自己的老师，向生活学习，向生活的点点滴滴学习，更能够把事情的规律找出来，不断地培养自己从细微处见真章的能力，能够做到洞察和自觉，这种理解能力决定了我们的能力能否得以提升，能否具有长远的眼光和深入的思维。这种能力和素养是需要锻造而成的，不是一蹴而就的，不是我们一想到就马上会产生翻天覆地的变化的，它需要一个循序渐进的过程，需要一个自我培养的过程，唯有不断进行自我培养，才会有自我的提升，对于生活和事业的理解才能更加明晰，才会在生活的每一个阶段都会做出科学的、客观的判断，才会有更大的发展，才能创造出人生更多成就来，才会对人生有不一样的感知。我们一定要培养好自己的思维能力，能够对生活进行思考和分析，能够在日常生活的细节之中去发现一些规律性的东西。人生有很多待破解的难题，有许多能够让我们一生值得拥有的东西，那就是培养自己的思考力，能够把对事物全面客观的认知当作是自己一生的追求。人的认知方式改变了，人也就解放了，就不会受旧有思维的束缚，就会用崭新的眼光去看世界，所有的人事物也就不一样了，一切都会颠覆你的认知，就会给人生打开一扇通向理想之境的大门。很多时候人是生活在由自我设定的圈子里，不知道怎样才能逃离出，不知道怎样才能脱离苦海。即便如此，自己又不去寻求改变，就会固化于现状的氛围之中，没有了对于生活和事业的向往，变得对一切的人事物感知麻木，这样是没有生命的象征，是不能活出真正的自己的。我们还是要经常转化一下思维，能够从多个方面考虑问题，从多个方面去寻找突破，相信我们一定能够找到理想的坦途。

认知生活（一）

通过对疫情的研判，政府决定优化疫情管控要求，实施精准防疫，方便生产、生活之政策。这一政策的颁布与执行，大大地便利于日常的生活和工作，尤其是对于我这经常出差的人来讲，的确是天大的好事。出入车站完全不用再扫码、做核酸了，这样自己也是难以置信，每天要做核酸已经成为一种习惯了，好像一下子放开，某种程度来讲还真是有些不习惯。这真是让自己喜出望外，这样才是真的自由了，自己去哪里再也不受限了，工作和生活就大大地方便了，内心中的那种畅快劲儿真是无与伦比。近一年来的压抑与憋屈终于得到了释放，自己内心轻松了，走起路来脚步也轻快了。由此，自己也深深感知到了自由对于人们来讲是多么重要，那是身心的完全释放，是对生活的自由的认知。人的精神是受内心对事物的认知所决定的，有了正确的认知，就有了对于生活的重新审视，就有了正确的判断。很多时候，人往往是害怕约束，尽管说这种约束是对自己有益的，但这种不自由所带来的内心的郁闷和紧张是较为严重的，它能够影响人的情志，让人变得郁郁寡欢，没有了平日里的自由和欢快。由此看来，自由对于人来讲是多么重要哇。但有时自由也是有代价的。近期因为疫情的放开，加之防范意识的减弱，难免会有病毒感染者的增多，会出现短时期内的疫情反弹，就会影响人们的日常生活和工作，会有疫情短期内的大暴发。通过近一周的情况反馈已证明了此点。原本对于疫情放开的欣喜还未散去，但接踵而来的较为猛烈的病毒散播也就会到来，一时间发烧、感冒、抗病毒等类药物已是一抢而空，有些药店还会趁此机会抬高药价，这的确是一种非正常现象，是一种不负责任的商家行为。对此，我们应该保持冷静，并对那些不良商家嗤之以鼻。看待一个时期的情况一定要保持客观冷静，用辩证的眼光去看待。任何事情都有利与弊两个方面，要用客观公正的心态去处之。无论任何时期都要保持乐观，用一颗乐观无碍之心去面对一切。很多事情都要靠自己去面对，都要有自己的定力，能够透过现象看本质，通过外在的现象来感知事物的本身，这样我们就会过得很安然，就会有无穷的力量去面对自己的生活，就会有诸多的智慧涌现出来。我们生活在现实之中，现实之中有丰富多彩的事物，有很多需要自己做决策的事情，你的自我判断力决定了事情的处理结果，是好是坏，是优是劣，完全掌握在自己手中。你是你自己的主人，你要为你自己的行为负责，要敢于面对一切的困难和障碍，要能够明了自己努力的方向，要知晓自己要往何方去，要去做什么样的事情，这个事情的最终结果是什么，我们如何去完善自我，如何去成就自我。这一系列的问题都需要自己去做主，都需要有较强的决断力。所以，生活的过程就是教会我们如何去生活的过程，如何去面对的过程。我们要从日常的生活中去总结、去学习、去提升、去成就。一切要靠自己，一切要符合自己的意志，能够把自己的优势充分地发挥出来，成就一个了不起的人生。现实之中，自己对于生活和事业还有很多困惑之处，总是想着要把所有的事情都做得完美无缺好像一些事情做得有瑕疵是不可饶恕的，这样自己的内心就会纠结于此点，就没有了生机和活力，对于自己已经取得的成就就会视而不见，只是揪着某些问题难以释怀，往往就会因小失大，把大的目标也放弃掉了，这样就会形成恶性循环，就会让自己陷入其中而难以自拔。仔细想来，这是完全错误的，是完全没有必要的。这个世界上没有完美这一说，所谓的完美只是我们内心的想象而已。实际上你越是想要完美，越是不可能完美。一定要把现实之中的不完美当作完美来看。如果你在某一方面已经尽力了，就不要再为难自己了，不要再折磨自己了，自我的成长和提升是一步步建立起来的，要学会尊重自己，关爱别人，这就是对于生活较为客观的认知，也是较为明智的方法。

真心应对

近几日周围病毒阳性的较多，自己的家人也有人连连中招，老母亲、大姐一家、弟媳、小侄女前两天也是病毒阳性。昨天又听爱人说她也高烧了，浑身疼痛，这也是病毒感染的前兆。想着家里还有孩子、老人，我也很是担心，但也没有什么办法，只能是迎刃而对，科学调养，该降温降温，多休息，按照专家的建议来进行饮食调养。诸多媒体也连续公布了一些对于病毒阳性的调治建议，总体来讲是比较能够把控的，因为病毒对人体的危害性是不强的，尽管如此，还是要能晚得就晚得，能不得就不得。但这里边有时也是防不胜防，要时刻做好准备，提升自己的免疫力是根本，再加之要严格防范，用一些科学的防治方法来应对，这的确是一个过程，是一种逐渐再认识的过程。对于病毒，我们还是有信心、有能力把它彻底战胜的，这也是近三年来我们与之斗争的结果。最起码我们挡住了前几波病毒最为凶猛的攻势，能够在致病性、危害性上大大地降低了。这几天，能够咬牙坚持住，胜利就在前方。从目前的形势来看，感染病毒并不可怕，只要我们能按照科学要求静养、降温，调养几天之后就能够“转阳为阴”，也能够调理自身对病毒的免疫能力。无论病毒如何狡猾凶猛，我们都有能力战胜它，胜利就在前方，我们应该充满信心和力量。现实之中，我们所面对的挑战还会有很多，有许多的困扰和问题随之而来，也可以说，我们生活之中不可能没有问题、困难和烦恼，不可能逃避磨难，无论是外在的，还是自身的，都会以这样或那样的状态来等着自己，想逃避几乎是不可能的。这就要看你以什么样的心态来面对它，是整日唉声叹气、无所作为，还是乐观以对、科学规划，是消极失望还是信心满满，是犹豫不决还是当机立断，是故步自封还是主动出击，是自卑埋怨还是自立自强，所有的决策都在自己手里，你如何去选择决定着你的最终结果。的确，人生每时每刻都会面临挑战，都会有这样或那样的问题在等着我们，这是客观存在的事实，也是我们无法逃避的呈现。一个人的伟大与坚强、渺小与软弱，就体现在这个地方。我总是相信，生而为人就证明了我们还是有智慧、有力量的，尽管说有些事情我们或许也无能为力，比如说这个疫情，我们无法回避它的客观存在，无法预知它能否再发生更多的变化，但现实是我们一定要有内心的充分准备，要能够尽我所能去规避它，解决它。可能这些是我们做不到的，是需要那些科学家们来研究攻克的，尽管如此，我们也是自己的主人，我们能管控自己的思维和行为，能够有自己的对待方式和方法，至少是我们能够调节自己的情绪，能够让自己始终处在一种积极乐观的状态中，让生活的每一天都是开心快乐的，都是有许多收获的。要看到生活的无限美好，要体察到人间的温情、家庭的温暖、父母的亲情、爱人的体贴、儿女的进步，这一切都是让我们战胜疫情与困扰的强大动力，也是能够让我们充满信心和智慧的强大力量。我们应为之而欢欣和感动，应该为之而感恩和激越，要为我们拥有这些而感到骄傲和自豪，要充分认识到我们能够生活在这样一个强大、和谐、安定、繁荣的国家是我们的福气，有政府和各界的关心，还有那么多默默无闻地为我们做奉献的干部和志愿者，还有那些你认为司空见惯的配送员、清洁工，他们都是社会的中坚力量，都是值得我们尊敬之人。尽管说还有很多自己看到的不平事，还有那些自认为不科学的管理，但现实是大家都一直在努力。金无足赤，人无完人，与其整日抱怨别人，不如自己付出，让自己也负起一个国民的责任来，为这个社会、自己的国家、自己的邻里、自己的家人、自己的朋友多做些什么，不能成为一个满腹牢骚之人，自认为别人待自己不公之人，要自觉成为一个积极乐观、甘于付出之人，要能够客观待人、辩证处事，把自己的能力发挥出来，能够为别人奉献出自己的力量来，能够真正成为一个对社会有用之人，让我们的周边更美好，让我们的社会更美好，让我们的生活更美好。

调节生活

头痛，发烧，嗓子疼，浑身疼痛，这些新冠病毒感染的症状全都有，好在休息完自身的体力还行，能够给自己倒些水，吃些水果。食欲虽有影响，但影响也不是很大，主要是由于高烧有些头晕、头痛的不适感。的确，前几日还想着自己身体还行，可能病毒会绕着自己走，可能自己不会中招，结果还是逃脱不了病毒的“魔爪”，就是要让自己体验一把它的厉害。虽是没有什么对人体更大的损害，但真正得上还是有些难受的，让自己浑身没有了力气，想去做些什么事也是难以支撑。还是要静养，不能再四处乱走了，不能再有侥幸心理了。昨天还在说老家家人们都基本上染上了，果不其然自己也被染上了，这里面没有侥幸这一说，关键也真是防不胜防，不知道什么地方、什么人、什么物件上会有病毒。看来，染上病毒是大概率事件，不染上才是小概率事件。不管如何，还是要保持一个好的心态，能够不断调整自己，不断让自己有一个好心态去面对。任何事情都有自生自灭的规律，我们要顺应这一规律，把不好的事情转变为好的事情，在一定的可控范围内让自己能够得到安适。现实生活之中有很多必然和偶然的事情发生，仔细想来，所谓的偶然也即是必然，这个世界上没有偶然一说，所有事物的出现皆是必然的产物，皆是因缘聚合在一起的最终呈现。所以，出现事情了，就要客观以对，就要保持着乐观的心态去面对，始终让自己的内心处在一种积极乐观的状态下，把这些不好的事情加以转化，把不利转化为有利，把不好转化为好。这个世界上所有的事情都是相伴相随的，也可以说，这个世界上没有所谓的好，也没有所谓的不好，一切皆在于自我的把握，一切在于你看待问题的角度不同。不同的视角就会有不同的景物，不同的理解就会有不同的获得。所以，要坦然面对所有的现象，能够从现象之中去调适它，去规划它，去发现那些对自己有利的方面，保持乐观的心态，把自己最优秀的一面充分地展现出来。就拿本次疫情来讲，它能让我们认识到人是伟大的，也是渺小的。伟大在于我们能够改天换地，能够去创造出一个又一个人间奇迹；渺小则在于我们有时也是不堪一击的，一个小小的病毒就能够把我们“干倒”，并且给我们造成诸多的麻烦和问题。尤其是在病毒刚开始出现之时，它的毒性是很大的，可能会引起人的肺部感染，也是所谓的“白肺病”，那是相当可怕的。它可以直接导致肺衰竭，并能形成各种脏器的病变，从而导致死亡的发生。前年我的一位马来西亚好友就是因为病毒感染而离世，的确是让我痛惜不已，从而也看到了病毒的危害是如此之大。时至今年，病毒肆虐已经三年了，党和政府也是不遗余力地在保护我们，让我们每一个人都能够免受较强病毒的伤害，这的确是我们国人之幸。可能在前一段时间，有些人包括我自己在内都还因为不能自由出入小区，不能自由到其他城市而感到有些委屈，甚至说了一些抱怨的话。的确，在这么大人口基数的中国，能够把所有事情都决策好是较为困难的，你不可能满足所有人的心愿，出现一些问题和矛盾也是在所难免的。尤其是现在放开以后，回过头来，有些事情就会看得非常明了。怎么能够运筹好疫情防控和经济发展，这的确是考验领导智慧的重要方面。不要说一个国家，就是我们一个家庭，要想能够把所有事都做好，让全家人都高兴，那也是一件不小的事情。所以，看待人事物还是要客观全面，既要看到其不好的一面，又要看到其好的一面。这个世界上没有绝对的好与绝对的不好，做到辩证分析会使自己内心也轻松起来。自己是一个什么事都追求完美之人，一旦某件事没有做好，那么自己就会有内疚之感，就会不断地埋怨自己，就会内心否定自己，这样时间久了，自己总是生活在心惊胆战之中，甚至以偏概全，因为一件事情没有做好而把自己的成绩全盘否定了，这的确是一种不好的心理。所有的好与不好皆是内心的不同认知而已，辩证地看，解放自己，要知晓自己就是凡人而不是“神”，是人就会有不完美的地方。关爱自己，体谅他人，你会让自己更轻松、更自在。

圆梦之旅

人之本身是有灵性的，是有精神引领的。如若没有了精神，人也就变成了木头。没有了性灵与精神的引领，人的生活是非常无聊和无趣的，是没有任何希望和依靠的，生活的意义也就不存在了。某种程度来讲，性灵指引人生，内心感知万物。正是有了这种指引与感知，才让我们的生活充满了希望和快乐。有时候，面对生活工作上的烦琐事务，自己也是感到非常烦闷和无序，不知道如何才能让自己真正轻松起来，才能把内心调整得更加安然闲适，自由自在。怎样才能找到内心的那片净土？自己也是在苦苦寻觅。到底如何才能让自己跳出自我压抑的怪圈，让自己呼吸一下生命自由的空气，每天都能够感知生活之美，让人生呈现出优雅和自在。这是自己所向往的，也是自己难以回答的难题。现实生活中，我们既要能够适应生活和社会的俗务，又要在诸多看似虚华和现实之中让自我不迷失，这样才能始终拥有自我的天地，才能把握其中的平衡，才能让自己在无碍无忧的天地中保有自己的自由与独立。一个人如果不能摆正自己的位置，就有可能让心态失衡，让一切变得模糊不清，让自身的道路无法选择。的确，现实之中我们有时也很是迷茫，不知道前方的道路是什么，不知道如何驾驭自己的人生之车，让它始终能够轻松自如。有时候不是在于其他，而是在于自己的内心，你自己的内心调节如何决定了你对一切的看法是如何的。如果我们不能把握自己的内心，不能够了知自心，那我们所做的一切都是违心所做，都是没有目标和方向的，是一种对自我的摧残和压制。至少这种相悖的矛盾之处正是我们生活的纠结之所，是我们不得开心的矛盾所在，是生活中最危险之处。如果长期积累，就会爆发，就会出现这样或那样的问题。这一切的根源就在于我们没有搞清楚生活的意义到底是什么，如何才能站在局外人的角度来看自己的语言和行为，如何才能与自己最真实的内心交朋友，如何才能真正懂得自己，这就起到非常关键的作用。我们都在继承和创造着什么，在这继承的当中，哪些是自己应该加强的，那些传统的中华文明、海外的文明如何能够真正吸收，让它得以传承和发扬，作为引领自我前行的依托，给予我们更大的力量，让我们摆脱小我的困扰，能够站在人类的高度来审视自我，能够用自己最为有力的方式来拯救自己，把自己从愚昧的深渊里解救出来，让自己有一个全新的改变，能够非常珍惜现在的每分每秒，能够把现在的每一份所得当作天地的恩赐，在不断创造和奉献方面下大功夫，让自己能够以己为傲，能够在自己有限的生活范围给予他人更多的关照和服务，能够让自己的价值得以展现。一个人如果只是考虑自己的安危得失而不去考虑别人，那跟蝼蚁野兽有什么区别？生而为人，还是要有些精神的，能够把那些光明的、快乐的、自由的一切奉献给世界，这样的生命才是有价值的，它才是生活的动力之源，是我们不老的根本。人总归是要做些事的，关键是做这些事的意义要明了，为谁而做，为什么而做，如何去做，怎样才能做得更好，这是我们做事之前首先要考虑的问题。如若搞清楚了，想好了，定下了，那就要义无反顾地努力，发现问题，解决问题，逢山开道，遇水架桥，一定要努力向前，不畏艰难，不达目的誓不罢休。这也许正是我们所需要的做事态度，也是实现目标所需要的精神展现。如果只是犹犹豫豫，瞻前顾后，前怕狼、后怕虎，走一步、退三步，这样下来是不会有成就的。要想有成就，要想实现既定的目标，就要全力以赴，迎难而上，不问结果，只知前行，通过自己的努力学习和积累去达到自己的目标，实现自己的梦想，这样的人生才是真的人生，这样的目标才是我们需要加以实现的目标。总之，一个人活在世上就要有些目标，要能够给这一生搏一搏，拼一把勇气与担当，要能够在一生之中实现自己的梦想，不在于结果，而在于过程。

精彩故事

步入中年能静下来写一写自己的心声也是很难的一件事，一来是俗务缠身，整天不是这事儿就是那事儿，实在没事儿还得自己找事儿，反正是停不下来，每天眼往前看，脚往前走，一刻不停，难以安静，也很怕孤独，害怕一个人去写字会很孤独，害怕一个人去想事会很哀愁。总之，还是不想一个人留，只想跟着大家一起走。当然，这些富有戏剧性的语言可能是一种自嘲的方式，但这也是事实，谁让我们的生活越发变得单调呢？我们就要在生活的情趣上下功夫。自己没有别的本事，没有演绎天赋，没有什么情趣爱好，就只是想着舞文弄墨罢了，想写几篇自己稍感满意的文章，这样还能填补一下自己内心的空虚，这样才感觉有些自豪之感，感觉自己还是有些才的。能够把自己的感受记录下来，这是一种抒发，也是一种珍藏。最关键的是不能说假话，因为假话说得多了自己也会烦自己，自己也会不自在，自己也就不会再写了。因为那不是快乐是痛苦，不是收获是失去。痛苦多了，失去多了，自己也就不再去尝试了。所以，说出真心话是一种快乐的永恒，它是自由的回归，是对自我的安慰。很多时候，自己也很是着急，着急怎么自己不能把语言文字写得更加华丽一些，用词更加形象生动一些，就像是单田芳老师讲评书一样，那样地栩栩如生，妙语连珠，让人如在境中，心神融入，那是何等的功力呀！自己真是自愧不如。昨日实在无聊，突发奇想，听一听单老的《小五义》评书，真是越听越爱听，越听越入迷，尤其是“白眉大侠”徐良，他的武功真是盖世绝伦，他的奇特经历和身份令人啧啧称奇，那些精彩的段子经过单老出神入化的描绘，真是让人听得如痴如醉，不知不觉时间已经过去很久了，导致晚上也睡得较晚。虽是公务较多的缘故，也跟听评书有很大的关系。我这个人对于喜爱的东西就会欲罢不能，遇到好听的段子也会听得陶醉其中，很容易就忘记了时间，忘记了公务。有时自己也是感到无比惊讶。是呀，一个人难得有些爱好，难得在孤独的生活中有闪亮的地方，无论如何生活的丰富多彩还需要自己去安排，自己的生活还有需要调适的地方。一个人除了要把正事安排好，留些业余时间来培养爱好也是必不可少的，否则人生也就太难熬了。每个人都有精彩的故事，只不过是没有认真整理而已，相信如若认真整理，一定也会是精彩奇妙的。很多时候我羞于提自己，认为自己没有什么可写之处，想那么多、写那么多又有什么用呢？总认为自己的生活平淡无奇，没有什么精彩的故事。其实这是错的，往往自己生活经历的奇妙程度也是令人惊讶的，如果真的描绘出来也会是一部好剧，无论是喜剧抑或是悲剧，精彩程度不亚于任何一个剧目。为什么自己偏偏看不到自己的这些方面呢？也可能我们对于自己太过于熟悉了，对于太过于熟悉的东西我们往往视而不见，总是想去看那些没有看过的东西，认为那些才是真正的奇迹，自己没有什么奇妙的东西。就像是跟一个知名人士在一起时间长了，感觉也会淡了，不认为他有什么伟大之处，他也不过是一个平常人，可能有些方面还不如自己，那种原有的崇敬之感就会逐渐消失。这就是人性中不足的一面，你不能够长久保持对一个事物的认知，它是有变化的，关键是你如何去引导这种变化，能否将这种变化转化为一种不变的东西。朋友如是，家人如是，夫妻如是，这一切皆是一种变化的规律所使，我们无论何时都要保持一种定力，那就是所有的改变都要遵循不变的原则，那就是无论再变血脉不变，无论再变尊重不变，无论再变支持不变，无论再变真爱不变。这就是我们生活的原则，是我们对自己一生的要求。能够做到这一点，生活就会阳光无限，自己就会魄力无限。所以，还是要相信自己的眼光和内心，它能够让你的故事更精彩。

丰富生活

健康是第一位的。总是想趁着阳光明媚出去走一圈，活动活动筋骨，但是自己的学习和工作还安排得很满。我算了一下，就昨日来讲，上了三节课，又开了三次会，上午、下午、晚上都有，几乎一坐下就是一天。说出去吧，也能，但就害怕耽误了学习和公务，总有一种患得患失之感，总想着再多做些什么。比如说还要铁打不动地写一篇文章，这样内心才感到满足和舒坦。话虽如此，但时间一长自己也觉得受不了，毕竟这样下来就感觉时间飞逝，难得休息，更难得锻炼身体，不免感到身心俱疲。总感觉一天的时间过得飞快，不知不觉就从早晨到了晚上。不知道怎样才能改变这种习惯，不知道怎样才能让自己的时间更加宽裕，能够给予自己充足的时间去锻炼、去休闲，能够放空身心，不让自己这么劳累。可是呢，事情又多，即便是没有什么事情，自己也会给自己找事情，也许就是闲不住的人吧。人如果真的停下来，什么事都不做，内心会更苦闷和不自在。唯有让自己忙起来，所谓的烦心事和无聊感才会少了许多。因为没有时间去烦闷，没有时间去无聊。这不，自己写作之时，还在想如何才能尽快写完，能够马上出去，因为下午三点还要参加英语学习。其实自己完全可以不去上课，这个课是自己强加给自己的，老师并没有要求自己必须去做，加之自己还有其他一些事情。但是不行啊，既然是要参加，就要参加得像样，就要有坚持力。能够让自己多学些东西是非常好的一件事，如果自己把机会放弃掉，那岂不是很可惜？每一次学习的机会都是非常难得的，都是我们人生之中最重要的积累，都会把自己的未知领域减少一些，都能够让自己看到一个新的世界。学习是天地给予自己的恩赐，怎么能说不学就不学呢？那岂不是把人生当成笑话了吗？我本想着出去边锻炼边拿着手机学习，这样一举两得，但又害怕入冬的郑州还是很冷的，并且自己感染新冠病毒还未彻底好，这样对自己也不好。哎呀，人哪，有时候内心满是矛盾和纠结，随时都要面临选择，这在人生中每一天都会上演。有时候我也在想，还是孩童时代好哇，无忧无虑，想到啥就去做啥，绝不会犹豫不决，尤其是自己喜欢的事情，只要想到，立马就跑出去玩，完全不顾什么父母交代的事情，哪怕是回来换爸妈一顿打也在所不惜。这就是天性使然，完全按照自己的天性去做，真是自得其乐，快乐无限，那种畅快劲儿就甭提了。如今已为人父，每次与孩子们在一起自己也是吃不消，孩子总是精力无限，玩兴非常大，自己只要在家，孩子总是拉着我来参加他们的游戏，无论我愿不愿意，那股热情劲儿能将我点燃。我呢，往往也是撑着疲惫的身体，与他们在一起玩，有时候不免哈欠连连，头脑昏沉，被孩子纠正了好几次。也不知怎的，一回到家就感觉疲乏得很，也可能是在外整日奔波劳碌，精力集中，一回到家就会全身心放松下来，那股困劲儿就上来了，让自己也是整日昏昏沉沉，往往得待个三天以后才能慢慢有所恢复。无论在外面如何匆忙和有序，一回到家就没有了秩序，就会进入到另一种模式之中。每一种模式都有其自身的特点，回家的模式也是幸福的模式，是能够安顿身心的模式。看着孩子们的笑脸，感受着家庭的亲情，幸福之感涌上心头。人生活在不同的环境之中，人是环境的动物，是受环境影响的。我们一直在寻找属于自己的不同的环境，去感受不一样的心情。环境对于身心的影响是非常大的，好的环境不一定是如何之华丽，简单和朴实也是一种美。无论何种环境，只要能与自身相应，能够感受到身心的舒畅就是好的。它没有一个统一的标准，只要能够让内心安适就是适合的。这种诸多因素对自我的影响是我们身心健康的基础，心情的愉悦，身体的锻炼，家庭的亲情，自我的提升，这些均是我们生活幸福的标志。

活出味道

想着自己的权利不能丢哇，是抒发写作的权利，能够及时地整理自己的想法和经历，的确是一件快乐的事情。不要把这种写作当作是负担，当作是多么沉重的事情，要把它当作是一件非常好玩的事情。很多时候我们把事情整严肃了，自己吓自己，自己给自己设定了许多的条条框框，让自己也是望而生畏。其实这的确是我们不能持续下去做事、学习的主要原因，自己把自己吓退了，也有“不怀好意”之人把自己吓退了。想简单些，把它化解成一小块一小块的，就很容易办了，就能够顺利解决了。有的要把它编成故事，把看似严肃的学习当成故事来听，喜闻乐见，寓教于乐，岂不美哉！我们不能跟自己较真，不能痛苦地学，痛苦地做事，那样就不好玩了，自己也不会持续下去，要转变一下思维，能够用另一种简单的方法来做事。很多时候我习惯于把简单的事情整复杂，把这些叫作是有水平，把那些看似复杂的事情变简单，就会感到心情不安，有愧于自己的“虚华”和“优雅”。其实这是完全错误的，是完全没有道理可言的。要善于和敢于把自己的做事方式和学习方式予以改革，用一种简单做事法、趣味做事法来应对，这样就会越做越有意思，越做越有成就，越做越有提高，越做内心越发自信，就能够把那些看似难以逾越的障碍轻松跨过去，再回过头来，感觉是那么轻松自在，这样我们就有了大的成就了。现实之中，简单和复杂是辩证存在的，简单其实是更复杂，复杂其实是更简单。为什么这么说呢？比如说你遇到一件非常棘手的事情，自己不知道如何去解决，不知道如何才能让自己从复杂的旋涡中挣脱出来，苦思冥想，不得其解，实际上只要思维一动，就奔着最简单的方向而去，先解决主要矛盾，把主要矛盾当作头等大事。什么是主要矛盾？那就要剥丝抽茧，深入观察，综合思维，找到问题的关键点。要针对这一关键点来解决，千万不能眉毛胡子一把抓，不能什么都管，什么都去操心，不能任何事情自己都要插一杠，要敢于放权，让专业的人去做专业的事。对于其他细节，自己不要过于干涉，自己要抓大放小，抓住核心问题即可解决。有不同的定位，就会有不同的做法，也就会产生不同的结果。往往领导者什么都抓，什么都干，这样反而把事情弄复杂了，反而没有了化繁为简的勇气，这样就会把自己搞得异常狼狈。所以，要想解决问题，关键就是要学会把握关键，从关键处着手，这是成就的法宝。那么何为“化繁为简”呢？其实刚才也已经说过了，就是千万不要把复杂当作复杂，复杂之中也有简单之处，要善于发现其中的规律。万事万物都有其内在的规律，都不是偶然出现的，其外在的呈现都是其内在规律的自然表现。看似复杂的事情也可以变得简单，关键是心态要稳，不能让自己的思维受到任何干扰。这是自己的一点思考，那么如何才能在自己做事和学习中体现这一点呢？那就要形象生动地展现，天地间有很多的舞台剧在上演，我们的人生一定要靠自己来演，不能依靠别人。别人的一切都是别人的，他跟你本质上是没有任何瓜葛的。每个人都有不同的经历、环境、心态、理解等等，对于事物的看法和做法也是不一样的。我们要活出自己的特色来，不能只看到别人就羡慕不已，按照别人的穿着来装扮自己，按照别人的标准来要求自己，这是一种愚蠢的做法，这样会把自己弄丢了。那种比较和依附之心是要不得的，当你发现别人不可靠之时想要回头已经来不及了，越是唯别人马首是瞻而没有自己的主见之时，越是自己灭亡之时。这个世界是可以包容不同的，你只要有自己的个性就大可以把它展现出来，显现出自己的风格来，大胆地表达出自己的爱恨情仇，明确地表达自己的观点，成为自己想要成为的模样。所以，这就是世界的大不同，要在自己的余生之中去践行自我，展现出做人的豪情和自在，活出自己的味道来。

心的向往

在老家鄢陵这两天，天气很冷，但内心很热。能够在疫情解封后回老家看看父母，是一件非常好的事情，也让内心舒畅了许多。尤其是昨天陪着父母逛一逛鄢陵鼓楼商场，到乾明寺塔拜一拜佛，能够在这两天推掉应酬陪父母到处走走，看看电视，唠唠家常，的确是一件非常幸福的事，是一种发自内心的怡悦。平日里没有时间回来，虽然有时到郑州出差，离家也不是很远，但因为前段时间疫情防控等原因，未能赶回老家，没能与二老见见面，跟他们说说话，心中有许多的遗憾。很多时候还是自我的意识多了一些，整日为了忙而忙，忙学习，忙工作，可能这些“忙”还要科学规划一下，不能把心忙丢了，那样就得不偿失了。人还是需要有一些放松的时候，能够静下来，调养调养内心，让内心不再迷茫，能够找到自己的精神家园。实际上，回家也是一种寻找方式。与老人们在一起总是有一种踏实感，能够让自己浮躁的心定下来，不再为凡尘琐事而忧烦，能够用平安喜乐之心去面对一切。跟老人们在一起有说不完的话，看似有些唠叨，但正是因为唠叨才显得异常亲切。住在老家的舒适感是有的，晚上老母亲上楼把我的床重新铺一铺，让床上更干净、更整洁，又从楼下抱来一床被子，就害怕我受冷，那种认真劲儿就甭提了。一切的一切都是自然而然地发生着，不知不觉间自己还在享受着母亲的恩泽，那份安心和自在是其他难以比拟的。父亲总是严肃的，总是用他的手艺征服人心。父亲炒菜很拿手，总是知道家人爱吃什么，只要我回了家，老父亲总是做出好几道菜来表达自己的心情，家人们吃得很开心，边吃边聊，其乐融融。什么是快乐？也许正是在这平凡得不能再平凡的生活里才能真正地感知到。家长里短，平凡普通，但越是平凡普通越是异常亲切，越是感觉到那份浓浓的家庭亲情。生活还是要回归平凡，回归到真实之中，能够让自己静静地感知。一回老家自己就睡得特别香，一来是老母亲把床上被褥铺得厚厚的，很暖和、很舒适，自己一上床就入睡很快，睡得很香；另外，内心感觉分外地踏实和放松，所以就睡得很沉，不愿醒来。这也许正是老家的情结所致吧。在家乡伴着亲情入眠是非常甜美的，不愿醒来也是情理之中的事。家乡的厚重永远在自己心上，无论走在何方，无论拥有多少，家乡的亲情是我们最难忘的。回到老家遇到的都是普普通通的乡亲，听到的都是非常淳朴的乡音，这是最为真实的映照，没有任何虚假的成分，所有的一切皆是自己儿时的影像，皆是自己难忘的瞬间。这种影像和瞬间皆是最珍贵的，它能永远留在自己的内心之中。近些年来，因为老家有一个企业，所以回老家的机会就多了一些，就少了些许的激动之感，虽是如此，内心的感受还是不一样的，还是有很多的触动。回来以后，自己也有些难为情之感，因为常年不见面，很多老乡自己都认不出来了，不知道按辈分应该如何称呼，从而导致自己很尴尬，内心也很惶恐，害怕老乡们有所怪罪。其实也没有那么多的讲究，老乡们都能够理解，但毕竟对于我这喜好“脸面”之人来讲，还是有许多的羞愧之意。无论如何，都要与老乡们打成一片，能够与他们说一说、笑一笑，能够与他们有亲切的交流互动，让这份浓浓的乡情环绕着自己。乡情是一杯浓烈的白酒，甘甜而醇厚，清冽而透爽，让自己浑身舒畅，让自己久久难以忘怀。回到家就回到了童年，回到家就有了依靠，一切虽已变幻，但原来的印象还留在心房。仔细想来，人生百年不就是这曲水流觞，喝一杯家乡的美酒，看一看家乡的景致，那份静心安乐之情能够把人点燃，让自己沉醉在梦乡里。看着母亲苍老而又慈祥的容颜，自己还是有几分心伤，多想留住时光的影子，让它回转到几十年前。在平凡而又简单的日子里去找到心中的向往，那也是一种力量。

前行足迹

静下心来数一数自己的足迹，看走了多少路，做了多少事，有没有留下痕迹，能否从中发现些奇迹，能够留下一些难忘之事。有些事可能当时看起来没有什么，但如果仔细去想，过些日子再看，那就完全不一样了，可能会有新的发现、新的奇迹。人生这百年光景是很快的，因为我们的内心也很快，想了很多的该做、不该做的事情，所谓的意义也只有事过境迁之后才能明白，哪些是该做的而没有做，哪些是不该做的自己去做了，留下了很多的苦恼与悔恨。无论如何，都会随着时光的流逝而滚滚向前，不管你的得到或是失去什么，这些都会一去不复返。不会再有的际遇永远是最为难得，人生的留恋往往是那些该得而未得的、想得而没得的东西，时过境迁再想有此际遇，那也是很难很难的。所以，趁着阳光正好，还是要多做些能够长期流传的事情，能够让人生无憾的事情，能够不被外境所左右的，能够展现自由与无私的境界。我想这样才会有不朽之处，才能让生活变得更美。每次回老家都会经过自己曾经的母校马坊集中学（现在叫马坊一中），每次经过之时都会往里瞅一瞅，想看看里边的景致，不过现在已经没有了原本的样子了，曾经的操场都被盖成了教学楼，原来的破平房都盖成了楼房。一切都发生了巨大的变化，相信曾经的老师也已经退休在家，曾经的同学也已经遍布四方。不敢相信那已经是遥远的四十年前的事情了，简直不可想象也不敢想象。只记得自己当时每天都在努力学习的身影，和那种心无旁骛、勇攀高峰的劲头。不能放弃，唯有进步，才能让自己从此有了自由，才能有了自己的新天地，从此以后自己学会了给自己的人生做安排，不能靠别人，只能靠自己，唯有自己才是自己的恩人，才是人生之中最大的依靠。面对世事的繁碌，只有能够把握住方向，咬紧牙关，坚持前行，找到太阳升起的地方，每一阶段都有辉煌，但每一阶段也都有彷徨，人生的道路是不平坦的，每个路口都会面临不同的抉择。在有意与无意之间去找到希望和梦想，也可能自己有一股不服输的劲头，在前行的路上总是给自己不留余地，因为也没有什么余地可留。因为在前行之路上没有谁能够指引自己，只有自己才是自己的向导，才是自己最终的依靠。很难忘记自己在大学毕业找工作期间的那份挣扎与矛盾，是回老家鄢陵还是留在郑州，是甘愿平庸还是要再拼命闯一闯，的确有一种不甘心。有时自己也感动自己，自己的那种拼命挣扎之心，咬紧牙关之志，还是可圈可点的。说自己不安分吧，也不为过，总是想着如何能够让自己卓尔不凡，最起码回老家时不能灰溜溜的，不求如何之显赫，但求自己能够很自在，能够很自信地站在人前，被人所认可，同时能够站在老父亲面前不会再“害怕”。父亲的威严是不可能被打破的，但自己的信心才是最主要的，最起码能够用自己的成就来证明自己不是“书呆子”，还有自己最优秀的一面。回想起当年干农活，自己还真是闹了很多笑话。自己因为把心思都放在了学习上，对于农活自己实在是不感兴趣，又苦又累，自己也是吃不了那份苦。心思不在上面就不会用功去做，有几次因为自己农活做不好惹父亲生气，有一次竟因拿错了工具，让老父亲追着打我，我也“好汉不吃眼前亏”，在田地里拼命跑，我也惊讶于我奔跑的速度，居然能把身强力壮的父亲落在后边。但后面这几天就难过了，无法正常回家吃饭，有时就要饿肚皮了。好在有本家大爷能够收留我，让我安然度过这“危险期”，还是感觉很庆幸。年少的记忆有苦有乐，无论何种经历，今天看来都是很珍贵的，都在内心之中留下了印记。我是一个善于思考的人，总是想一下子把所有的事情都搞明白，总是有一种近乎疯狂的探究之心，内心所想就要马上做到，不去做或是做不到就会有这样或那样的负疚和遗憾，总是在内心之中掂量来掂量去。这也许正是自己的弱点，也是自己的优点吧。很多时候正是因为这份执着之心才让自己尽己所能把事情做好，但有时也不免陷入一种纠结两难之中，不知道怎样才能把事情做得更完整，不知道何方才是归途。但无论如何，用心去做一个好人，自己解放自己之心永远存在，能够最终做到让自己满意就足矣。

懂得思考

懂得思考，懂得进步。可能人生就是一个不断探究自我的过程，我们内心的想法有时自己也是难以捉摸，不知道如何去调整自己的心绪，不知道怎样才能挣脱内心负面的枷锁。这的确是现实所存在的问题。生而为人，我们要面对多种问题，要面临多种选择，你如何面对，如何选择就显得非常重要。如果你不能够参悟现实，不能对现实和自身有客观的认知，只是一味地抱怨和抵触，抑或是一味地迎合和接受，那都是不明智的。要找到问题的源头在哪里，从源头着手去解决、去发现、去规划、去改变，这样才是根本之道。有时候我们不懂得如何去规划自己的生活，只是走一步看一步，不知道怎样才是正确的人生之途，在生活中跌跌撞撞，遇到了不少的事情，碰到了不少的麻烦。再回过头来，教训不可谓不深刻，时光浪费得不可谓不多。所以，学会思考，学会用客观理性的眼光去看待万事万物，就显得异常重要。它是我们生活的指引，能够让我们客观理性地看待自己，客观理性地看待别人，这些认知都是生活里不可多得的宝藏。自己总感觉做事有些固执，认定了某件事，自己就非得要把它做完不可，总是有不达目的誓不罢休之感，总是有这样或那样的异想天开，从理想的高度去看问题，不能从多个方面去看问题，做事易于走极端。这个所谓的“走极端”就是指非要把已经想好的事情做到底不可，否则自己就很难给自己交代，就会在自己内心之中留下阴影。所以，那种求全、求完美之心的确也是一种对自我的负累。一个人要全面地看待自己，既要看到自己的优势，又要看到自己的劣势；既要看到自己正确的一面，又要看到自己错误的一面。也就是说，金无足赤，人无完人，不能够求全、求完美，那样会给自己心理带来无形的压力，让自己不由自主地走极端。一走极端，一钻牛角尖，人就会陷入一种进退两难之境，就会产生对自己认知的极大落差，就不能够从自我设限之中走出来，就会变得畏畏缩缩，完全没有了自己的主心骨，就失去了全面认知自己和他人的能力，就很难把握前行的方向和事物运行的规律，自己的烦恼就会萌生出来。按照俗语来讲，那就叫作“无事找事”。那样人就会变得异常敏感，就会让内心忧郁难解，精神就容易崩溃。一旦走上这条人生的死胡同，那这个人所谓的一世英名就会毁于一旦，就会变得异常脆弱，容易心理失控，变得如同迷途羔羊一般，不知何处是家乡，那种无助与无奈能让人憋闷至极，让人真的喘不过气来，那样的人生简直如地狱一般。所以，一个人的心智成熟与否直接关系到他的生活，关系到他一生的幸福。很多看似成功之人会陷入一种自我成功的旋涡之中，感觉自己就应该处处都是优秀的，自己不能在任何方面落后于他人，要在每个方面都成为佼佼者，不能让别人瞧不起自己，这种不甘落后之心的确能让人不断地努力和精进，但也会给人带来无尽的压力和痛苦。这才是痛苦之源。如若在某一领域不如别人，或是让自己感到很难为情，就会自己感觉失衡，就会给自己的心理带来很多的伤害，就导致了心理的不健康。所以，我们要学会对自我有一个全面的认知，要知晓这个世界上不止你一个人优秀，不止你一个人在努力，每个人都是一个发光体，每个人身上都有很多的亮点与优势，人类社会就是把诸多人的优点集合在一起，才能把很多的事情做好，才能让这个社会有了更大的发展。社会的发展不只是靠一小部分的人，它是要靠诸多人士的不断努力，每个人都只是这个集体之中的一份子而已，没有什么大不了的，也没有什么值得称道的。只要我们每个人从自己最擅长的方面入手，发挥出自己的优势，创造出自己的价值，那么这个世界就会变得五彩斑斓，人类社会的发展就会更加迅猛。要知晓每个人都有其优点和缺点，二者是相伴相生，并且可以相互转化的，优点可以转化为缺点，缺点也可以转化为优点。要承认自己的缺点，要知晓自己的不足。我们不能在这些方面较真，要知晓这个社会是残缺的，正是因为有此残缺，才有了不断进步的空间，才有了互相扶持的品德，才有了内心的幸福和感动。

从容生活

早上起来有时是较难的，总是感觉没有睡够一样，总想在床上多躺一会儿。尤其是昨晚熬夜，不知不觉到了凌晨，再强迫自己必须在六点前起床，的确是一件较残忍的事情。所以，有时会带有十二分的不情愿，甚至对于自己的早起做出了质疑：为什么要早起？为什么要自己跟自己过不去？每天把工作、学习安排得满满的，如果再加上应酬，那时间就更不够用了，一个人的精力是有限的，要想什么都做、什么都做好，这显然是不可能的。但如果我们不趁着这大好时光再搏一把，让时光白白溜走，那是多么可惜呀。人生不过匆匆百年的时光，要把自己想做的事情做完，这样才能不留遗憾，才不会后悔于以往，在寿终正寝之时就不会哀叹连连、痛苦不堪。这是要给自己做证明，也是生命价值的特殊展现。总感觉一个人不能总是沉迷于过去，更重要的是要创造现在，要把现在当作生命历史中最高光的时刻，这样才是最有意义和价值的，才会不负时光，不负自我。在现实生活中，我们耽误的时间已经够多了，很多时候都把时光白白浪费掉了，没有了警觉之心，这样一天天把自己消耗在毫无意义的琐事之中，看似忙忙碌碌，实则是没有什么大的意义，这样人就变得麻木起来了。一个人如果对自己的大好时光变麻木了，那这个人就不可能在社会上有所建树，也不可能做出什么惊天伟业。所以，我们还是要有目标，没有了目标，抑或是有了目标而不去为之努力，那就是过了一个没有价值的人生，时光也就变得毫无意义了。回想自己这几十年来的确是浪费了很多的时间，总是想着如何能够更轻松一些、更安逸一些，如何能够得到更多、付出更少。一旦遇到困难就会失去了主意，就会变得惊慌失措，不能够客观以对，不能够在特殊时期保持镇定，不能把握自己内心的方向，让人生之船乘风破浪，穿过激流险滩，驶向宽阔无垠的海面，抵达梦想的彼岸。有时候看似明白，可往往明白人不去认真做明白事，对于事物总是犹豫不决，不到逼不得已之时不去认真面对，等到事情到了非解决不可的地步才付诸行动，最后导致仓促应战，不能够圆满解决问题。所以，生活时时处处皆是一种修炼，是自我的一种提升，也是自我的规划和解放。规划就是要有目标和方向，要有行动力和执行力；解放就是要有勇气和信心，能够遇事不慌乱，即便是天大的事情也不能乱了方寸，不能一遇到问题就心慌气短，没有了骨气，不敢正视问题，越是这样自己的处境越是险恶，就会出现更大的问题，最主要的是让自己没有了胆魄，没有了那种不怕鬼神的英勇之气。这份英勇之气能够让人真正活出人样，而不是“狗样”。有时还真得有将生死置之度外的英勇之气，这样才是生命应有的状态。越是这样，越是能让自己安然无恙，无忧无灾。如果畏首畏尾，胆小怕事，可能事情就会越来越多，越来越麻烦，最后让自己陷于完全被动之中，没有了方向和信心，没有了勇气和力量，这样苟且偷生还有什么意义呢？那就完全没有了趣味和意义。这还真得引起我们的重视。想来，人还是要做些更有意义的事情，能够把生命之火点燃，能够给自己的生命增添能量。也许我们不可能做一个完美之人，还会有这样或那样的缺点和问题，还有很多不能够实现的梦想，还有很多的缺憾和后悔，但无论如何，能够充分认识到这些就感觉是很了不起了，特别是无论工作再忙，也不能把心冷落，还要跟心说说话，把一天的工作、生活和它汇报，对于许多的困惑之事还要向它请教，看如何去选择和规划。每天做一个反思反省，这样时间长了养成习惯就好了。生活的过程本身就是一个不断提升自己修为的过程，不能“一朝被蛇咬，十年怕井绳”，还要充分地认识到其意义，既要看到事物不好的一面，也要看到事物好的一面，能够把不好调整为好，把想不通的真正想通，这就是生命循环往复的展现。能够真正在平凡的生活中做出不平凡的事业来，让精神得以提升，这样人生就圆满了，再也没有那么困扰了，人生的福乐就会来了。

精神力量

早起是一种突破，的确是对自我的解放。往往在甜美的梦乡里不想起来，不想在这寒冷的冬天早晨让自己显得很落寞。好在今天又安排了英语口语练习，跟老师约好了就要按时起床，哪怕是昨天休息时已是凌晨，梦乡被闹铃打破，虽起床还有些不情愿，但自己还是要求自己不能爽约，视频晨读是不可少的。一个人一旦定下来某个目标，就要认真地贯彻下去，就要努力去兑现自己的承诺。在这里边是不能打任何折扣的，一定要去追寻自己的梦想，实现自己的梦想，达到自己的目标。我想，这是成就自己所必须要经历的磨炼。发现自己一旦战胜了惰性，就感觉无比愉悦，能够充分利用时光，把它用在有意义的地方，那样心里就有了无尽的满足之感，浑身就有了力量。正如学习英语之前感觉难度较大，可一旦晨读过后，那份精神的愉悦是难以言表的，那种内心的获得感是很强的。由此我也感受到，人一旦突破了自己，就能够真正解放了自己。人还是应该有点精神的，没有了精神，活着也是遭罪。试想，如果每天无聊至极，没有什么事可做，没有目标，没有前行的方向，没有志同道合的朋友在一起交流、学习，共同为了一个目标而不断努力，那将是对生命的极大伤害，是对自己大好时光的浪费。这是对自己的亵渎，是完全没有意义的，活着也只是行尸走肉而已。没有对社会、对他人、对自己的贡献，不能获得精神的富足，就是拥有再多的物质财富又有什么意义呢？那不过是增添烦恼的负累而已，是聊以自慰的虚荣心的满足而已。

不仅不能给自己带来真正的精神的愉悦，而且还会给自己增添无尽的烦恼，甚至会给自己带来灾难。我们要认识到生活的美好最终藏在自己的心中，要让自己的内心强大起来、圆融起来、安乐起来，这是生命中最为宝贵的东西。离开了精神的引领，人就不可能拥有真正的愉悦，就不可能获得所谓的幸福。那样的生命是灰暗的，是毫无生机的，那种患得患失之感会压得人喘不过气来，令人窒息难耐。那是精神的枷锁，把人锁了起来，让人苦苦挣扎，动弹不得。所以，没有精神的生活如同地狱，如果仅仅是苟延残喘活于世间，没有任何的精神追求，那是非常痛苦的。有时候我在想，人每天都在追求得到，尤其是物质生活的满足，是我们共同追求的目标，好像没有了它，就没有了任何的快乐，这是有失偏颇的。无可否认，物质能给人带来快乐，能够满足人的多种需求，但它也不是唯一的，如果没有精神层面的提升，没有精神信仰的升华，没有了创造与奉献，那就只是一种低层次的享乐而已，是不可能让自己的人生发光发热的。没有了精神的慰藉，一味地追求生理的享乐，吃喝睡养，追求所谓的虚华与物质，那样是不可能拥有真正的快乐的，也是不能触达自己内心的。那和触达内心的快乐才是最高级的享乐，是自己难以割舍的真正的需求。那也是永恒的快乐，是灵魂的升华，是一切美好事物的显现。为了它，甚至可以放弃所有的物质利益。为了精神和信仰，甚至可以放弃掉自己的生命。这才是人间之大义，才是人间最为荣耀和光辉的时刻。那是心灵里最大的安乐，它超出了物质，留下的是精神的升华和性灵的超越。仔细想来，当一个人即将寿终正寝之时，他还有什么苛求的呢？无怪乎是能够把自己的精神传承，除此之外，还有什么可以传承的呢？再多的物质财富又有何意义呢？那是不可想象的，来自于心灵的最大反响。所以，能够震撼心灵的只有精神，只有那些看似无形而实际存在的精神，它才是一生之中最为重要的存在。它是不朽的，是永恒的，是人间最大的依靠，是生命最高的指引。我们不能停止对它的追求，停止了就意味着生命的终结，就意味着生活趣味的丧失，就意味着生命意义的丧失。所有的生命存在即是精神的感召，它是生命的引领之神。可能现实生活之中我们对它还不太重视，认为这些都是可有可无的东西，是虚无缥缈的东西，是没有现实看到的物质那么实用鲜活，每天去想那么多又有什么用呢？其实这种认知是有失偏颇的。精神是物质的引领，物质是精神的神话，它们是互相依靠的关系。有了什么样的精神状态，就会感召什么样的事实发生。所以，用真心、诚心、创造之心来引领人生，会有人生不一样的改变。

认知自己（三）

学会观察生活，让生活轻松快乐一些，不是那么沉重，找到自己的精神空间，能够让内心有充足的定力，让它真正回归自我。不能以外在的环境为导向，让生活充满了变数，没有了自我的空间，那样是很痛苦的，是完全无着的。总是感到没有了自己的依靠，会让内心充满了许多的惶恐和无以名状的忧烦，那是不对的，是没有方向的存在。那样的生活是无序的，是没有任何根基的。所以，每天要让自心轻松一点，给它精神的指引，那么自己也就会轻松起来。我们往往给自己的内心增加负担，给自己一种无法名状的负累之感。有时候自己也不知道它来自于哪里，要让自己走向何方，不知道怎样才能把握住自己的内心，真正成为生活的引导者，成为自己的主人，能够永远让自己处于一种安然、自在、喜乐之中，让内心无忧，让人生有序，让生命有靠，让道路更宽，让天空更蓝，让心智更定。这样才能保证自己有一个好的人生，才能不断地发现至纯至美之物，才能让生活丰富多彩。所以，写作记录不是目的，而是一种对心绪的调节，是对内心的沐浴，是自我的放松，不能把它当作是一项任务、一种负担。那样就完全本末倒置了，把写作记录的根本忘掉了，那样是非常痛苦的。近些年来，自己也把写作当作是一天之中必不可少的安排。可能刚开始时是一种任务和压力，但随着时光的推移，自己的坚持就越来越感觉是一件快乐的事情，能够真正把内心的杂扰清理出去，能够把内心的烦恼化解，能够让自己的心智更清朗，看待事物就更客观，能够具有一种化烦恼为菩提之功。这的确是意外之喜呀，让自己找到了能够修养身心的好办法，能够让内心更自在一些、洒脱一些，心中的无序之感就会顿时消失，代之以有序光明、轻松、自在。这是一种享受，是一种重生的感觉，可能自己不去仔细体察是感觉不到的，但它是必然存在的，是毋庸置疑的。的确，生命的光辉是需要有内心的明灯去照耀的。在现实生活之中，每天都是一种生活的考验，每天都会产生不同的感受，都会有自己的喜怒哀乐、得失成败，都会遇到这样或那样的问题。面对这些问题，我们都要做好准备，有一个好的心态去面对它、改变它、转化它，能够把那些负面的情绪改变为正面的，把那些消极的改变为积极的，把那些愁苦的改变为喜乐的，把那些不良的改变为优秀的。这种改变的确是重要的，只有这样改变才能让一个人有一个好的心情、好的生活、好的人生。改变自己就要从现实的生活之中去体悟，从现实的生活之中去觉知与付出，能够多做一些贡献，多付出一些，能够多关心别人一些，能够让自我的私利更少一些，让自我的贪心和不满少一些。这些都是改变自我的方法，尤其是在面对困难和痛苦之时，更是改变自我的大好时机，是自我实现的机遇。如果不能够看透此点，只是一味地痛苦和忧烦，只是一直处于一种迷茫、无序和畏惧之中，那样既解决不了根本问题，同时又会让自己难以自拔，让自己有新的转机。所以，学会感悟、总结与面对，才会有新的境遇的出现，才能有新的奇迹的发生。

童趣天地

近三天在老家，孩子大人都高兴。尤其是孩子久在城市，对于乡村里的一切都感到很新奇，对于老家的小狗“黑米”更是喜爱有加。孩子们不顾“黑米”浑身脏兮兮的，就是要用手去摸，还想要去抱一抱。“黑米”也很乖，看到家人们也是非常欢快，上蹿下跳，兴奋异常，追着孩子们跑，孩子不时地发出惊喜的笑声，欢快无比的童音响彻整个院落。看到此景，我也在想，久居城市的孩子终于能够放飞自我了，就像是久在笼中的小鸟终于飞出笼子，飞到了广阔的天地中，这是自由的天性的展现，是童真的烂漫。前日又到了大爷家去看老人，兄弟家养了几只白兔，孩子们又是新奇无比，就跑到兔舍与兔子对话，拿菜叶喂兔子。兄弟就从外边抓回两只小兔子让孩子们玩，这下可把孩子们高兴坏了，把小兔子装进小纸箱里，两个孩子蹲在院子里看着箱子里的兔子，一边拿菜叶喂它，一边对小白兔说话，那个高兴劲儿就甭提了，大人们叫他们也听不见，只顾着跟小兔子玩，别的一切都忘掉了，最后把兔子装车上带回家了。孩子们喜欢小猫、小狗、小兔子，那是一种天性，也是一种好奇。可能在城市里边没有见过这么多的“活物”吧。有时候我在想，我们感觉司空见惯的东西，在孩子眼里可就稀奇多了，一来是没有经常见，另外也是天性使然吧。往往身边的一些小事物，如果你能够仔细观察，就会给自己留下无比的乐趣。人往往会把童心丢掉，好像那些都是小孩子的专属，没有什么可以关注的。可是一旦丢掉，人就变得僵化了，就找不到乐趣了，就没有快乐了。我们成年人要向小孩子学习，学习那份对于事物的新奇劲儿。对于孩子们来说，一切都是新的，都是充满活力与乐趣的，哪怕是再简单的物件，在他们手里就如同宝贝一般，舍不得丢下。前些日子在锦州，七岁的女儿把她的宝贝给我亮出来，打开宝藏盒，立马那些五颜六色的水晶小件就展现在我的眼前，亮晶晶的煞是好看。有各种形状的，有手风琴的，有小鞋子的，有小人样的，有小军号的，反正是各式各样。女儿简直是视如珍宝，也为拥有这些宝贝而感到很自豪，感觉自己非常厉害，自己的好东西还真是不少。无论是小动物毛绒玩具，还是其他的怪异的富有创意的文具，以及很多的小挂饰，都是她的宝贝，都能让她高兴万分。小儿子非常喜欢动物，尤其是海洋动物，一见到动物就着迷，每天都要把他的海洋动物展示一遍，并且用英语把它读出来，能读出六七十种，没有他不会的，并且英语读音也是准确无误。我和爱人也很是惊奇，儿子没有专门学这些动物名字的英文拼读，怎么就什么都能读出来呢？我不得不佩服孩子们的聪慧，只要是他喜欢，那什么事都难不倒他，他可以跟着电视自学，真是自学成才。我们往往是执着于大人般的自我，认为孩童年幼无知。其实，有时候不懂生活的是我们。在这一点上，我们还要向孩子学习，天真童趣才是最宝贵的。

找到自己

很多时候都在迷茫之中，在不断地辨明方向，在选择人生的突破口，在现实生活中有许多变量，变来变去，让自己不知所终，不清楚自己应该如何定位自己，不知道应该如何去辨别真伪，不知道怎样才能给自己定位，好像始终在犹豫彷徨之中，没有了人生的方向。有时候我们自己也管不了自己，对于内心的迷途还是无法辨别，还是在无助与无奈之中生活，始终没有找到生命的乐趣。很多人在追求那些现实中的财色名食睡，在享受那些感官的物质的东西，可是追来追去，结果却把自己弄丢了，奔走呼号，呼天抢地，可再也回不去了，再也没有当年的英勇。我们所处的时代是一个发展变化迅速的时代，是一个满眼都是欲望的时代。如何能够在这滚滚欲望之中能够守真守静，能够大而无畏、公而无私，能够找到心灵的安然之所，能够有自己内心的美好世界，能够在自由无碍的天地中生活，能够没有忧烦和痛苦，能够发现生命的真谛，创造出自己的价值来，为这个社会增光添彩，能够在欲望的追求和满足之中保持守真守诚、付出无我之心，能够做到真正的大无畏、大幸福、大自在。这才是我们所追求的圣境。如若只是为满足一己之私，做的是自己所谓的“丰功伟绩”，去实现自己的虚荣与繁华，那就未免太过肤浅，生活得太没有质量了，就完全没有了底气和希望了，就会把自己淹没在欲望之海中，没有了自我，没有了希望，没有了向上的进取心，那这些所谓的繁华和满足又有什么意义呢？也无怪乎是动物的本能反应而已。对于社会，对于他人，对于自己是没有什么意义的。生命的本身就是追求自由和无碍，就是要有自己的方向和目标，就是要有自己内心的安逸和生活的自在。如果这些不可能给自己带来长久的安逸、兴奋与自在，那么所谓的短期欲望的满足又有什么意义呢？那只会给自己带来永久的伤害，只会让自心更乱，自身更差，带给自己的是对于身体的伤害和无尽的烦恼。我们人生的核心就是要自由和幸福，能够受人关注与尊重，能够给予别人以正确的生命的指引。如果自己做不到这些，哪怕眼前的事情能够让自己感到一时的快慰，那也千万不能做，因为这样做就会把自己给做死了。所以，还是要有警觉之心，能够随时发现自己的内心所望，能够分析自我的行为根源，找到能够解决和调整的方法，能够努力去提高对于某种事物的认知，能够不断去分析自身的内在动机，从引领自我的心灵着手，从内心的方面调整做起，把自我安住在健康、喜乐、自在的环境之中，能够让自己的身心被自己所管控，能够明了对某一问题的根源和解决的方式，能够把自我对内心的把控上升到一定的高度，能够引领自我对美好的向往，让自身走向美好与善良。也许有许多的自身无法自控的东西，有许多让自己难以理性看待的问题，但这些问题和困扰不能阻挡自己前行的脚步，向自心寻觅，向自我寻求，一切都在安住之中找到答案，一切都在热切的盼望之中去成就。我们不能一厢情愿地让所有的人事物都围着自己转，也无法让自己一味地享受那些所谓的尊崇与虚华。这些都不是永恒的，是不能长久维持的。在这变化的时空中，我们去寻求这自我的所在，在热望之中去体现生命的价值。也许我们太过于要求完美，太过于追求自我的安乐。越是有这种心理，越是有焦灼痛苦之感。如果我们能够全面客观地看待人生，能够真正地把人生看得通透无比，放下所谓的完美与圆满之念，把这人世间的残缺当作完美，把遗憾视作圆满，那么人生也就真的完美了，生命也就真的圆满了。我们都在试图抓住些什么，都会害怕失去那些已得的东西，害怕在无奈与悲苦之中度日，害怕失去的发生，害怕没有了身心的依靠，害怕没有了自我，害怕人生更加纠结。正是这种所谓的害怕，让我们无法正视自己，变得整日惶恐不安，变得异常敏感，容不得别人半点的怀疑，害怕遇到任何的伤害，这样整日就变得异常痛苦，再也找不到真正的自己，对于遇到的任何事都抱着怀疑的态度，不敢面对，害怕失去，已变成了人生的一道道难以逾越的鸿沟，就会让自己陷入一种痛苦不堪的境地之中，难以自拔。所以，从容地面对生活，学会抱残守缺，学会调侃自己，学会自乐与满足，学会包容缺憾，学会乐观处事，每天都怀有一种积极向上的喜乐，能够在自得其乐之中享受人生，对于自己能够把控的就好好把控，对于不能把控的就乐于接受，接受自然的改变，接受难以接受之事，这就是人生最好的态度，也是对自己的和解与分享，是对自己的宽厚与抚慰，是对事实的认可与尊重，轻松自得，无碍无扰，人生本来就应该是这样的。

人生之福

从回老家，到三亚，再回锦州，近半个月时间，和家人们在一起，尽享天伦之乐。家庭生活是丰富多彩的，充满了轻松与欢乐。虽是带着孩子较累些，但还是有一种别样的乐趣。的确，对于我这长期闲不住的人来说，能够有如此时间也实在是难得。很多时候，自己都在诸多事务的缠绕之中，不是这事儿就是那事儿，好像天底下就数我最忙一样。如果真是静下来，让自己没事，那简直是破了天荒，开了“天窗”。有时没事儿也要给自己找些事儿来，让自己闲不下来。似乎唯有这样，内心才能坦然，才不会胡思乱想，才会有了生活的目标和意义。所以，有时在玩的过程中也是心不在焉，还会有这样或那样的想法和规则，还会有对某一个问题的思考和研究。这种心态的确是让自己不能停止思维和行动的缘由，是一种追求进步的表现。但的确也会给自己带来莫名的困扰和压力。每次在思考事情之时，就会反复告诉自己一定要学会放下，学会能够轻松愉悦起来，能够在无我洒脱的状态下找到自我。有时候看似简单的事情实则还是很难的。要想改变一个人的心性和习惯还是很难的，它需要我们彻底地了知自我，了知事理，了知事物的本质。无论世事如何变化，还是要坚守于自己的内心，回归于自己的内心，用毅力和信心来面对所有的人和事，相信自己，相信所有的一切都会按照既定的规律去走，没有什么不可能的事情，也没有什么不可改变的东西。只要自己相信，就一定能够实现。每一次事情的出现都会让自己有了大的成长，都会让自己明了应该如何去规划自己，成为自己真正的主人。这些天来跟孩子们在一起，让我也明白了很多的道理，那就是要学会及时行乐，学会该玩就玩、该哭就哭、该闹就闹、该笑就笑，变成一个纯粹之人，一个能够知晓自己所需之人，不会被其他外境所干扰之人，能够守真守诚之人。孩子没有那么多的心智，不会刻意去想如何才能规避危害，如何获得自己最大的利益，没有什么利益的纠结，没有什么敢或不敢做之事，尽情地释放天性，尽情地展现自我。这样的生活也可能是最好的状态，能够任由自我的内心释放，去捕捉一个唯有自己才能够享有的天地。现实中的成年人有时很是压抑，不敢面对诸多的问题，不敢面对自己的内心世界，不敢拥有自己的天地，不敢去争得人生的自由。这是现实中存在的问题，是我们要深刻去领悟的。唯有深刻地领悟了自己和他人，乃至于这个繁乱无常的世界，你才能真正拥有自己。很多时候自己显得有些郁郁寡欢，有些对于现实世界的麻木感，没有了那些积极有为的思想，缺少了对于事业的积极追求，缺少了许多生活的情趣。对于已得的东西会有些麻木之感，感觉也是那么平平无奇。但如果真的让自己失去这些，那是非常可惜的，那种不舍之心、那种失去后的痛苦就会油然而生。一个人的生活的确是要坚强的，我们每时每刻都会有这样或那样的无奈之感，有时是无能为力，不知道前方到底是什么，不知道如何才能拥有一个全新的自己。这些情绪是需要改变的。心态的调节比什么都重要，我们要保持一颗敢于面对之心、科学分析之心、乐于接受之心，这样我们的生活才会重现生机。要客观地面对生活中的悲喜荣辱，要知晓这是生活中的一部分，是必不可少的存在。这才是生活的全部。如果我们只想要那些好的，而不愿意面对那些坏的，那实在是有失颜面。因为人生是一个万花筒，你会遇到很多的事情，要去面对自己难以面对之事，要学会用智慧、勇气与信心去处理任何事情，要学会相信自己，学会用自己独有的方法去面对任何事物，这才是我们的生活之道、处世之道。在一生之中，能够遇到这样或那样的问题是很难得的，要乐于接受这人世间的所有，唯有如此，我们才能赢得自我，才能够获得人生的成功与幸福。

温暖人生

近几天是春节，每个人都把一切的外在事务放下来，给自己一个放松的假期，孩子们也自然是欢快无比，终于能放假了，能跟爸爸妈妈在一起，能够尽情地玩，尽情地挥洒孩童欢乐的天性，真是喜气洋洋，其乐融融。满眼都是红色，红色的衣服，红色的窗花，红色的灯笼，红色的对联……红色代表了喜气，红色代表了吉祥，红色是幸运和希望，红色是热情和梦想。我们都生活在希望和梦想里，都在畅望着明天的美好和幸福，都在体验着人间的美好与福乐。是呀，人总归是要找到梦想与希望的，总归是要有内心的牵挂的。有了这些，人也就有了依靠。如果缺少了这些，人就显得孤苦伶仃，就完全没有了生活的勇气、信心和希望。某种程度来说，人不仅是靠食粮而活，也是靠精神而活。有了精神的寄托，就有了目标和动力，就有了生活的勇气和希望。所以，精神的需求是人生活之中必不可少的一部分。这几天与孩子家人们在一起，深切地感受到了这一点。平日里跟孩子们在一起的时间很有限，因自己整日“走南闯北”，事务繁多，有处理不完的大事小情，加之有时回到家，孩子还在上学，只能都选孩子周末或者假日时间才能回。女儿上的是寄宿制私立学校，学校学习要求还很高，所以每周末孩子回家才能与孩子见上一面。的确，在家庭和事业之间还是要好好地规划，不能有任何的偏颇，两头都重要，两头都要兼顾，两个方面都是幸福的源头。事业是家庭的基础，家庭是事业的依靠。没有它们，也就没有了人生。在这里边尤其是家庭更为重要，家庭幸福才能让人生活更充实、更有目标，才能让人感受到无比的温暖，才能让人知晓什么才是真正的无私之爱。家庭是社会的细胞，家庭是幸福的依靠。敬老爱幼，全心付出，我们才能获得无比的幸福与快乐。尤其是在孩子童年时期，能够与其相伴，能够作为他们的引路人，能够给予他们更多的关心关爱，这才是我们做父母的应该努力做到的。这是我们的责任和义务，也是我们必须要完善自己、提升自我的缘由。的确，有了孩子跟没有孩子是完全不一样的。没有孩子的时候，总是感觉无牵无挂，“一人吃饱，全家不饿”，没有什么顾虑，有时候只是由着自己的性子来，想到哪儿就干到哪儿。当有了孩子就不一样了，就会想到很多，想着孩子的现在、孩子的未来，想着孩子的教育、孩子的身体、孩子的内心、孩子的成长等等，都会在大脑里呈现出不同的画面，让自己不得不去思考如何做好父亲的角色，如何才能让孩子比自己更加优秀，如何才能成为孩子们引以为傲的榜样。的确，学会当父母是一门大的学问，我们需要好好地学习。因为我们从来没有当过父母，也没有上过做父母的课。看起来要想对孩子有一个好的指引，还真是需要我们做父母的不断努力，先把自己武装好，把自己的心性调整好，让自己对社会、人生的理解更深厚，让自己强大起来，让自己更有智慧，这样才能让孩子强大、有智慧。这的确是千真万确的。如果自己没有一个好的人生观，没有对自我的更高的要求标准，我们又如何去引领孩子、指导孩子呢？这不是开玩笑吗？现实之中，我们要求孩子的较多，要求自己的较少，好像孩子只是孩子，自己只是自己，在自己与孩子之间没有什么相互融合的地方，对孩子没有什么影响一样。这是完全错误的认知。相信有一个好的、善良的、正直的、包容的、上进的父母，必定会对孩子有较大的影响，必定在他的内心之中扎下进取之根、善良之根、智慧之根，相信将来孩子一定会有出息的。所以，父母是孩子一生的老师，父母是孩子的影子，要想有一个好孩子，必须得有一个好父母。虽不是百分百正确，但的确父母的影响会起到较大的作用。家庭是我们温暖的港湾，家庭是我们生活的依靠，家庭是幸福的基础，家庭是包容和理解的帆船，能够让我们驶向幸福快乐的彼岸。生命的意义不就是寻找这份幸福和快乐吗？努力的目标不就是要让自己获得这份安心与温暖吗？用爱心、真心、奉献之心去面对所有，那么我们的人生一定会光彩无限。

安乐之境

学会自知自乐、自我救助、自我安守，我们这个大脑一刻不停地在思考，在想着自己的利弊得失，在考虑着自己生活的好与坏，都会有趋利避害之心，在痛苦之中去寻找快乐，在无助之中去找到帮助，希望有一双温暖的大手能够与自手相握，能够给予自己有力的助推，能够让自己找到神来之力去完成自己想完成的所有事情，永远都希望自己能够跳出痛苦之狱，去到达美好的福乐之境，能够获得身心的彻底放松。但有时想来这是非常难得之事，甚至是无法达到的境界。因为我们生活在欲望中，生活在无止无休、无知贪婪的境况中而难以自拔，这的确是害人不浅。人就成了提线木偶一般，不能左右自己，只能甘愿沉沦，无法自救，动弹不得，那种痛苦无着、烦恼无序之心能够把人压得喘不过气来，不知道光明在什么地方，不知道怎样才能找到光明之道，就这样在自我、封闭的场景之中烦恼与沉沦，不知为何那些无明与烦恼能够让人纠结不休、痛苦无着，人就像是沉入井中的黄牛一般，有劲儿使不上，即便是使出浑身解数也无法自救。那种痛苦与无奈是难以名状的，也就像是自己掉入了一张无法逃脱的蜘蛛网一般，像昆虫一般使劲挣扎，但越挣扎缠得越紧，那种痛苦与绝望能够把人逼疯掉。这就是内心没有方向和定力的结果。人不怕没有现实的所有，就害怕把自己弄丢了，找不到自己的本心，没有了方向和前途的指引。一个人如果没有了自我的救助，失去了心的依靠，就会变得无所事事，就纯属是一个无心之人。一个无心之人做什么事都不可能提起精神来，就不可能找到久违的快乐。因为无心能够让自身成了朽木，成了铁板，成了毫无生机的岩石，那生活的趣味就完全没有了，自私的内心就会沾满自己的生活，无明与烦恼就会袭上心头，人就会变得痛苦无比，就完全没有了生机与活力，人生就会索然无味了。一个人要找到人生的光明之处，要有自己身心的依托。仔细想来，我们自己人生的光明之处在何方，怎样才能找到身心的依托呢？那就要真正让自己静下来，不要再随波逐流了，能够把双眼向内，向自己的内心深处去探寻，去找到自己的生命之根，去找到自己内心的向往，去奔向自己内心描绘的理想之境，去实现心中的梦想。可能在实现的过程中有很多的诱惑、苦闷与不解，有很多次的挣扎和奋进都没有达到既定的目标，但你不能停，也许正是如此才是考验自己的最好的机会，才是能真正锻炼自己的历程。也许没有这些历程，就真的见不到光明与成功，就实现不了人生的大圆满，就不能看清自己的内心。所有的不幸与挫折，还有迷茫和混乱，都是在为幸运、顺遂、清醒与圆满做准备。唯有这些不足与错误才能让自己真正看清自己，让自己放下心来去观察自己，把自己从迷茫、痛苦之中解放出来。我们没有别的希望，唯有自己解放自己才是希望，才是正途。人至中年，人生已过半途，如若还不能清醒认知自己和他人，那就是一种对人生的极不负责任，是一种对关心关爱自己之人的不尊重，也是对自己的不尊重。唯有把自己的生活理清，清醒地认识到生活的意义和生活的最终目的，明了人生的福乐之境是什么，我们才能真正找到生命的大圆满。这个大圆满是什么？那就是清净、自然、创造与付出，就是共享、共荣、共乐，就是无着无碍，就是整日生活在自然自信之中，就是每时每刻都充满了喜乐和力量，就是能够通过自己的努力和付出给予别人更多的安乐，就是能够引领自己、指引他人，让生活更美好，去创造出更多的人间美好。这也许就是生命的真正意义吧。所以，找到痛苦的根源，找到喜乐的方向，人也就变得越来越有智慧，越来越轻松自在，越来越有生命的活力。顺遂因缘，尊重生命，清净自心，付出真爱，人生就会变得完全不一样了。

发现美好

今日是初八，年节的气氛还未散去，状态还未能真正调节过来，有些对于家的留恋和依靠。尤其是跟孩子们在一起，随着过节陪伴时间的增加，孩子的依赖感也会更强。每次出门都要先跟孩子们商量，征得孩子们的同意才能出门。望着孩子们留恋的眼神，自己的内心也是有些小激动，不知道如何去回应他们。的确，常年在外有时跟孩子的距离就远了，感情就有些生疏了，春节期间能长时间和孩子们在一起，也感受到了孩子真挚的依恋，能够从他们的欢笑声中明显地感知到那种发自内心的童真与快乐，那种对自己的依恋和珍爱。面对这些童真和依恋，自己也是感慨万千。一个人一生会经历很多难忘的时刻，会有刻骨铭心的记忆和怀恋。内心是情感的引领者，它能够指引我们不断地走向温暖和光明，能够让我们感知到那份真情和美好。我无法用生花的妙笔去描摹，无法用精妙的语言去说明。在情感的世界里，我们都是渴求者，都渴望得到真爱与关怀。人是生活在关爱中的，需要有精神的慰藉，需要有充分的精神的满足。没有了人间的这份真情，人间也就变得异常冷漠与寒凉，就完全没有了希望和福乐，就没有了进取与努力的动力。因为我们不知道为谁而做，为谁而活，不知道生活的意义是什么。尤其是在面对生活中诸多的磨难、委屈与困扰之时，就会更加惶恐不安，完全失去自我，没有了抗争努力的勇气。所以，还是要有真心的付出，要有能够让自己变得激越的力量，要有对于生命的规则，能够让生命在光明和爱的指引下发挥出无限的力量，能够真正引领自己的人生向着美好前行。生活之中有很多的无奈与烦恼，有很多的苦闷和委屈，有很多的无常和困境，要学会看清其道，找到彻悟的方法，要把这些不安与苦恼当作是让自心认知世界的法宝，当作是让人生增加力量、增长智慧的助力和阶梯。所以，不要回避世事的无常与烦恼，要学会安守，学会接纳。接纳所有，就拥有了力量。在生命的长河中，我们的每一段过程都是宝贵的，都有其真正存在的价值与意义，都能够让自己重新地认识我们自己，能够让自己真正体验到人间的冷暖苦甘。一切都是应得的因缘，一切都是必然的显现。所有的这些都是必然的，都不是偶然的，都是天地的循环。所以，学会安下心来，珍惜眼前的一切，珍惜现实的所有，学会满足，学会喜乐，学会珍藏，学会付出，学会爱，把家庭的亲情当作是人间最大的福乐。孩子是自己的梦想和希望，孩子是上天派下来的能够让自己学会爱的天使，让自己变得更耐心，学会真实地袒露自己的内心，让天性自然地展现，把纯真的笑容绽放。孩子是我们人生的至宝，是教会我们如何去生活和学习的老师，要向他们学习，向简单和纯真学习，向乐观与直接学习。有了这些，生活之美就能够真正展现出来了。生活之美就存在于我们平凡的生活之中，存在于现在的满足与喜乐之中。学会找幸福和快乐，这是一种能力，是我们能够赢得美好生活的前提。要学会从日常的生活细节中去找到那些“小确幸”，能够把日常的琐碎的细节的场景的感知记录下来，从中发现一些自己发现不了的东西。的确，我们的福乐就藏在日常生活细节里，可千万不要小看这些细节，因为我们不可能每天去做一些所谓的“大事业”。所谓的“大事业”也就是由生活的小事情所组成的。我们每天都被很多的“小事情”所缠绕着，每天都在处理这些“小事情”，也可以说，这就是我们生活的全部。我们千万不能忽略它，它才是最为现实、最为真实的展现。所以，我们要把日常生活中的最有价值、最有意义的点找出来，作为我们生活中最大的收获。每天的生活就是一个不断收集美好的过程。发现美好，收集美好，把它作为一生的珍藏，作为人生最大的福乐。生活的美好就在自己的身边，就在我们日常的生活里。

成长之途

早晨总是很美好，它是学习的大好良机，早上学英语口语已成为一种习惯。原来五点半起来的确是感觉压力不小，尤其是头天晚上有应酬，或是睡得较晚之时，那起来的确是很挣扎，是对自己的一种挑战。总是想着能多睡一会儿，有些赖床之感，但一旦真的起来了就会有一种非常大的获得感，感觉自己战胜了困难，能够超越自己了，还是很了不起的。虽是这样，但如果让自己长期坚持还是较有难度的，需要每天面对挣扎。坚持并不容易，好在自己已经坚持了近一年的时间。在这一年之中，自己的变化的确不小。不仅是英语口语水平有了提升，而且自己的心性也得到了锻炼，能够让自己长期坚持去做一件事，能够去面对和解决一个又一个的问题和困难，这本身已经成功了。对此，自己还是非常满意的，对于坚持的定义也有了更深的理解，对自己也充满了信心。信心和坚持绝对能够改变一个人，能够让自己重新认识自己，能够让自己对于成功有了更深的理解。一个人要学会坚持去做一件事，从做事之中去磨炼自己，去发现自己的潜能，去创造自己的价值。可能有时候我们自己都不知道自己有多么强大，不知道自己能做些什么、能做成什么，满脑子的“不可能”，尤其是对于陌生的领域更是如此。每当面对世事，都会表现出一种不自信，感觉自己势单力薄、难以应对，感觉自己不能够超越自己，感觉自己还是那么渺小，不可能做出什么“惊天地、泣鬼神”的事业来。这种心理一直在内心之中徘徊，让人痛苦不已。因为有些现实是自己必须面对、逃避不了的，不好好解决是没有出路的。学会面对就是能够让自己有英勇之心，有坚韧之心，有向上之心，有创造之心，这样是对自己生命的提升，是对自我的完善。所以，日常的学习与提升显得尤为重要。比如我每天都在坚持写作，有时因为家庭或工作事务繁杂而没有写，这样就会有一种负疚感，好像是今天白白浪费了一般，内心是非常不安的，对自己也是不满意的。怎么不把今天的生活和感悟记录下来呢？如果没有总结记录，那就等于说是没有进步、没有收获一样，人这一天就会碌碌无为，就会让自己白白虚度了一天。同时，如果不能及时地总结记录，人就会变得无聊至极，就没有了进步的空间，就没有了生活的价值。自己的确有这样的想法，这种写作与记录不仅仅是为了写而写，为了记录而记录，它是能够对自己的思绪有所梳理的，能够把非常杂乱之心梳理得平展顺达，让所谓的烦恼远离自己，让快乐回归。如果一个人能够把生活作为自己进步的阶梯，从生活中得以提高，从生活中汲取力量，让自己有了更高的认知，那的确是一件非常伟大的事情。最起码，你能够在这一段短时间内有了一个细化的总结，能够不再被表面的假象所迷惑，能够在纷繁复杂的世事之中找到自己，能够无愧于心、无愧于己，能够找到内心的发展之根、向往之根，能够在迷茫无助之时看清人生的方向，能够给予内心以最大的安慰。就凭这一点，我们就是英雄。现实生活之中，我们浪费了很多的时间，把自己宝贵的生命时光浪费在等待之中，把大好的光阴停留在无序和盲目之中，这的确是一种极大的浪费。我一直给自己的时间排得很满，每天早上六点的英语晨读是铁打不动的，加之上午的工作例会，下午的工作例会，还有瑜伽课、健身课，还要有其他需要处理的事，还有其他需要见面的人，这样下来整日紧紧张张，没有空闲的时间。好在自己的身体还好，能够坚持下来。好在家人大力支持，让我没有了后顾之忧，能够把全身心放在工作和学习上，能够让自己保持一个好的状态，能够去处理一切烦琐复杂的事务，能够让企业逐步发展，让自己的认识有了较大的提高，让内心也增添了无穷的力量。所有的这些都是能够让自己进步的基础，是能够引领自己走向更加光明的未来的积累。重视自己的生命，珍惜每一次的相遇，不负时光，去全身心地探索未知的世界，让人生圆满起来。

思考生活

得失之间总是有几分的无奈和惶恐，唯恐会在得失之间失去了自己应有的部分，让自己悲愤莫名。其实人活着就是一种感觉，就是求得身心的解放。但往往越是想超脱于事中，就越是难以脱身，纠缠不休，犹豫不定，内心没有了根基，人就变得轻浮了许多，就会变得无所事事，无聊至极，那是一种极为痛苦的状态。每天的生活都是想让自己能有一个好的状态，想让自己能够得到内心中的圆满。可求来求去，那种奢望和希冀只能增加了自己的烦恼，除此之外，别无他用。如若能够真正做到放下，真的无有着处，那也就真的轻松了，就有了真的福乐。有时也不知道人生的价值究竟为何，不知道明天会发生什么，带着几分的热望和期许，在一天天地等待和前进，想要找到让内心闪亮的地方。那种状态到底是什么？可能没有一个非常完整的答案。但心底的那份盼望还是永远存在的，是能够让自己激动莫名的。写作是心情的记录，没有写作就没有了发现自我的机会。自己也是这样想的，好像这一天没有写作，没有去记录心情，就像是没有了内心的寄托一样，变得旁而无依，没有了向往和依靠，人也就真的变了，变得无聊和烦躁，变得没有了生活的底气，变得更加庸俗。可能时间长了就会麻木了，但自己还是不想让自己变得那样没有生机。生活的本意就是要有变化和期望，我们要让自己的生活更加丰富多彩。如果每月、每年都过得如同一天，皆是没有了对自己的超越，让自己变得麻木，就像是机器人一样，那生命的意义也就不存在了，那样人也就成了朽木和石头，变得毫无生机。无论如何，还是要激发生命，还是要把生活变得更加多彩，还是要有所依托，还是要有些活力的。生命的过程是我们自己规划的结果，我们一定要知晓自己想要什么，要明白自己能做什么。无论去做什么，都应该是思路清晰的，唯有如此我们才有了方向和活力，才会为自己交出满意的答案。这个答案就是对于生活的意义的诠释，就是对于生命的本意的理解。什么叫生命？生命的最终意义到底是什么？可能每个人都会有自己的答案。尽管说无论男女老少，将来都会面对死亡，但如果有意义地活着，有信仰地活着，那么我们就可以不朽。因为精神的传承与展现已经超越了生死，它能够引领我们到达最奇妙之境，能够让我们发现生活中最为重要的东西、最有价值的东西。发现了它，就找到了真的生命。如果我们麻木地活着，为活着而活着，为出名而活着，那这种活就太累了。所以，我们一定要找到生活的真意，找到能够让自己引以为傲的东西，那就是精神的丰满。有了精神的引领，人也就变得更加神圣了，就会超越生死和苦痛，就有了能够升华生命的机会，就有了能够展现自我的机会，就有了能够战胜一切艰难险阻的勇气和毅力。有了精神的提升，那人也就变得完全不一样了，就不再被眼前的一切问题和障碍所阻挡。我们生活在繁杂的事务中，在不断地权衡利弊之中去找到自己的答案，去实现所谓的目标，去达到自己的目的。这本无可厚非，这是事实，也是社会存在的原动力。但这种“动力”是否能够长久，就要看你能否真正彻悟，能否把自己的价值与社会的价值链接。如果不能够链接，只是考虑自己的“一亩三分地”，只是考虑自我，只是把别人当作工具、把自己当圣人，那是不会长久的，甚至要出问题的，这也是我们不提倡的。真正好的活法就是能够时刻把别人捧在手中，能够以人为己，一切的努力皆是为了他人的安乐，一切皆是为了让这个世界变得更加美好，一切皆是为了向这个世界传播爱，那么所有的痛苦就不再是痛苦，所有的艰难都不能称之为艰难。因为你已经变得无私了，无私继而引来快乐和满足。这才是生活的正途。也许现在我们还做不到，但总有一天我们能够达到。

调养身心

今天去上了瑜伽课，回来以后到快餐店吃饭。在休闲之余给自己调养一下身心，这样对自己来讲是一种很好的调节。当然，这需要花费一定的时间。有时候会觉得这是一种浪费，但仔细想来，身心合一是最重要的，如果没有身心的结合，哪来的思想和行为呢？某种程度来讲，唯有把自己的身心调整好了，才能够把事业做成，才能够把生活过好。可能有时候会占用一些时间，耽误了所谓的工作和学习，但是与之相比，身心的调节更为重要。我们所追求的便是内心的安逸与自在。当然，事业的追求是我们创造价值的必备手段，是我们通向成功的必然途径。我们要用心去拼搏、去学习、去提升，在生活之中不断地汲取能量，学会更好地认知自我，学会调节自己的身心，这样我们才能够创造更多的价值。面对工作与生活，我们要辩证地去看待，客观地去认知，不能有失偏颇、舍本逐末。有失偏颇、舍本逐末是对生命的浪费，它会将我们引入歧途。所以，我们还是要自我观照，把自己的身心调节到极致，这才是我们所追求的梦想。生活的每一天，也可以说是色彩斑斓，充满诱惑，有时会让人迷失自我，让人放弃信仰，去寻找所谓的成就和荣耀。当我们认为自己拥有了荣耀，拥有了幸福和快乐，但随之而来的是更多的失去，失去了时间，失去了健康，失去了自我内心的调节。那么所有的获得也就变得一文不值了，这些看起来是非常可笑的，是一种画饼充饥的表现。所以，我们还是要保持清醒，要知晓自己想要什么，自己能得到什么，又能创造什么。得到，就是要得到永久的安逸和自在；创造，就是要展现生命的光辉，创造生命的价值。这才是我们所追求的梦想。当然，在这个过程中，我们会经历种种的磨难、痛苦、犹豫和烦恼，但这些都是生活对我们的考验，是对于我们自身的一种支撑，是我们进步的阶梯，是人生能够重新找到目标的开始。所以，任何时候都不要自我放弃，因为我们真正的依靠就是自己。把自己做好了，实际上也是为别人做出了贡献。因为你的心智调节好了，你的身体健康了，那就给你的家人、朋友和社会带来了福音。我们活着不只是为了自己，我们也是在为别人而活。这样的生活才是有意义的。感知到这些，就感知到了成就；感觉到这些，就理解了人生的真谛。我们没有其他的需要，也没有痛苦彷徨的东西，只要你拥有了对人生的真实理解，那一切也就不是问题了。这几日在北京做了很多的工作，能够把浪费的时间弥补回来，争取在最短的时间内创造出最大的成绩，用最短的时间去处理完所有的事务，并且从中得到更大的发展，让自我得到更大的提升。可能这一天过得并不圆满，但只要你用心去过，用心去规划它，那么这一天就是有价值的，内心也是非常满足的。如果不去做一些规划，那么这一天就是非常无聊的，就会显得格外漫长。我们都不确定自己能够得到什么，能够成就什么，一切都是非常茫然的，但只要我们坚持学习，坚持进步，珍惜时光，把每一天都当作是人生的最后一天，好好地利用这一天，那么这一天就是幸福而充实的。一天就是一生的缩写，可能每一天都有每一天的故事，我们不可能在这一天中把想做的事情都做完，但只要你去认真规划，认真实践，这一天的价值就是非常大的。如果你能够充分地利用好这一天，能够把每一个小时当成是一个最重要的阶段。就像我们的人生，在每一个阶段都有其最辉煌的一面，在每一个时期都有能够留下记忆的东西。一天的时间看似很短，但它的确是一生的浓缩和精华。所以，我们还是要珍惜这一切。近期，因为自己安排的事情比较多，尤其是在自我的身心调节上有了一些进步，比如说能够按时学英文，按时开会，按时做运动、练瑜伽，然后去处理一些日常的事务。我们要做好每天的规划，让自己每天都有所进步。不要放弃每一天，任何放弃都是对自我的否定。我们无法决定每天会遇到什么问题，但是我们可以调节自己的内心，以积极的心态去面对问题。有了这样的心态，加之对事物的深度理解，相信生活的美好就能永远伴随你，事业的成功就会指日可待。

生活之想

想法一定要提升，要进行总结，人生成绩的获得就在于总结。总结和提高任何时候都不算晚，不要有负疚的心理，它往往是让我们陷入恶性循环的罪魁祸首，是让我们不能真正把握自己的因素。人如果不能管控自己，也就没有了生活的价值。一个连自己都管理不好的人，就别想管理好别人，也就不要去奢望所谓的成就了。对于生活的打理需要我们有高度的自制力，能够明了自己该做什么、不该做什么。明了这些我们在前后进退时就不会变得慌张异常，就会有一股精神之气，就能够把生活打理得井井有条。我总是觉得自己自制力不足，有时会沉溺于自我错误的认知中，对于事物带有悲观的思维，好像想象离现实很远，自己的想法很难实现，甚至根本就实现不了。真是这样吗？其实是自己在麻痹自己。要相信“我们是能够实现的”，把这句话深深印刻在自己的脑海中，把那些无聊、无助的想法去除，保持坚定坚忍的内心，让自己变得自信自强起来，学会引领自己，对于自己的前程进行细化管理，朝着自己的目标不断迈进。千万不要怀疑自己，因为怀疑所带来的伤害远远大于自负，一切的怀疑都是对勇气和信心的消磨。试想，如果一个人没有了勇气和信心，那他还会有什么？那样一切的成功与梦想也就无从谈起了。生活的历练就是让我们学会斗争，学会向自己的惰性开战，不断调节自己的内心，深挖自己的优势，补齐自己的短板。无论是优势还是劣势，都是自己的财富，都是能够让自己赢得人生成功的法宝。所以，不要单纯地看待哪个好、哪个不好。对于好的方面，我们还要进一步努力；对于不好的方面，我们也要加以转化和改变，从中去总结经验，找到成功的方法。一个人能够对自己做出科学的判断和调整，他就是一个幸福之人，因为那将是他成功的开始。所以，对于自己在现实生活中的艰辛，要大大方方地接受，学会总结与转化。人就是在不断解决问题中成长，能够从中发现一些问题，能够总结出人生的经验，能够让自己有了更多的发现，让自己智慧增长、身体康泰。

善用其心

今天在研究院会议室召开了我们2023年2月份第一次常委会。会上，我们着重对北京神飞航天应用技术研究院本年度的工作做出了充分的部署与安排。大家献计献策，深度探讨，把我们研究院的整体工作与国家的政策引领相结合，能够真正符合国家的倡导，实施科技民用化，真正把科技成果加以充分地推广和应用。产业发展，标准先行。围绕宇航级食品标准，以及打造宇航生态农业产业标准，大家也进行了深度的分析。标准的建立是一件大事，它迎合了国家的倡导，能够真正实现中国智慧、中国力量、中国标准，能够促进产业的标准化建设。我们要尽快把标准制定出来，用标准来去规范和助力产业发展。这的确是一项非常伟大的事业，值得我们去全力以赴地把它做好。要对每天的工作进行细致的规划和安排，不能有任何的束缚。对于一些看似非常小的工作，我们也要充分地分析和研讨，在发挥集体力量的同时，能够从中得出可行性的实施方案，能够把产业的发展与企业的整体发展实际相结合，这样才能实现我们既定的标准，最终能够圆满地完成我们的工作。所以，工作本身就是一个逐渐规划、整理和运用的过程。没有这些总结、分析、规划、整理，就没有一个完整的方案，就不可能实现我们既定的目标。所以，我们一定要成为产业发展的先行者，要成为标准规范的倡导者，要成为产业发展的助推者。把自己的定位做好，能够建立规范化的平台，能够形成产业联盟体，从而集合力量，凝聚智慧，助推发展，这就是我们整体的发展观。这也是完全符合国家的政策的。所以，航天科技应用工作是一项坚决的工作，也是一项具有伟大意义的工作。我们要为之而努力，用自己的智慧，用整合的力量，集合优势力量去完成这件事。这的确是非常值得我们去做的事情，同时也是锻炼我们自身管理能力、协调能力、整合能力、策划能力的一个标准，一个标尺。所以，检验一个人的工作能力的大小，不是简单从一件事上去看，而是要看他综合的协调能力、系统化的思维能力和团队意识，以及前瞻性的思维。所有的一切都是建立在“用心”两个字上。如果不去用心，不能够从头做起，不能够从我们日常的生活和工作的细节做起，那么就会形成很多的偏差，就会让工作功亏一篑，这是相当可惜的。从自身的工作方法和能力来讲，我感觉自己还有很多的缺憾，还有很多亟待解决的问题，也有自己亟待提升的空间。正所谓“活到老，学到老”。学习能够让我们每天都有所提高，学习能够让我们有一个清晰的思维，学习能够让我们的眼光更加长远，学习能够让我们看到事物的本质。所以，这种探讨、学习、交流、沟通、互动和应用，才是我们开会、学习、工作的关键所在。没有了这个过程，我们就没有了自我的提升，也就不会实现自我的价值。也可以说，所有的事情都需要我们不断地积累、不断地完善、不断地总结、不断地应用。现实生活中，我们往往忽略了很多细节，不能够从表面的现象中看到事物的本质，每天如同蝼蚁一般，忙忙碌碌地做事，没有对于工作的思考、细化、探讨，没有给自己留有一个思维想象的空间，只是为了做事而做事，为生活而生活，这是非常错误的。在生活和工作之中，我们要时时处处成为一个有心人，把每天的所思所想记录下来，把自己对于事物的看法和建议整理出来，能够用新的思维去看老的问题，对于所存在的现象，就像解剖麻雀一样，能够进行细致的剖析，从而找到事物的本质，这样我们才能真正有所提升。我有时也会犯懒，表面上看还是很努力、很勤奋的，但有时也会把时间浪费在一些无用的事情上，或者说没有看清楚事物发展的方向，白白浪费了时间和精力。如果说我们断断续续地去做一些工作，没有做工作的连续性，或者说是坚持不下来，这样就会前功尽弃。所以，做工作不仅仅需要思维和方法，还需要坚持和毅力，需要我们不断去感悟、去总结、去提升。唯有如此，我们才能达到既定的目标，才能实现心中的梦想。

时间安排

对于时间的安排，还需要进行充分的规划。往往自己感觉时间很充裕，做任何事情都来得及，但结果却是时间飞逝，把所有计划都打乱了。因为没有做好安排，造成了很多的失误，这的确是自己在工作中常遇到的问题。有时在生活的安排上也会出问题，虽说不影响大局，但毕竟也给自己的生活和工作造成了一定的影响。要学会科学地安排自己的时间，这也是生活和工作对我们的考验。如果一个人对自己的生活和工作都打理不好，那他又怎么可能会取得成功呢？现实之中，我们需要对自己的生活和工作做出调节，学会用一种科学的方法去面对、去规划，并且认真地去执行，这样我们才能够达到既定的目标，实现心中的梦想，我们的人生才能够精彩无限。所以，对于时间的管理，是每一个人都应该掌握的技能。有了对于生活和工作的细化安排，就有了明确的目标和方向，这样我们才能够精力充沛地面对每一天，才能够获得内心的愉悦感和成就感。如果一个人对于工作和生活毫无规划，每天得过且过，就会显得无精打采，失去了活力与激情，做事就没有了章法。没有了方向，没有了目标，这样的生活是无聊的，对于自己的人生也是一种伤害。我们要让自己的生活精彩起来、活跃起来、愉悦起来，要给自己设立一个清晰的目标，围绕这一目标做出细致的规划，并认真地执行，按照既定的规划去完成每天的工作。就拿今天来讲，自己计划得非常好，早上六点便开始学习英语，八点半参加工作会议，上午还完成瑜伽训练及公务处理，也解决了一些临时的突发事件。这一切都是有既定的时间规划的成果，按照这种规划去做事，自己也感觉到收获满满。但确实在执行计划的过程中，自己会被一些突发的事件所干扰，甚至放松了对于时间的管控，做事就会失去了章法，变得乱而无序。这样，一天的节奏就被打乱了，就会给工作和生活留下些许遗憾。仔细想来，我们每天不都是在给自己做规划，并且不断地去完成这个规划吗？每天都是生活在规划之中，都是在追求梦想和实现目标的过程中。如果没有每天、每时、每刻的努力和进取，我们又怎么会有所进步呢？又怎么能够实现既定的目标呢？所以，我们还是要对自己的时间做出精细的安排，赋予时间更多的内容，并且要严格按照时间的节点去执行，不能有任何的推托犹豫。不要把今天没有完成的工作推托到明天，不要给自己找借口，去编造一些理由来说服自己，不要放松对自己的要求，这样会让自己产生惰性，让自己距离目标越来越远。实现目标的过程或许很辛苦，但比起梦想的实现来讲，这又算得了什么呢？任何梦想和目标的实现都需要我们付出全身心的努力，如果没有足够的努力，那么梦想就只能是空想。在现实之中，我们应该如何去实现自己的人生目标，如何去达到既定的目的呢？这就要看我们如何制定规划，如何去贯彻落实。如果我们能够充分利用时间，真正发挥出时间的价值，那么我们就能够完成自己的梦想。这并不是一个苛刻的要求，而是实现目标的基本要求。在这个基础之上，我们还应该不断地创造、不断地创新、不断地调试，让既定的规划更科学、更合理、更有针对性。任何事情都不是一成不变的，我们唯有不断地调试，随着事实的变化而进行科学的调整，创造性地去实践，认真地去落实，那么我们就能够获得成功与圆满。所谓的创新和改变，不是为我们没有完成目标而设置的理由，而是为实现目标找到一种更佳的方式。没有什么不可以，也没有什么必然如何，关键就在于这种调试本身的初衷是什么，这种调试是不是能够真正地实现这个目标。这是衡量我们对于时间安排的科学与否的一个标准。所以，我们还是要静下心来，好好地为自己做一个科学的安排，让时间发挥出最大的价值，让我们的内心更加圆满自在，也让我们能够为自己感到骄傲。

突破自我

“欲知平直，则必准绳；欲知方圆，则必规矩。”万事万物都有其规律与规则。有了规律与规则，我们才有了前行的方向和动力。事物的运行与发展皆有其规律，我们既要遵循规律，也要不断地扩展和外延，不断地创造和发现。规律是事物发展的基本要素，正确地认知和把握规律是我们实现目标的前提条件，也是我们实现梦想的保证。我们要按照既定规律去做事，去实现既定的目标。不要畏惧规则，规则是我们实现价值的保障，规则是我们行为的标准，规则是我们获得自由的前提。对于规则的敬畏和遵循，是我们在生活中必须要做到的，也是我们创造事业时需要遵循的。千万不能认为遵循规则就是一种约束，恰恰相反，规则的遵循是自我自由的开始，是对美好未来的描绘，也是我们实现既定目标的路线图。所以，在既定规则的指引下去做事，我们才能够真正获得内心的安定，才能让我们的事业更顺利，才能达到我们预期的目标。正如行驶中的火车，一定要遵循铁轨的指引，在铁轨上去行驶，才能顺利抵达目的地。一旦它脱离了轨道，就会造成严重的事故，甚至带来巨大的灾难。所以，我们一定要敬畏规则，在遵循规则的基础上去实现自身的价值，这样我们才能更安全、更自在、更有想象力，才能够更好地发挥创造性。这就是规则的力量。很多时候，我们想要突破一些障碍，但又心生胆怯，害怕自己无法突破。其实这些都是片面的认知，是思维不成熟的表现。面对问题，如果不能客观地分析，只是凭着自己的想象去对待，那么就会给自己带来很多的困扰、波折和磨难。因为想象与现实之间是有差距的，想象之中我们认为事情应该是这样的，但是现实之中事情却是那样的。所谓的想象往往是错误的。就如同我们进入深山老林，往往会迷失了方向，以为自己是向西而行，结果走了很久都没有抵达目的地，反而距离目标越来越远。这的确是现实中存在的问题。我们的思维是有局限性的，这不可否认。每个人的经历、学识、所处的环境和对事物的看法都不尽相同，也会形成不同的思维习惯，会习惯性地选择自己熟悉的东西，按照既定的认知去做事，这样往往是有失偏颇的。也就是说，思维的偏差决定了行为的偏差，行为的偏差决定了事业的偏差。所以，还是要有客观的思维和规律的把握。要客观地看待事物，科学地把握规律，让自己跳出思维的怪圈，能够站得更高、看得更远，能够选择正确的道路，找出科学的实施方法，这样我们才能够走向成功。我们很想突破自我、障碍、现有的规则、原有的框框。这个所谓的突破，正是我们进步的标志。但在突破的过程中，我们往往会遇到很大的阻碍。所谓的阻碍，就是我们的认知与现实出现了矛盾。这个矛盾是不可调和的，是难以逾越的，是由自身认知的错误所引起的。在日常生活中，我们要学会客观看待，兼收并蓄，能够透过现象看本质，能够及时总结，形成自己的经验积累，并以此指引自己的生活。生活中的每一天，我们遇到的每一个人，做的每一件事，都有其科学道理，都有其自身的规律和价值。我们应该把这一天好好地总结、积累，这样我们对事物的认知和对人生的看法就会更加客观。长此以往，我们的智慧就能得到提升，我们的性灵就能得到升华，我们做起事来就会内心有底、脚下有根，就能够成就自己的事业，就能够让生活更加幸福。突破认知，遵循规律，寻找规则，不断成长，这才是我们所应遵循的行为标准。生活中，我们要不断地去学习，学会多听、多看、多思考，要分析现实中存在的问题，能够透过现象看本质，抓住事物的规律去做事，把自己的工作与社会的发展相结合，把自身的发展与别人的发展相融合，把自身与自然相融合，把小我与大我相结合，把个人与集体相结合。这种融合，我相信才是最科学的。规律的发现与总结，规则的制定与遵循，可以说渗透到了我们生活的方方面面。遵循规律与规则，我们的事业才能不断发展，我们的生活才能更加幸福。

安顿生活

还是要对时间做出科学的安排，如果不能科学地安排时间，不能把每一天的工作与生活都安排妥当，那么人生也就被荒废掉了，到头来就会一无所有。人们所有的成就皆在于对时光的珍惜，在于能够每天都发光发热，在于能够有创造和付出。无论是精神还是物质的创造，都是非常可贵的。不要小看这短短的一天，它能给予我们很大的收获。因为人生皆是由这一天天组成的，所有的成就皆是在每天的积累之中得到的。现实之中，谁都不是神仙，谁都无法阻止一切的发生。这一发生皆是由日常的积累所形成的。没有这一天天的积累就不会有应有的收获，就不会有生命的呈现，就不会有安乐自在可言。如果一个人每时每刻都在创造和付出，那么他就展现了生命的光辉，实现了人生的价值。千万不能小看这一天，这一天就是我们的一生，我们用一生的时光来换得价值的留存，能够充分地感知人间的酸甜苦辣，能够给予自己更多的、不一样的感受，这也就足够了。天地赐予我们生命就是要让我们去完成既定的业绩，这一业绩不一定是现实中的既得利益，而是一个长期的能够引以为傲的东西，那就是鼓舞人心的东西，是安乐自在的表现，也是对自己的极大认可。现实中有很多的诱惑，有许多让自己心旌狂乱之物，有许多让自己备感虚华的东西，这些东西可能在当时看来是非常重要的，是难以割舍的，是无法放下的，甚至贪求到了非常疯狂的地步，那种内心的奢望和期许之火越烧越旺，最终让自己无法忍受，最终沦为欲望的奴隶，成了虚华的伴侣。得来的一切终是一场空，过去了，没有了，只留下空虚和寂寞，痛苦和哀伤。那是非常不值得的。一切都是在虚妄之中呈现，没有了真实的存在，人就变得不是自己了，就会因为这些虚而不实之物而把大好时光浪费掉，那是相当不值得的，并且白白耗费了自己的体力、精力和时间，那是得不偿失的。每个人都想在自己的生命中去创造更多的奇迹，都想让自己的生命过得更加精彩一些，都想不负时光，能够把自己的精神发挥出来，留下永不磨灭的印记，都想让自己整日生活在快乐自在之中，都想把这一天运用得当，创造出更多的价值来，让自己收获满满、福乐满满。这的确是我们毕生所追求的，也是生活的最终目标。但在这个过程中，我们因为受传统思维的影响，好像是把握不住自己的内心，不敢去面对生活的挑战，不敢去跨越和追求。停留在固有的思维之中，难以解脱，整日为自己的小圈子、小利益而锱铢必较，为了别人对自己的看法而心为所动，听到赞美之词就欢欣鼓舞，听到责备之言就愤恨异常。自己的内心随着外在因素的影响而变化，不能安守，不能为己所驻，不能解放自心，总是画地为牢，难以进步，总是不能安守，烦恼无比，这样的人生又有何快乐可言呢？它是我们走不出困境之因。走出困境就是要学会放下、安守和付出。放下就是要把不实之物放下，把那些所谓的虚华与奢求放下。安守就是要探究内心的世界，要有对心灵的抚慰与纾解，要知晓人生的意义是什么，那就是要有所得、有所失，不可能只得不失，或是只失不得，这都是普通的常识。上天给予我们的已经够多了，我们能够安心地生活在天地之间，这已经是我们最大的福乐了，与那些正在忍受病痛与贫苦的人们相比，我们已经是非常幸运了。所以，我们要常怀感恩之心，减少奢望，回归本心，用客观辩证的认知来衡量现实中的一切。我们不会放弃对于更多美好的追求，但我们也不要奢望更多的物质的占有和对情感的苛求，一切都要自然而然地发生，自然而来，自然而去。要知晓一切存在都是过眼云烟，一切都会离我们而去，一切都会改变，唯一不变的就是我们永远向善、向上的心志。知晓了这些，我们就能够释怀了，就有了对于美好的向往和认知。付出是我们生活意义的展现，生命的存在本身就是我们付出的结果，就是让生命律动之因，这才是生命本源的意义所在。所以，生命的本质就是付出，就是创造，就是能够充分利用好我们现在每时每刻的时光。

规划生活（二）

“凡事预则立，不预则废。”学会规划自己的生活，让自己动起来，不能停止前行、停止锻炼、停止思考、停止工作。生活的每时每刻都是一种锻炼，我们每天都在修身修心的道路上前行。规划好自己的生活，就是对自己生命的负责，也是对自己的人生负责。没有什么比对自我的管理更重要的事情了。学会自我管理，我们才能享受到真正的人生，才能活出人生的价值。如果一个人无所事事，对自己的生活不做规划，那么他就会生活得非常无聊，就没有了生机与活力，就会与烦恼和痛苦为伴。生活的意义究竟是什么呢？如果我们不去除无聊、烦恼和痛苦，那么我们活着的意义就无从谈起。如果我们不能够去创造、发现、总结、提高和付出，那么我们的人生就毫无价值。所以说，人生就是一个不断规划的过程，我们就是在规划之中得以提升、得以成就。很多时候，我们不想让自己过得那么累，就会放任自我，认为那才是真正地享受生活。实际上恰恰相反，如果没有很好的生活规划和自我管理，没有对于人生的积极思考，没有对于自我的锻炼和提升，那又何来的自在和快乐呢？这一切都在于我们如何去看待自己的生活，如何去规划自己的生活。如若规划好了，那么我们就变得完全不同了，就如同换了个人一般，就会每天生活在愉悦和创造之中，每天都有所进步、有所提高，每天都充满了朝气与激情，内心就获得了满足与安乐。这种自我的管理和约束，从某种程度来讲，也是让自己自由和快乐的根本。我们要深刻地去理解其中的道理，珍惜每天的时光，做出科学的规划，努力去做一些自己不敢尝试之事，努力去超越自我，创造人生的奇迹。在创造的过程中，去发现一个新的自我。在超越的过程中，去完善自己的人生。我们有时会畏惧前行，害怕遇到种种的磨难和痛苦，害怕遇到未知的东西，认为所谓的突破与超越是对自我的折磨，总是想着如何让自己安逸下来，如何找到所谓的轻松与自在。整日什么都不做，什么都不想，无所谓进步，无所谓规划，无所谓管理。事实上，这样的“自由”并不是真正的自由，它只会让人陷入一种螺旋式的痛苦之中，没有了生机和活力，又何谈人生的快乐与幸福呢？所以，我们要学会辩证地去看待，要发现事物运行的规律。掌握了规律，我们就拥有了自我的超越和发展。忍受得了痛苦，我们才能够实现自我的价值，才能够得到身心的提升。所谓的痛苦，也可以转变为快乐、幸福和自在。这正是所谓的“痛并快乐着”。痛苦和快乐本身是相悖的，但如果我们用辩证的思维去理解，我们就能让自己的心智更成熟。痛苦是对自我的磨炼，有了磨炼才有收获的可能。有了心智的成熟，学会了自我管理，我们才能够走上人生的坦途，才能够上升到一个更高的平台。所以，还是要回归自我，把对自我生活的管理、身体的管理、心理的管理当成头等大事，把思考、学习和总结当作是每天生活的必备。生活之中处处皆可以有收获，皆是我们进步的空间。即便是再平凡的生活，只要我们认真对待，学会珍惜、运用和转化，就能够让生活变得精彩无限，就能够创造出惊天伟业来。有时我们会忽视了平凡而琐碎的生活，认为自己不会创造出什么奇迹，认为伟大的目标都是遥不可及的，认为成功都是偶然的，是我们难以获得的。这些都是错误的认知。平凡生活中的每一天都是我们生命之中不可或缺的一部分。如果缺失了这一天，那么我们的生命也就不复存在了。每一天都是非常宝贵的，要把它当作是一生来看待，每一个小时、每一分、每一秒都有其价值和意义，要把它当作是取得成功的关键阶段，好好地珍惜它、规划它，我们才能得到更大的提升。珍惜今天，才能创造明天，才能实现伟大的目标。可能有时候我们会认为，这一天也没有什么大不了的，浪费也就浪费了，没有什么关系，除了今天，我们还有明天，还有后天，还有很多的时间。这种想法本身就是一个悖论。浪费了每一天都是对生命的浪费，是对自我的放任和对人生的践踏。没有了今天，你就不会有明天。这是非常深奥的道理。平凡的人生也是不平凡的，也会有奇迹的展现。只要你去认真地规划，你的人生就会精彩无限。要调节好自己的身心，调整好自己的思维，让生活变得更加精彩。哪怕是严寒酷暑，哪怕是风雨交加，哪怕是痛苦异常，一切都是我们生命中不可或缺的部分，都是值得我们去珍惜、利用和转化。我们要学会转化，只要掌握了转化的能力，那么生活中的痛苦也就不再是痛苦了，而只是人生的一种历练；失去也就不再是失去了，而是生命的一种体验；失败也就不再是失败了，而是通往成功的必经之路。学会了转化，我们对生命就有了更加深刻的理解，我们的人生也就豁然开朗了。所以，人生之中时时处处充满了辩证法，我们不要为一时的痛苦和失败而苦闷不已，那样是解决不了任何问题的。解决问题的唯一办法就是学会消化、吸收和转化。这看似是一种矛盾，但实际上是非常有道理的。学会规划生活，深刻理解生活，我们的心智就会更加成熟，我们的生活就会轻松自在。

处事态度

遇事不慌，保持冷静，是我们做事应有的态度，也是我们应该具备的素质。生活中，我们每时每刻都会遇到这样或那样的问题，都会有这样或那样的麻烦，都会有让需要做出选择的时候，都会有自己必须面对的时刻。在这些时候，我们都要做到保持冷静，能够客观、辩证地看待问题，能够抽丝剥茧，把事情分析到位，找出解决问题的方法。哪怕是面对再复杂、再紧迫的事情，我们也要冷静下来，平复自心，保持理智，客观、勇敢地去面对。这是我们应该具备的基本素养，也是生活教给我们的智慧。现实之中，我们有很多的无奈之处，有很多的烦恼和困扰。我们应该如何去面对这些烦恼，如何去解决这些困扰呢，如何去跨越重重的障碍呢？一个人面对问题时所选择的态度与方法，体现出了他的素养和能力，也体现了他的认知与涵养。在面对诸多复杂的事情时，如果我们不能够保持理智，保持乐观、向上、理解、包容之心，那么我们就会被困于事中，难以自拔，也就难以把事情办好，难以实现既定的目标。这些事情的出现，也可以说是天地赋予我们的一次提升的机会，是对我们自身能力的检验。所有的困扰、问题和麻烦，都是自我成长的基本要素。没有了这些基本要素，人就会萎靡不振，就没有了激发和拓展自身潜能的机会。很多的问题看起来很复杂、很痛苦，但事过境迁之后，回头来看，它们也很简单，它们都是自己进步的推动力。原来我们没有真正了解自己的潜能，而这些问题把我们的潜能充分挖掘出来了。原来很多我们不懂的事情，此时此刻已经懂了。原来我们不了解人的内心，现在也逐渐了解了。通过面对和解决这些问题，我们能够更加全面、理性看待自己和社会，获得了更大的进步与提升。所以，遇事不慌，保持冷静，永远是我们处事的良好法则，也是我们成就自己、自在生活的前提。可能有时候面对诸多的麻烦和困扰，我们难以长期保持冷静，认为那些麻烦和困扰是难以解决的，甚至把客观冷静的认知当作是一个笑话，当成是一种难以实施的理论。当事情来临之时，我们还是会百感交集，感到无奈、痛苦、悲伤，那种情绪是自己难以控制的，甚至会产生彷徨、退缩之心。但是，无论如何，规律毕竟是规律，指引也必然是指引。态度决定了行为，我们要用良好的心态来引领自己。有了这种对于规律的把握，和对于事情发展的认知，我们就能够去客观地面对问题，就能够让自己从犹豫彷徨之中脱离出来。理论可行，不能代表实际可行，但如果没有理论的指引，我们也无法正确地去实践。我们要从问题和事情之中不断地积累、总结经验，来更好地指引自己，让自己的能力不断提升。如果我们不去学习，不去实践，那么我们就会永远陷于问题和困境之中。所以，在日常生活中，我们要不断地进行深入的思考，通过我们的实践去不断地总结。无论遇到了任何的事情，都要冷静地面对，客观地分析，不断地提升自己的思维，提高自己的能力。成长就是一个不断感悟、不断提升的过程。没有了这种感悟和提升，就不可能得出正确的结论，就不可能让自己获得成长。因此，我们要学会教育自己，学会总结生活，学会在日常的平凡生活之中去发现自身的伟大力量，不断地调节自己的身心，不断地提升自己的素质。

生活态度

有方向、敢面对是一个人生活的态度，也是一个人成就的基础。如果不敢面对，不敢尝试，没有创新，不能进取，那这个人这一生就废了，没有了生机与活力，就没有了高质量的生命。所谓高质量的生命，就是能够知晓自己能干什么、要干什么，如何去创造生命的价值，如何让自己为自己感到骄傲和自豪，能够以自己为荣、以人为本。这就是接近了圣人，能够让生命在平凡里闪光，让美好常伴自己左右。的确，有时候想象与现实相差很远，往往想象是非常美好的，但现实是很残酷的。面对如此场景，你将如何去摆正自己的位置，如何去描绘美好的人生？也许我们就由此沉沦了，认为反正是没有希望，还不如“躺平”“沉沦”罢了，这样还来得更干脆轻松。这种思想一旦形成，那也就意味着希望的完结，意味着自己从此变成了一个“油腻”“混世”之人，人生的美好和希望就会随之而去，自己就失去了希望之灯的照耀，人生就注定漆黑一片。方向是人生的指引，是人生不断奋斗的目标。有了这些就有了一切，就有了向上的动力。也许我们解决不了现在所谓的问题，但如果能够把自己的心理问题解决了，能够真正超越了自己原有的思维习惯，能够真正学会包容自己和他人，那你也就有了较大的进步，就会完全换了个人似的，就会有了脱胎换骨的变化。这种变化是划时代的，是对生活的重新定义。有了这种变化，就有了新的希望和目标，对于生活就有了更深的理解。那就是学会引导和安慰自己，学会把自己的欲望和愿望与别人同频、与大众同频，包容和理解所有人、所有事，把对于别人的需求转化成给予别人。哪怕是自己没有什么更多的利益输出，只要能够时时处处想到别人，时时处处体谅别人，那就是对自己最大的解放，是对人生彻底通透的了解。年轻时期，少不更事，对于人情世故一概不懂，认为只有把自己变得优秀，才能够吸引别人，才能让美好来到自己身边。其实这种想法本就无可厚非，最关键的问题就是没有真正摆正关系，没有能够把主与次、正与邪客观地结合所致。主次结合，就是要找到解决问题的关键点。关键问题把握住了，那一切也就不成问题了。生活与工作也是如此。生活是每天的累积，是一种对于生活状态的体验，也是对于生活之中人、事、物的总结与反思。我们生活在现实之中，会遇到不同的人、事、物，要学会与之相处，学会去伪存真，把握关键，能够透过现象看本质，找到幸福快乐的密码，能够破解生活的难题，做一个生活的有心人。学会生活是一种能力，是一种智慧，是人生成功的必备。没有了它，也就没有了生活的方向和能力，就会感觉到人生的痛苦和无奈，就会整日哀叹连连、痛苦不已，就没有了生活的激情，人就像是霜打的茄子一般，变得颓废懒散，毫无生机与活力，给人带来的只有麻烦和厌恶，给社会增加的是负能量。你在他的嘴里听不到温暖的、激励的话语，听到的只有这不可能、那不可能，这个不好、那个不好。负能量充斥着他的身心，这样的人就像是从坟墓里爬出来的，满身的阴暗之气，任何人与之相处都会感觉到无比的沮丧和失落。那是多么可怕呀。一个人生活在世间，就应该充满希望和活力，充满信心和勇气，能够不断地超越自己，不断地引领自己和他人；要给人间带来温暖，给社会带来希望，这才是人生的真正意义所在。生活中最重要的不是拥有多高的地位，拥有多少的财富，而是一个人的生活状态如何，能否真正活得明白。要把每一天都当作是自己最大的机会和幸运，能够健康地活着就是我们最大的成功，是自己最高光的时刻，那是非常美妙的。仔细想来，我们有天地所赐予的宝贵时光，有父母所给予的宝贵生命，有健康的体魄和向上的精神，有爱人、孩子给予自己的欢乐和责任，还有朋友们的关心与尊重，这一切都够了。最主要的就是要让自己不留遗憾，能够学会感恩与珍惜，能够不让自己的身心跑得太远。因为太远了我们就再也追不回来了，就失去了已有的一切。心向阳光，充满希望，给人温暖，给己荣光，人生本来就不一样。

生活之妙

今天，北京天气晴朗，万里无云，在中塔公园散步，体验那种清风送爽、阳光和煦的感觉，实在是太美妙了。很多大人们都领着孩子在公园里游玩，还有一些文艺爱好者，吹着笛子，跳着舞蹈，那种欢快劲儿就甭提了。消除了疫情带来的困扰和压力，换来的是自由的新天地。那种自由的感觉确实很好，能够让人体验到生活的惬意，能够让人感知到人间的美妙。的确，对于自由的追求是我们每个人的向往，那种自由自在、轻松无比的感觉才是真正的人间生活。美好其实就在自己的身边，就在我们街边的风景里，在公园的漫步中，在亲人的笑声里，那种温馨、自在、安乐、祥和的感觉的确让人沉醉。我们没有理由怀疑人生，没有理由因为人生中小小的变故而感到灰心失望，甚至痛不欲生。那是完全没有必要的。人生可能并不完美，也会有痛苦存在，这些痛苦让我们更加珍惜平凡的生活，更加珍惜那些快乐和美好。没有经历过这些痛与苦，就感知不到甜美和安乐。所以，我们还是要留心于日常，在日常的生活中去发现生活的妙趣。那种妙趣可能是在百鸟的鸣唱里，可能是在小草的嫩芽中，可能呈现在普通的生活里，可能展现在孩子的脸庞上。一切的妙乐皆在于发现，皆在于真诚，皆在于观察和提炼。只要我们留心去观察，就会发现，生活处处皆有乐趣。因为在你的心里边早已经有了一个蓝图，有了一幅画。这幅画能够把所有的美好都描绘得栩栩如生。我们观察这幅画，就等于说我们到达了画的意境之中，能够融入到画的意境之中，那种感觉是美妙的。生活本来就是如此多彩，只是我们把生活看得过于平凡、单调了。其实，单调的不是生活的本身，而是我们自己内心的苦痛掩盖了这些美好的展现。仔细想来，这些苦痛恰恰是我们能够找到信心与希望的力量，恰恰是能够让我们发现自身的能量和勇气的机会。有了这些苦痛，我们才能真正理解了快乐，理解了生活的妙趣。在寒冷的冬季里，要看到枝头的嫩芽在悄悄地萌发，在等待春的召唤，在等待鸟的鸣唱，在等待花的艳丽，在等待迎春的人们。一切都是在积聚之中，一切的美好都是在我们的观察与创造之中。美好并不需要我们去刻意地营造，它自然而然就呈现在我们的面前。有时候，我们用手机拍下美景，感觉自己如同专业摄影师一般，没想到只是用一个普通的相机，就能拍出这么美的场景，那种色彩的搭配，那种人物与景物的构图，都是恰到好处。其实，人还是那个人，物还是那个物，周围的环境一点都没有变化。我们每天都在与环境相融，都在与生活相交，都在平凡的生活中按部就班地做些事情，从来没有认真地观察身边的事物，也忽视了身边存在的美好。其实美好始终是存在的，随时随地就在你的身边，只要你用心去观察、去理解、去描绘，那么你就能够发现生活之妙，就能找到生活的乐趣，就不会整日被无序和烦恼所障蔽，关上了自己欣赏美的大门。我们要感恩我们的存在，要感恩生活的所有，要感恩我们所拥有的自由，要感恩身体的健康和希望的存在。这一切的一切即是上天赐予我们最宝贵的礼物，我们应该加倍去珍惜，要把它当作是一生之中最为珍贵的礼物，好好地珍藏和运用。时光如水，转眼之间这一天就过去了，一年又一年匆匆而逝，几十年的时间转瞬即逝。回想起来，自己也备感惊讶。从青春年少到人至中年，看似非常久远，实际非常短暂，每一个阶段都宛如昨日，每一个时期都如在眼前。那种如幻影之间的梦境，就是我们活跃的天地。一觉醒来，感觉一切都发生了变化。其实这种变化只是岁月的流转而已。一切本来是没有改变的，唯一改变的是自己的内心，从单纯变得更复杂了，从简单的快乐到很难找到快乐。正是这种变化所起的作用，生活的激情被繁杂的事务所掩埋了，我们整天想的都是如何拥有更多，如何去占有，如何让自己赢得地位、收入和尊重。这种索取之心、贪求之心把我们内心对于美的追求给障蔽了，那种简单的美、简单的快乐就再也回不到自己身边了。还是要逐渐地抛弃一些东西，把那些奢求与贪欲放下，把那些看似无用之物、简单之物重新拾起，好好地珍藏。要珍惜每一个平凡日子，把每一天都过得更加精彩，把这一天当作是一生来过。一生的时光就浓缩在这一天里，在每一个时段、每一分、每一秒之中，要充分地展现出生命的价值来。这就是对于生活简单与复杂的评判。珍藏时光，安乐自我，就从这一天开始。

分享生活

每天都要去实践，去感悟，去寻找人生的方向。每天都是崭新的一天，每天都在不断地调整自己，不断地忙碌，让自己的生活更充实、更有价值。要想做到不负时光、实现价值，我们还需要下足功夫。有时候，急于把事情做好，急于其得到回报，做事就失去了章法，每天匆匆忙忙，却达不到运营的效果，自己也很生气、失望。失望的次数多了，内心就留下了创伤，就不敢再去尝试、去追求了。这种急于求成的心理是我们成功路上的绊脚石。要客观认知事物发展的规律，任何事物的发展都是有规律可循的，都不是一蹴而就的，而是需要我们不断积累，不断实践、总结与调整的。这种调整的过程是一个很艰辛的过程，需要我们承受很大的心理煎熬，需要我们付出很多的人力、物力、财力，需要我们发挥人生的智慧，去解决一个个问题。如果在这个过程中，你放弃了，对自己失望了，没有了信心和勇气，那么之前的努力就都白费了，你就不会得到任何的回报，而且会自我否定，产生自卑情绪，这是很要命的。所以，认准了目标就要不折不扣地去努力，拿出不达目的誓不罢休的气势。要知晓成功就是一个不断解决问题的过程，就是一个不断增长智慧、培养耐心的过程，就是一个不断完善自我的过程。成功没有任何的捷径，需要我们认真地思考，不断积累成功的因素。也许正是因为有了诸多的问题和困难，我们才能够真正挖掘自身的潜能，去实现既定的目标。如果生活总是顺风顺水的，那就起不到锻炼自我的目的了，那么人生也就毫无趣味可言了。人生如棋，要找到其中的妙处，去赢得这盘棋，取得人生的成就。那种淡而无味、顺而又顺的处境，不见得就是好的，也不见得是对自己有益的。要学会拥抱困难，敢于面对问题，不要害怕烦恼和挫折，要认识到这些都是在为成功做积累，都是提升自我的必经之路。我们要保持一颗坚忍之心，保持信心和勇气，这是我们获得成功的前提。成功并非偶然得来的，而是需要因缘的聚合，需要我们不断地积累，不断地坚持，去经历一次又一次的考验。很多人不理解这个道理，一遇到问题和困难就会想要放弃，认为放弃才是明智的，放弃才能让自己减少痛苦，让内心获得了暂时的安慰。其实这种认知是错误的，放弃很容易，但是随之而来的是更多的烦恼。放弃得多了，人就会产生自我否定之心，就会习惯性地逃避问题，就会距离成功越来越远。因此，我们还是要客观地面对生活，客观地认识自己，客观地看待一切人事物。成就的过程就是一个完善自我的过程，也是一个修心的过程。把心修好了，一切也就好了。失败并不可怕，要从失败之中找原因，总结成功的规律，从失败的阴影里走出来，重新鼓起勇气，朝着成功不断迈进。要学会辩证地看待问题，不能用单级的思维去看问题，而要用全面、客观、辩证的思维去看待。得与失是相对的，有得到必然有失去，有失去才会有得到。没有完全的成功，也没有百分之百的失去，所有的事物都是相对存在的。所以，我们一定要有包容之心，客观地看待得失，辩证地看待成败，这样才能找到幸福和快乐的方向，我们的人生才会更加圆满。生活之中要学会思考，越思考越明了，思考的最终目的就是让自己对事物的看法更加客观，让自己更加从容地面对生活。要在实践之中不断地去总结、去发现、去创造，让人生得到升华。要相信，没有不可能的事情，一切皆有可能，一切皆可改变。这是事物的运行规律。如果你认识不到这一点，那你就永远生活在迷茫之中，就永远不可能找到成功的路径。要不断地规划自我，不断地调整自我，向着自己的梦想不断前行。通向成功的路径有时很长，但成就的大小不能用时间的长短来衡量。要学会客观地认知，认知改变了，人生也就大不相同。所以，我们还是要不断地拓展自己的眼界，扩展自己的心量，让我们的心智不断成熟起来，让我们对事物的看法更加客观起来，让我们的生活更加幸福快乐。

生活状态

要有生活的高度自觉性，有一股能够支撑我们不断前行的力量，在前行之中不断调适，到达无人之境。那种意境之美能够让内心很是激越亢奋，让自己的心绪久久难平。现实中的事情实在是太多了，根本就没有停下来的时间，国家事、企业事、个人事，好像自己一生下来就是忙碌命，每天都在默默地做事，默默地进取。的确，很多事只有尝试过了才会有更多的感知，才会有自我的判断。向上是生命的崛起，是自我生命的修复。生理的满足不是人生最终的拥有，只有不断地完善自身，才会有机会安抚自我的灵魂，这是我们每天都要努力去做的，也唯有如此，才是发展和创造的正途，才是能够获得永久安乐的机会。一个人不怕醒来迟，只怕就此躺平，不再具有年轻时的激情，变得老态龙钟，没有了抗争和进取，没有了拼杀与搏斗，没有了身心的安抚，这样过一日算一日、活一天算一天，不能够点燃生命的火种，这样的生命又有什么意义呢？生命之火需要自我去点燃，不能依靠其他人。只有自己强大了，努力进取了，变得坚强了，充满信心和勇气了，人生才能够变得耀眼起来。因为你我找到了快乐之本，找到了能够引领自我之根，能够让自我的身心得到极大的安慰。一生的时光是短暂的，眨眼之间，几十年便过去了，自己也真的不知道自己做了些什么，不知道如何去完善和辨别人生的方向，在忙碌之中慢慢消耗掉生活的激情，慢慢消磨掉自己的创造力、学习力，这是非常可怕的，也是没有任何补益的。按照正常规律来讲，应该正确地引领自我，在自我的发展之途中不断成长，把生活看得越来越清晰，把人生看得越来越通透，这样才是正确的指引。可有时不是成长而是倒退，不是积极而是消极，不是维护而是损害，不是平和而是冲动，不是清晰而是模糊。不知为何，人生越活越没有了生机与活力。有时候，自己也在反问自己：如何能够保持活力？如何能够自己拯救自己？如何才能从人生的低谷中爬上来，重新把生命的激情点燃？这些的确是自己应该不断反思的。还是要静下心来，好好地对人生做一个评估，好好把方向加以调整。只要有一个明确的发展方向，有一个提升自我的机会，自己就不要放弃。放弃进步是相当可怕的，那是对生命的践踏，是对时光最大的浪费，是对自我最大的损害。每天都要把进步与收获好好地积累，每天都要做一些有意义的事情，每天都要有新的能量的积聚，每天都要有对自己感到满意之处，长此以往，生命的光辉就能充分展现出来。那样的辉煌耀眼、安乐自在才是最大的享受。生活之美就此展现出来了，人性的优秀品质就此得到。是呀，自己如若能够真正掌握自己的身心，能够真正成为自我发展的主宰，能够从诸多的繁杂之中找到最为简单的自己，那该有多好哇，那才是真正的自由与满足。在人生的岁月长河之中，总感觉是非常漫长的，总想着自己无所不能，只是有很多自己要做的事，每天都会为了欲念的满足而去贪求，这样是不会拥有幸福和快乐的。其实幸福和快乐不在于自己拥有了多少，而在于自己付出了多少，对于不是自己的东西就坚决不能要，这是生命的底线。如果我们突破了这种底线，变得更加狂妄无序，变成了贪欲的奴隶，那人生所谓的幸福和安乐也就再难以获得了。所以，在有限的时光里还是要做些实事，能够给予身心更多的抚慰，能够把这种成长当作是生活的必修课。我们必须要学会这门课程，争取做一个好学生，能够真正顺利毕业，让一生的努力有所回报。这一回报有时不是物质能够替代的，它是深入骨髓的东西，是能够永不消亡的如同神明一般的存在。那就是性灵的滋养，是生命的指引。生活本身就是教会我们如何去生活，教会我们如何去包容万物，教会我们用客观全面的眼光去观察事物，用坚定有力的内心去感知一切。这是一种活着的状态与精神，是自我能够找到自在的路径。它往往是孤单清苦的，但也是幸福安详的。它并不肆意张扬，而是默默坚守，没有任何的不悦，内心之中只有快乐。这才是生活的本来状态。

重视当下

北京的天气逐渐转暖，明显地感觉到温度有所上升，不用再穿上特别厚重的衣服，而是换上便装，感受到脚步是轻盈自在的，内心是轻松愉悦的。在阳光的照耀下，植物都恢复了生机，人也变得欣悦起来。这的确是自然的规律，是无法抗拒的自然的变化，要学会接受这种变化，感受这种氛围。有了对温暖的向往，有了对希望的保持，那人也就变得不一样了。的确，对温暖的向往是我们生命的本能，也是对美好生活的一种期盼。每个人都向往美好，但这种美好往往是体现在我们内心的感受之中。感受美好，能够让我们更加欣悦，让生活变得更有趣味。这就是生活的本质。如果我们每天所面对的都是一些烦琐的事情，每天都充满了烦恼和忧愁，那样的生活是很痛苦的。内心之中总有很多的事情，难以放下，每天都在担忧这个、担忧那个，害怕对自己的生活造成影响，害怕给自己带来麻烦，所以就产生了对诸多困扰的畏惧之心，整日生活在矛盾与挣扎之中，难以感受到人间的福乐。要做到真正了知人世，真正找到生活的方向，真正做到包容万物。这的确是很难的，还需要我们不断地拓展自己的思维，不断地调整自己的内心。把思维和内心调整好了，对事物的看法也就不一样了。如果没有一个客观的认知，没有对于万事万物的充分了解，我们就会陷入一种悲观情绪之中，就会把很多事情想得非常复杂，认为这些事情是难以逾越的。这样，对于生活就会失去了信心，就会没有了方向，就会失去了前行的动力。所以，还是要把日常的生活当作是历练自我的机会，要成为生活规律的把握者，成为自身生活的掌控者，能够掌控自己的心情，引领自己的行为，能够真正成为自己生活的主人。生命的核心意义究竟是什么呢？我们有时也不知道生活的价值到底是什么。想来，每个人对于生活都有不同的理解，都会做出不同的回答。很多人认为，衣食丰足、吃喝不愁、拥有存款，还有一些房产名车，才是生活的资源。有些人甚至把这些所谓的追求当作是生活的意义。这些的确是生活中的物质保障，但是如果仅仅是追求这些所谓的财富，那样的生活是没有价值的，就会充满了烦恼和忧愁。所以，还是要有一些精神追求，要不断地调整自我，把内心调适到一种无碍、轻松、自在的状态。这种无碍、轻松与自在，才是我们应该努力追求的，才是生活中真正的获得。我们最终要找到内心的自由，找到生活的方向。有了自由和方向，人生就会变得快乐无比。我们还是要关注当下，把当下的事情做好；把生活中的每一件事，遇到的每一个人，都当作是最美的遇见；把所有的烦恼和困扰当作是改变自我、提升智慧的一种手段。唯有如此，才能让自己成熟起来，才能让幸福快乐来到自己身边。现实之中，我们往往没有选择的空间和余地，无法把所有的事情做得圆满，很多时候会事与愿违。你越是想逃避生活中的某些人、某些事，就越是会遇见。因为你在内心中有一种排斥感，对于此类人和事会很敏感，一旦遇见就会感觉难以接受。这是现实之中经常存在的。那么，我们应该如何面对这样一种现实呢？还是要从生活本身做起，要处理好每一个细节，把事情做得更加圆满。这是我们的责任，也是我们的追求。我们每天都在为了圆梦而努力，每天都有一个内心的指引，让自己去做这个或那个。或许是受习惯的影响，我们必须得这样做，或者说我们已经养成了这种长期坚持的习惯，无法去停下，只有前行。无论是从良好习惯的培养，还是从对生活的重新认知来讲，我们都要让自己的内心安静下来。要知道一切皆是生活中必然存在的事实，千万不能回避。回避就意味着倒退，意味着自己难以取得成功。要把这一切都当作是一种经历，当作是自己成长的必经之路。重视当下遇到的一切，积极面对，去实现人生的价值。

拥有现在

也许没有那么多的规划，也许没有那么多的准备，生活中我们随时随地都会遇到不同的事情。这些事情或多或少都会对我们产生影响，有时是好的，有时是坏的，有时是得到，有时是失去。无论如何，这些都是我们的人生经历。即便并不美好，也会给我们留下深刻的印记。我们要学会对每天的生活做出反思，把每一次的相遇当作是一生之中最难得的机遇，要好好地去珍藏它，把它作为自己进步的养料。生活之中，我们不可能诸事皆顺，不可能只有得到、没有失去，不可能永远是一马平川，不可能没有任何的波折，关键就在于你从中掌握了什么，学到了什么，对自己的生活有没有提升，对自己的人生有没有指引。这一切的存在都是我们应得的权利，我们要善用这种权利，让自己的生活丰富起来。不要为一时的失去而悲泣不安，也不要为一时的得到而兴奋异常，一切都是在平和之中发展，一切最终都会归于沉寂。遇到了失败并不可怕，遇到了成功也不用惊喜，要学会坦然地面对。生活本身就是在不同的感悟中去体会。很多的体会，可能你没有去尝试，或者回避这种尝试，反而会给你增加了很多的烦恼，反而让你的人生失去了活力。所以，要勇于体会、收藏、珍惜和转化，唯有如此，才能让普通的生活变得不普通。也许我们现在正在经历着苦难，也许我们正在为失去而感到懊恼，也许我们内心正在挣扎，也许我们在为某件事情而悲泣，但无论如何，要保持一颗平和的心态，要理解这即是人生之源，要感知这就是生活的存在，这就是真实的自我的存在。所有的存在即是自己生活的现实显现，没有什么莫名之处，而要学会珍惜现在。可能生活教会我们的东西有很多，生活不可能让我们诸事皆为圆满，圆满只是我们的一种梦想和希望而已。我们并不知道真正的圆满是什么，但是我们正在努力地去追求自己生活的圆满，认为圆满才是真正的人生，缺憾不是真正的人生。这是极为错误的。要知晓不圆满才是生活的常态，圆满只是一种想象和祝福而已。所以，不圆满是真实的，圆满是虚假的。当然，我们可以去努力追求圆满，去让自己生活得更安心，去让自我的幸福感更强，这是我们的梦想，也是我们的追求。仔细想来，我们生活在其中，不只是为了感受到物质的丰盈，更是为了感受到心灵的丰满，感受到一种自在与潇洒，感受到一种自由与友爱。这就是生活的本质。生活的本质就是要找到这种自由、平和与安宁。没有了自由、平和与安宁，那物质的丰盈又有什么意义呢？所以，我们要追求一种真正的自我心灵的安宁，要找到寄托自己身心的地方。当下的生活即是我们最真实的拥有，不要回避它，要在生活之中去发现最美的地方，在生活之中去总结与提炼自我。同时，要把今天当作是一生来看待，既不为过去，也不为将来，只为了现在，现在是真实的存在，现在是心灵的基础，现在是梦想的实现。明天是什么？我们不知晓。昨天已去，我们也无法追回。今天即是将来的昨天，今天也是未来的棋盘。生命的体验，梦想的实现，人生的快乐，都集中在今天。仔细想来，昨天我们所想要的不就是现在的呈现吗？昨天我们想要家庭，现在有了家庭。昨天我们想要事业，现在我们有了事业。昨天我们想要一定的物质保障，现在拥有了一定的物质保障。昨天我们希望能够拥有生命的自由，现在我们也拥有了相对的自由。虽然并不圆满，但是对于昨天来讲，这亦是一种梦想的实现。所以，歌颂今天，就是告诉我们的梦想；向往今天，就是为了实现生活的安乐。今天，是最美好的存在；今天，是我们生命的礼赞；今天，是最现实的影像；今天，是无法规避的存在。有了今天，我们就有了一切；有了今天，才会有美好的明天。

重视今天，拥有今天，创造今天，付出今天。今天是我们最美好的伴侣，今天是我们最亲密的伙伴。要把今天当作是一生之中最重要的时刻，当作是我们一生的期盼。有时候，我们会畅想明天会如何，明天要达到一个什么样的目标，明天要拥有更多的东西。但是，从某种程度来讲，往往你期盼得越多，失望也就越大。学会满足，才会有更多的幸福之感。安守于现在，满足于现在，我们才会拥有更多，才会得到更好的未来。不要总想着现在的不完美，也许你现在的生活正是别人所羡慕的，也许你所拥有的正是别人的梦想。在别人的心目中，你可能是英雄，你可能是梦想的实现者，你可能是成功人士的代表。或许自己感觉不到，但是别人是这样认为的，就像我们认为别人一样。我们常常觉得别人比自己更强，别人比自己更富有，别人比自己地位更高，别人比自己更成功。但这些位高权重之人，非常富有之人，他们也会有自己的痛苦和烦恼。世界对于每一个人都是公平的，我们每天拥有一样的时间，关键就看你怎么去运用。所以，不要羡慕别人，不要小看自己，不要奢望明天，而要重视现在。现在才是我们真正的生活，现在才是我们真正的拥有。立足当下，安守现在，把每一天过得更好，这才是我们最大的梦想。

拓展人生

近几日，在上海与众多的协会领导、政府领导、企业家朋友们在一起交流，探讨科技产业的发展，这的确是一件比较重要的事情。这也是疫情过后我第一次来到上海与众多的朋友在一起交流，这种交流是非常有成效的。只有通过不断地交流，我们才能找到产业发展的方法，才能够助推产业的落地。我们一定要走出自己狭小的圈子，去到更加广阔的天地，去接触不同的人、不同的事，这样我们才会有新的发现、新的收获，一些百思不得其解的事情也会突然之间有了答案。很多事情都是经过不断地磨合才产生结果的。不要小看这种交流，交流是思维的碰撞，是优势的互补，是资源的整合。只有不断地交流，我们才能有新的发现，才能有更深的了解。很多事情看似风马牛不相及，但如果用一种整合的思维去看待，我们就会找到其深层次的关联。如若能够真正把这种关联运用到位，就会产生很大的价值。有时候，我们受困于原有的思维和环境，看不到更多的出路，这样下去，很多事情就无法解决。人不能僵化和懒惰，思维也不能停滞，要珍惜每一次交流的机会，把它当作是一次发展的机遇。在现实生活中，我们往往忽略了与朋友、与众多人士的交流，认为把自己封闭起来才是安全的，才会脱离一些痛苦，远离一些困难，始终保持着一种逃避的心态，越是这样，就会陷得越深，就会遇到更多的困难。我近期也在考虑一个问题：为什么有些问题明明自己能够解决，却总是摆脱不了思维的框框？比如在时间的安排上，总是感到原有的计划跟现实的变化不相符，总是不能够真正掌握时间，不能够因实际的变化而变化，结果令自己很是纠结，原本想要完成的计划也没有完成。究其原因，还是没有发挥融合性思维，不能够用创新性思维去看待环境的改变，不能把有效的时间充分地运用起来。很多工作不是我们没有时间去做，而是我们不会利用时间，正如同我们不是没有机遇，而是不会把握机遇。如果我们能够充分地利用时间，充分地把握机遇，那么我们每天都会有所进步，每天都会有新的发现，我们就不会纠结于自我。所以，还是要跳出思维的怪圈，找到自己能够获得新发现的环境。一个人是有局限性的，会受到外在环境的限制。如果我们能够与别人随时保持交流和沟通，能够结合现实的改变而改变，那一切都不成问题了。不要把某些问题看得那么复杂，不要把一些任务看得那么繁重，要把它当成一种乐趣。就像我们出门在外，能够接触不同的人、接触不同的事，就会有新的发现、新的转变、新的机遇。如果我们不去改变与转换，不去与人接触，不去迎接新的环境，那我们可能很难得到收获，每天都是处于一种自我受限之中，那是相当痛苦的。所以，我们要有改变，要学会在不同的环境之中去找到自我，在与不同的人的接触之中去得到思想的升华和思维的转变。现实是复杂的，但如果我们用简单之心去面对，那再复杂的事情也会变得简单。生活是烦琐的，但如果我们能够用简单之心去面对，用随缘之心去接触，用朴实之心去关照，那一切的烦琐、复杂、压力都不成问题了。很多时候，我们感到烦恼，是因为自己在钻牛角尖，不能够辩证地看待问题，不能够圆融地看待世界，总是用一种机械的思维去看待人、事、物，这样是会出问题的。我们要有随缘之心、转变之心，有了随缘，有了转变，我们的世界就更宽了，我们的方法就更多了，我们的生活就轻松了。生活本身就是一个改变自我的过程，是一个教育自我的过程。我们只有改变自己、教育自己，才能让生活变得更加奇妙，才能让自我的内心更加畅快，才能让人生更加丰满和自在。接触不同的人，接触不同的事，能够让我们的脚步更加轻快，能够让我们的思维更加灵活，能够不断地到达不同的地方，去看一看别人的生活环境，能够去到一个陌生的领域之中，激发自己的思维，让自我得到充分的改变。要善用其心，对于任何事物都要有辨别力，学会用辩证的思维去看待，我们就能得到提高。生活的领域一定要更加宽泛，自身的认知一定要更加全面和圆融，这样生活的福乐就能来到自己的身边。胸怀天下，就是要了解不同的人、不同的事，让我们的生活与他人的生活连接起来，让自己的天地与宇宙的天地相连接，这就是一种精神的互通、生活的互通。有了这些互通，我们的一切就有了保障，所有的区域，所有的人们，都能成为我们上进的助力，所有的环境都是能够让自己提升的空间。抛下自我，让生活更加圆融；随心而为，让人生更加圆满。这就是我们拓展自己思维的前提。我们不要受原有思维的影响，要随时改变自己，找到更加广阔的天地，让自己赢得身心的自由。

生活力量

一直没有拿起笔来，感觉还是非常生疏，就像是久未谋面的朋友一样，熟悉之中还带着几分陌生。我发现自己已养成了习惯，如果有几天没有握笔写字，就像是少了些什么似的，内心总是有不安定之感，总想着写点什么。这种握笔写字的感觉跟在手机上发微信的感觉是不一样的，就像是用电脑打字一样，总感觉还是没有自己用笔的感觉舒坦。不知为何，人的习惯养成以后，是很难改变的。每个人都有一个习惯，这个习惯是长期熏习的结果，一旦形成就会伴随一生。所以，要培养好的习惯，把不好的习惯加以改正。比如说熬夜，这是一个极坏的习惯，好像是不到凌晨就睡不着一样。实际上自己已经很困了，但习惯引领着自己不要睡、不能睡，还要拿起手机来刷刷。结果弄得自己是头昏脑涨，第二天完全没有了精神。自己也很是懊恼，但第二天晚上还是一样，周而复始，循环往复，这的确不是什么好现象，是影响自己心智的罪魁祸首。还是要让自己有所节制，能够自己管得了自己。很多时候自己管不住自己，以自己的想象去生活，总是有些不管不顾之感，总是感觉所有的事情都无所谓，真是有些随性而为，由着自己的心思来办，待事过境迁，内心留下几分愧疚之感，这种情况循环往复，的确是能够让自我的心志泯灭，没有了生活的定力，整日处于一种惶惶然之中，这也是很可怕的。任性而为虽是一种自我解脱的方法，但如果不加以辨别和控制，就会演变成另一番景象，就会因为这种人性而让自己受限，让打开的心门重新又关上了。人的确是很奇怪，你不知道自己的选择是什么，不知道下一步自己将采取什么样的行动，你的思维动念是跳跃的，永远处于一种不稳定的状态之中。如果心态平和了，思维简单了，让自己永远处于一种怡然自得之中，能够让自己看到自由的曙光，感知到无碍的快乐，那人也就真的轻松了，就不会整日纠结于那些看似存在又难以捉摸的东西，自己对待任何事情都会是很释然的。没有人能够完全让自己的心志平和下来，平和只是相对的，因为我们不是圣人，不可能让自己完全没有挂碍，完全释放与超脱，还是会被眼前的存在所牵引，就像是被拴住的黄牛一般，只能是围着树桩来回打转，难以解脱。这正如我们的惯性思维一样，永远跳不出我们内心已框定的范围，如果我们能够保持开放的态度，能够正视欲念，正视自己的阴暗面，能够从中找到真正的症结之所在，能够突破自我内心的障壁，能够解除对自我的打压，这样才会让自己更能够感知外境，更能够看清楚自己，这样就不会纠结于生活的不完美，就不会为了短暂的欲念的满足而丧失长久的内心的平和，能够对自己感到满意和自在，能够真正地看淡风云，让自己平静下来。一个人如果不能够很客观、很全面地看待事物，总是被外在的东西所主宰，那是不理智的表现，是没有生活智慧的。日常的生活教会了我们如何面对生活，如何从平凡的生活之中收获最大的成就，如何从缺憾之中收获满足。一大早起来，阳光明媚，春风和煦，如果不在这大好春光里去做些什么，的确是一种罪过。三年疫情的打磨让我们重新审视自己的生活，生活不易，世事变迁，有多少是我们难以把握的呢？我们不知道明天等待着自己的是什么，只知道我们能看到什么，只知道现实的存在。所以，要用无常与感恩之心去面对这一切。这一切来得是多么不容易呀，是偶然，也是必然，但无论如何，要感恩天地的赐予，正是因为天地的眷顾，才有了现实中的“我”。仔细想来，到底什么是“我”，谁也不知道。看似真实的东西实质都是虚幻，都会伴随着时光的流逝而溜走，因为没有什么是永恒的，一切的恩怨情仇、钩心斗角都会随着时光的流逝而消失得无影无踪。所以，要把这一天当作一年来过，用无常的思维去做出恒久的事业来，把自己置身于优秀的行列之中，去搏一把，去赢得对自己的尊重。

进步之路

昨晚从上海返回北京，结束了上海的出差之旅，又开启了北京的工作之行。感觉近期工作、学习、生活还是较为畅快的，没有什么阻遏之处。每到一处皆有很多的好朋友相聚，这的确是非常高兴之事。上海是一个包容的城市，它能够融贯东西、包纳四海，全世界的人们都可以来此相聚，在这里生活、工作、游玩，它的大气与包容令人流连忘返。的确，每座城市都有其特点，都承载着久远的历史文化，也都有其不断发展的渊源。上海在国际上的地位还是很高的，它的高就高在一种浑厚与真诚，在于用心与包容，能够把各种文化交织在一起，展现出各种文明与进步。它能够充分地发挥出每个人的聪明才智，鼓励你去体验与前行。在这里没有消极的地方，有的是积极与阳光。在上海与建华杨总大哥及武馨张总大哥相聚，收益颇多，他们的经历、学识、经验以及为人处世都是值得我学习的。虽都是退休人士，但退而不休，积极做事，助推产业发展，他们思维敏捷、为人厚道、认真热情，都是我学习的榜样。尤其是张总在知道我有牙疾之后，就给我拿药，内服外用，效果很好，我很是感动；并且我在上海期间，张总热情招待，积极引荐我与相关企业领导见面沟通，大力助推产业合作，我非常感激他。的确，对于他们这些老领导、老大哥来讲，完全可以静心安乐，不管“世事”了，可以在家含饴弄孙、安度晚年了，但他们还是思维敏捷，活动身心，积极参与，努力做事，这真是值得我们认真学习的。有了一颗年轻的心，人就会永远年轻了。所以，人生的乐趣在于闯，在于运动，在于与众多的朋友们交流互动。在努力工作与学习的同时，人生也变得无比快乐起来。人的确是不能闲着，人一闲着就什么毛病都来了，这也不对、那也不对，就会产生诸多烦恼，想的问题就越来越多、越来越复杂，这就是所谓的“人闲是非多”。如若这样，身体也木了，脑子也僵了，生活的痛苦就会随之而来。所以，还是要学会找到人生的依靠，能够有事可做、有路可走，能够有自己的人生规划，这样的人生才是幸福、快乐的。任何时候都是锻炼心志的过程，每一次的相逢相遇都是有机缘的，绝不能错过每一道的风景，不能错过所遇到的每一个人。每个人都是一本书，值得我们好好品读。刻意地压抑自己是不行的，是会让自己身心受损的。对于自己的选择一定要坚定，不能半途而废。总是对自己表示怀疑，一旦遇到问题就怨天尤人，那样是不会有好的人生的，成功也不会落到这样的人身上。要想有所成就，就要有乐观主义精神，看待任何事都不能钻牛角尖，要进得去、出得来，能够看淡和彻悟，不为所迷，不被沉陷，自己有自己的决定和选择，没有必要瞻前顾后，前怕狼后怕虎，那样什么事都干不成，只会给自己留下遗憾和痛苦。人生最大的问题就是该干的事情没有干，该尝试的东西没有去尝试，抱憾终身，没有了安乐。要想让自己的人生出彩，就要敢于面对挑战，能够从挑战之中找到希望和成就，这样自己就会有无比的自豪之感，就能够更有信心地面对一切。所以，还是要向生活学习，向有经验的、高素质的人去学习，坚定不移，坚持努力，把生命的光彩展现。要学会从大局着眼，要有大局观，在做好近期工作的同时，要高屋建瓴，看到别人看不到的东西，不断地调试自己的心志，让它更成熟、更乐观、更包容、更坚韧。生活中的苦并不是真的苦，那是一种历练。要学会接受这种历练，从现实的生活、工作中发现最为可贵的东西，培养自己具备拨乱反正的能力。生活再苦，环境再乱，也不能动摇自己的意志。要把握人生的关键之处，在重点事业上做努力，采取多种创造性的方法来面对事业中的困难与挫折，绝不能因眼前的迷乱而丧失了自我。你要知晓，生命的无常决定了我们一定要有恒常的努力，要学会迈向属于自己的阶梯，因为所有的成就都在等着你去获得。积极有为，成就非凡人生。

接纳所有

对于一些事情，我们不要纠结，而要直面以对。很多时候，逃避不是办法，只是一种懦弱的表现。要学会辩证地看待事物，能够理解它的发生、发展，能够满足别人的需求和期盼。人不能活在自己一个人的心中，要活在所有人的心中。无论如何，都要保持接纳万物之心，能够洞察自我之心。这个世界上没有所谓的无缘无故，所有的存在即是合理，所有的呈现皆是永恒。你不需要把自己树立得那么高大上，你只是你自己，你是活生生的人，你只需要坚持你自己，以心行事，顺心而为，找到心的归宿。千万不能有抱怨之心，这种抱怨只会伤害你自己，你要满心欢喜地接纳它。唯有接纳，你才能成为最真实的自己，才能找到人生最大的安乐。有时候我们的痛苦就在于不接纳现实，总是想着去逃避，想着如何才能迅速脱离苦海，想着如何才能逃离激流险滩，去到达安心之境。如果现实与自己的想象有差距，我们就会感到无比的痛苦，就会有贪恋之心、奢望之心、企图之心。就像是病入膏肓的人一样，面对着可怕的死亡到来，显得是那么慌张。其实这大可不必，你一定要想到这一切都是上天的安排，所有的存在即是合理，所有的存在即是一种因缘的显现，没有什么值得吃惊之处，没有什么是不可接受的。要知晓你自己的生活只是属于你自己的，不属于他人，你有你的真实生活，你只要按照你的活法去活即可，没有什么该与不该、行与不行。得失荣辱对于能够自省之人来讲算不得什么，那是生活中的必然流程，人生的喜乐总是在你不经意间突然获得，人生的痛苦和失落也会在你没有防备之时突然来到你的面前。但不管是喜是悲、是得是失、是甜是苦，一切都是人生最大的收获。每一种经历都要去尝试一下，任何一种体验都要去经历一番，唯有经历，才得其知。评价自己就要评价这颗心是否有缺失，是否有不自信的地方，没有什么缺失和不自信，一切都在化缘中。你要相信天地的力量，你不是真实的你，你只是一种现象和代表而已，没有什么大惊小怪之处。活出你自己才是最为正确的选择，只要活着就要感恩，只要拥有就是福报。任何事情，该是你的即是你的，该你承受即能承受，没有任何值得怀疑的地方，坦然地接受一切，就像是坦然地面对死亡一样。这是必然的呈现，大方地、坦诚地面对比逃避要畅快得多、幸福得多、自在得多，生命的价值在于自知与自省，在于无为而有为，在于能够永远找到自己，在于能够永远依靠自己。那些寄希望于别人之人是没有根基的，是没有定力的。理想的世界就在自己的心中，在自我的热望之中。人不应一直活在外境之中，而要活在自己心中，要找到心灵中的那片净土。人不能因为外境的改变而惊恐万分，你要知道，正是因为改变，你才能真正看清你自己，拥有你自己。任何的改变对你来讲都是意义重大的，没有必要害怕这种改变，害怕自我不能够驾驭它，要知晓你最大的阻碍就是你自己。一切的一切都是正常的反映，都是我们要去解答之谜。我们对自己的充分认知是我们成为自己的前提，放下自己的那颗焦虑之心，一切都会按照它本来的面目出现，不偏不倚，没有丝毫的误差。一切都是大自然的安排，没有什么大不了的，你无怪乎去践行和预演罢了。所以，对于自己来讲，自己既是自己的，也是别人的，严格来讲，是属于天地的。天地之运行必然会有它既定的规律，天地自有一股力量存在，那是一只无形之手，能够让自己去做该做的事情。很多时候我们害怕改变，害怕失去已得到的东西，认为这样如入黑暗之中一样，完全不为自己所左右，前方是暗淡无光的，就像是黑洞一般，自己一步步走向其中。这种负面的想象会把自己给吞噬掉。人不应该只想到这些，这些都是负能量。我们需要把一切往正向去考虑，因为只有正向考虑，事物才会往好的方向去发展。事物有一股内驱力，能够把它推向好的一边，就像是有朋友拉自己一把一样，它能够救自己于水火。也就是说，想象是能够让自己快乐和痛苦的最大助力，你想成为什么，你必成为什么，你想得到什么，你必得到什么，这是不虚的，是真实的精神的引领。就像是自己对于未知的前景总会有一种畏惧之感，总是害怕出现这样或那样的问题，总是怀疑一切，那种不安之心让自己惶惶不可终日，完全左右了我们的心念，让自己不能够集中注意力去活好当下。就像是为了洒掉的牛奶而哭泣一样，明知道它已经洒掉，但又不甘心这样下去，一不小心就会把自己拥有的其他牛奶也洒掉。这的确是得不偿失的。对于任何自己感到不好的事情，要学会尝试接纳它，要理解它，分析它，从自己身上去找原因，知晓自己为什么会遇到这个问题，这个问题存在的原因是什么，我们应该如何去改变它，如何才能学会接受它、转化它，让它成为自己成长的最大助力，能够让自己的心志成熟起来。心志的成熟就标志着人生的改变，思维的不同就决定了人生的成败。好好善待自己，自己是很不容易的。好好地接纳所有，别忘了它是你最大的助力，是实现你人生改变的最大动力。感恩天地，感恩这个时代，感恩我们生活中的所知所遇。

进步之梯

还是要有内心的主见，不能心随他转，要有自我的判断力。我们每天都在为理想而活着，想着自我的自由和梦想的实现。实际上，我们每天都在完成着一生的任务，在成就着一生的圆满。因为我们不能寄希望于未来，要活在现实之中，能够活出真的现在。谁都无法预料明日将会如何，谁都不知道等待自己的将会是什么，可能为现实中诸多困难所顾虑，为遇到的诸多麻烦而懊恼不已。但无论如何，还是要看到希望，要彻底认知到现在才是最真实的人生。生活就是在甜之中带些盐，总是让你在纠结和奢望之中辗转反侧。没有了主见，人就会陷入两难的境地之中，失去了自我，也许终其一生也难以寻觅到无碍与超脱之境。生活之中每天都在上演不同的悲喜剧，每天都会有这样或那样的问题等待着自己去解答。要学会与烦恼和痛苦为伍，要把它作为常态，痛苦有多大，收获也就有多大。因为人是永远停歇不下来的，毕竟有事可干总比无所事事要强。生活之乐在于自知、自乐、自强，在于面对诸多的烦恼之时保持向前的力量。要学会收拾自己的心情，就像是把房间里零乱的衣物收拾起来一样，这样房间就显得整洁雅致多了，人的心情也就完全不一样了。也许正是因为这种乱的起因，才有了收拾后的灿烂心情。人就是这样，不可能没有问题，没有问题的人生是没有趣味的人生，是毫无生机的人生。正是因为有了许多的问题和烦恼，我们的主观能动性才能充分发挥出来。也正是因为诸多烦恼和痛苦的存在，才让生活焕发了生机。

这就像是下棋一样，我们下了一盘“战斗激烈”“残酷断杀”的棋局，最后终于赢得了胜利，内心是非常愉悦而激动的。最近我也在练瑜伽，人至中年，老胳膊老腿，在练习伸展拉筋之时真是痛苦万分，有时还真是疼痛难忍，但一旦坚持练完，全身都会轻松无比，心情也愉悦起来，走起路来也轻盈多了。这就是所谓的痛并快乐着。如果不去吃这个苦头，那还有什么愉悦可言？整日身体僵硬无比，无精打采，对什么事都提不起精神来，这样的生活是最难熬的。如果说我们能够真正动起来，面对任何的艰难险阻都能够冷静无碍，直面以对，用乐观与包容去承载它，能够以其为友，并不断地去改造它，那么我们的人生也会变得越来越充实、越来越精彩。学会具有如此不动之心，这可能很难，但再难我们也应该去努力。生活本身就是一个不断挑战的过程，某种程度来讲，这不是一个你愿不愿意的问题，而是一件你必须要做的事情。要经历自己不敢经历的事情，去做自己不敢做的事情，要有充分的信心去面对一切。生活教会我们一定要坚强起来，你不坚强，也没有人能够替你坚强。生活之中要做的事情有很多，每个人都会有自己的忧烦和苦痛，每个人都有自己生命的抉择，面对命运的捉弄，有时的确是疲惫不堪，不知道怎样才能做好自己，不知道怎样才能摆脱束缚，不知道怎样才能有所作为，不知道怎样才能赢得成功……一系列的问题摆在你的面前，尤其是一些关乎自己发展命运的大事情，怎样去自如地应对，这的确是摆在我们面前的难题。我们都不知道自己的潜力到底有多大，尤其是在面对自己没有尝试过的事情之时，自己的内心是惶恐的，不知道怎样才能赢得胜利。那种惴惴不安的心情的确是很难受的，整日就像是一块石头压在自己的心头。如何才能把这些障碍自心之物都清除掉？这的确是自己的心愿，但如若真的消除了，或许只得到了暂时的安稳，很快另一问题又会接踵而至。无论如何，人总是会跟无聊之人打交道，总是会遇到这样或那样的阻遏之事，这样的事情是循环往复的，是没有停歇的。事情和问题是永远扫除不光，我们唯一能做的就是守正守善，与人和谐，能够客观地看待一切，要知晓这些问题的出现对自己是有好处的，是能够让自己警觉起来的，能够让自己重视一些问题，能够把更大的阻遏排除在自身之外。这是对自己的善意的提醒，是一种警示，是一种谆谆劝告，我们一定要守住自心，正面以对，把它当作是自我进步的阶梯。

瑞雪春意

昨日郑州天气突变，本来还是艳阳高照、春风和煦，温度达到二十七八摄氏度，没想到忽然之间气温骤降，雪花纷飞，让人体验到了“三月桃花开，纷纷飘雪落”的场景。“桃花艳艳凌霜立，瑞雪霏霏兆年丰。”雪花与桃花交相辉映，这场桃花雪给大地带来了祥瑞，让内心增加了惊喜，让人们在纷纷的雪花之中感受到真的回归。这种时空的落差、温度的变化，令人非常感慨，却也让人心情愉悦。我与周剑良教授一起在郑州踏着雪花去吃晚饭，一边吃着热气腾腾的鱼锅，一边欣赏着窗外雪花纷飞的场景，真是别有一番风味，也别有一种意境，内心不禁生出一种欣悦舒畅之感。尤其是在这严寒之中，在这春的召唤里，在这傍晚时分，三五好友聚在一起互相交流、畅想未来，那种氛围是非常美好的。一个人需要体验不同的环境，感受不同的心情。只有在不同的环境、不同的心情之中，我们才能让内心不再沉寂、不再孤独，才能让自己如获新生。所以，我们要体验生活的不同，要在生活之中找到属于自己的内心感觉。有时候，感觉对了，那一切就畅快了。生活如同给我们展现了一幅画卷，我们欣赏着不同的风景，看到不同的艺术，体验不同的生活感受，产生不同的心情感悟。人是需要交流的，需要走入不同的氛围之中。如果只是一个人总是待在一个固定的地方，可能就想不到很多的东西，就感觉不到生活的精彩。人是需要变化的，改变心情，改变环境，改变理念，这种改变恰恰是让生活丰富起来的标志。无论在生活中遇到了什么，那都是一次改变的机会，让你去体验不同的心情感受。可能这种感受能够触发另一种心情，能够让自己想象到另一个世界。这就是一种对自我的修炼。修炼得越多，生活就越精彩。不要害怕变化，有了变化，我们才能找到新的道路。不要把自己固化于某一种氛围之中，人还是要走出去，要与人交往，要把自己的内心想法整理出来，这样人生的意义也就不同了。有时候，我们固化于某一种思维，不得其解，痛苦万分，深陷其中而不能自拔，内心满是痛苦与纠结。甚至每天都生活在一种沉闷与压抑之中，找不到内心的自由，那样的人生是相当痛苦的。所以，要想快乐，就应该突破自我，就应该站得更高、看得更远，能够用包容之心去体谅自己，能够创新思维去展望未来，这样人生就不一样了，你就能找到生活的新途径，就能够实现梦寐以求的梦想。我们就是在寻找与探索之中，在感受与体验之中，在实践与创造之中，不断获得新的发现，获得自我的提升。这就是生命的意义。所以，我们不应该僵化，也更不应该固化。用僵化的思维和固化的模式去套用我们现在的生活，那是愚蠢的。因为世界都在发生变化。时空都在进行转换，我们的思维、我们的行为、我们的环境都要随之而进行调整。不要害怕这种调整，因为正是有了调整，我们才有了新的生活。很多时候，我们害怕突破自己，害怕走入一个陌生的领域，认为这个陌生领域跟自己毫不相干，认为这种环境与自己格格不入，害怕自己在这个环境中受伤害，害怕遇到新的事物对自己产生更大的冲击，害怕自己受限于某一种困境之中，害怕自己将来生活得凄惨悲切，害怕将来会遇到这样那样的危险，害怕失去了亲人，害怕没有了朋友，害怕一时没有了保障，害怕自己的尊严受到了伤害等等，这种害怕在我们生活之中随处可见。我们一直在担心未来，而忽略了现在。现在只要是活着，那就是我们最大的收获。有很多人生活在战争之中，有很多人被饥饿所笼罩，有很多人失去了自由，有很多人存在生理上的缺陷，与我们现在所拥有的这一切相比，那是天壤之别。我们应该感恩我们生命的存在，感恩我们自由的获得，感恩我们衣食的无忧，感恩我们现在的亲情，这一切都是我们最大的收获。仔细想来，人生百年，转瞬之间，你能够获得什么呢？最终又能留下什么呢？所有的拥有最后都会失去，没有永远的存在，没有所谓永久的拥有，关键就在于我们如何去理解它，在于我们能否去转化它。学会了转化，我们就能把逆境转化为顺境，把失去转化为获得，把普通转化为伟大，把付出转化为快乐。要学会转化，不要用绝对的思维去对比。如果用绝对的思维去对比我们与别人的区别，那我们就会永远生活在痛苦之中。实际上，每个人都有自己的缺点和优点，都有自己的失去与拥有，都有自己的遗憾与幸福。要充分地认知这一点，学会调节自己的心情，重新定位自己的生活，用全面的思维去看待一切，用转化的思维去对待一切，这样我们的人生才会灿烂无比。不可否认，我们会遇到一些困扰和痛苦。也许正是因为这些困难和痛苦的存在，我们才会倍加珍惜自己现在的拥有，才会发奋努力、认真积累、不断前行、努力跨越，去实现自己人生最大的价值。正如面对天气的变化一样，我们要努力接受它、欣赏它、赞美它，把它作为一种难得的美景，当作一种美好的记忆。让我们珍惜今日、不忘拥有、把握当下、做好眼前，把创造和奉献当作人生的主题，去获得生命最大的荣光。

身心相应

要学习在习惯上做顺应、做引导，这才是引领自己和他人的途径。我们不可能马上去改变别人的习惯，即便是自己的习惯也很难改变，更何况是他人呢？所以，改变不是那么简单的一句话，而是需要我们不断地积累，在日常生活中逐渐地熏染，不断用新的生活方式来引领自己。我们没有太多的精力去教育和引领他人，我们唯有先改变自己，改变自己旧有的思维和面貌，这样才能拥有一个新的自我。就拿写作来说吧，自己一直在想怎样才能拥有生花的妙笔，能够把生活描述得更加细致入微，能够把看似普通的生活描摹得更加精彩。这是需要一定功力的，需要自己不断去积累和提升。人的发展与收获皆是自己长期熏习而来的，不是某一天灵光一闪所有的好运就能降临，那只是一种夸张的想象，是一种奢望与贪婪。成就的获得皆是自身能量的汇聚，是诸多因缘累积而成的。如若你不去积累，不去长期地坚持，就不能够获得成功。要想成功，还需要有清晰的判断力，需要忍受多方面的打击。最终治愈自己的还是对自我的改变，唯有改变心性、改变习惯，才能让自己见到不一样的自己。从内心之中去挖掘、去发现、去培养、去巩固，要相信一切都在心志的改变中发生着变化，它能让自己重新认识自己、感受自己，能够让内心得到温暖。即便是在最困窘之时，也要坚守自己的内心，因为唯有自己才能够拯救自己，任何人都不能够代替你，你才是自己命运的主人，是自己一生最大的依靠，一切的外力只是自己力量的延伸。这个世界有时候是说不清、道不明的，你所认知的唯有现在，现在才是最真实的反映，现在才是你心灵的圣地。我们往往怀有一颗逃避之心，想要早点逃离困苦和磨难，殊不知，越是逃避，越是痛苦，越是不敢面对，越是有问题和困扰。因此，最为明智的做法就是乐观以对、快乐今天，要找到今日的兴奋点，要能够把自己的内心点燃。点燃激情，把自己积累下来的火一般的热情释放出来，去创造自己意想不到的胜景，去打造属于自己的生活新模式，去拥有属于自己的新天地。可能在前行之中会有诸多的困扰，有许多的陷阱和危险，但不要害怕，要相信，只要自己能挺得住、立起来，就一定能够跨越人生的山山水水，就一定能够找到生命的源头。近日来，情绪一直在不定中，近两年遇到的事情多了，人也就显得麻木了，对于所有事都提不起精神了，总是有一种疲乏之感，看不到明显的变化，找不到突破的大门，总是在犹豫徘徊之中，难以找到正确的方向。一个人只是凭着自己的想象去前行，内心不免有了些惶惶然，比起年轻时的状态总感觉退步了许多。激情少了，人也就变得懈怠了，就没有了对于目标的坚定之感，就缺少了一些精气神。还是要培养自己的精气神，学会驾驭自己的内心，把自己的心灵感受写出来，这也是对于自心的一种抚慰。在夜深人静之时，想一想生活，想一想自己，这是一种无比快意之事，能够给予自己安定之感。人一定要安守自心，用喜乐之心去面对一切，不被眼前的事物所蒙蔽，不被诸多的烦恼所纠缠。这是一种人生的智慧与向上的能力。强迫自己并不是一件好事，但有时强迫自己去想一想，去找一找自己的本心，还是非常有意义的。我们日常的生活往往是繁忙的，总是遇见一件又一件的事情、一个又一个的人。也可以说，我们每天所面对的事情皆是不同的，每天所见的人也是不一样的。但无论外在的事与人有何不同，我们那颗追求美好之心总是相同的。每个人都在向外追求，去追求那些表面上应该属于自己的东西，但追来追去，一切皆是虚华，一切皆没有什么太大的价值。还是要清楚自己应该做什么、不该做什么，在自己的身心调节上下功夫，用一颗坚忍向上之心去面对万物，那才是我们幸福生活的保证。

规划生活（三）

时光轮转，一切都在迅速的改变之中。总是希望每天的时光延长一些，能够让自己把没有做完的事情做完。但现实是每天都匆匆忙忙、慌慌张张，总是有很多事情来不及做。所以，无论是生活上还是工作上，都会有这样和那样的问题，都会有时间的混乱。如何规划好时间是一项非常重要的议题，它关系到我们的生活、工作和学习，关系到我们能否完成既定的目标。一个人对时间的管理能力，决定了他能否把自己的生活和工作安排妥善。时光对于我们每个人来讲都是公平的，核心就在于你如何去科学地运用它。如果不能够科学地运用它，那你肯定就会耽误了很多时间，甚至影响了自己的前程。可能每天都有很多事情等着我们去处理，有时候我们会不知所措，不知道应该先做什么、后做什么，不知道怎样才能把自己生活安排得妥善圆满。也可能自己的想象和实际呈现的是完全不一样的，想象是美好的，但现实往往存在很大的差距。每天的时光是有限的，如果你不能够好好地规划它，不能够灵活地运用它，就会给自己留下遗憾。所以，有序地安排自己的生活，是一个人快乐生活的前提。要想拥有幸福快乐的生活，其核心就在于充分利用时间，在有限时间内达到预期的效果，实现既定的目标。可能有时候计划性太强，目的性太强，也会给我们带来不好的结果，会造成对自我的不满，对自己内心的伤害。所以，如何去平衡它，决定了我们的智慧；如何规划自己的生活，也决定了我们能否找到幸福和安乐。因此，我也一直在思考这个问题，怎样才能把握生活，怎样才能实现我们既定的目标，怎样才能把该做的事情都顺利完成？这的确是衡量自己的一个标准。在现实之中，我们还是要把计划和实际相结合，不要有贪心，不要想着如何去完成更大的目标，要学会量力而行。越是把目标定得高远，实践起来就会越困难。要学会把目标进行拆分，分阶段地去实施，完成一个一个小目标，最终就能够完成大目标。这就是生活，要理解生活中的一切，不能对自己施加太多的压力，那样只会让自己的心智受到更多的冲击与伤害。工作也是一样，在工作之中要量力而行，合理安排好一天的工作，把目标定得低一点，不要好高骛远，这样才能够鼓励自己不断地去达成目标。人是需要鼓励的，需要在不断地实现一个个小目标之中得以提升。小目标是实现大目标的前提，小目标能让我们获得内心的满足和愉悦。时间的把握和计划的设定，对于我们每个人来讲，都是人生成功和圆满的前提。愿我们都能规划好自己的生活、工作和学习，通过一个个小目标的实现，来成就更大的圆满。的确，我们要改变自己的认知，要认清自己，也要认清事物的本质，把握事物发展的规律，这样我们才能够获得更大的成就。内心的调适和对事物的客观认知，是我们获得成功的前提。要静下心来，让自己的内心得以平复，不要去奢求，不要去贪求一些自己得不到的东西。要坦然地面对自己、面对他人，从容地面对工作、生活与学习。学会与他人和谐相处，与困难斗智斗勇，把困难当作是自己不断进步的阶梯，让自我成长，让事业成功。

只需前行

这几日在北京事务繁多，需要每天做好规划，才能够完成既定的目标。所有的事情都是在不断地、细化地安排之中，才能按照计划去加以落实。这本身是一件非常快乐的事情。如果不能够完成既定的计划，内心就会感到无比的失落。也许，人生就是在不断的进化中，我们就是在不断的经历之中去实现自己的梦想，去获得应有的收获。没有什么是“不可能”的，也没有什么能阻碍我们前行。即便是遇到再大的困难和障碍，我们也要学会调整心态，把逆境转化为顺境。不要为一时的困难而沮丧，也不要因眼前的障碍而停止了前行的脚步。这些都是我们人生的经历，是生命旅途中的必然呈现。人生并非一路坦途，我们都会遇到这样或那样的困难，要学会客观地分析，找到克服困难的方法，让自己能够赢得一个好的结果。有时候内心难免有一些冲动，有一些黑暗的认知，认为自己这一生都会在阴暗之中。面对现实的纷扰，我们应该学会用理性的思维去看待一切。可能我们在人生的每个阶段都会有不同的思维动念。人至中年，还要想着东奔西跑，还要想着让自己获得的更多，还认为自己就像青春年少一样，有很多的不甘心，有很多愿意尝试之事。这就是自己当下的心境。人的认知会影响人的思维和行动。可能主观的认知与客观的存在之间，以及过去的认知和当下的认知之间，都会存在一些矛盾。但仔细想来，我们如今所拥有的也是过去因缘的累积所致。“盛年不重来,一日难再晨。”所以，没有必要去纠结过去，现在的每一个状态都应该是最好的。有了这种心境，可能我们生活起来、工作起来就会更加轻松。在现实之中，我们难免有很多的失去，也会有很多的难题，这些都是客观存在的，我们要学会包容和接受。要客观地认知自己，无论在每个年龄阶段，该想的事情一定要想好，该做的事情一定要做，这就是我们该有的态度。有时候，很想让自己静下来好好休息，回忆一下过去的精彩，憧憬一下未来的美好。但是如果不重视当下，不关注我们现在的内心，就失去了我们的过去和未来。注重现在才是最切合实际的，不珍惜现在，就没有好的未来，也不会有好的过去。所以，即便现在让你痛苦难耐，让你纠结不已，但现在就是现在，是你唯一真实的拥有。把握现在，才能把握人生。现实中有很多的矛盾、犹豫、苦恼和忧虑，我们如何去摆脱它？我想，还是要从自己内心的满足做起。满足于自我，可能一切矛盾就解开了；注重于因缘，可能我们就快乐起来。所有的一切都是最完美的呈现，在自己内心之中，一定要有这样一个信条。它的完美呈现不是偶然出现的，也不是我们努力追求就能得到的。有时候，你刻意去追求，刻意去争取，它也不见得就能实现，反而给自己带来了烦恼。一切在于积累，你积累用心到一定程度，成功就会自然而然地呈现。没必要焦虑，所有的困境都是对我们的考验，也是我们走向成功的阶梯。要客观地看待自己，有时缺陷也是一种优点，因为所谓的优点和缺点并没有一个恒定的标准。有时候不懂比懂还强，有时候没有比有还快乐，一个人越是完美，就越是缺少进步的空间。所以，客观认知，理解包容，认真生活，珍惜现在，这才是我们应该具有的态度。每天的忙忙碌碌都是对人生的体验，也是对人生的注解。每一个人都是一本书，每个人都有属于自己的故事。我们往往羡慕别人的拥有，羡慕别人的自由，羡慕别人的挥洒自如，羡慕别人的深厚才学，羡慕别人的聪明才智，总感觉自己一切都不如别人。其实，这是一种极为错误的认知。要注重于当下自我的拥有，要知道你所拥有的一切是别人难以相比的，你的思维、你的认知都只能属于你自己，你的生活只有你自己才能掌握。你的所思所想、思维动念、行为举止都是由你自己来支配的，你的人生唯有你自己才能掌控。当然，我们看到的现实是，人可能是被大自然所左右，不能够把握自己的命运，不能够掌控自我的人生。这其实也是片面的认知。因为所有人体的自然循环与大自然是相一致的，你的循环与天地的循环是相应的，你与天地同在，你的存在是天地的拥有，你的失去也是天地的无常。一切的一切都是自然而然的呈现，所以你不必惊慌。惊慌就是奢望，就是无知，就是没有了自我。如果我们一直生活在奢望与恐惧之中，那么我们就品尝不到快乐和幸福，就体验不到人生的轻松与自在。因为我们背负的东西太多了，恐惧一直压在我们心头，让我们难以抬头，失败的阴影笼罩着我们，让我们畏惧前行。长此以往，我们只能生活在失败与痛苦之中。只有放下这种心理，我们才能轻松洒脱，才能活出真正的自己。想要去做什么，就赶紧去做；想要走什么样的路，就赶紧去走。不需要停止，只需要前行。

合作之要

广州之行收获颇多，与华南农业大学食品学院专家、领导进行沟通，对于宇航级食品研发合作达成共识，接下来还要进一步研究相关具体事宜，充分发挥双方优势，形成科技研发方面的优势互补，共同协作，争取在创新食品研究方面有较大的突破。为了迎合创新发展的需求，多个部门形成联动，凝聚各方优势，充分运用各自条件，把专家团队、科研主题、研究条件、项目运营与应用都充分结合起来，能够在某一特定领域做出创新规划，做出新的整合与突破。这是非常有意义的。正如一个人一样，你不能做到面面俱到，不可能在任何领域都优秀，关键是在于你有没有整合思维，有没有创新性的整合优势。整合是产业发展的必经之路，有了整合思维，就能够把工作效率提升，把资源充分地利用，充分地进行产业融合，能够极大地焕发出产业活力，能够让自身发展都充分体现出来。要想做出一番事业，没有充分地结合是不可能的。毕竟一个人是不可能解决所有问题的，世界也不是由一个人建设的。你只有充分发挥各方优势，能够为己所用，并且具有较强的团队意识，能够给予别人充分的理解和关切，能够时刻维护别人的利益，那么我们就会有较大的发展。当然，在这个充分运用的过程之中，还是要充分发挥自身优势，充分发挥自己的主观能动性，也就是说要有自己的能力，发挥出自己的价值，能够给予别人价值的展现，要学会付出，乐于付出，这样周围的优势和条件就会聚合，就会有大的成绩的展现，就能够完成看似完不成的工作。要相信做任何事只要是方法得当，再难的问题我们也一定能够解决，再难的事情我们都能处理，这一点唯有要求自己要有乐观之心，能够相信自己和他人，不断地在产业研究和合作上下功夫，能够真正创造出一种模式来，能够研究出多种的合作方式。最主要的就是要照顾好各方的利益，能够真正发挥出大家的力量，能够把力量充分地联合起来，建立健全的工作机制，创造性地发挥合作方式，能够科学运营，机制健全，真正为产业发展助力。很多时候，我们只是在考虑自己的事情，对于所谓的联合运营事宜缺乏理解与配合，皆是在各扫门前雪，缺乏横向纵向之间的交往，皆是在打自己的小算盘，害怕自己的利益受损，害怕自己白忙活。这种心理一直在左右着我们的心智，在影响着我们的行为，因此，在思想上和行为上就表现得急功近利，就容易被眼前的利益所蒙蔽，就会变得谨小慎微，不敢前行，变成了理论的大家、行动的矮子，这样的人是成不了才的，也做不出一番大的事业来。人要有自知之明，能够从平台战略上找到一些结合点。所以，还是要从长远的发展角度来看问题，不断地分析自己、分析别人，要知晓自己能够给别人带来些什么，怎样才能帮助别人，在原有的产业发展的基础上增光添彩，能够不失自我、不失信赖，保持自我的优势，能够不断地发挥出各自的专业特长，积极进取，赢得大家对自己的尊重。唯有如此，这种合作才能长期进行下去。所以，合作的前提就是要替别人考虑，考虑能给别人带来什么，考虑如何才能把优势转化为价值，把优势转化为资本，把优势转化为长期合作的纽带。这也要求我们要不断进步，不能停滞不前，要不断地拓展自己的业务领域，在多个方面发力，把简单而又普通的事情做好，做得不简单、不普通。实际上，我们所做的每件事都是在细微之中创造伟大，能够深入其中，不变初衷，保持一种上进的状态，这本身也是一种态度，是对生活的尊重，也是成就的必由之路。我们没有那么多的时间去耽搁了，我们要奋起直追，因为停滞就意味着倒退，守旧就意味着落后。作为一个拥有文明的现代人来讲，守旧和停滞是相当可怕的。那就意味着这个人被时代所抛弃了，人就变成了朽木，再也没有了生机与活力。我们一定要有不变的理念和宗旨，那就是要在求新求变之中找到发展的契机、找到努力的方向、找到自己的发力点，能够用开阔的胸襟来迎接每一件好事的到来，来迎接每一位志同道合的朋友，让人生丰富起来、快乐起来。

乐观之境

保持乐观的心境是非常重要的，要学会从生活之中发现最快乐的地方。前几日与周建国主任、周剑良院长一起到广州、杭州出差，一路上感触颇多。建国主任为人乐观，有他的地方总是充满了欢声笑语，他语言诙谐幽默，在谈笑间“樯橹灰飞烟灭”，寥寥数语间就把生活规律道破，能够让人在欢笑之余细细地品味生活。的确，人生苦短，何必为难自己呢？该吃吃，该喝喝，凡事不往心里搁。一切皆有定数，一切皆为因缘，没有什么大不了的，所有的存在即是必然，所有的呈现皆是最完美的展现。有了这些思维，我们才能够自在地立于天地之间，才能够让自己安心和自然。无论面对任何情况，我们都应该冷静处之，并能够用乐观之心去面对。因为这种体验是别人无法相比的，它是属于自己的。尽管说还有些恐惧和失落、忧愤与无奈之处，但毕竟它是属于自己，要相信属于自己的才是最好的，正是因为有了这些，才会真正成了自己。美好不只是说万事皆安、所遇皆好，不好和残缺也是一种真实的体验，是自我拯救的开始。千万要相信自己，相信自己所走的路，尽管说有很多让自己失望之处，尽管说人生是难以捉摸的，但无论如何，这才是你最真实的体验，有了它就有了以后更好的自己。所以，正确的人生应该是要能够包容万物的，尤其是对于那么多的人生遗憾更是如此。如果我们总是生活在纠结与哀怨之中，在埋怨与痛苦之中沉沦，在自责与畏难中生活，那这样的人生是最悲哀的人生，是完全没有快乐可言的人生。

所以，还是要从错误的自我认知中脱离出来，去发现真的自己。看明白了，想明白了，那一切也就顺利多了。一切的美好存在于心间，一切的快乐皆在于生活，能够不断地发现与创造，能够不断地给予和引导，这样的人生才是人间天堂。有时候，我们会埋怨自己这样不好、那样不好，为自己犯过的错而悔恨不已，为自己所辜负的人而纠结不安，其实这都是没有什么用，只会消磨了自己的勇气和信心，把人埋葬在哀怨与无奈之中。其实这大可不必。人生的所知所遇皆是定数，皆是必然要经历的过程，是跑不掉的。既然跑不掉，我们又何必不客观面对呢，何不轻轻松松地生活呢？你放松了自我，那么顿时心情就不一样了，能够形成自我的滋养和调节，能够找到生活真的方面，能够让自己整日都生活在快乐之中，让生活充满了幸福感。一定要从你自己最感到失落、悲伤和痛苦之处下手，去分析其中最有益于自己的东西，要反其道而行之，能够从事物的表象之中去发现规律和真理，能够对自己的生活有更大的启发和指引。这正是逆向思维，是自己能够安身立命于世间的法宝。要学会把痛苦转化为快乐，能从痛苦之中找到属于自己最宝贵的东西，那就是收获与英勇，那就是向上与快乐，自己能够把自己从泥潭里拉出来，自己给自己加油打气，自己给自己找到能够引领自心的东西。实际上，这个世界上所有事情的发生都是有规律可循的。我们不能哀戚于过往，痛恨于现在，把很多的不满意挂在脸上，这是生活痛苦的根源。其实痛苦的本身就是快乐，它与快乐是永远相伴的好兄弟。也可以说，没有痛苦就没有快乐，拥抱痛苦就是拥抱快乐。要知晓，一切都是最好的安排，一切都是在因缘和合之中显现的。要透过现象看本质，洞彻生活的本真，能够坦然地面对一切，乐观地面对生活，这才是人生的正确之道。有了它，我们将拥有幸福与圆满。所以，要下决心去研究困难、痛苦与无常，从中找到一些规律来，进而指导自己的人生。如此这般，自己的快乐才有了着落。感谢所知所遇的一切，感恩自己所拥有的一切，感恩生命的存在，感恩时光，感恩亲情，正是因为有了这些，自己才变得更加富有。这种富有不是单纯用金钱来衡量的，它是天地所赐予的人间之福。

感谢生活

早上起来，到中塔公园转一转。这几日北京天气很好，一改往日的阴霾与阴冷，真正有了春回大地的感觉。春天在召唤着人们，让人们早早起来，在阳光之下，在绿荫之中，放松心情，卸下压力，让自己运动起来，让身心舒畅起来，让思维变得清晰通透，这样的生活才会令人心情愉悦。中央电视塔掩映在绿树繁花之间，在蓝天下展现着它的风姿，突显着它的高度。迎着阳光，缓缓前行，心情是非常愉悦的。看着中塔公园里的桃花纷纷盛开，各色花朵如期的绽放，红的、粉的、绿的、蓝的、灰的……相互交错，形成了一幅美丽的自然图画。其实，生活之美就在我们的眼前，就在我们的身边，我们要学会发现它、触摸它、感受它，让身心融入其中，让美好环绕自己。很多时候，我们会掩饰自己，害怕别人窥见自己心中的秘密，害怕把自己的小心思暴露于人前，害怕别人给自己带来伤害，害怕这个，害怕那个，这些害怕阻碍了我们的发展，影响了我们的生活。如果我们一直处于这种状态之中，人生就会变得毫无生机。生活本身就在于分享、在于感知、在于了解、在于沟通。所以，把身边的美好告诉给朋友，这本身也是一件非常美的事情，既能够娱乐了别人，又能够收获了快乐。时光匆匆，每天的时间都是非常有限的，但看似有限的生命也完全可以承载很多的内容。比如说，我们可以科学地安排自己的时间和生活，可以去认真地规划每一段时光。走在树林丛中，看着小草的发芽、芦笋的出头、百花的争艳，还有那些原本枯萎的枝叶努力长出嫩苗，人也随之变得轻快愉悦。所以，看看周围的环境，体验不同的情趣，参悟每一段时光，这样人生的幸福感就会油然而生。中塔始终是我心中矗立的一块丰碑，每一次在附近路过的时候，我都会忍不住遥望它，不时地拿手机，选择不同的角度，去拍下它壮美的身影。中央电视塔是最美的，它在蓝天和绿树的掩映下所展现出来的风景，能够让人内心产生触动，每次经过它，内心都会感到无比地振奋。就像是一个人，你要有自己自我的东西，要能够不被世俗所左右，能够看破，能够独立，能够让自己超然于世外，也能够让自己参与其中，能够把这份热烈带到生活的每时每刻之中，能够把自己的畅想充分地展露出来，去引领自己的内心，去实现自己的目标，达到内心所有的向往。所以，在中塔公园游玩，内心是舒畅的，尤其是有了中央电视塔的高度和引领，在这里游玩也有了不同寻常的意义。我们就是在不断地前行与探索之中，触摸着自己的心灵，实现着自己的梦想，参与着社会的活动。上午要与现代牧业集团领导进行座谈，在预约的时间到来之前，利用这一段闲暇，放松一下心情，也是非常好的。收拾好心情，重新出发，再次融入社会的方方面面之中，这种一静一动、一慢一快的转换，也是非常美的。生活本来就是如此，有喧嚣之时，也有寂静之态；有拼搏之力，也有休闲之逸，一切都是那么和谐，也都是那么超然。所以，尽情地享受生活的每一个瞬间吧，在其中找到自己最适宜的状态，发现生活最美的风景。生活总是匆匆忙忙，难得保持心情的畅快，在这阳光与绿树之间，在这喧闹之中，找到一份闲适，生活之美就此展现。我们也许没有那么多的荣耀，也许没有那么多的选择，但是拥有了自己的内心，你就拥有了一切，了知事物的发展，你就拥有天地。重要的不是自己拥有多少，而在于自己的感知，在感知之中去体验，在感知之中去发现，在感知之中去拥有，在感知之中去成长。谢谢生活，谢谢自己。

科学作息

这两天回到锦州家里，感觉又累又烦。可能是因为前段时间一直在外出差，奔波劳累，不能够按时作息，整日昏昏沉沉，没有精神，浑身酸痛，感觉很不舒服。究其原因，主要还是未能按时作息，晚上总是熬到很晚，甚至到了后半夜一两点钟才睡觉，这样长期累积，就难以忍受。尤其是每天早上还要坚持在五点半左右起床学习，一直持续到七点多，然后又要准备开会，这样下来，直到十点之前，自己就都处于一种紧绷的状态。还是要调整好作息，让自己的身体得以恢复，这样自己才能够精力充沛，才能提高工作效率，才能让自己心情愉悦、身体轻松，生活的美好才能到来。很多时候，人会养成一种不良习惯，如果不加以调节，生活就会变得痛苦万分。其实，快乐与幸福是自找的，痛苦和悲伤也是自找的，关键就在于你如何去把握，如何去规划，如何去衡量。今天早上起来，我感到很是舒畅，究其原因，还是昨天睡得较早。因为女儿黏着我，每天总是要我陪着，晚上还要给她讲故事，于是只能按照孩子的习惯，早早地关灯睡觉。我想，能够和孩子们在一起生活，也是一种莫大的幸福。孩子们是天真的，他们看到久未回家的我，总是表现得非常兴奋，这种兴奋也将我的情绪调动起来。陪伴孩子，给孩子讲故事，也是需要一定精力的，往往是讲着讲着，我就自己先睡着了。这听起来很可笑，但确实也是一种现状。在讲故事的过程中，困意袭来，往往孩子还没睡，自己便不由自主地进入了梦乡。到了早上，早早地醒来，不知不觉已睡了七八个小时，甚至说睡了更长的时间。醒来时感觉自己浑身轻松，头脑也非常清醒，出差时的疲惫感一扫而光。所以，有人说睡觉是最大的补药，我的确是相信了。白天陪着女儿上钢琴课，女儿在认真地弹奏，我在一旁静静地看着，那种欣悦之感油然而生。的确，孩子是我们幸福的音乐，有了孩子的相伴，就有了幸福的存在。当然，陪伴孩子也需要有好的身体、好的心情，这就需要自己保持好的生活习惯，科学作息，这样才能够给予孩子长期的陪伴，才能够给予孩子更多的关爱。如果自己在陪孩子的时候总是困乏万分，那种幸福感也就不会存在。所以，幸福是需要有健康来支撑的，没有了健康，那一切也就谈不上了。看着在阳光下与家人相伴的人们，那种幸福之感的确令人感动。但这种幸福也让自己切身感受到，白天就要充分利用起来，就要充分展现自己活跃的身心，就要多陪陪家人，哪怕只是在阳光下漫步，那也是一种幸福。要想在白天精力充沛，身心舒畅，就要在晚上休息好，让自己有一个充足的睡眠。所以，我们还是要规划好自己的生活，科学地安排好自己的作息，把身心调整到最佳的状态，化忧烦为愉悦，变痛苦为快乐。这种转变需要我们从自身的习惯上去改变，需要从我们日常的生活中去改变，需要我们在对事物的理解上去改变。有了这种转变，我们就能在白天保持较高的工作效率，就能够做出自己意想不到的事情。因为我们每天的活动就在于白天，要像阳光一样，给人活力四射的感觉。到了晚上，我们就要好好休息，积蓄力量。就像是电池需要充电一样，一个人只有在晚上积蓄好能量，才能在第二天拥有更多的体力和精力，才能更好地处理自己的工作和生活。如果一直黑白颠倒，自身的能量就会被耗尽，那样是得不偿失的。所以，我们要好好地调节自己的生活节奏，虽然说调节起来是非常困难的，但是还是要努力地去调节它。唯有不断地调节，我们才能够把握好生活的规律，才能够保持健康与活力。要从内心的根本上去做文章，从自我的调节上去做努力，不要退却，也不要抱怨。唯有调节好自己的生活，我们才能赢得身心的发展。生活的本质就在于我们用心去体验，体验到位了，幸福感也就有了。

时间规划

我们要珍惜时间，充分利用好每一段时光，去完成自己既定的规划。现实之中，我们总想着要用大部分的时间去做某一件事情，但是往往事务繁多，每天要做很多事情，很难找到一大段的空闲时间。当然，这其中有一些事情是可以推迟的，但有一些事情是必须要做的。生活之中有很多变化的因素，我们往往难以控制，唯有不断地做出调整，对时间重新进行规划，不断提升时间的利用率。要学会利用碎片化的时间，充分利用这些时间来进行学习、总结、写作、身体锻炼等等。生活就是由这些小段的时间组成的，把这些小段的时间积累起来，我们也会取得大的成就。充分利用每一段时间，让生活变得充实起来，这样看似紧张，实际上也是一种趣味，我们会从中得到较大的提升，也能够完成内心既定的目标。如果说我们不去规划，任由时间白白地浪费掉，那么这样的生活就是毫无价值的。很多时间都是挤出来的，零碎的时间看似很微小，实际上它是能够形成自我提升的基石，是我们走向成功的一个个阶梯。把握好零碎的时间，我们就有成功的可能。所以说，成功就看你业余时间怎么做。千万不要小看这些琐碎的时间，它是成功的重要组成部分。如果不能够好好地把握时间，我们就失去了提升自我的可能。生活本身就是一种经历，我们在这个过程中要静下心来去思考、去规划、去实践。如果我们不能够挔出时间来进行规划与总结，那么我们就不会有所收获。如果不重视小段的时间，那么你也会忽视大段的时间。注重细微的时间，才能得到丰硕的成果。我们一定要具备正确的认知，认知决定了思维，思维决定了行动，行动决定了成就。今天我要在沈阳拜访几家企业，会见一些业界人士。要通过与这些企业家的沟通和交流，让自己不断地进行细化的思考，不断地提升自我的认知。我们与他人交流，往往重要的不是交谈了些什么，而是我们思考了什么，总结了什么，规划了什么。我们能够在空闲时间把这些重要的思考与总结进行汇总，这才是最为重要的。可以说，一个人的成功就是来自于对细微时间的把握，来自于对细节的把握。没有对于细节的把握，没有认真的分析和不断的总结，那么我们就无法做出成绩。我们有时会产生一种错误的认知，认为自己忙来忙去，没有空闲的时间留给自己，总是想着把一些事情推掉，找到一个最佳的时间，让自己静下心来，把这些事情处理得更加妥当。实际上，越是这样想，越是达不到自己的目的。因为你永远找不到一大段完整的时间，也永远找不到“最恰当”的时间。随着时间匆匆逝去，自己只能在后悔与失望之中流转。没有了自我对于事物的正确认知，一个人就会变得忙而无序，忙而无功，得不到任何自己想要的东西，也解决不了任何想要解决的问题。长此以往，人就陷入了一种矛盾与痛苦之中，就会对自我造成伤害。这是我们需要重视的。要学会对时间进行细分，把细小的时间重视起来，利用它来为自己的生活和工作加分，利用它来成就伟大的事业。要学会转变认知，形成对事物的正确认知，这样我们才能够把握事物的内在规律。学会思考与总结，学会规划和创造，唯有如此，我们才能做出成绩来，才能收获美满的人生。

生活影像

周日连续参加了两场会议，首先是与中国世界贸易组织研究会数字经济和数字贸易专业委员会共同召开“航天技术与数据应用中心专家座谈会”，之后又与常委们在研究院会议室召开工作会议，就研究院下一步工作做出部署，就有关航天技术与数据应用工作的展开做出规划。总之，时间是紧凑的，工作是紧张的，效率是较高的，收获也是较大的。我们就是要有这种工作的状态，能够把工作做得有效率，能够真正落到实处，最终达到既定的效果。这的确是一种很大的收获，同时也是对自己的一种提升。工作的繁忙是一种状态，也许正是这种忙，能够把无聊赶跑，能够让自己获得更大的提升。通过参与和处理这些事情，自己能够充分认识到做成一件事是不容易的，它需要我们有一种积极的状态，需要自己能充分调动多方力量，需要不断地突破自我，需要打破常规，不断地改变自己的认知，去学习新的知识，认识新的事物，不断地解决新的问题，去参与不同的课题，在解题的过程中不断地提升自我。这的确是一个积累的过程，是需要长期磨合的过程。可能有时这一过程是非常艰辛的，甚至是一种摧残，但如若能够真正认识到其中的意义，你就永远不会感觉到痛苦了，那就变成了一种享受，而这也将改变你的生活方式。我喜欢探索新生事物，喜欢去迎接挑战，并从中感知到生活的激情。试想一下，如果人生中每天都是按部就班，没有任何的波澜，没有让自己感到振奋之事，那么生活的情趣也就不存在了，自己就会昏昏欲睡，整日打不起精神来，就如同行尸走肉一般，那样的生活简直如同地狱。所以，活着就是要追求某种激情，就是要活出生活的意义来，能够在有生之年创造出更多的价值，能够以自己为傲，让自己在寿终正寝之时能够没有任何遗憾，有的只是安心与满足，感觉自己的人生是值得的，能够感知到生命每时每刻的律动，能够保持生活的激情，让生命之水长流不息，让生命之花永开不败。从做事之中赢得人生，从中去发现一些新的契机，能够不断地调整自己的思路，用一种新的眼光去观察和理解，从不同的角度来看待它，就会有不同的感觉。不要受困于眼前，要突破自己，能够从细微之处见精神，从不同的侧面去发现未知的一面。可能在未做之前已有了自己的思维定式，自认为这件事应该是这样的，不应该是那样的。可能有时候会恰恰相反，自己的认知与现实是有很大差距的，存在很多不正常的情况，这样往往会让自己陷入一种两难的境地，进也不是，退也不是，不知道如何是好。一个人受限于此，就会阻碍自己的发展，不能够真正突破自己，让自己在狭窄的领域难见天日。这是对人生的伤害。生命的本义就是要发现更加广阔的天地，就是要有激情的展现，就是要不畏惧于当下，保持一种向上的激昂的状态，能够有自己的判断与主张，能够不被眼前的障碍所蒙蔽，能够有自己的思维和方向，有自己的目标和原则，唯有如此，我们才能发现真实的自己。很多时候，自己会沉湎于过往，并对前途感到迷茫，也会有些许的惶恐不安，不知道将来会是怎样，是好是坏、是得是失都是不确定的，这样就会心生恐惧，就有了许多的不安之处，就没有了那股冲动，就失去了积极进取的动力，就丧失了对事物的热情，就缺少了许多自己应有的东西。所以，要不悔于过往，不惧于未来，立足当下，把现在的事情做好，把自己的每一天过好。要把所有的经历都当作是最为宝贵的机会，当作是翻看一本书一样，要恭敬，要认真，能够从生活的每一个片段之中去发现规律性的东西，并能够不断地总结和提炼，把这些作为自己的人生财富。这的确是人生最大的机遇，是一生之中最为高光的时刻，能够让自己获得向上发展的动力和活力。我们无法把所有事情都做得很好，但我们可以把当下做好，认真地对待自己的生活，把那些障碍和困苦当作是人生的必然，当作是我们必然要经历的过程。无论这个过程如何，它都是应该出现的，都是生命中唯一的影像。

认知生活（二）

生活的选择在于自我的调节，在于对人事物的认知状态。自我的管理是一项伟大的、系统的工程，它不能一蹴而就，它是一个漫长的过程，我们要有充分的思想准备，要充分认识到此点，要有所觉醒，有所积累，真正把自我的意识领会清楚。要知晓每时每刻皆是自我调节和维护的良机，皆是一生之中最为重要的光辉时刻。不要去抱怨自己的抉择，因为这种抱怨是无济于事的。要学会接受不同，接受不同的人、不同的思维、不同的生活，要深入其中，充分地了知其中的内涵，能够设身处地地为别人考虑，考虑实际的情况和缘由。要用理智去思考，拥有一个崭新的开始，能够不断地发挥自己内心的力量，把所有的过程都当作是一种修行，当作是自己能够不断进步的阶梯，让自己有一个理性的思维，能够客观冷静地去看世界，客观冷静地看自己，唯有如此，才会有自己的思辨，才能够做出自己应该做而别人没有做的，或是别人不敢做的事情。我们要学会积极有为地面对所有，能够客观全面地看待问题，能够不断地成就自己，让自己在积极向上的氛围之中去成长，能够用成熟的、客观的眼光去看待一切。要知道每个人都是一本书，无论是高低贵贱，无论是荣辱高下，最终的归宿都是一样的，都会有一个最终的结局。在人生的过程中，一个人只有认清了自己，才会对人生有一个正确的认知，才会有一个客观的判断，才能够拥有自己的思想，掌控自己的行为，真正成为自己的主人。我们每天都在寻找快乐与幸福，每天都期望有大的收获，都在期望有好事发生，这是每个人都想要的。我们想要的过程就是一个快乐的过程，都是能够让你刻骨铭心的过程，都会有其内在的必然渊源。这个世界上没有什么快乐与否的事情，没有什么行与不行之说，所有现象的出现都有其必然性，都是众多因素的积累导致的结果。面对事物的纷杂、矛盾，要学会坦然接受，用喜乐之心去面对。唯有接受，才能创造；唯有接受，才得心安；唯有接受，才能让自己泰然自若，才能用智慧引领人生。现实之福在于己，你认为是幸福，那才是幸福。因为最为现实的是你应该庆幸自己还很健康地活着，能够吃着美食，住着洋房，沐浴在阳光里，那是莫大的幸福。尤其是有家人的亲情和朋友的相伴，那份福乐是非常难得的。我们应感谢这难得的一天，要将这种感激化成力量，指引我们这一天的生活、工作与学习。在现实生活中，我们总是有这样或那样的压力，有这样或那样的不满意，不知道怎样才能获得幸福，不知道怎样才能实现梦想，不知道怎样才能让自己感到满足和欣悦。实际上，幸福就在阳光里，在与人的交往中，在不断地领悟、感恩和付出里。能够给予别人更多的关爱，能够把别人的事当作是自己的事，这也是一种幸福，是一种极大的福乐的体现。我们不可能把所有事情都做得圆满，因为我们都是凡人，人无完人，事也一样。面对这个充满残缺与遗憾的世界，我们只有调整好自己的心态，把心放平，这样人生便会少一些遗憾，福乐就会自然地显现。事实上，福乐就在我们身边，不需要去东寻西觅，快乐就是自我创造出来的，是对自己内心的相应。如若真是相应了，快乐也就到来了；不相应，快乐就不复存在。哪怕是目前所有的外在条件都满足了，如若内心没有调整过来，那还是不快乐。所以，衡量一个人的幸福与否，就要看他的内心认知如何，看他是否具有向上的力量。要参透生活，给人生一个客观的答案，不要去追求所谓的完美无缺，人生的成功就是在这不完美、不圆满之中取得的。也正是因为如此，我们才真正有了自己的存在，才有了不断向上、向善的动力。要活出真实的自己，不要把自己弄得太累，不要被世事所牵绊而失去了自己对人事物的客观认知。要接纳不完美，接纳不周全，要学会与所有人打交道，学会包容所有的事情，学会理解别人、尊重别人，学会与他人和谐共生，学会不断调整自己的心态，学会给自己的人生做规划。唯有如此，我们才能找到幸福的密码，才能拥有生活的乐趣与意义。

拥有自己

你要认定自己所做的事是对的，没有任何可推辞处，要想到自己这样做是有其意义的。我们所做的每件事都是自我的选择，没有什么应该不应该，后悔不后悔。所有的行为皆是必然的显现，皆是人性使然，皆是具有现实意义的，皆是能够给自身带来进步的。现实之中有很多事容不得我们去选择，总会有这样或那样的不完美之处，总会有这样或那样的遗憾之处，但不要怕，越是这样越能说明自己在进步，自己会有自己的思考和分析，能够按照自己的身心行事，没有什么可行不可行，一切都是最现实的展现，一切都是其使命与担当，一切都会有自己意想不到的结果。这份结果是最真实的，是能够指引自己不断前行的。我们没有理由去拒绝它，要能够包容它，能够以它为傲，能够把这最为现实的展现当作是自己的进步之梯，能够让自己沿着这个梯子不断攀升，达到自己应有的高度。一个人要有这种对于任何事情的包容之心，能够全面客观地接受变化，不被眼前的迷茫所迷惑，时刻保持一种最为清醒的状态，走出自己最为真实的路径来。有时候，自我的认知绝对会很难，突破不了自卑与矛盾的陷阱，不自信，无勇气，对于前途充满了畏惧和不确定性，内心充满了矛盾与纠结之处，没有了那种永远向上的动力。这样人就会变得异常颓废，就像是失去了翅膀的雄鹰一样，也像是没有斗志的猛虎一般。一个人没有了这些，也就没有了勇气、信心和希望就不可能成就一番新的事业，就会变得异常敏感和脆弱，就像是惊弓之鸟一般，杯弓蛇影，失望犹豫，没有了前行的动力和方向，就像是没有方向的轮船，不知道要如何抵达彼岸。这是最为痛苦的一件事，也是人生毫无生机可言的主因。人是要有些精神的，要能够真正活出意义和价值来，能够明了许多的事物，最主要的就是要重新认识自己，理解自己，给予自己更多的机会，让自己能够体验到人生不同的感觉，能够让生活变得充实而有力，让人生变得更加厚重而有趣。这才是我们的希望和动力，有了它，我们就能够无往而不利。相信这些，相信自己，自己才是自己最伟大的引路人。要学会坚持自我，很多时候能够坚持自己的初衷是很难的，不知道怎样才能不惧现在，不畏未来，能够乐天知命，喜乐相宜，这样我们的命运定会有改变。所有的成就皆是你我共同坚持的结果，皆是长期熏习与坚持的结果，是对于自己的嘉奖。要学会坚持自己的目标，学会排除不必要的干扰，学会在保护自己的前提下，让生命之船永远前行。可能我们找不到所谓的完美之处，也不可能把所有事情做得完美无缺，生活之中难免会有许多的遗憾，也许这就是生活的常态。你不可能拥有完美，但内心一定要认为自己拥有了完美，这种稍带缺憾之美才是我们对于人事物的正确态度。有了这种态度，我们就有了充分的内心基础，就有了看待人事物不一样的高度和角度，就有了重新开始的可能。认可自己是尤为重要的，如果你不认可自己，怎么能够充分发挥自己的潜能，又怎么能够成就自己呢？所以，要认可自己，从自己的足迹之中去发现自己的辉煌之处，要知晓自己的优势，并在接下来的人生旅途中充分发挥优势。也许还会有许多的波折、遗憾、不满之处，但无论如何，你都要认可自己，因为所有的外人、外物都只是你的一次偶遇而已，不要因为他们的干扰而失去了自己的判断力。你活着的每时每刻都要靠自己，自己才是自己生活的指引者。虽然我们平凡无奇，如同浩瀚星空之中的一颗小星星，但别忘了生命赋予你的是一种自我的创造。自己所拥有的别人不一定拥有，至少别人没有自己所拥有的经历和思维，这就是自己最为独有的东西。别忘了在生活之中你是最具有创意的，对于别人来讲，你是独一无二的存在。唯有相信自己，才能拥有自己。

轻松之路

早上起来，到徐家汇公园锻炼身体。公园里人很多，阳光也从东方探出头来，走在路边，安然祥和，尽管微风中还透着一丝凉意，但那种清新是从来没有过的。原来总是待在屋里，想象着外面天气寒冷，动弹不得。屋里面很温暖，不免让人生出慵懒之意，不愿出门，缺少锻炼，浑身就感觉到很不舒服。归结起来，还是懒惰导致的。加之晚上睡眠不足，白天总有一种昏昏入睡的感觉。我们还是要让自己动起来，要展现出生命的活力，让全身的细胞活跃起来，这样才能让自己浑身舒畅、思维清晰。一个人如果不突破自己，往往就会受困于自己，受困于原有的环境，受困于原有的思维，受困于原有的习惯。如果不加以改变，就很难获得人生的福乐。我们有时候会陷入一种固有的思维之中，不敢或是无法让自己置身于光明、清新之中，不能让自己处于一种上升的状态。很长一段时间内，自己突破不了自己，受困于自己，受困于环境的影响，好像是恶劣的天气都会影响自己的心情。实际上，天气只是其中的一个因素，最核心的一点在于你能否从不同的天气和环境之中，找到让自己兴奋的地方。环境是客观存在的，关键还在于你如何去看待它，如何去认识它。我一直认为自己还有很多的不足和遗憾，也可以说，在认知上还有很多的障碍，在做法上还有很多不尽人意。但无论如何，生活是自己的，我们要找到自己，要活出一种新的状态，培养一种新的思维方式。不要固化于自我，不要固化于过去，也不要固化于之前所认知的世界。

还是要让自己走出去，到室外去看看黄灿灿的油菜花、红彤彤的牡丹花，还有郁郁葱葱的枝叶。这些景色会让自己心旷神怡，那种不一样的感觉就会呈现出来。漫步于广场之中，沐浴着阳光，听着悠扬的音乐，自己感觉浑身舒畅起来，那种活力就会顿时涌现，比起待在屋里那种昏昏欲睡的感觉，要强之百倍。所以，把自己唤醒的最佳方式就是让自己走出门去，去发现另一个天地。也许我们会失去一些东西，也许我们还有很多烦琐的事务需要处理，但如果你不走出去，你的思维就会受到限制，就会出现很多让自己百思不得其解的问题。有时候，我们要放下一些东西，让生活变得简单、清净，这样反而更容易把事务处理好。这就是另一种思维。我们在考虑某一件事情的时候，往往会被事物缠身，不得脱身，越是想要掌控它，就越是难以解决。久而久之，就会让自己思维困乏，身心疲惫。这时我们就要给自己换个环境，给自己一种安然的感觉，让自己能够重新认识自己。无论之前做过什么，它都已经成为过往。每一件事情都有其原因与结果。正是这些过往的事情，一步步引导我们走到了今天。或许它们并不完美，但它们都有存在的意义，都是我们进步的阶梯。正是因为有了痛苦与不安，才有了追求平和快乐的心境和冲动。所有的事情都是辩证的，不能片面地去评价某件事情。要学会客观地评价自己和他人，让自己拥有警觉之心，拥有辩证之心。客观地看待事物，是一个人获得福乐的前提。不要受困于原有环境和原有的认知，一个人内心的世界是广阔的，如若我们限制了它，我们就会失去了内心的自由，那样的生活是憋屈的，是痛苦难耐的。无论是给自己换一种环境，还是打破旧有的思维，这些改变都是有益的，都是突破自己的一种方式。要学会感恩生活，在生活的每一个细节之中去发现不同。不同的环境，不同的人，不同的事，都会给自己带来不同的影响。要在思维的碰撞之中，去发现更好的自我。近期出差比较多，有时候隔一天就要换一个城市。不同的城市有不同的人、不同的环境、不同的语言、不同的生活习惯，就像每个人都有不同的处事风格。我们要从不同的角度去感知一切，不能只是局限于某一处。旧有的习惯是很难改变的，但只要你足够用心、足够坚持，就一定能够重新认识自己，重新认知人、事、物，让自己的生活更加丰富起来。充分而有效地利用业余时间，让自己静下来，好好地品味生活，去感受大自然给予自己的一切，好好地规划自我的生活，这样我们才能够成为自己的主人。一个人最悲哀的就是不能够左右自己，不能够按照自己所想去生活。我们往往受限于外在的一切，这种受限是一种拘束，是对生活的损伤。真正找到自己，不为外物所扰，那么你就会成为一个自由之人，你的身心就会轻松起来。

改变生活

早晨五点起来，绕过步行梯，穿过马路，望着飞驰而去的车辆，用了近半个小时的时间来到玉渊潭公园门口，顿时，内心生出一种不一样的感受。玉渊潭历史悠久，颇有一番皇家御苑的风范。它清新而雅致，朦胧而悠然，在绿树碧水之间，还能看到遥遥矗立的央视塔，置身其中，犹如步入世外桃源一般。昨夜的雨把一路风尘冲洗干净，沿着公园小道行走，在绿树之间穿越而上，看到小草上挂着晶莹的水珠，阳光透过树林，从枝叶间洒落下来，林间鸟儿在阵阵鸣唱，这一派自然景象令人身心自在。聆听着百鸟鸣唱，尤其是布谷鸟的鸣叫，我不禁感受到了夏天的召唤，回想起小时候，麦子即将成熟时，布谷鸟也是这样声声鸣唱，那是一种多么美好的感受哇。不一样的场景会给人带来不一样的感受，不一样的时空会给人带来不一样的体验，我们要置身于不同的场景中，去欣赏不一样的风景，感受不一样的心境，获得不一样的体验。我们有时会囿于某一种环境，认为这种环境才是最适合自己的，认为眼前的一切才是最好的，因而不愿改变，不想离开。这种思维会阻碍了我们前行的脚步，会限制了我们的思维和眼光，让自己固守于一处，这是对自我的一种屏蔽，是对生命活力的削弱。前一段时间，自己习惯了熬夜，晚上睡得晚，白天总是昏昏欲睡，总是在屋里学习和休息，很少外出运动，这便导致自己头脑昏沉、身体僵硬，这的确是很难受的。如果不及时加以改变，就会让自己始终处于一种困顿的状态之中。所以，前两日在上海时，自己便尝试着调整作息，每天坚持早起，让自己在五点前走出房门，到室外去呼吸新鲜的空气，在晨练中唤醒自己的身体和头脑。这样坚持了三天，自己的确收获了意想不到的成果。人还是要动起来，否则就会让自己受限，永远无法得到新的转机，甚至会损害了自己的思维和身体。我们要给自己的生活带来改变，要不断激发自己生命的活力，让自己在不知不觉之中获得较大的提升。生命在于运动，若是不运动，人便如同死去了一般，那样的生命是毫无意义的。我们要警醒自己，要给自己创造一个活动身心的空间，创造一个让生命律动的环境。有时候，我们认为某些事情是自己做不到的，实际上，这样就限制了自己的思维，限制了自己进步的空间。我原本认为自己没有那么多时间坚持写作，每天有诸多的事务，难以让自己静下心来，也写不出什么好的文章。但事实上只要我们善于利用时间，就能够完成既定的规划，让自己创造出更大的业绩来。在写作上，自己也找到了好的方法，通过语音的方式把自己想说的话记录下来，再把它转录成文字，这样也能够形成一篇非常精妙的文章。所以，我们要善于创新，不要让思维固化，要转变自己的思想，转变自己的做法，这样我们会得到更多的收获。要善于突破自我，在日常生活中不断地调整自我，学会科学地规划自己的生活，让自己的生活变得充实起来，让生命展现出新的活力。虽然工作较为繁忙，但在繁忙之中，我们也要找到自己，找到安放身心的地方，找到自己生命的价值，找到触动自己心灵的机会。每天的时间是有限的，关键就在于我们如何去规划，只要规划得当，那么我们就能够运用有限的时间去做好更多的工作。今天我将去国防工业协会与相关领导做交流，能够在“五一”节假日来临之前形成一些互动，能够加强双方之间的沟通与了解，能够让工作得到进一步的拓展，这的确是一件非常有意义的事情。但是今天也是紧张忙碌的，因为我下午还要去郑州接父母，再一同返回沈阳，利用“五一”假期与老人、孩子聚在一起，共享家庭之乐。能够真正安排好自己的工作与生活，这本身就是一门艺术。只要我们做好科学的规划，那么一切复杂的事务都可以变得很简单。所以，学会转换环境，合理安排时间，把握每一次机会，创造不同的人生，那么我们的生活便会倍加幸福。

生活之安

学会站在更高处去看人生，这样很多的事情也就释然了。如果只是拘于小的事情，在一个低处去看待，生活就会充满了困惑与苦恼。自己往往会局限于小节，因细枝末节而纠结不已，这样就会越想越烦恼，就会跳不出自己所设定的怪圈，转了一圈又一圈，转来转去难以脱身，就没有了生活的轻松与安宁。有时候只是从一个方面去认知事物，认为自己所看到的就是全部，其实那是片面的。越是自己的亲人，我们越是不能够包容其过失，不能够用宽容之心去体谅，而要认真去对待，否则就会矛盾越积越多，就会烦恼重重，就没有了生活的轻松与惬意。的确，我们内心的变化是难测的，不知道内心是如何思量，不知道怎样才能让内心始终处于一种平和的状态，怎样才能把自我调整得更好。这的确是需要我们去反省的。要想一想哪些是不应该的，哪些是应该的，哪些是需要加强的，哪些是应该减少的，哪些是应该保留的，哪些是应该舍弃的。一个人如果不对自己的内心做调适，日积月累，就会成为坏情绪的奴隶，就难以真正获得安乐。我认为自己还是一个较为理智的人，但有时也会有冲动和盲目之处。也许就当时来看，自己是对的，但从长远来看，其中亦含有诸多的失误之处。就拿“五一”期间与家人一起度假来讲，与家人们在一起是非常难得的，也是非常快乐的一件事，孩子们都兴奋异常，被我接来沈阳的老母亲、老父亲也很是高兴，尤其是看到了长时间未见的孙子孙女，更是高兴至极，整天都是笑容满面，精神也足了，脚步也轻快了，跟同在沈阳的岳父相见，家里又增添了许多的欢乐。我在高兴之余，也不免有些困倦，因长期离家在外，东西南北来回奔波，加之前几日有些感冒，整日头脑昏昏沉沉，有些头重脚轻之感。不知怎的，人在外地时还显现不出来，一回到家就感到困乏至极，也有可能是回来就会放松了精神，紧绷的弦一下松弛下来，方才感到心力、体力都有些吃不消。除了困乏，还有些烦躁之感，这种感觉是很不好的。每到晚上就会早早睡觉，一觉到凌晨，即便是睡了很长时间，还是困意不减，自己也是非常着急，一直在想怎样才能让自己感到轻松，好好地陪家人度过一个愉快的“五一”。还算好，随着“五一”假期的结束，身体的困乏之感也慢慢消失了。由此，自己也深深地感觉到一个人身心的调适是多么重要。一个人如果没有一个好的生活习惯，没有科学、规律的作息，只是一味地由着自己性子来，那么他的生活就会变得一团糟。尽管说在日常工作期间没有什么大的感觉，一旦自己放松下来，就完全不一样了。所以，自我的管理还是非常重要的，如果连自我的生活都调适不好，那么其他的就更不用说了。很多时候，我们在生活之中遇到的问题都是自身的问题，需要自己去努力解决，而不能指望别人。现实生活中有许多的问题，需要我们冷静客观地处理。可能我们在做事之中自认为是非常好的，但事实却并非如此。现实的规律是不容曲解的，每个人都要接受规律的引导，去改变和修正自我的认知。人与人之间最大的问题就是不能够互相认可和理解，不能够互相包容和欣赏。人一旦失去耐心，失去理智，就会做出许多的傻事来。或许当时自己没有什么感觉，自认为是理所当然之事，可事过境迁以后再回想它，那种感觉就完全不一样了，就会有另一种感觉，就会把世事看得更加透彻。所以，我们一定要学会从不同的角度来看问题，要能够时刻站在别人的立场上去理解他，唯有这样，我们才能真正地把握住事情的发展关键，才能真正理解人际关系的精髓，才能真正拯救自己。人独有的个性是人之特质，但这种特质也会让自我迷失，总是认为自己是对的，认为自己的所有看法都是对的，自己不需要改变，改变的永远是别人。这种认知本身就是极其错误的，它会让自己失去理智。人一旦失去了理智，就会如同失去了控制的汽车一样，狂奔乱窜，最终就会酿成大的祸端，导致了车毁人亡的局面。所以，控制自我就显得尤为重要了。每个人都是自己人生的主人，每个人都有义务管控好自己的情绪，都应该有自我客观的判断力和控制力，都应该是自我生活的导师。这一能力的获得是不易的，它需要我们在日常的生活中不断积累，不断修炼。也可以这样说，人生之路即是修行的过程，努力生活，不断修行，美好人生将为你展现。

学习孩子（三）

这几天假期过得还是较为匆忙的，不知不觉业已过去，与家人在一起的日子总是显得很短暂，总感觉还有许多的事情没有处理好，还有许多应该为家人做的事情没有做完，也总感觉没能对孩子们起到很好的示范教育作用，没能让孩子们从自己身上汲取到能量，没能在引导孩子方面做出引以为傲之事，感觉自身还有很多不足之处，不能够以己为师，成为孩子们学习的榜样，因而心里感到异常不安。的确，与孩子们在一起是一门艺术，这门艺术决定了人生的福乐，也决定了孩子的成长。与孩子相处的过程，也是一个自我检讨、自我学习、自我提升的过程。如果没有孩子的提醒，怎么会有对自我的重新认识呢？怎么会有自己新的生活呢？现实之中，我们有许多需要解决的问题和困难，需要深入其中，仔细研究，这的确也是一门艺术。尤其是在与孩子相处时，更需要倍加仔细。在日常生活中还有很多的不足之处，有很多需要进行自我调整的地方，比如说对于儿子的顽皮，有时自己也没有办法，不到五岁的儿子一旦闹起来，还真是没有好的办法，有时也是火冒三丈，免不了呵斥他几下，并狠狠地在他屁股上打几下，这样他虽能稍显顺从，但那不服软的眼神直戳心底，自己也的确很无奈，不知道如何是好，打也不是，不打也不是。无论如何，自己是很伤脑筋，只有拿孩子还小来宽慰自己，认为孩子大一点就会好了。也许这的确是成长的规律吧，成长都是一个野蛮的过程，也是一个不断调整的过程。试想一下，哪个男孩子没有被揍过呢？自己小时候也是“坏事做绝”，不知道换来父母多少打，那种顽劣之气现在回想起来还真是匪夷所思，不知道当时在幼小的心中是一种什么样的感觉，怎么会有那么多的坏主意，也可能就是在特定时期的特殊表现吧。孩子的顽皮之性是天生的，是人成长过程中的必经阶段，是一种自然天性的展现。一切在于后天的教化，其间难免会有这样或那样的问题出现。听父母讲，我小的时候也很顽劣。这也许是成长之中必须要经历的过程，没有此段历程，可能长大后就失去了几分天性，没有了那么多的回忆。有时候放飞天性也没有什么不好，那是自然流露，没有什么掺杂使假的成分，有的是天性的展现，没有什么好与不好之说，好与不好只是成年人的评价而已。成年人往往总是戴着有色眼镜来看世界、看他人，总是拿自己的标准来衡量一切。其实这是不对的，是有问题的。因为自己所谓的经历也是属于自己的经验的总结，它不属于别人。每个人都应该有最为真实的自我体验，不必要求所有人都跟你一样，更何况是小孩子，更不能拿自己的标准去要求他，这本身就是大错而特错的。按自己的活法去活，这本没有什么错，错就错在拿自己的标准来衡量了。我们要允许别人有自己的活法，允许这个世界是多样的。自己认为的世界不见得是最好的世界，唯有与别人相应，能够深刻理解别人，才是生活之中最为需要的，才是最应该遵循的。在这里边最应该打破的还是自己的旧思想、旧观念，如果不加以改变，受苦的还是自己。一切要遵循自然，要有天性的展现与发挥，一切要站在理解别人的角度去看，这样自己才能过得很自在。自己在很多方面其实还比不上孩子，因为孩子是单纯的，孩子是直接的，他没有任何的思想障碍，不像我们成年人有这样或那样的顾虑。孩子的认知是直接的，是坦然的，是没有任何障碍的。学习孩子就是要学习这份自然天成，学习这份坦然无碍，从孩子身上去发现那些我们已经失去的东西，那些东西才是最为宝贵的。

注重现在

终于拿起了笔，实在是不容易呀，近一周没有用笔写字了，有一种生疏感，就像是一个人在黑夜之中盲目前行，看不清方向，内心难以安定，人就会失去了主张，变得异常焦虑，无所适从。人的安心完全是建立在能够倾听和对自我的满意之上，如果无所得，就会对自己失去信心，就没有了尊重和安慰，人也就自然而然地变得无精打采，变得自己也不认识自己了，就会错失了机遇，就很难有收获。人际交往也是这样。我们无论如何也不能忘了别人的贡献，要把对人的恩德转化成为行动，要把对自己的教育当作是一种习惯。就像写作一样，如果你不动笔，你就永远不知道总结，你就永远没有了省悟力，就不会静下心来，去总结一下自己的生活，去打理一下自己，能够把内心安抚得平和闲适，能够找到生活的乐趣。人生的乐趣其实在于心里，而并非在于外在的事物。要不断地改变自己，每时每刻，坚持不懈，不要因为诸多的障碍而白白地浪费掉时光。有时感觉时机不成熟，自己还没有准备好，但所谓的“准备好”到底是什么时候呢？它只是一个伪命题，是为自己的懦弱和退缩找借口而已。任何事物都没有完全准备好的时候，人生不存在完美，要始终相信现在就是最好的时候，现在就是你实现价值的最佳时机。不要犹豫不决，不要无动于衷。胜利或许不会马上到来，但从成功的客观规律来看，把握好时机，走好关键的几步，成功自然而然就会到来。要无畏于现在，无惧于未来，认可自己，以己为傲，珍惜当下，把现在当作是永恒，把现实的快乐当作是永久的快乐，把现在当作是最佳的时机来看待。因为这个世界上的变数太多了，一不小心就会被时代所淘汰，就会没有了自我，到那个时候去哀鸣与哀求，那简直如入地狱一般。所以，千万不要将梦想寄托于未来，注重现在就是注重未来。人活着就是靠一口气，有了这口气，人就能精神起来，就能够真正认识自己，就能够成为生命的主人；没有了这口气，人就会变得颓废，就会生出无尽的哀伤，就会整日消沉，失败的影子就会如影随形。如若拥有了这种心理，那就该去看心理医生了，就会有这样或那样的困苦。一个人若能够真正认识到此点，并不断与自己斗争，去争得自己的拥有，去发挥出自己的潜能，这样的人生就会变得非常有意义。很多时候自己看不上现在的每个细节，认为这些细节和小的积累是没有什么价值可言的，与所谓的大事业是无法相比的，我们无法去衡量现实中的一切，至少是无法在短期内看到成果，但从长期来看，这种变化是巨大的。现在才是自己的全部，其他所谓的未来不一定是自己的，自己要有自己最为明智的选择，要有自己最为清晰的认知，要真正认清自己、把控自己，成为自己人生的主人。很多时候我们不愿意关注现在，是因为自己还在现实之中挣扎，品尝到了其中的酸甜苦辣。沉湎于过往，或是执着于未来，都是对自己不负责任的表现。学会重新认知自己，就要从日常的小事做起，那些平淡无奇的小事反而是人生之中最重要的因素，它能够让自己发生惊天动地的变化。这就是辩证法，这就是事物变化的根本。要从细微之处着眼，日积月累，循序渐进，去创造出大的成就。凡所过往，皆为序章，从现在开始，从生活的细节着手，不要非等到时机成熟，没有所谓的成熟之时，任何时候都有不完美之处，但我们不要悲观失望，要看到事业发展之中最好的一面。当然，不好的也不能听之任之，还是要有所觉察并加以改变。我们没有必要去追求所谓的完美与圆满，那是违背常识的，最重要的是能够现在行动，行动是成就的最佳途径。所以，现在就行动起来，无惧寒暑，勇往直前，美好即在眼前。

早晨之光

这两天坚持早早起床，来到玉渊潭公园锻炼身体，看着朝霞映照着玉渊潭的湖水，微波荡漾，令人心旷神怡，柳树婆娑，在柳絮纷飞中给人一抹绿的希望。一直想找回那种勤快的感觉，可是整天事务繁多，让人疲惫不已，有时还要熬夜去做一些事情，第二天起来就会头脑昏沉，萎靡不振，工作效率降低，这也导致自己浪费了很多的大好时光。如果我们早早起床，欣赏满天的彩霞，聆听鸟儿的鸣唱，见证大地的慢慢苏醒，那的确是一种非常美的感觉，能够让自己的生活增添无限的活力，能够让自在和安逸回归内心。人就是要让自己置身于一种安适的环境之中，让自己体会那种奇妙的感觉。那种感觉是妙不可言的，它能够让我们忘掉一切嘈杂，忘记过往，忘记痛苦，忘记烦恼，让我们敞开怀抱迎接美好事物的到来。每一天都是崭新的，如同铺开了一张洁白的纸，等着我们去书写、去描绘、去感受生活之美。我们要守住这种感觉，没有了这种感觉，整个人就变得如同机器一般，忙碌而无趣，就会失去了生活的意义。我们要让自己活得更轻松一点，更潇洒一点，更多彩一点，让自己安下心来，抛弃那些烦琐的杂物，在凡尘之中找到那份内心的安然与快乐。很多时候，我们会受困于现实的繁杂事务之中，认为追求这些才是自己生命的本源，才是自己活着的目的。但是仔细想来，自己所想的到底是什么，所要的到底是什么？如果没有了这种感觉，没有了这种想法，那活着也就没有了生机，没有了意义。世事的繁碌可能是为了生命价值的展现，为了能够让自己更加安逸，或者是能够让自己收获的更多，这是事实。但如果说我们只是陷于其中，不能自拔，那反而会给自己增添很多的负累，让自己再没有轻松之时，没有了与家人相聚的美好时光，没有了与孩子在一起嬉戏的场景，没有了自己所挂念的东西，完全是为了所谓的事业、所谓的收获、所谓的得到而去努力。这样就违背了生命的本质。生命的本质就应该是轻松的，不应该是有负累的。生命的本质就是一种感知，就是一种发自内心的满足。这种感知已经超越了一切，超越了现实之中所谓的得到。所以，有时还是要让自己静下来，在蓝天下，在绿草间，在自然中，尽情地释放，让自己在无忧无染之中得到快乐。如今，自己便感受着这份美妙，尤其是在这和煦的春风中，感受到了生命的升华。经常走一走，舒展一下身体，做一些运动，可以让自己把那些委屈、无奈和愤怒抛弃，让身心回归到满足、喜乐和自在之中，让自己找回生活的天然状态。这样，我们才能真正体会到生活的甜蜜与幸福。在玉渊潭湖边慢跑，往往有一种恍若隔世的感觉，好像抛开了现实中的一切烦恼与负累，身心轻松无比，感受着微风的清凉，倾听着小鸟的鸣唱，欣赏着碧绿的湖水，还有矗立在不远处的央视台，以及岸边的垂柳，这一切如梦如幻，为自己的生活增添了很多的趣味。早晨是一天的开始，它会给我们带来更多的动力和向上的力量，引领我们迎着阳光，伴着清风，扬帆起航。一天的时光是短暂的，我们一定要珍惜这一天，从早晨开始，让自己保持清醒，利用好这个黄金时段，做好一天的规划。有时候，因为事务繁多，或是忙于与朋友的交流，导致自己睡得较晚，早上就会难以起身，就会错过了这一段美好的时光。这是得不偿失的。早晨是我们能够唤起生命活力的瞬间，是能够点燃生活激情的时刻，我们要运用好它，让它产生更大的价值。珍惜早晨之光，点燃自己的生命之火。

累积进步

每一次的努力都会有收获，每一次的规划都会有进展，关键就在于你开始了没有。一旦你下定决心，就要马上开始行动。这种开始就是我们成功的序幕，有了它，我们才有了成功的可能。要把开始行动作为自己的一种习惯，很多事情如果你只是想，而不去做，那么你永远也实现不了自己的目标。在行动的过程中，我们可能会遇到这样或那样的问题，但只要坚定目标，坚持前行，我们就能够克服重重的困难。行动就是践行自己的承诺，是对自我的一种尊重。放弃是对人生的蔑视，是对自我的辜负。人本身就具有创造和进取的能力，如果我们不加以运用，就会白白浪费了自己的精力、体力，虚度了宝贵的时光，那是相当可惜的。天地给予人的最大的馈赠就是能够创造，就是能够感恩，能够在创造之中去发现自身无穷的力量，从感恩之中去珍惜我们现在的拥有。这一切都是我们获得快乐与成功的前提条件。所以，还是要注重于当下，把当下的每一分、每一秒过好，把我们手头的工作做好。从现在开始，想做的事情就要马上去做，去实现它，去完善它，这样我们才会在不知不觉中得到提升。每一步行动都是积累的过程，不要认为今天所做的事是没有成绩的，是没有价值的。那是一种短视行为，即便我们没有马上做出成绩，但是我们所走的每一步都会留下痕迹，都会让我们获得成长，让我们不断向成功迈进。很多看似不起眼的小动作，也是有其价值与意义的。千万不要小看我们做的每一件小事，千万不要小看我们所接触的每一个人，千万不要小看我们的每一次思考，只要学会珍惜，加以运用，这些都会成为我们成功的助力。所以，改变思维就要从现在做起，从一点一滴做起，从转变思维做起，从每天对自我的要求做起。近日来，天气转暖，春风和煦，晴空万里，春夏交替是一个非常好的季节，尤其刚刚入夏，天气还不炎热，风中还有一丝清凉，能够给人带来一种自然、清醒、轻快之感。我们要好好珍惜这段时光，要好好地利用它，让它发挥出最大的价值。早上早早起来，迎着阳光跑步，呼吸着新鲜的空气，听着鸟儿鸣唱，看着绿树红花，内心是非常愉悦的。我坚持每天五点起床，六点开始学习英语，这样日积月累，感觉自己的英语口语水平提高了很多。虽然有时会觉得痛苦，感觉自己提升得不够快，还是会遇到很多的生词，但是毕竟还是进步了，对于语句的掌握更加精准了，能够用英语来阐述一件事情，能够与人进行简单的交流。可能表面上看，投入的时间还是比较久的，但学习就是一个积累的过程，一旦积累到某种程度，自己的进步就会更大。对此，我是坚信不疑的。我还是会继续努力，把英语口语学好。同时早早起来，不仅可以学习，还能够抽出时间做一些运动，边锻炼身体，边增长知识，这的确是一种创造性的发挥。总之，在这个美好的时节，一定要珍惜时光，保持学习的状态，千万不能轻易地放弃这种习惯。放弃就是一种倒退，是对自我的伤害，是对成功的践踏。早上起来，还可以利用这段时光来处理一些事情，这样自己的头脑较为清晰，思维较为敏锐，工作效率也会更好。一天的时光是有限的，白天总会有很多的工作和应酬，很难给自己留出更多的时间，让自己去进行规划、思考和总结。所以，早起是非常必要的，可以充分利用早上的时间来进行科学的规划，把一天的工作都安排妥当，剩下的时间就是去践行。生活的过程本身就是一个学习提高的过程，但是这个学习提高的核心就在于自我的了悟，了悟的程度如何决定了今天的成绩？如果说仅仅是随机性地去接触，去交流，去践行，没有任何的规划与总结，没有任何的创造与思考，那么我们是很难有所收获的。要学会科学地规划和运用时间，不断提高工作和学习的效率，让自己获得更大的提升。就拿写作来讲，因为自己白天事务繁多，晚上会非常困乏，很难抽出时间写作，为此自己也很是烦恼。后来想到了利用一切琐碎的时间来写作，哪怕是每次写下三言两语，积累起来，也能整理成一篇文章。这个想法是非常好的，因为它能够提醒自己，不要停止思考和总结。同时我还可以用语音转文字的方式，利用现代化的工具，来完成既定的写作任务。其实无论采用哪种方式，能够让自己坚持思考与总结就是好的，这样通过不断的努力，自己也会获得较大的提升。所以，感谢生活能够给予我们这些实践，感谢生活能够让自己有所领悟、有所提高。

记录平凡

用语音转文字的方式去写作，也是一种很好的创意。通过这种方式，自己可以利用早晨锻炼的时间，及时把内心的感受记录下来。有时候，我们不习惯袒露心声，害怕将自己内心的想法告知别人，认为这是难堪的。其实，大可不必这样想，因为你所说的每一句话都是说给自己听的，当然，如若能够与人分享，那就更好了。不同的人有不同的生活，但是也有相同之处，那就是追求快乐和幸福。在追求快乐和幸福的过程中，我们应该把自己的思想记录下来，不应该把它深深地埋在心底。与人分享，我们才会收获更多的快乐。学会分享能够让自己的内心更加阳光，能够与人充分交流，坦诚相待，这样我们的生活就会变得更加广阔。如果说仅仅是局限于自己的一亩三分地，不愿与人交流，就会让自己的内心变得狭隘，看待问题就会有失偏颇。这样对自己的身心健康是不利的，对于为人处世也是没有什么意义的。一个人生活在世界上，就需要有交流，需要有记录，需要有总结，需要有传承。我们应该将自己在每一段时间内所看到的事物、所想到的方法都记录下来，通过加工和总结，这些都将变成一种宝贵的经验，可能短期内看不出什么，但日积月累，自己就会得到较大的提升。记录是对生活的回顾，也是对生命的延长。通过记录，我们可以把自己的所思所想与人分享，用自己的经验与总结去启发别人。从古至今，那些伟大之人之所以伟大，就在于他们能够把自己具有创造性、开拓性的想法总结出来，与大众分享，给人以启迪的同时，也让自己的思想得到进一步的提升。这种沟通与交流、记录与总结，不正是一种生命独特的生长过程吗？人生百年，弹指之间。如若我们不去认真地记录，不去努力地完善，那我们的生命还有什么意义呢？如果只是虚度一生，我们就会陷入一种悲观的情绪之中，就会留下无尽的哀叹。所以，我们一定要学会延续自己的生命，拓宽自己的思维，认真记录自己的生活，思考自己的人生。很多人在幼小时期会有一些自卑、自闭的现象，不愿意与人交流，认为那是浪费时间的，是没有意义的。越是封闭自己，内心就越是慌乱，人就会变得越来越不自信，渐渐失去了自己的主张。长此以往，就会给自己的生活带来很多的危害，甚至给自己的身心造成伤害。所以，我们要学会走出去，要走进别人的心里面，走进自己的心里面，学会分享，学会交流，学会沟通，学会用自己的想法成就自己的生活，同时也能够给别人创造更多的价值，这就是一个人活着的最终目的。并且，还要把这种精神传播出去。因为精神的力量是无穷的，物质是为精神而服务的。我们所谓的感觉到满足、富有、美丽、圆满和自在，不都是一种精神的反映吗？无论是物质的收益、企业的发展还是事业的进步，都是为了让自己的内心得到满足，让自我的身心获得自在，让自己能够感受到人间之美。这就是生活的本质。它是我们生活的一部分，它贯通于人生的每一个阶段。不要小看每一天，即便是生活中再平凡、再简单的一天，也是我们生命的一部分，我们要珍惜每一天，让它发挥出最大的价值。要把每一个平凡的故事记录下来，无论是自己的生活，自己的内心世界，还是对于工作的规划，都有值得我们记录的内容。调整好自己的内心，接纳自己，尊重自己，关爱自己，认真对待自己，不断提升自己，这就是人生最重要的事情。生命的旅程并不漫长，关键就在于你如何去认识生命，能否利用好生命的时光，去完成让自己快乐的事情，让人生圆满，不留遗憾。很多时候，我们纠结于自己没有能力，不能够解决自己遇到的一些问题，不能够处理好一些矛盾，不能够在混乱之中找到自在。究其原因，还是自己期盼太多了，给自己带来了太多的压力。要记住，即便是再平凡的人，也能够在自己的岗位上去创造、去奉献，去实现自我的价值。少了所谓的名利纠葛，我们的内心就会变得更加清晰了，就能够客观地看待生活，珍惜好每一段时光，过好自己的一生。

一生无价

原本计划早上五点起床，结果忘记设置闹钟，只能将学习时间延后一个小时。正所谓“计划赶不上变化”，生活中总会有意想不到的事情发生，打乱了原本的计划，这种情况是很常见的，往往我们做的和想的并不一致，只能尽可能去达到满意的结果。我自认是一个完美主义者，想要把一切事情都处理妥善。有这种追求是好的，但苛求完美往往会给人带来压力，好像有任何的不完美都会让自己难以接受。从某种程度来讲，也会给自己增添了很多的麻烦和负担。其实，世界上并不存在完美之人，也不存在完美之事。就如同生活之中我们非常渴望得到什么，但越是渴望，往往越是难以实现。当自己看不到实现的希望时，就会产生巨大的失落感，就会被痛苦所环绕。如果说我们已经尽力了，认真努力过了，那我们也不应该感到遗憾了。因为成功是由诸多的因缘积累而成的，当各种元素都具备了，目标自然就能够实现了。这其中可能也包含了某种幸运的成分，但这个所谓的幸运，也是自己努力的结果。如果你不去努力，便无法拥有这种幸运。随着工作节奏的加快，每天工作非常繁忙，交流座谈，整理材料，规划项目，人员组织，资金准备，营销方法确定等等，很多事情都需要自己去规划，虽然忙碌，却也乐在其中。因为在做事的过程中，能够不断地磨炼自己，让自己的才智得以发挥，让自己的能力得到提升。如果不给自己创造一种磨炼自我的机会，那自己永远不可能提高，思维就会受到局限。思维的局限决定了生活的局限，决定了一个人人生的前景。当我们脱离了某个特定的环境，走入一种新的环境之中，就会有新的发现。站在不同的角度，就会看到不一样的风景。学会转变思维，很多难题都将会迎刃而解。这就是生活。生活看似无序，实则有序，万事万物都是有规律可循的，无论是好是坏，是得是失，是荣是辱，都有其规律性、科学性。要不断磨炼自己，跳出思维的局限，把微观和宏观结合起来，通过不同的侧面去衡量，这样我们就更容易获得成功。任何时候都不能妄下结论，要学会客观地评价人与事，要从不同的侧面去了解。因为人是多面的，事物也是多面的，我们要深知人与事的多面性、复杂性，不能简单地去评判其是好是坏。有时候看似坏的，实际上也蕴含着好的方面。所以，要学会辩证地去看待，这样我们就掌握了为人处世的规律。任何事情的出现都不是无缘无故的，要深入地分析它，找到其出现的原因，这样我们才能够走向成功。我们往往很难达到自己的目标，究其原因还是缺少深入的分析，只是盲目地执行，这样是很难成功的。我们要发现自己所存在的问题，及时调整自我的行为。每天的生活看似是按部就班，是所谓的重复劳动，但其实每天都是新的一天，每天都处于变化之中，要学会用变化的思维去看待。变化是永恒的，不变是盲目的，是不正确的。用变化的思维看待一切，我们就能够找到问题出现的根源，就能够解决眼前的难题，就能够走向成功，实现人生的价值。

随遇而安

今日到锦州文博九州培训学校陪儿子练习围棋，孩子在上课，我便找了一间没人的教室，想一想事，写一段文字，感觉也是收获颇多。有时看似小的事情也会给自己带来大的提高，这也是一种好的静心方式。以前自己认为唯有置身于正规的教育之中，才是真正的学习，在烦琐的生活中是不可能安心学习的，是不会有大的收获的。自己总是带着一种自卑的心态去面对自己的生活，好像一切都是那么匆忙，生活的细枝末节不会给自己带来安宁，内心也得不到所谓的静养。带着这种心态去面对人生诸多的事情，自己就会越来越不得安宁。其实静下来去看看周边的一切，能够安守于当下，让自己内心平和自然，的确是一种福报，是对自我生命的修复，是自我人生的提炼。没有什么杂染之处，有的是安然静好，有的是对于现实的接受和彻悟，有的是对生命的感恩。也许现实之中还有很多的烦恼与杂乱，但还是要把这些所谓的不悦当作是生命最真实的体验，当作是人生之大幸，当作是难得的成长机会。佛家讲“烦恼即菩提”，所有的烦恼即是教育自己的机会，即是自省的天地。没有了烦恼，怎么会有对于现实福乐的真正感知呢？所以，还是要让自己用心体验生活中的一切，因为今日的一切皆是上天的恩赐，皆是生命中不可多得的安乐。明白了这一点，人生也就豁然开朗了，就没有了那么多的悲悲戚戚，就没有了那么多的无奈与烦恼。日常的生活教会了我们如何去面对人生，如何去树立自己的自信，如何去拥抱那些短暂的快乐与安宁。也许正是因为这些稍纵即逝，自己才会备感幸福，才会倍加珍惜。自我的认知很重要，认知清晰了，那么我们就有了生活的信心，就有了上进的基础，就有了进取的保障，就有了主宰自己命运的可能。

改变作息

今天早上四点半起床，感觉没有什么困难，依然神清气爽，究其原因，还是因为昨日没有熬夜，能够按时作息。熬夜不但会伤害身体，还会影响到白天的工作。因为白天有很多繁重的工作，有很多事情需要我们去处理，所以白天就显得尤为重要。我们不能以自己的作息时间来要求别人，按时作息既是对别人的尊重，也是对自己身体的呵护，既是对自己工作的重视，也是对工作效率的提升。这就需要我们好好地规划每天的时间，科学地安排自己的工作和生活。人的时间和精力是有限的，不可能用一天的时间去解决所有的事情。从某种程度来讲，利用晚上业余的时间去做事情，就会影响睡眠，是得不偿失的。我们需要利用白天的大好时光，集中精力去做事情，要在有限的时间内排除干扰，集中精力，把自己应该做的事情做得更扎实、更充分。合理安排时间，该睡觉的时候睡觉，该吃饭的时候吃饭，该工作的时候工作，看起来是非常简单的事情，但其实并不简单。很多时候，我们是该睡觉的时候不去睡觉，该吃饭的时候不去吃饭，该工作的时候不去工作，这就违背了自然规律。长此以往，不但得不到任何的好处，反而会给自己带来更多的苦恼。自然规律是客观存在的，我们应该尊重规律，尊重事实，尊重别人，尊重自然发生的一切，这样我们才能够拥有自己。有时候，我们会认为自己所做的一切都是对的，都是有理由的，但仔细想来，也有很多自以为是的地方。比如说不能按时睡眠，我们往往认为这是因为想让自己轻松一点，让自己能够尽情地刷手机，让自己想干什么就干什么，这样由着自己的性子来，是一种“随性”的表现。但是这样恰恰是陷入了自己设置的圈套之中，让自己在自我的放纵之下，白白浪费了时间和精力，错过了第二天早晨的黄金时光，并且让自己在白天头昏脑涨，身体僵硬，大大降低了工作效率。如果我们能够按时作息，就会保持一种好的精神状态，能够身心轻松，头脑清晰，做起事情来就会效率加倍，思维也显得非常敏捷，学习东西也能够记得更牢，这就是科学安排作息的好处。在现实之中，我们有很多错误的认知，需要不断地修正和调节自己，修正自己的认知，调整自己的作息，这是自我管理中的关键一环。我们需要集中精力去处理一件事情，如果稍有疏忽，就可能会酿成大的灾祸。如果我们不能够按时作息，第二天就会注意力不集中，无论是学习还是工作都会受到影响，甚至会犯一些大的错误。比如说开车期间，如果不能够按时作息，就容易疲劳驾驶，就可能导致大的事故。生活之中，我们往往因为休息不好而导致情绪暴躁，常常因为一些小事发脾气，造成与别人的矛盾和隔阂，导致很多不必要的麻烦事情出现。事后回想起来，自己也会后悔不已。如果我们不能够控制好自己的情绪，那么一切事情都会做得很糟糕，人际关系也会变得很紧张。我们往往认为自己是对的，别人是错的，认为周围人就应该顺着自己，而不是自己顺着别人，这就导致了我们的认知偏差。正是这种认知的偏差导致了人生的失败。所以，我们还是要从头做起，从调整自我的认知做起，要把自己的生活安排妥当，能够在自然和谐的状态之下去生活，能够看开，能够包容，能够理解。仔细想来，人的一生就是在追求生活的幸福、快乐与满足，而这些就来自于自我的认知，来自于自我的行为，来自于自我的调整，来自于自我的判断。在日常生活中，我们要学会科学规划和客观认知。不同的生理状态会产生不同的认知，就像是一个人，如果本身是病人，那么他就会处于一种痛苦之中，不知道如何去找到快乐。这就是自我设限。我们要跳出当前的认知习惯和环境，要对自我进行变革，对自我倍加锤炼，唯有如此，我们的认知才是客观的、充分的。改变习惯不是一朝一夕的事情，它需要我们在日常生活中加以培养，需要我们付出行动，找到自我解脱的能力。改变环境是一项长期持久的工作，改变习惯是一项艰巨无比的任务。如果我们能够坚持如一，能够不断调整，我们就能够得到大的收获，就能够让我们的生活真正好起来，就能够让我们的内心真正舒畅起来，就能够让一切都变得更加顺畅。

注重改变

处理完一天的事务，安排好一天的工作，闲暇时间来到了科普公园。看到科普公园熟悉的风景，内心感触颇深。回想起七八年前的春天，自己还在沈阳工作，经常会抽出时间来到这里。近些年来，因为事务繁忙，尤其是经常忙于北京研究院的工作，很少长时间住在沈阳。如今的科普公园确实变化不小，令我感到非常惊讶。从前只是一个小小的荷塘，如今建成了人工湖，湖水清澈见底，还有造型别致的音乐喷泉。如今正是春夏之交，公园内柳树丰茂，还有一些小塔和其他摆件做装饰，走在其中，令人心旷神怡。湖的对面高楼林立，更是令人惊讶，七八年前来时还没有如此景象，不知道这些大厦是何时建起来的。傍晚时分，科普公园人来人往，很是热闹。广场上有人在跳广场舞，有人在跳健身操，伴随着欢快激昂的音乐，展现着生命的活力。在林荫下，在草坪上，人们在散步，在慢跑，在活动，在起舞，呈现出一派欢快的景象，展现着都市的幸福生活。这种自在、快乐的生活，不正是我们所追求的吗？虽然现实生活中还有很多的困扰，还有很多的压力，令人感觉沉重，感到紧张，但我们要学会调节自己的情绪，让自己的内心变得轻松、愉悦。生活的忙碌会给我们带来一些压力，我们需要转变思维，把生活的烦恼当作是对身心的锻炼，学会从不同的侧面去看问题，这样我们就能够勇敢地面对痛苦，就能够找回生活的自信，就能够获得较大的提升。回想七八年前的自己，把工作的重点放在沈阳，同时还要做好其他市场的工作规划，尤其是北京研究院的组织工作，诸如人力的组织、事务的沟通、项目的设定、资金的筹措等等，很多事情都需要自己去做，颇有事务繁多、分身乏术之感。为了让自己放松一下，有时就会到公园里小憩片刻，放松身心，让内心保持一种定力，让自己坚强起来，不被眼前的困扰和阻碍所击败。一切要遵循自然，同时要保持乐观、理性，从多个角度去看待事物，全面客观地看待他人，这样我们就会有新的发现，就会找到解决问题的突破口。做任何事情都要有一个自我调节的过程，有一个让自己舒展的机会，能够客观地看待问题，能够不断地调适自己，不断地拓展新的渠道。自认为在这方面还是做得比较好的，当然，自己还有很多不足之处，比如说还有一些盲从和无序，还有一些追求完美之心，这些都是困扰自己的障碍，对于一些自己看重的事情，往往不能够全身心地投入，不能够马上把它做完整。这的确是自己存在的问题。还需要不断地调适自己，每天都要反思自我，总结自我。近几年来，自己一直在坚持写作，把自己内心的想法写出来。刚开始还会有些担心，害怕袒露自己的内心，害怕被别人笑话，但是通过写作，逐渐打开了自己的心扉，消除了许多内心的障碍。能够表达内心的想法，在教育自己的同时，也能够与人交流，给别人带来一些启发，这本身也是一种收获，是一种提高。总之，一切事物都在变化，都在朝着好的方向去发展，我们要相信自己、相信社会、相信国家。尤其是要相信自己，要从现在开始努力改变自己，不断完善自我，让自己每天都有新的发现、新的进步，唯有如此，自己的生命才能得以提升。